高等学校计算机课程规划教材

C程序设计案例教程

钟家民　主编

周　晏　张珊靓　副主编

清华大学出版社

北京

内 容 简 介

本书共分 10 章，分别介绍 C 程序编程初步、顺序结构程序设计、选择结构程序设计、循环结构程序设计、数组、函数、指针、结构体与其他构造类型、文件，以及用 Visual C++ 2010 开发通讯录管理程序综合实例。

本书既可作为高等学校 C 程序设计教材，也可作为 C 程序设计爱好者的参考书，通过配套的 C/C++程序设计学习与实验系统进行学习，效果更佳。

图书在版编目（CIP）数据

C 程序设计案例教程 / 钟家民主编. —北京：清华大学出版社，2018（2023.8重印）
（高等学校计算机课程规划教材）
ISBN 978-7-302-47540-8

Ⅰ. ①C… Ⅱ. ①钟… Ⅲ. ①C 语言– 程序设计– 高等学校– 教材 Ⅳ. ①TP312.8

中国版本图书馆 CIP 数据核字（2017）第 140528 号

责任编辑：汪汉友
封面设计：傅瑞学
责任校对：时翠兰
责任印制：杨 艳

出版发行：清华大学出版社
　　　　网　　　　址：http://www.tup.com.cn, http://www.wqbook.com
　　　　地　　　　址：北京清华大学学研大厦 A 座　　　　邮　　编：100084
　　　　社　总　机：010-83470000　　　　　　　　　　邮　　购：010-62786544
　　　　投稿与读者服务：010-62776969，c-service@tup.tsinghua.edu.cn
　　　　质　量　反　馈：010-62772015，zhiliang@tup.tsinghua.edu.cn
　　　　课　件　下　载：http://www.tup.com.cn,010-83470236
印　装　者：三河市龙大印装有限公司
经　　销：全国新华书店
开　　本：185mm×260mm　　　　印　　张：33.25　　　　字　　数：813 千字
版　　次：2018 年 6 月第 1 版　　　　　　　　　　　　印　　次：2023 年 8 月第 6 次印刷
定　　价：89.00 元

产品编号：074884-01

出 版 说 明

信息时代早已显现其诱人魅力，当前几乎每个人随身都携有多个媒体、信息和通信设备，享受其带来的快乐和便宜。

我国高等教育早已进入大众化教育时代，而且计算机技术发展很快，知识更新速度也在快速增长，社会对计算机专业学生的专业能力要求也在不断翻新，这就使得我国目前的计算机教育面临严峻挑战。我们必须更新教育观念——弱化知识培养目的，强化对学生兴趣的培养，加强培养学生理论学习、快速学习的能力，强调培养学生的实践能力、动手能力、研究能力和创新能力。

教育观念的更新，必然伴随教材的更新。一流的计算机人才需要一流的名师指导，而一流的名师需要精品教材的辅助，而精品教材也将有助于催生更多一流名师。名师们在长期的一线教学改革实践中，总结出了一整套面向学生的独特的教法、经验、教学内容等。本套丛书的目的就是推广他们的经验，并促使广大教育工作者更新教育观念。

在教育部相关教学指导委员会专家的帮助和指导下，在各大学计算机院系领导的协助下，清华大学出版社规划并出版了本系列教材，以满足计算机课程群建设和课程教学的需要，并将各重点大学的优势专业学科的教育优势充分发挥出来。

本系列教材行文注重趣味性，立足课程改革和教材创新，广纳全国高校计算机优秀一线专业名师参与，从中精选出佳作予以出版。

本系列教材具有以下特点。

1．有的放矢

针对计算机专业学生并站在计算机课程群建设、技术市场需求、创新人才培养的高度，规划相关课程群内各门课程的教学关系，以达到教学内容互相衔接、补充、相互贯穿和相互促进的目的。各门课程功能定位明确，并去掉课程中相互重复的部分，使学生既能够掌握这些课程的实质部分，又能节约一些课时，为开设社会需求的新技术课程准备条件。

2．内容趣味性强

按照教学需求组织教学材料，注重教学内容的趣味性，在培养学习观念、学习兴趣的同时，注重创新教育，加强"创新思维""创新能力"的培养、训练；强调实践，案例选题注重实际和兴趣度，大部分课程各模块的内容分为基本、加深和拓宽内容3个层次。

3．名师精品多

广罗名师参与，对于名师精品，予以重点扶持，教辅、教参、教案、PPT、实验大纲和实验指导等配套齐全，资源丰富。同一门课程，不同名师分出多个版本，方便选用。

4．一线教师亲力

专家咨询指导，一线教师亲力；内容组织以教学需求为线索；注重理论知识学习，注重学习能力培养，强调案例分析，注重工程技术能力锻炼。

经济要发展，国力要增强，教育必须先行。教育要靠教师和教材，因此建立一支高水平的教材编写队伍是社会发展的关键，特希望有志于教材建设的教师能够加入到本团队。通过本系列教材的辐射，培养一批热心为读者奉献的编写教师团队。

清华大学出版社

前　言

目前大部分 C 程序设计类教材所用的实验环境都是美国微软公司 1998 年发布的 Visual C++ 6.0 集成开发环境，至今已经近 20 年了，在 Windows 7、Windows 10 等主流操作系统，特别是 64 位的环境中编写、调试 C 程序时，经常会出现这样或那样的非知识性问题，让学习者不知所措，降低了学习的积极性。为此，本书作者以"学生易用、老师易用、多媒体教学演示"为原则，开发了 C/C++程序设计学习与实验系统，该软件自 2005 年在互联网上公开发布以来，不断地针对在新操作系统应用中出现的问题进行改进、完善，可以正常运行在 32 位与 64 位的 Windows XP、Windows 7、Windows 8、Windows 10 等操作系统中，被多所学校采用。

本书以自主开发的 C/C++ 程序设计学习与实验系统（家民教学软件网站 http://www.jiaminsoft.com）为载体介绍 C 程序设计的过程，以案例组织教材内容，为方便读者学习，教材中例题、案例、实验题、课后习题均给出了编程提示及答案。在每章中列出初学者在学习本章的过程中常见的错误及解决方法，为了逐步提高读者编写较大程序的能力，以章节为单位按知识点将学生成绩管理程序合理分解到第 1~9 章中，用不同的知识点逐步改写学生成绩管理程序案例。为了进一步增强读者综合知识的应用能力和应用主流开发工具的能力，第 10 章详细介绍了用主流开发工具 Visual C++ 2010 开发通讯录管理程序的完整过程。

本书的所有代码均在 C/C++程序设计学习与实验系统与 Visual C++ 2010 环境下调试通过。调试环境是 Windows 7（32 位）和 Windows 10（64 位）。

第 1 章首先展示简易的 C 程序，让读者感受到学习 C 程序并不难，然后介绍 C/C++程序设计学习与实验系统和 Visual C++ 2010 编程方法，以及以 C/C++程序设计学习与实验系统为载体学习 C 程序的方法，讨论在学习本章过程中遇到的问题与相应的解决方法，最后实现显示学生成绩管理程序菜单。

第 2 章介绍了顺序结构程序设计规范、实例以及在学习本章过程中遇到的问题与相应的解决方法，最后实现输入学生成绩管理程序菜单的选项编号。

第 3 章介绍了选择结构程序设计以及在学习本章过程中遇到的问题与相应的解决方法，最后实现根据输入学生成绩管理程序菜单的选项号显示相应的菜单项。

第 4 章介绍了循环结构程序设计以及在学习本章过程中遇到的问题与相应的解决方法，实现学生成绩管理程序菜单的循环输入选项编号显示相应的菜单项。

第 5 章介绍了数组知识以及在学习本章过程中遇到的问题与相应的解决方法，最后用数组知识实现学生成绩管理程序的完整功能。

第 6 章介绍了函数以及在学习本章过程中遇到的问题与相应的解决方法，最后用模块化程序设计的方法知识实现学生成绩管理程序完整功能。

第 7 章介绍了指针以及在学习本章过程中遇到的问题与相应的解决方法，最后用指针知识实现学生成绩管理程序完整功能。

第 8 章介绍了结构体、实例以及在学习本章过程中遇到的问题与相应的解决方法，最后用结构体知识实现并完善了学生成绩管理程序完整功能。

第 9 章介绍了用文件的操作方法、实例以及在学习本章过程中遇到的问题与相应的解决方法，最后用文件知识实现并完善了学生成绩管理程序完整功能。

第 10 章通过通讯录管理程序综合实例详细介绍了用 Visual C++ 2010 以模块化程序设计的方法开发较大程序的过程。

本书附录给出了 Visual C++ 2010 编写、调试 C 程序的方法、ASCII 码字符对照表、常用库函数等编程常用资料。

本书由钟家民主编、统稿并编写了第 1 章、第 2 章、第 4 章、第 6 章、第 9 章、第 10 章与附录及相应章节习题参考答案，张珊靓编写了第 3 章、第 5 章，周晏编写了第 7 章、第 8 章及相应章节的习题参考答案与第 3 章、第 5 章的习题参考答案。2016 级本科生袁一航、王鑫浩、王军辉、贾丙豪参与了代码调试工作。

因编者水平有限，书中疏漏之处在所难免，欢迎读者发送邮件或网站留言，对教材与 C/C++程序设计学习与实验系统提出意见和建议，以帮助我们将此教材进一步完善。作者邮箱地址 zhongjiamin@sohu.com，教材与实验软件网站 http://www.jiaminsoft.com。

编者

2017 年 10 月

目　录

第1章 C 程序设计初步

C 语言从 1972 年诞生至今，已经走过了四十多年的辉煌历程，以其紧凑的代码，高效的运行、强大的功能和灵活的设计与使用而常常雄踞编程语言排行榜的前列。下面就进入 C 语言程序设计的世界，揭开它"古老"而神秘的面纱，一起享受编程带来的乐趣。

1.1 简单的 C 程序

1. 简单的 C 程序实例

【例 1-1】 在计算机屏幕上显示"周杰伦"。

编程提示：使用 printf()函数在计算机屏幕输出信息。

```c
#include <stdio.h>
int main()
{
    printf("周杰伦\n"); /*输出周杰伦*/
    return 0;
}
```

在与本书配套的 C/C++程序设计学习与实验系统[①]中输入上述 C 程序，运行程序结果如图 1-1 所示。使用该软件输入、编辑与运行 C 程序的方法参见本书实验 1 的相关内容。

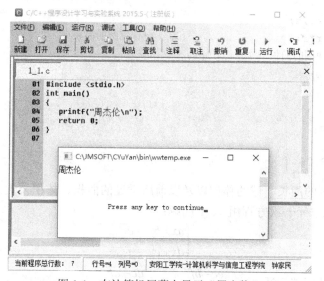

图 1-1　在计算机屏幕上显示"周杰伦"

---

① 使用方法详见本书 1.4.1 节。

注意：上述程序中除了"周杰伦"3个字是在中文输入法下输入外，其他代码都应在英文状态下输入，下面的代码也是如此。

试一试，将"周杰伦"改成自己的名字再运行程序，初步体会编程带来的乐趣。

【例1-2】 计算两个整数的和。

编程提示：$z=x+y$。

```c
#include "stdio.h"
int main()
{
    int x=12,y=4,z;
    z=x+y;                          /*计算两个整数的和*/
    printf("%d\n",z);
    return 0;
}
```

程序运行结果：

```
16
```

试一试，将求两个数的差（$z=x-y$）、积（$z=x*y$）、商（$z=x/y$），其中"*"与"/"是乘、除运算符。

【例1-3】 已知圆的半径 $r=3$，求圆的面积。

编程提示：圆的面积计算公式 $s=\pi r^2$。

```c
#include "stdio.h"
int main()
{
    float r=3,s;
    s=3.14*r*r;                          /*计算圆的面积*/
    printf("圆的面积=%7.2f\n",s);
    return 0;
}
```

程序运行结果：

```
圆的面积=  28.26
```

试一试，求圆的周长、球的体积以及以前所学过的面积、体积公式。

【例1-4】 求二元一次方程组 x、y 的解：

$$\begin{cases} ax+by=c \\ dx+ey=f \end{cases}$$

编程提示：使用消元法，$x=\dfrac{ec-bf}{ae-bd}$，$y=\dfrac{dc-af}{db-ae}$。

```c
#include "stdio.h"
int main()
```

```
{
    float a=1,b=1,c=5,d=2,e=3,f=13;
    float x,y;
    x=(e*c-b*f)/(a*e-b*d);           /*消元法求计算 x 的值*/
    y=(d*c-a*f)/(d*b-a*e);           /*消元法求计算 y 的值*/
    printf("x=%5.2f,y=%5.2f\n",x,y);
    return 0;
}
```

程序运行结果:

```
x=2.00 , y=3.00
```

试一试,找一个二元一次方程组,通过修改系数 *a*、*b*、*c*、*d*、*e* 和 *f* 的值,运行程序看是否和答案一致。

2.归纳例题特点

通过阅读和上机练习上述 4 个程序,可能会发现它们有 3 个共同特点。

(1)具有一个统一的基本框架,如下所示:

```
#include "stdio.h"
int main()
{

    return 0;
}
```

(2)由一对花括号({})组成的框架内,每行代码都以";"结束。

(3)/* … */ 中间包含的内容是对代码功能的注释,是不参与程序执行的,其功能是方便程序员之间的交流及后期的程序维护。

熟记这些特点,在编程环境下反复练习上述任何一个程序,直到熟练为止,对以后的编程很有用。

1.2　基本的输入输出函数

1.2.1　scanf()函数的简单应用

例 1-2 至例 1-4 中的程序都是求固定数值的程序,如何求任意两个整数的和、任意圆的面积、任意二元一次方程组的解呢?

1.scanf()函数实例

【例 1-5】 在例 1-3 的基础上编写一个输入圆半径求其面积的程序。

编程提示:利用 scanf()函数输入圆的半径 *r*。

```
#include "stdio.h"
int main()
{
```

```
    float r,s;
    scanf("%f",&r);                           /*输入圆的半径 4*/
    s=3.14*r*r;
    printf("圆的面积=%7.2f\n",s);
    return 0;
}
```

程序运行结果：

```
4↙
圆的面积= 50.24
```

【例 1-6】 在例 1-2 的基础上，编写一个求任意两个整数和的程序。

编程提示：利用 scanf()函数输入两个整数 *x*、*y*。

```
#include "stdio.h"
int main()
{
    int x,y,z;
    scanf("%d%d",&x,&y);                      /*输入整数 35 和 45*/
    z=x+y;
    printf("z=%d\n",z);
    return 0;
}
```

程序运行结果：

```
35 45↙
z=80
```

【例 1-7】 在例 1-4 的基础上编写一个程序求任意二元一次方程组的解 *x*、*y*。

编程提示：利用 scanf()函数输入系数 *a~f* 的值。

```
#include "stdio.h"
int main()
{
    float a,b,c,d,e,f;
    float x,y;
    scanf("%f%f%f",&a,&b,&c);                 /*输入系数 a,b,c*/
    scanf("%f%f%f",&d,&e,&f);                 /*输入系数 d,e,f*/
    x=(e*c-b*f)/(a*e-b*d);
    y=(d*c-a*f)/(d*b-a*e);
    printf("x=%5.2f,y=%5.2f\n",x,y);
    return 0;
}
```

程序运行结果：

```
1 1 6 ↙
```

```
2   5  24↙
x=2.00  y=4.00
```

2．归纳例题特点

通过阅读例 1-5~例 1-7，会发现 scanf()函数是通过以下方式输入数据的：

```
scanf("%f",&r);                /*输入 1 个数 r*/
scanf("%d%d",&x,&y);           /*输入 2 个数 x,y*/
scanf("%f%f%f",&a,&b,&c);      /*输入 3 个数 a,b,c*/
```

具有以下特点：

（1）scanf()函数的括号内由两部分组成；

（2）每输入一个数，对应一个%、&。

3．scanf()函数的格式

scanf()函数的格式如下：

```
scanf("格式控制字符串", 地址表列);
```

当格式控制字符串中的格式控制符为 d 时，表示输入整型数据，例如例 1-6 中的

```
scanf("%d%d",&x,&y);
```

输入的数据就是数学中的整数。

当格式控制符为 f 时，表示输入浮点型数据，输入的数据就是数学中的带小数的数。例如例 1-5 中的

```
scanf("%f",&r);
```

和例 1-7 中的

```
scanf("%f%f%f%",&a,&b,&c);
```

其他格式控制符会在后面的章节中讲述。

地址表列中列出接收数据的变量的地址。变量的地址是在变量名前加取地址运算符"&"组成的。

在 C 语言中，有地址这个概念，计算机中的数据都要通过内存，而内存的基本存储单位是字节，也可以叫作存储单元，每个存储单元都由系统分配一个编号，这个编号就是地址。

例如：

```
&x, &y
```

其中，&是一个取地址运算符，&x 是一个表达式，其功能是求变量的地址。分别表示变量 x 和变量 y 的地址。这个地址就是系统在内存中给变量 x 和 y 分配的地址。

变量的地址和变量值的关系如下：

在赋值表达式中给变量 x 赋值：x=12 时，x 为变量名，12 是变量的值，&x 是变量 x

的地址，如图 1-2 所示。

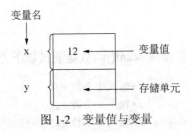

图 1-2　变量值与变量

1.2.2　printf()函数的简单应用

1．printf()函数实例

实例如例 1-5～例 1-7 所示。

2．归纳例题特点

通过阅读例 1-5～例 1-7，会发现 printf()函数如下：

```
printf("圆的面积=%f\n",s);
printf("z=%d\n",z);
printf("x=%f,y=%f\n",x,y);
```

printf()函数输出数据的特点如下：

（1）%格式控制符的个数与变量的个数一一对应。

（2）除格式控制字符外的字符原样输出显示。

3．printf()函数的格式

printf()函数是一个标准库函数，它的函数原型在头文件 stdio. h 中。

其功能是按用户指定的格式，把指定的数据显示到屏幕上。在前面的例题中已多次使用过这个函数。

printf()函数的一般格式如下：

```
printf ("格式控制字符串",输出表列);
```

其中格式控制字符串包括格式控制字符和普通字符，其中普通字符原样输出，scanf()函数一致，格式控制字符与要控制其格式的变量一一对应，例如

```
printf("x=%f,y=%f\n",x,y);
```

中，第一个格式控制符"%f"控制变量 x，第二个格式控制符"%f"控制变量 y。

1.3　C 程序的基本结构

C 程序属于结构化与模块化的程序设计语言，以函数作为程序的基本模块单位，并具有结构化的控制语句。

1．程序的组成

每个程序一般由函数、编译预处理和注释三部分组成。

（1）函数：函数定义是 C 程序的主体部分，程序的功能由函数来完成。

（2）编译预处理：每个以符号#开头的行，称预处理，是 C 提供的一种模块工具。

（3）注释：用/* … */括起的内容，可以占用多行。其作用给程序设计者一种提示。注释内容不参加程序的执行，主要是为了提高程序的可读性。

2．函数的组成

（1）每个函数（包括主函数）的定义分为两个部分：函数首部和函数体。

（2）函数首部包括函数类型、函数名和形式参数表。

函数首部的格式如下：

函数类型 函数名(参数类型 参数名1,参数类型 参数2,…参数类型 参数 n)

例如：

```
float s(float x)
```

（3）函数体是由{ }括起的语句序列，其中包括变量说明部分和实现函数功能的语句两部分组成。

函数体的格式：

```
{
    变量类型 变量名;
    执行语句;
    ⋮
    输出语句;
}
```

本书第 6 章将会详细介绍关于函数的内容。

3．程序结构特点

（1）程序由一个或多个函数构成。每个 C 程序有且仅有一个主函数，函数名规定为 main()，它由系统指定的。除主函数外，可以有一个或多个子函数。

（2）主函数是整个程序的主控模块，是程序的入口，C 程序运行时从 main()函数开始执行，最终在 main()函数中结束。

（3）函数在执行过程中可以根据程序的需要调用系统提供的库函数，例如在程序用到的 scanf()或 printf()函数，它们的原型包含在 stdio.h 文件中。

（4）源程序中可以有预处理命令（include 命令仅为其中的一种），预处理命令通常应放在源程序的最前面。

（5）每一个说明，每一个语句都必须以分号结尾。

（6）类型和函数名或变量名之间必须至少加一个空格间隔。

4．C 程序书写格式

C 程序语法限制不严，程序设计自由度大，但应书写清晰，便于阅读、理解和维护，在书写程序时应遵循以下原则：

（1）一个说明或一条语句占一行。main()函数可以放在程序的任意位置。

（2）{…}里的内容，通常表示了程序中的函数体或由多条语句所构成的复合语句结构。

（3）为增加程序的可读性。低一层次的语句或说明可比高一层次的语句或说明缩进若干空格后书写，以便看起来更加清晰。

1.4　C程序的开发环境

C程序开发环境可以分为 C 和 C++两类，其中 C++是 C 的超集，均向下支持 C。目前高校常用的 C 程序集成开发环境有 Visual C++、Dev-C++、Borland C++ Builder、Code::Blocks，以及本书配套的C/C++程序设计学习与实验系统。本书介绍 C/C++程序设计学习与实验系统以及 Visual C++ 2010。

1.4.1　C/C++程序设计学习与实验系统

C/C++程序设计学习与实验系统是本书的作者开发的 C 程序集成实验环境，支持高校教学常用 Visual C++ 6.0 、GCC、Turbo C 编译器，可安装在 32 位与 64 位的 Windows XP、Windows Vista、Windows 7、Windows 10 等操作系统下，为 C 程序的实验教学提供了简单易用的软件实验环境，特别适合初学者。本教材的所有代码均在此软件及 Visual C++ 2010 的实验环境中调试通过。

1．安装软件

从家民软件官方网站（http://www.jiaminsoft.com）下载 C/C++程序设计学习与实验系统的安装程序进行安装。

图 1-3 是开始安装界面，按软件安装向导提示单击"下一步"按钮，即可开始安装。

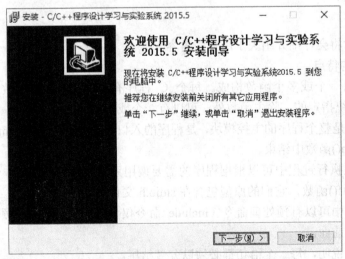

图 1-3　安装界面

从图 1-4 所示的安装路径选择界面选择软件的安装位置，软件默认安装在 C:\JMSOFT\CYuYan，建议选择默认安装，也可以单击"浏览"按钮将软件安装在其他位置，注意不要将软件安装在包含中文的文件夹中。单击"下一步"按钮即可完成软件安装。

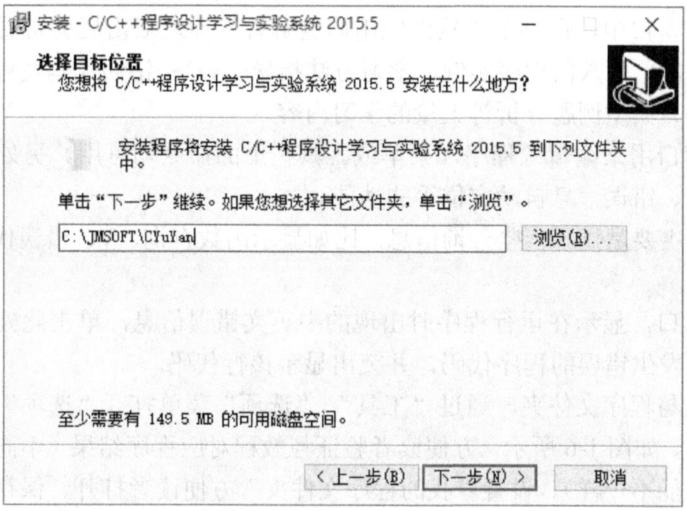

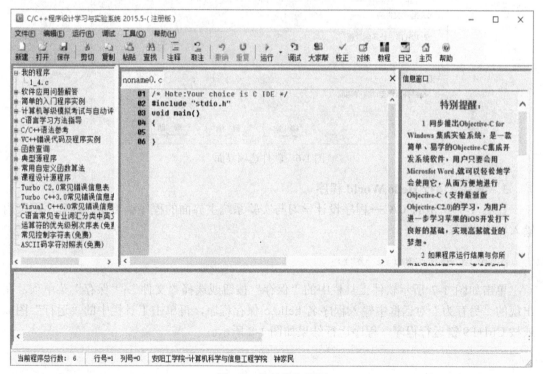

图 1-4 安装路径选择界面

2. 启动软件

单击桌面上的"C/C++程序设计学习与实验系统"图标或在"开始"菜单中选择"所有应用" | "C 与 C++程序设计学习与实验系统" | "C 与 C++程序设计学习与实验系统 2015.5"项，启动软件。

图 1-5 所示的是软件主界面，它由上、下两部分组成，其中上半部分从左到右依次是资源窗口、程序编辑窗口、信息窗口，下半部分是错误信息窗口。

图 1-5 软件的主界面

在资源浏览窗口中，提供了"软件应用问题解答"项，双击后就可看到该软件的帮助信息。同时还有简单的入门程序实例、学习方法指导、VC++错误代码及程序实例、函数查询、典型源程序、典型例题分析等大量的学习内容。

程序编辑窗口用来编辑源程序，菜单或工具栏上的命令均可用。另外该软件具有自动缩进、语法着色、错误信息自动定位等的功能。

信息窗口，主要是显示一些查询信息，比如显示函数查询、VC错误代码及实例、典型源程序等。

错误信息窗口，显示在运行程序时出现的中英文错误信息，单击此处的错误信息行，可以自动定位到发生错误的程序代码，并突出显示该行代码。

设置编译器与程序文件夹，通过"工具"|"选项"菜单打开"选项"界面，设置与教材对应的编译器，如图 1-6 所示，方便读者验证与教程对应程序结果（不同的编译器对某些程序运行结果可能不一样）。设置"我的程序文件夹"方便读者打开、保存自己编写的程序或要研读的程序。

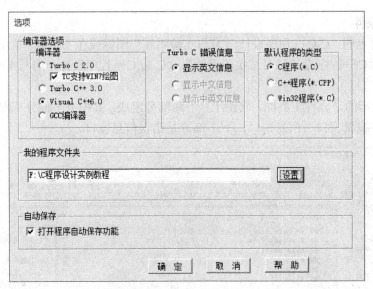

图 1-6　软件选项界面

3．编写、运行 Hello World 程序

在图 1-7 所示的 C/C++程序设计学习与实验系统主界面的程序编辑窗口的程序框架内输入如下代码：

```
printf("Hello World \n");
```

单击如图 1-7 所示软件工具栏中的"保存"按钮或选择"文件"|"保存"菜单项，在出现的"另存为"对话框中输入程序名 hello.c 保存程序，再单击工具栏中的"运行"图标或按 Ctrl+F9 键运行程序。程序运行结果如图 1-8 所示。

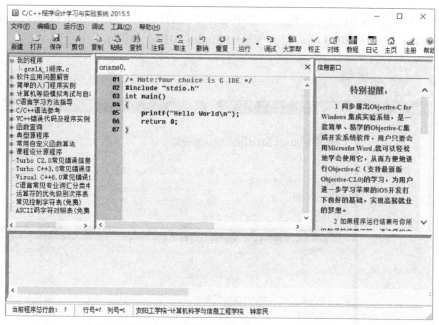

图 1-7　输入"printf("Hello World \n");"后的主界面

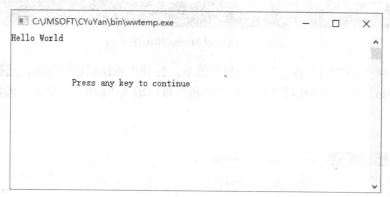

图 1-8　程序运行结果

1.4.2　Visual C++ 2010

Visual Studio 2010 是美国微软公司推出的一套完整的开发工具,用于开发桌面和基于团队的企业及 Web 应用。除了生成高性能的桌面应用程序外,还可以使用 Visual Studio 2010 基于组件的强大开发工具和其他技术,简化基于团队的企业级解决方案的设计、开发和部署。其中 Visual C++ 2010 是 Visual Studio 2010 的重要组成部分,既可单独作为开发工具进行基于桌面和基于.NET 应用程序的开发,也可以和 Visual Studio 其他组件协助开发。目前最新版本是 Visual Studio 2017。教材中介绍 Visual C++ 2010 编辑、运行与调试 C 程序的方法也适用于 Visual Studio 2017。

1. 用 Visual C++ 2010 创建 Hello world 程序

本节介绍用 Visual C++ 2010 新建、运行 C 程序的方法。而打开、编辑、调试 C 程序的方法参见附录 A。

（1）在 Windows 10 的"开始"菜单中选择"所有应用"|Microsoft Visual Studio 2010 | Microsoft Visual Studio 2010 项，打开 Visual Studio 2010，如图 1-9 所示。

图 1-9　Visual Studio 2010 主界面

（2）选择"文件"|"新建"|"项目"菜单，打开"新建项目"界面，选择 Visual C++| Win32 |"Win32 控制台应用程序"，在"名称"框中输入"hello"，单击"确定"按钮，如图 1-10 所示。

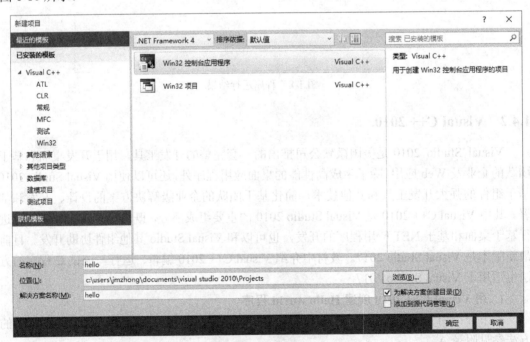

图 1-10　新建项目

（3）出现 Win32 应用程序向导，如图 1-11 所示。单击"下一步"按钮。

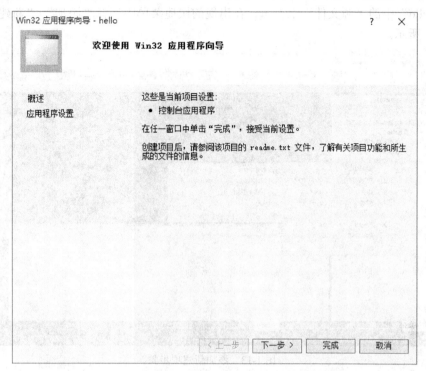

图 1-11　Win32 应用程序向导-欢迎使用 Win32 应用程序向导

（4）出现 Win32 应用程序向导-应用程序设置，如图 1-12 所示，选中"附加选项"中的

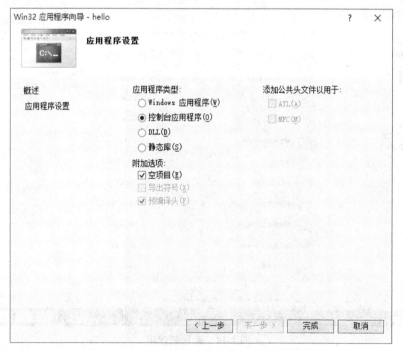

图 1-12　Win32 应用程序向导-应用程序设置

"空项目"，单击"完成"按钮，出现 hello 项目界面，如图 1-13 所示。在图 1-13 中的"解决方案 hello"中的"源文件"上右击，在出现的快捷菜单中选择"添加" | "新建项"项，如图 1-13 所示。

图 1-13　添加新建项步骤

（5）出现"添加新项"界面，如图 1-14 所示，选择"C++文件"，在"名称"框输入 hello.c，单击"添加"按钮，出现图 1-15 所示的 hello.c 程序编辑界面，在图 1-15 程序编辑区输入 hello world 源程序。

图 1-14　添加新建项

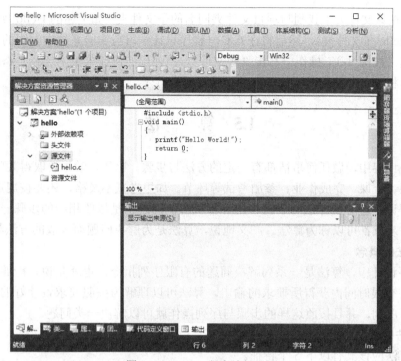

图 1-15　hello.c 程序编辑界面

2. 运行 Hello World 程序

在图 1-15 所示的界面中选择"调试"|"开始执行（不调试）"菜单项，程序运行结果如图 1-16 所示。

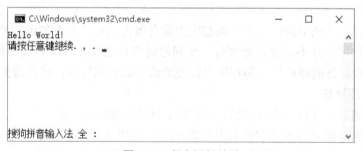

图 1-16　程序运行结果

1.4.3　C/C++ 程序设计学习与实验系统与 Visual C++ 2010 直通车

1. C/C++程序设计学习与实验系统打开和运行 Visual C++ 2010 编写的 C 程序

首先找到 Visual C++ 2010 编写项目所在的文件夹，例如本书 1.4.2 节 Hello world 程序所在的文件夹 C:\Users\JMZHONG\Documents\Visual Studio 2010\Projects\hello，如图 1-10 所示。在该文件夹下还有一个 hello 子文件夹，可以找到 hello.c 程序，然后用 C/C++程序设计学习与实验系统打开即可正常运行该程序。

2. Visual C++ 2010 打开、运行 C/C++ 程序设计学习与实验系统编写的 C 程序

首先用 Visual C++ 2010 按本书 1.4.2 节的方法创建一个"空项目"，找到该项目的所在

的文件夹，在该文件夹下找到与项目文件夹同名的子文件夹（如上述的 Hello 项目文件夹下面有一个 Hello 子文件夹），然后将在 C/C++程序设计学习与实验系统中编写的 C 程序复制到该文件夹，按图 1-13 操作：右击"源文件"，从弹出的快捷菜单中选择"添加"|"现有项"选项，将刚复制的程序添加到该项目就可以运行了。

1.5 算 法

在客观世界中，做任何事情都有一定的方法与步骤。比如，学生要取得某门课的学分，就包括选课、上课、完成作业、参加考试等环节。如果考试不及格，还要按规定进行补考。这就是获得课程学分的方法与步骤。用计算机解决问题也是按照相应的步骤一步一步地完成的。这些步骤都可以称为算法。广义地说，算法是为解决问题而采取的方法与步骤。

1. 算法的概念

在程序设计中，算法是一系列解决问题的有限序列指令，也就是说，能够按照一定规范输入，在有限时间内获得所要求的输出。算法可以理解为按照要求设计好的、有限的、确切的计算序列，并且按照这样的步骤与序列操作就可以解决一类问题。

2. 算法的特征

一个算法应该具有以下 5 个特征。

（1）有穷性。一个算法应包含有限的操作步骤，而不能是无限的。

（2）确定性。算法中的每一个步骤都应当是确定的，而不应当是含糊的、模棱两可的。

（3）有 0 个或多个输入。所谓输入是指在执行算法时需要从外界取得必要的信息。

（4）有 1 个或多个输出。算法的目的是为了求解，"解"就是输出。没有输出的算法是没有意义的。

（5）有效性。算法中的每一个步骤都应当能有效地执行，并得到确定的结果。

一般的最终用户并不需要在处理每一个问题时都自己设计算法和编写程序，他们只需在使用别人已设计好的现成算法和程序时按要求给予必要的输入，就能得到输出的结果。

3. 如何描述算法

算法的描述方法有自然语言描述、流程图、N-S、图伪代码等。

解决某一问题的具体方法和步骤怎样表示呢？当然可以用语言来描述，除此之外，还可以采用传统流程图、N-S 流程图等。下面分别介绍最常用的几种方法。

（1）自然语言描述法。

【例 1-8】 求 5!。

步骤如下：

① 给存放积的变量 fac 赋初值为 1；

② 给代表乘数的变量 i 赋初值为 1；

③ 进行连乘运算：fac←fac*i；

④ 乘数 i 增加 1：i←i+1；

⑤ 判断乘数 i 是否大于 5？如果 i 的值不大于 5，重复执行第③步，否则执行下一步；

⑥ 输出 fac 的值，即 i! 值。

用自然语言表示通俗易懂，但文字冗长，容易出现歧义性；用自然语言描述包含分支和循环的算法，不很方便；除了很简单的问题外，一般不用自然语言。

使用自然语言描述算法通俗易懂，它是文字性的，所以此种方法一般用于算法比较简单的问题。

（2）传统流程图描述算法。传统流程图是一种传统的算法表示法，借助一些图形符号来表示算法的一种工具，用流程线来指示算法的执行方向。这些图形符号均采用我国的国家标准和美国国家标准协会 ANSI 规定的通用符号，在世界上也是通用的，如图 1-17 所示。这种表示方法直观形象，容易理解。

流程图是利用几何图形的框来代表各种不同性质的操作，由于它简单直观，所以应用广泛，特别是在早期语言阶段，只有通过流程图才能简明地表述算法。流程图是程序员们交流的重要手段，直到结构化的程序设计语言出现，程序员对流程图的依赖才有所降低。

① 顺序结构是简单的线性结构，各框按顺序执行。其流程图的基本形态如图 1-18 所示，语句的执行顺序为 A→B→C。

图 1-17　流程图的基本图框　　　　图 1-18　顺序结构流程图

② 选择结构是对某个给定条件进行判断，条件为真或假时分别执行不同的框的内容。其基本形状有两种，如图 1-19 所示。图 1-19（a）的执行序列如下：当条件 P 为真时执行 A，否则执行 B；图 1-19（b）的执行序列如下：当条件 P 为真时执行 A，否则什么也不做。在流程图中，判断框左边的流程线表示判断条件为"真"时的流程，右边的流程线表示条件为"假"时的流程，有时就在其左、右流程线的上方分别标注"真""假"或 T、F 或 Y、N。

③ 循环结构有两种基本形态：当型循环和直到型循环，流程图如图 1-20 所示。

- 当型循环（while 型）：执行序列为，当条件 P 为真时，反复执行 A，一旦 P 为假，跳出循环，执行循环后的语句。
- 直到型循环（do…while 型）：执行序列为，首先执行 A，再判断条件 P，P 为真时，反复执行 A，一旦 P 为假，结束循环，执行循环后的下一条语句。

A 称为循环体，条件 P 称为循环控制条件。

注意：在循环体中，必然对条件要判断的值进行修改，使得经过有限次循环后，循环能够结束，当型循环中循环体可能一次都不执行，而直到型循环则至少执行一次循环体。直到型循环可以很方便地转化为当型循环，而当型循环不一定能转化为直到型循环。

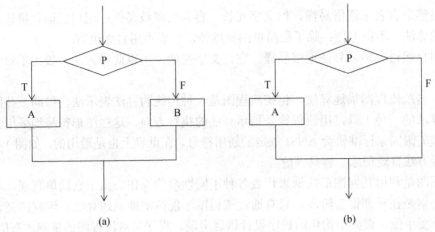

(a)   (b)

图 1-19 选择结构流程图

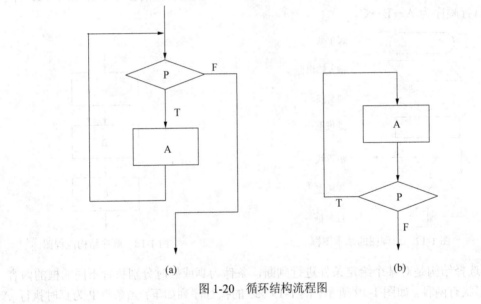

(a)   (b)

图 1-20 循环结构流程图

【例 1-9】 将例 1-8 所用求 5!的算法用传统的流程图表示。

提示：使用当型循环描述 5!,其中 fac 存储的是阶乘数，如图 1-21 所示。

（3）N-S 流程图描述算法。N-S 流程图是由美国两位学者（I. Nassi 和 B. Schneiderman）提出的。这种算法描述工具完全取消了流程线，所有的算法均以 3 种基本结构作为基础。既然任何算法都是由前面介绍的 3 种结构组成，所以各基本结构之间的流程线就是多余的，因此，N-S 图也是算法的一种结构化描述方法。N-S 图是一种不允许破坏结构化原则的图形算法描述工具，又称盒图。

N-S 图有以下几个基本特点：

① 功能域明确；

② 很容易确定局部和全局数据的作用域；

③ 不可能任意转移控制；

④ 很容易表示嵌套关系及模块的层次关系。

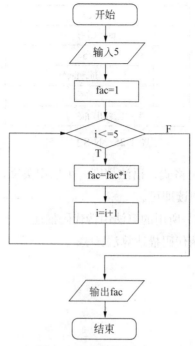

图 1-21　流程图描述 5！

在图 1-21 所示的 N-S 图中，一个算法就是一个大矩形框，框内又包含若干基本的框，3 种基本结构的 N-S 图描述如下所示。

① 顺序结构。顺序结构的 N-S 图如图 1-22 所示，执行顺序先 A 后 B。

② 选择结构。选择结构的 N-S 图如图 1-23 所示，条件 P 为真时执行 A，条件为假时执行 B。

③ 循环结构。当型循环结构的 N-S 图如图 1-24 所示，条件为真时一直循环执行循环体 A，直到条件为假时才跳出循环。

图 1-22　顺序结构的 N-S 图

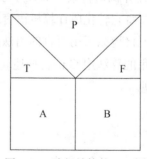

图 1-23　选择结构的 N-S 图

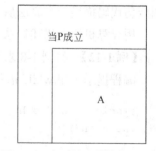

图 1-24　当型循环结构的 N-S 图

【例 1-10】　将例 1-8 求 5！的算法用 N-S 图表示。

提示：使用当型循环 N-S 图描述 5!时，图中 fac 存储的是阶乘数，如图 1-25 所示。

（4）用伪代码描述算法。伪代码是用介于自然语言和计算机语言之间的文字和符号来描述算法。由于它不用图形符号，书写方便，格式紧凑，修改方便，容易看懂，也便于向计算机语言过渡。

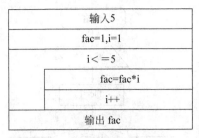

输入5
fac=1,i=1
i < =5
fac=fac*i
i++
输出 fac

图 1-25 N-S 描述 5!

用伪代码写算法并无固定格式、语法规则,可以用英文,也可以中英文混用。只要把意思表达清楚,便于书写和阅读即可。

【例 1-11】 将例 1-8 求 5! 所用的算法用伪代码描述。

提示:使用当型循环用伪代码描述算法。

```
begin    /*算法开始*/
  1=>fac
  1=>i
  while i≤5
  {   t*i=>t
      i+1=>i
  }
  print fac
end    /*算法结束*/
```

一般软件开发人员习惯用伪代码描述算法。

(5)用计算机语言描述算法。前 4 种描述算法的方法,只是用不同的方法描述操作的步骤,而要得到运算结果,就必须实现算法。人们常用计算机实现算法,而计算机是无法识别流程图和伪代码的,只有用计算机语言编写的程序才能被计算机执行,因此,用流程图或伪代码描述一个算法后,还要将它转化成计算机语言程序。

用计算机语言描述算法必须严格遵循所用语言的语法规则,下面用 C 语言描述算法。

【例 1-12】 将例 1-8 求 5!所用的算法用 C 语言描述。

编程提示:用 while 语句实现。

```c
#include <stdio.h>
int main()
{
    int i=1,fac=1;
    while(i<=5)
    {
        fac=fac*i;
        i++;
    }
    printf("%d!=%d\n",i-1,fac);
```

```
        return 0;
    }
```

程序运行结果:

```
5!=120
```

4．如何评价算法

评价算法主要从以下 4 个方面进行。

（1）正确性。一个算法应当能够解决具体问题。其"正确性"可分为以下方面。

① 不含逻辑错误。

② 对于几组输入数据能够得出满足要求的结果。

③ 对于精心选择的典型、苛刻的输入数据都能得到要求的结果。

④ 对于一切合法的输入都能输出满足要求的结果。

（2）可读性。算法应该以能够被人理解的形式表示，即具备可读性。太复杂的、不能被程序员所理解的算法难以在程序设计中采用。

（3）健壮性。健壮性指算法具有抵御"恶劣"输入信息的能力。当输入数据非法时，算法也能适当地作出反应或进行处理，而不会产生莫名其妙的输出结果。例如，当输入 3 个边的长度值计算三角形的面积时，一个有效的算法应该在 3 个输入数据不能构成一个三角形时报告输入的错误，应能够返回一个表示错误或错误性质的值并中止程序的执行。

（4）高效率与低存储量的需求。高效率和低存储量是优秀程序员追求的目标。效率指的是算法执行时间，对于一个问题如果有多个算法可以解决，则执行时间短的算法效率高。存储量的需求指算法执行过程中所需要的最大存储空间。高效率与低存储量的需求均与问题的规模有关。占用存储量最小、运算时间最少的算法就是最好的算法。但是在实际中，运行时间和存储空间往往是互相矛盾的，要根据具体情况，选择优先考虑哪一个因素。

1.6　综合实例：学生成绩管理程序（一）

为了让学生掌握编写较大程序的能力，本书将简化的学生成绩管理程序按知识点合理地分解到第 1~9 章中，让学生由浅入深、逐步学会编写较大程序的过程。该程序主要功能包括输入学生成绩、显示学生成绩、按学号查找成绩、查找最高分、插入学生成绩、按学号删除成绩与成绩排序等，功能模块如图 1-26 所示。

【例 1-13】　本节的任务只是显示班级学生成绩管理程序的菜单，如图 1-27 所示，其功能将在后续章节实现。

编程提示：利用 printf()函数输出学生成绩管理程序的菜单。

```c
#include <stdio.h>
int main()
{
    printf("      ***********************************\n");
    printf("      *                                 *\n");
    printf("      *          学生成绩管理程序         *\n");
```

```
    printf("        *                                        *\n");
    printf("        ***********************************\n");
    printf("        *           1.输入学生成绩            *\n");
    printf("        *           2.显示学生成绩            *\n");
    printf("        *           3.按学号查找成绩          *\n");
    printf("        *           4.查找最高分              *\n");
    printf("        *           5.插入学生成绩            *\n");
    printf("        *           6.按学号删除成绩          *\n");
    printf("        *           7.成绩排序                *\n");
    printf("        *           0.退出程序                *\n");
    printf("        ***********************************\n");
    printf("        *         请输入选项编号（0-7）        *\n");
    printf("        ***********************************\n");
    return 0;
}
```

程序运行测试如图 1-27 所示。

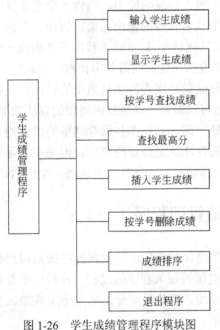

图 1-26 学生成绩管理程序模块图   图 1-27 学生成绩管理菜单

1.7 常见程序错误及解决方法

初学 C 语言，在程序设计及上机操作过程中难免会发生错误，为尽量使读者避免一些常见的错误，现将本章所学知识常见错误总结归纳如下，以供初学者参考。

（1）括号没有成对出现。

例如，下面代码：

```
#include<stdio.h>
int main(    )
{
    int x,y;
    x=3;
    y=6;
    printf("%d\n",x+y);
    return 0;
/*此行漏写的花括号 } */
```

由于 C 语言规定括号必须成对出现，此示例的花括号没有成对使用，故在编译时提示错误，错误代码和提示如下：error C1004: unexpected end of file found。

例如，下面代码：

```
#include<stdio.h>
int main(                /*此行漏写的小括号*/
{
    int x,y;
    x=3;
    y=6;
    printf("%d\n",x+y);
    return 0;
}
```

因为 main()函数的参数括号缺失，故编译时提示错误，错误代码如下：error C2143: syntax error : missing ')' before '{'。

（2）出现了中文字符。

例如，下面代码：

```
#include<stdio.h>
int main(    )
{
    int x,y;
    x=3;
    y=6;                  /*此行输入中文分号*/
    printf("%d\n",x+y);
}
```

y=6 语句后的分号使用了中文输入。而 C 语言规定，程序中的代码及相关符号，需使用英文输入法输入，故编译时提示错误，发现未知字符：error C2018: unknown character '0xbb'。

（3）缺少分号。

例如，下面代码：

```
#include<stdio.h>
int main(    )
{
```

```
        int x,y;
        x=3;
        y=6                     /*此行漏写了分号*/
        printf("%d\n",x+y);
        return 0;
    }
```

分号作为一条语句的结束，必不可少，在函数体中主要有不同的语句来构成，而缺少分号，则意味着语句没有结束，编译时发生错误提示，代码如下：error C2146: syntax error: missing'; ' before identifier'printf'。

（4）一个程序内出现两个 main()函数。一个程序内出现两个以上的 main()函数，编译时并不会提示错误，但是当链接形成 exe 可执行文件时，编译系统发现包含有两个 main()函数，会发生错误，错误代码提示如下：error LNK2005: _main already defined in try.obj。

（5）在常量中出现了换行。

例如，下面代码：

```
#include<stdio.h>
int main(   )
{
    printf("this is a                /*双引号内不能有换行*/
       c programm\n");
    return 0;
}
```

字符串常量、字符常量中有换行。编译时发生错误提示，代码如下：error C2001: newline in constant。解决方法为删除双引号内的换行即可。

（6）字符串常量的尾部漏掉了双引号。

例如，下面代码：

```
#include<stdio.h>
int main(   )
{
    printf("this is a c programm\n);     /*漏写了右边的双引号*/
    return 0;
}
```
字符串常量" this is a c programm\n 的尾部漏掉了双引号。

（7）某个字符串常量中使用双引号字符""""，但是没有使用转义符"\""。

```
#include<stdio.h>
int main(   )
{
    printf("this is a c "programm"\n");/* 要输出双引号时前面要加\，即\" */
    return 0;
}
```

1.8 学习 C 程序设计的方法

1.8.1 学习 C 程序设计是否过时?

在学习 C 程序设计之前,不少人已经开始用手机、计算机玩游戏、查阅资料或看新闻了,他们被这些华丽的界面所吸引,也许会有"如果我能开发出这些游戏或应用软件就好了"这样的想法。现在可以学习程序设计实现自己开发的游戏或应用软件的梦想了,怀着新奇、激动的心情开始 C 程序设计学习之旅,不过几堂课下来,就开始怀疑了:学习这些只能显示黑底白字(或白底黑字)的程序有用吗?

在回答这问题之前,先了解程序运行过程,如图 1-28 所示。

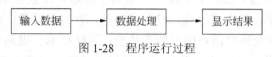

图 1-28　程序运行过程

从程序的运行过程来看,数据处理是核心,无论是用 C 语言还是 Visual C++解决问题时,编写程序的核心代码是一致的。图 1-29 和图 1-30 分别展示了用 Visual C++ 2010 MFC 编写求圆面积的运行结果与开发环境中的代码,这与前面例 1-5 求圆形面积的核心代码完全

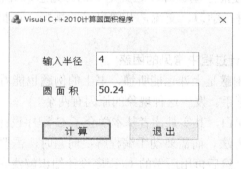

图 1-29　Visual C++ 2010 编写求圆面积的运行结果

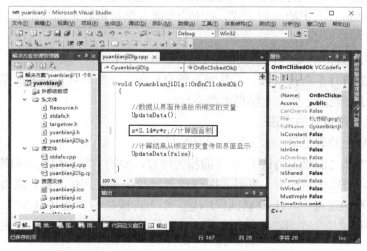

图 1-30　用 Visual C++ 2010 编写的求圆面积的代码

一致（s=3.14*r*r;）。

与例 1-5 所不同的是输入数据、显示结果，Visual C++ 2010 MFC 所编写的程序是可视化程序设计，界面友好。学习 C 程序设计的目的是掌握程序设计的基本技能，为后续的专业课打下坚实的基础，而不是开发软件。可见学习 C 程序设计并不过时。

如果读者对可视化程序设计感兴趣，可以在后续课程中学习。另外，近来新兴一项职业是网页或移动前端设计工程师，主要学习界面设计与美化，感兴趣的读者可以去学习相关课程。

1.8.2　如何学习 C 程序设计

1. 培养学习兴趣

要学习 C 程序设计首先要培养兴趣。如果有了兴趣，即使在别人看来学得再苦再累，自己也会乐此不疲地学，就像打游戏，没有老师教，就自己摸索，通宵达旦地玩，也不感觉累，而且经常和同学交流打游戏的经验和体会，这样技术会提高得不快吗？C 程序设计的学习何尝不是这样呢？培养对 C 程序设计学习兴趣吧，兴趣是学习 C 程序设计最好的老师，如果有了兴趣，再找一些身边的 C 程序设计爱好者交朋友，共同学习（目的是消除自己学习的孤独感），经常交流学习 C 程序设计的心得和体会，有时百思不得其解的难题，听别人一句不经意的话便能茅塞顿开，这就是"说者无意，听者有意"。若能经常上一些好的 C 程序设计论坛进行学习、交流，开阔自己的视野，还担心自己学不好 C 程序设计吗？

2. 在学习 C 程序设计过程中常见的困惑

初学者遇到最多的困惑是上课也能听懂，书上的例题也能看明白，可是到自己动手做编程时，却不知道如何下手。发生这种现象的原因有两个。

（1）所谓看懂、听明白，其实是读者基本学会了 C 程序设计的基本语法和了解了书上或课堂上要解决问题的方法。而需要动手编程解决问题时，需要自己寻找解决问题的方法（需要相关的专业知识），然后再用所学的 C 程序设计知识解决它。如果自己找不到解决问题的方法或不能理解 C 程序的解决问题的流程，又怎么会编写程序解决这些实际问题呢？例如，如果不知道长方形的面积公式，即使 C 语言学得再好也编不出求长方形的面积的程序。

（2）C 语言程序设计是一门实践性很强的课程，"纸上谈兵"是学不好 C 语言的。例如，想要进行精彩的自行车杂技表演，若从来不骑自行车，光听教练讲解相关的知识、规则、技巧，不要说上台表演、就是上路恐怕都不行。

3. 学习 C 程序设计的方法

出现问题原因的清楚了，那么如何学习呢？

在使用本方法之前要先阅读 C 语言的相关内容，要初步掌握相关知识的要点，然后按下述方法学习，可以达到理解、巩固、提高 C 语言知识和提高程序调式能力的目的。

在程序开发的过程中，上机调试程序是一个不可或缺的重要环节。"三分编程七分调试"，说明程序调试的工作量要比编程大得多。这里以如何上机调试 C 程序来说明 C 语言的学习方法。

（1）验证性练习。在这一步要求按照教材上、网络上或配套软件中的程序实例进行原样输入，运行一下程序是否正确。在这一步基本掌握 C 语言编程软件的使用方法（包括新建、打开、保存、关闭 C 程序，熟练地输入、编辑 C 程序；初步记忆新学章节的知识点、养成良好的 C 语言编程风格）。本书配套的 C/C++程序设计学习与实验系统，提供了对照练习软件中、网络上、本机上 C 程序的功能，如图 1-31 和图 1-32 所示，分别是练习软件中 Hello world 程序、编程中国网站上编程论坛中的程序。

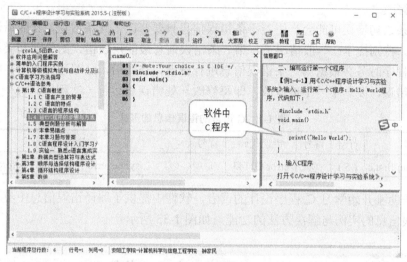

图 1-31　对照练习软件中的 C 程序

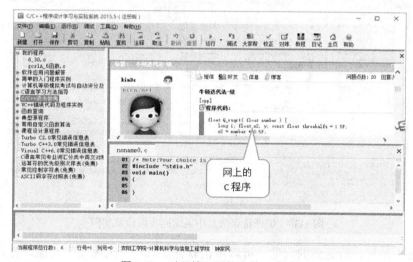

图 1-32　对照练习网络上的 C 程序

在这个过程中读者最容易犯的语法错误如下：

① 没有区分开教材上的数字 1 和字母 l，字母 o 和数字 0 的区别，造成变量未定义的错误。另一个易错点是将英文状态下的逗号（,）、分号（;）、括号（()）、双引号（""）输入成中文状态下的符号，造成非法字符错误。

② 使用未定义的变量，标示符（变量、常量、数组、函数等）不区分大小写，漏掉";"，"{"与"}"不匹配，"("与")"不匹配，控制语句（选择、分支、循环）的格式不正确，

调用库函数却没有包含相应的头文件，调用未声明的自定义函数，调用函数时实参与形参不匹配，数组的边界超界，等等。

③ C 语言语法错误形式如表 1-1 所示，修改 C 语言语法错误时要注意以下两点：

- 由于 C 语言语法比较自由、灵活，因此错误信息定位不是特别精确。例如，当提示第 10 行发生错误时，如果在第 10 行没有发现错误，从第 10 行开始往前查找错误并修改之。
- 一条语句错误可能会产生若干条错误信息只要修改了这条错误，其他错误会随之消失。特别提示：一般情况下，第一条错误信息最能反映错误的位置和类型，所以调试程序时务必根据第一条错误信息进行修改，修改后，立即运行程序，如果还有很多错误，要一个一个地修改，即每修改一处错误要运行一次程序。

表 1-1　C 语言的错误信息的形式

文件名	行号	冒号	错误代码	冒号	错误内容
e:\wintc\wintc\first.c	(5)	:	error C2143	:	syntax error : missing') 'before'; '

为了帮助刚开始学习 C 程序设计的读者，软件中提供了编译错误信息中英文对照翻译及相应错误信息的实例与解决方法的功能，如图 1-33 所示。

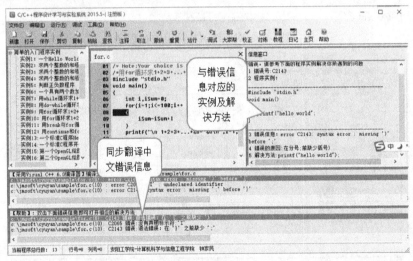

图 1-33　编译错误信息中英文同步翻译及实例

如果还不能解决所遇到的问题，可以单击软件工具栏"大家帮"功能，打开软件网站大家帮论坛，可以很方便地将代码复制、粘贴发到论坛寻求帮助，如图 1-34 所示。

（2）照葫芦画瓢。在输入的 C 程序的基础上进行试验性的修改、运行程序，看程序结果发生了什么变化，分析结果变化的原因，加深新学知识点的理解。事实上这和上一步是同步进行的，实现"输入"加深知识的记忆，"修改"加深对知识的理解。记忆和理解是相辅相成的，相互促进。

例如：将最简单的 Hello World 程序中的 Hello World!改成自己的姓名，运行一下程序，看有什么变化？再如求 1+2+3+…+100 的和的程序。

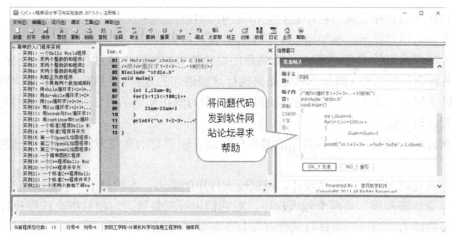

图1-34 将问题代码发到软件论坛中寻求帮助

```c
#include "stdio.h"
int main()
{
        int i,iSum=0;
        for(i=1;i<=100;i++)
        {
            iSum=iSum+i;
        }
        printf("\n 1+2+3+...+%d= %d\n",i-1,iSum);
        return 0;
}
```

第1次将 for(i=1;i<=100;i++)中的 100 改成 50，运行一下程序，看有什么变化？

第2次将 for(i=1;i<=100;i++)中的 i++改成 i=i+2，运行一下程序，看有什么变化？

找出程序结果变化的原因，就加深了对 C 语句的理解。

（3）不看教材，看是否能将前两步的程序进行正确地输入并运行。在这一步要求不看教材，如果程序不能运行，看能否将其改正，使其能正确运行。目的是对前两步的记忆、理解进一步强化。

（4）增强程序的调试能力。在教材中每章都有 C 语言初学者易犯的错误，按照易出错的类型，将教材中的正确的程序改成错误的程序，运行一下程序，看出现的错误信息提示，并记下错误信息，再将程序改成正确的，运行一下程序。这样反复修改，就能够学习 C 语言程序发生错误的原因和修改错误的能力。

注意：每次只改错一个地方，目的是让自己了解发生该错误的真正原因，避免一次改动多个地方，搞清发生错误的真正原因。

注意：上机调试程序时要带一个记录本，记下英文错误提示信息和解决该错误问题的方法，积累程序调试经验，避免在编程犯同样的错误。

调试程序是一种实践性很强的事，纸上谈兵是没用的，就像游泳运动员只听教练讲解示范，而不亲自下水练习，是永远学不会游泳的。

即使优秀的程序员编写程序也会犯错误的，但他能快速发现错误并改正错误，而 C 语言初学者面对错误提示，不知道发生了什么错误，如何改正，这就是差别。

（5）研究典型的 C 语言程序，提高程序设计能力。经过上述过程的学习，已经学会了 C 语言各种语句的流程（即计算机是如何执行这些语句的过程），然后就可以研读别人编写 C 语言经典程序，看懂别人是如何解决问题的，学习解决问题的方法和程序设计技巧，提高自己的程序设计能力。

在软件中与教材中有很多典型的源程序资源，研究它的实现方法，提高自己的程序设计能力。

（6）研究较大程序，提高设计、调试较大程序的能力。本教材中"学生成绩管理程序"和"通讯录管理程序"是两个较大程序，对它们进行反复练习，能够提高程序设计和调试较大程序的能力，为进一步进行软件开发打下坚实的基础。

另外，多上程序设计论坛和程序爱好者相互学习交流，也能够提高自己的程序设计技能。

本 章 小 结

本章讲述了简单的 C 程序、基本的输入输出函数、C 程序的基本结构、C 程序的特点、C 程序的开发环境，以方便读者掌握编写 C 程序的方法。使读者明白，算法是编写程序的关键，通过综合实例、常见程序错误总结、学习 C 程序设计的方法增强读者编写程序技能。

习 题 1

一、选择题

1. 在每个 C 程序中都必须包含有这样一个函数，该函数的函数名为（   ）。

    A. main   B. MAIN   C. name   D. function

2. C 语言的基本构成单位是（   ）。

    A. 函数   B. 函数和过程   C. 超文本过程   D. 子程序

3. 以下叙述不正确的是（   ）。

    A. C 程序书写格式规定，一行内只能写一个语句

    B. main( )函数后面有一对{}，{}内的部分称为函数体

    C. 一个 C 程序必须有 main()函数

    D. C 规定函数内的每个语句以分号结束

4. 一个 C 语言程序可以包括多个函数，程序总（   ）执行当前的程序。

    A. 从本程序的 main()函数开始，到本程序文件的最后一个函数结束

    B. 从本程序文件的第一个函数开始，到本程序文件的最后一个函数结束

    C. 从 main()函数开始，到 main()函数结束

    D. 从本程序文件的第一个函数开始，到本程序 main()函数结束

5. 以下叙述正确的是（　　　）。

    A．在C程序中，main()函数必须位于程序的最前面

    B．C程序的每行中只能写一条语句

    C．在对一个C程序进行编译的过程中，可发现注释中的拼写错误

    D．C语言本身没有输入、输出语句

二、编程题

1. 模仿例 1-1,编写一个输出自己姓名的 C 程序。

2. 模仿例 1-2，求两个数的差、乘积和商。

3. 编写一个求梯形面积的程序。

实验 1　　C 程序集成实验环境

1．实验目的

（1）初步学会在本书配套的 C/C++程序设计学习与实验系统中编辑、编译、运行和打开 C 程序的步骤。

（2）初步了解 C 语言源程序的特点。

2．实验内容

1）输入、保存和运行一个 Hello World 程序

操作步骤：

在 Windows 10 的"开始"菜单中选择"所有应用"|"C 与 C++程序设计学习与实验系统"|"C 与 C++程序设计学习与实验系统 2015.5"选项，进入"C/C++程序设计学习与实验系统"，如图 1-35 所示。也可以双击 Windows 桌面上的 "C++程序设计学习与实验系统 2015.5"图标，打开 C++程序设计学习与实验系统，如图 1-36 所示。

图 1-35　打开 C/C++程序设计学习与实验系统

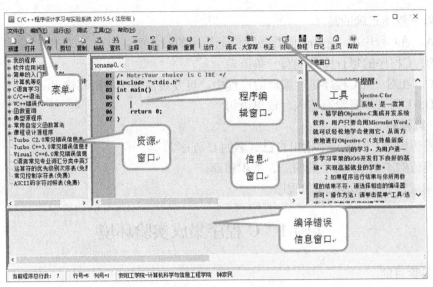

图 1-36　软件主界面

在软件主界面的程序编辑窗口中，输入 "printf("Hello World! \n");" 语句，如图 1-37 所示，单击工具栏中的 "保存" 按钮，出现 "另存为" 对话框，在 "文件名" 框中输入 "Hello"，单击 "保存" 按钮可以保存 Hello.c 程序，如图 1-38 所示。

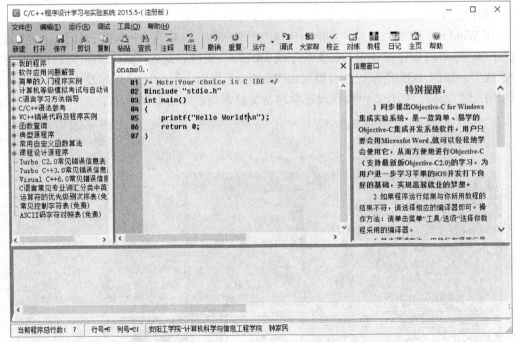

图 1-37　输入 "printf("Hello World!\n");"

提示：在软件中保存过的程序名或打开过的程序名均出现在资源窗口中的 "我的程序" 下，以后只要单击该程序名，就可以很方便地打开该程序，如图 1-39 所示。另外，通过选择 "工具" | "选项" 菜单项，可以设置 "我的程序文件夹"，之后在保存或打开程序时，软

件自己定位到该文件夹，方便用户打开、保存、管理自己的程序。

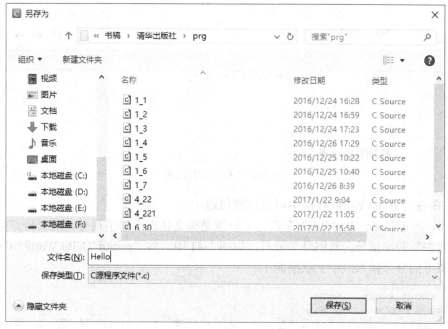

图 1-38 "另存为"对话框

对于没有打开过的程序，在工具栏中单击 "打开"按钮或选择"文件"|"打开"菜单项可以很方便地打开它们。

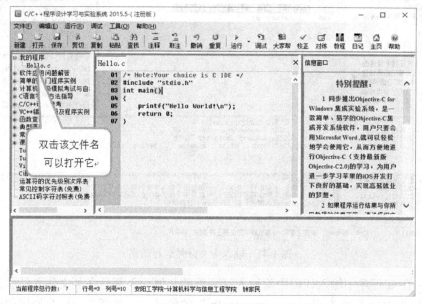

图 1-39 使用"我的程序"方便打开程序

2）运行 Hello World 程序

单击"工具栏"中的"运行"按钮或按 Ctrl+F9 键，即可运行程序，结果如图 1-40

所示。

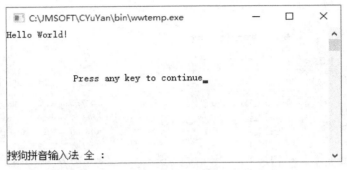

图 1-40　程序运行结果

3）在练习 Hello World 程序中可能遇到问题

将 "printf("Hello World!\n");" 语句中应该是英文状态小的小括号、双引号、分号输入成中文状态下的小括号、双引号、分号，如图 1-41 中，将 "printf("Hello World!\n");" 中的英文状态下的分号输入成中文状态的了。

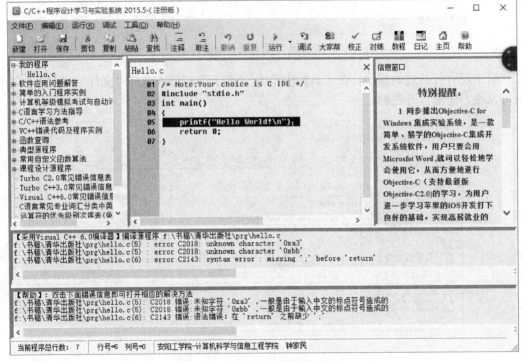

图 1-41　输入中文分号运行结果

提示：在 C 程序中输入代码中除输入汉字外的其他输入都是在英文输入法状态下输入。编译错误信息中有类似 "unknown character 0x" 的信息，一般都是由这个原因引起的。

软件提供了将中文状态下的标点符号修改成英文状态下的标点符号功能，方法是单击"工具栏"中的"校正"图标，一般可以将大部分这样的问题解决了，特别是对用户复制粘贴网页上、Word 文档中的程序时，这个功能特别有用。

如果程序存在自己找不到的编译错误信息，可以双击中文编译错误信息窗口中对应的错误信息行，在"信息窗口"中打开发生该错误信息对应的程序代码示例，如图 1-42 所示。

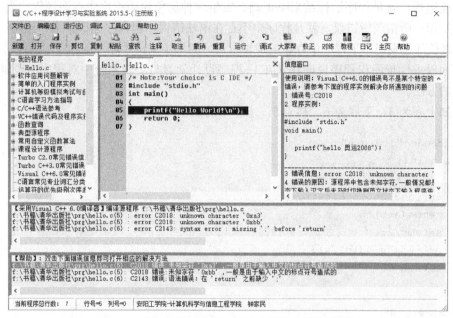

图 1-42 "信息窗口"中打开对应错误信息代码示例

在信息窗口中右击，从弹出的快捷菜单中选择"发送到程序输入区"项，可以将错误信息示例代码发送到程序编辑窗口，如图 1-43 所示，运行该代码出现相应的错误信息，按照示例代码中提供的解决方法修改即可解决，然后参照解决自己程序中遇到的编译错误信息。

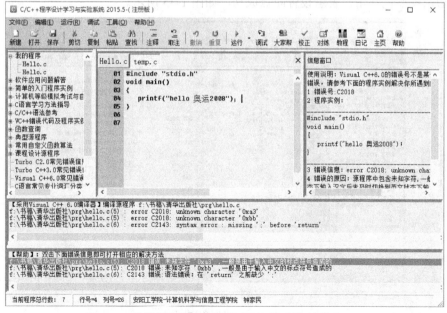

图 1-43 将错误信息示例代码发送到"程序编辑窗口"

4）调试 C 程序的方法

在编写 C 程序过程中，发现一些程序出现这样的奇怪现象：编译程序，没有出现语法错误，能运行，就是程序运行结果不正确。发生这种现象说明程序中存在逻辑错误。

小知识：所谓逻辑错误，就是程序中不存在语法错误，但程序运行结果和预期结果不一致。编译软件是发现不了程序中存在的逻辑错误，要单步调试才能发现程序中的逻辑错误。

下面以求梯形面积程序说明在 C/C++程序设计学习与实验系统中对程序中逻辑错误进行调试的方法。

已知上底为 3，下底为 6，高为 5，求梯形的面积，程序如下：

```c
#include "stdio.h"
int main()
{
    int a=3,b=6,h=5,temp,s;
    temp=(a+b)*h;
    s=temp/2;
    printf("s=%d\n",s);
    return 0;
}
```

程序运行结果：

22

操作步骤：

（1）输入上述代码并保存，然后右击程序第 5 行，从弹出的快捷菜单中选择"设置" |"取消断点"选项，如图 1-44 所示。此时，在程序代码的第 5 行就设置了断点，第 5 行代码行号左边出现蓝色三角，表示设置断点成功，如图 1-45 所示。

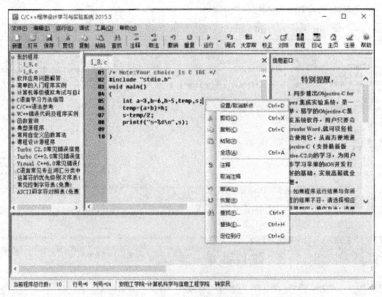

图 1-44　设置程序断点

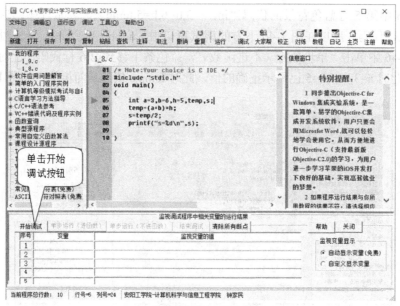

图 1-45　在第 5 行代码处设置断点

小知识：所谓断点，就是程序执行停止的地方，这样，就可以使程序停在断点处，查看变量或程序的运行状态，以帮助程序编写者查找程序中存在的逻辑错误。

提示：如果该代码上已设置断点，上述操作会取消改行的断点。

（2）单击"开始调试"按钮，开始调试程序，如图 1-46 所示。

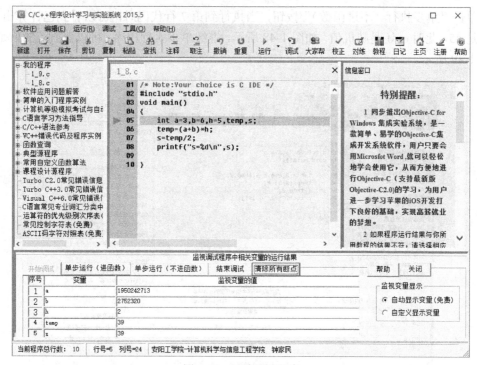

图 1-46　开始调试程序

图 1-46 中第 5 行蓝色背景的代码 "int a=3,b=6,h=5,temp,s;" 表示程序已启动调试，还没执行第 5 行代码，所以在图 1-46 下方的调试窗口中，a、b、h、temp、s 变量是随机值。

在图 1-46 中单击"单步执行（不进函数）"，蓝色条下移到第 6 行代码，此时已执行完第 5 行代码，此时 a=3,b=6,h=5 已显示正确的值，此时 temp,s 依然是随机值，如图 1-47 所示。

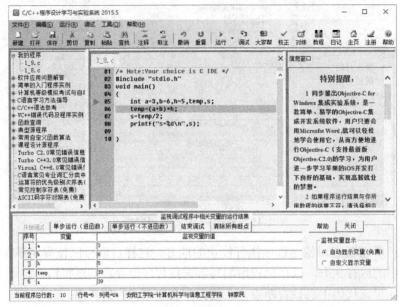

图 1-47　单步执行调试程序

单击"单步执行（不进函数）"按钮，当执行到第 7 行代码时，可以看到已计算出 temp 的值是 45，此时 s 还是随机值，如图 1-48 所示，继续单步执行程序，可以看到 s 的值是 22，如图 1-49 所示。

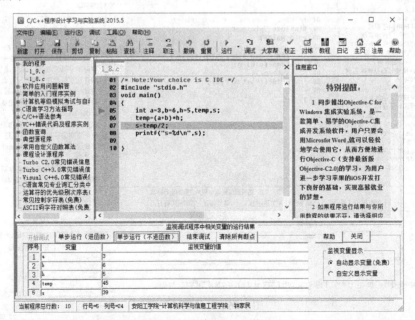

图 1-48　计算出 temp 值 45

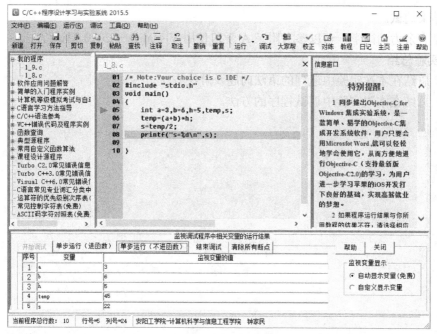

图 1-49　s 的值 22

从上面的单步调试分析：第 6 行代码 temp=(a+b)*h;计算出的 temp 的值 45 是正确的，但 s=temp/2 计算的结果应该是 22.5，但调试的结果是 22，说明此处代码有问题。

很容易从调试结果中看出是数据类型定义错误了，将上述的 a、b、h、temp、s 定义成 float 或 double 即可。

继续单击"单步执行（不进函数）"按钮，程序运行结果如图 1-50 所示，单击"确定"

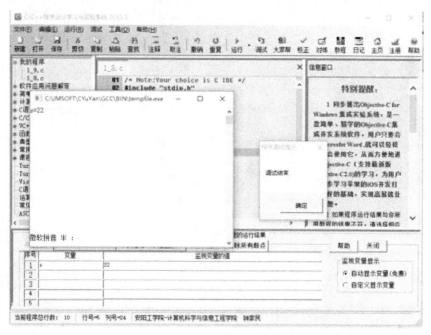

图 1-50　单击"确定"调试程序结束

按钮，结束调试。

对学有余力的同学，可以参考附录 A 学习使用 Visual C++ 2010 调试程序。

3. 实验总结

（1）总结在本次实验中遇到的语法问题及解决方法。

（2）总结在本次实验中调试程序的方法。

第 2 章　顺序结构程序设计

第 1 章学习了简单的 C 程序，本章开始学习顺序结构的程序设计。什么是顺序结构程序设计呢？正如回家开门的顺序是拿出钥匙→开锁→开门→进门→关门，顺序结构的程序在执行时也像这样按顺序进行的。

2.1　顺序结构程序引例

【例 2-1】 输入 3 个整数，计算并输出它们的平均值。

编程提示：计算 3 个整数的和，再除以 3。

```
#include "stdio.h"
int main()
{
    int a,b,c,sum,avg;          /*定义a、b、c、sum、avg 5 个变量*/
    scanf("%d%d%d",&a,&b,&c);   /*输入a、b、c的值*/
    sum=a+b+c;                  /*计算a、b、c的和*/
    avg=sum/3;                  /*求平均值*/
    printf("%d、%d、%d的平均值是:%d",a,b,c,avg); /*输出a、b、c、avg的值*/
    return 0;
}
```

程序运行结果：

```
3 6 9✓
3、6、9的平均值是:6
```

试一试：再次运行程序求 2、4、5 的平均值，运行结果还正确吗？如果结果不正确，为什么？

提示：两个整数相除得出的商只能是整数，是没有小数位的，模仿例 2-2 用浮点数试一试。

【例 2-2】 编写一个华氏温度转换成摄氏温度的程序。

编程提示：利用华氏温度（F）转化成摄氏温度（C）公式 $C=\dfrac{5}{9}(F-32)$。

```
#include <stdio.h>
int main()
{
    float F,C;                  /*定义F和C为单精度浮点型变量*/
    scanf("%f",&F);             /*输入f的值*/
    C=(5.0/9)*(F-32);           /*利用公式计算C的值*/
```

```
        printf("F=%f\nC=%f\n",F,C);    /*输出 C 的值*/
        return 0;
    }
```

程序运行结果：

```
100✓
F=100.000000
C=37.777778
```

上述两个程序是按照语句的顺序执行的，是顺序结构程序。

通过分析以上两个顺序结构程序可以得出编写顺序结构程序的步骤：

（1）定义程序中所需的变量；

（2）输入数据；

（3）数据处理，如求上述求平均值、华氏转换成摄氏温度；

（4）显示程序结果。

同步练习： 编写一个求任意球体积、表面积的程序。

2.2 标 识 符

标识符是用来表示变量、数据类型、函数等各种程序对象名字的字符或字符串。

命名标识符注意以下 6 点。

（1）标识符的组成：字母（包括大写 A~Z、小写字母 a~z）、数字（0~9）和下画线（_）。

（2）标识符的开头：字母或下画线。系统变量是以下画线开头，为了避免冲突建议读者以字母开头命名标识符。

（3）标识符不能与 C 语言的关键字相同。例如 if、main 是 C 语言的关键字，不能作为标识符。

（4）标识符区分字母的大小写。大写字母和小写字母被认为是两个不同的字符。例如 max 和 MAX 是两个不同的标识符。

（5）定义标识符要"望文识意"，即一看到这个标识符就知道它表示什么含义，一般方法是类型简写+含义。例如，由一个表示两个整数和的标识符 iTwoSum 可知 i（int 整型的第一个字母）表示该标识符是整型数据，TwoSum 表示该标识符的含义是两个整数的和，这样书写的标识符无论在程序中任何位置被看到，都能清楚知道它的数据类型和含义。

注意：如果含义是有两个以上的单词组成，每个单词的首字母要大写。

（6）ANSI C 标准没有规定标识符的长度，但命名标识符一般按照"最小长度最大信息量"原则，这样就能对标识符"望文识意"，又方便输入。

2.3 编 程 规 范

C 语言编写代码是自由的，但是为了使编写的代码具有通用、友好的可读性，以利于交流与后期的维护，在进行编程时，应该尽量按照一定的编程规范编写代码。

1. 代码缩进

代码层次依次用 Tab 键缩进 4 个字符，而不要用空格键。

```
#include <stdio.h>                              /*第1层次*/
int main()                                      /*第1层次*/
{                                               /*第1层次*/
    int i=1,iSum=0;                             /*第2层次*/
    while(i<=10)                                /*第2层次*/
    {                                           /*第2层次*/
        iSum=iSum+i;                            /*第3层次*/
        i++;                                    /*第3层次*/
    }                                           /*第2层次*/
    printf("\n 1+2+3+…+10= %d\n",iSum);         /*第2层次*/
    return 0;                                   /*第2层次*/
}                                               /*第1层次*/
```

上述代码分 3 个层次代码依次缩进，每个层次的代码左对齐。

提示：本书采用的 C/C++程序设计学习与实验系统和 Visual C++ 2010 编程环境在输入代码时有自动缩进功能。方法是每输入完一行代码后，直接按 Enter 键，代码会自动按层次缩进对齐。

2. 常量、变量等标识符命名要规范

常量命名统一为大写格式。如果是普通变量，取与实际意义相关的名称，要在前面添加类型的首字母，并且名称的首字母要大写。如果是指针，则为其标识符前添加 p 字符，并且名称首字母要大写。例如：

```
#define AGE 20                                  /*定义符号常量*/
int m_iAge;                                     /*定义整型成员变量*/
int iNumber;                                    /*定义普通整型变量*/
int * pAge;                                     /*定义指针变量*/
```

3. 函数的命名规范

在定义函数时，函数名的首字母要大写，其后的字母大小写混合。例如：

```
int AddTwoNum(int num1,int num2);
```

4. 注释

尽量采用行注释。如果行注释与代码处于一行，则注释应位于代码右方。如果连续出现多个行注释，并且代码较短，则应对齐注释。例如：

```
int iLong;                                      /*长度*/
int iWidth;                                     /*宽度*/
int iHeight                                     /*高度*/
```

2.4　基本数据类型

在 C 语言中数据类型可分为基本类型、构造类型、指针类型、空类型四大类，如图 2-1 所示，其中基本类型有整型、字符型、实型和枚举型 4 种。

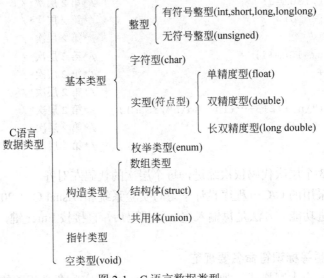

图 2-1　C 语言数据类型

（1）基本类型。基本类型用于自我说明，其值不可以再分解为其他类型。

（2）构造类型。构造类型是根据已定义的一个或多个数据类型用构造的方法来定义的数据类型。也就是说，一个构造类型的值可以分解成若干个"成员"或"元素"。每个"成员"都是一个基本类型或又是一个构造类型。在 C 语言中，构造类型有以下几种：

① 数组类型；

② 结构体类型；

③ 共用体（联合）类型。

（3）指针类型。指针类型是一种特殊类型，其值用来表示某个变量在内存储器中的地址。虽然指针变量的取值类似于整型值，但这是两个类型表示的内容不同，因此不能混为一谈。

（4）空类型。在调用函数时，通常应向调用者返回一个函数值，当函数值类型定义为空类型时，则无须返回值，其类型说明符为 void。在后面还会详细介绍。

2.5　常量与变量

2.5.1　常量

常量就是在程序运行过程中，数值不能被改变的量。如例 2-2 中的 5.0、9。

C 语言中使用的常量可分为整型常量、实型常量、字符常量、字符串常量、符号常量等多种。

1．整型常量

整型常量就是可以直接使用的整型常数。在 C 语言中，整型常量有八进制、十六进制和十进制 3 种。在程序中是根据前缀来区分各种进制数的。因此在书写常数时不要把前缀弄错造成结果不正确。

（1）十进制整型常量：十进制整型常量没有前缀。其数字为 0~9。

以下各数是合法的十进制整型常量：365、–428、65118、1617。

以下各数不是合法的十进制整型常量：023（不能有前缀 0），23D（含有非十进制数字）。

（2）八进制整型常量：八进制整型常量必须以 0 开头，即以 0 作为八进制数的前缀。数字取值为 0~7。八进制数通常是无符号数。

以下各数是合法的八进制数：015（十进制为 13）、0101（十进制为 65）、0177777（十进制为 65535）。

以下各数不是合法的八进制数：256（无前缀 0），03A2（包含了非八进制数码）、–0127（出现了负号）。

（3）十六进制整型常量：十六进制整型常量的前缀为 0X 或 0x。其数字取值为 0~9 以及 A~F（或 a~f）。

以下各数是合法的十六进制整型常量：0X2A（十进制为 42），0XA0（十进制为 160），0XFFFF（十进制为 65535）；

以下各数不是合法的十六进制整型常量：4A（无前缀 0X），0X3Z（含有非十六进制数字）。

2．实型常量

实型也称为浮点型，是由整数部分和小数部分组成，其中用十进制的小数点分隔。有十进制小数形式、指数形式两种。

（1）十进制小数形式：该形式由数字和小数点组成。

例如：0.85、25.04、5.06、360.18、–228.7230 等均为合法的实数。

注意：必须有小数点。

（2）指数形式：当实型常量非常大或者非常小时，使用十进制小数形式表示非常不利于查看它的大小，而用指数形式表示会非常方便，例如 12.34e3（代表 12.34×10^3），–345.89e–12（代表 $–345 \times 10^{-12}$），0.125E18（代表 0.125×10^{18}）。由于计算机输入输出时，无法表示上角码，因此规定以字母 e 或 E 代码以 10 为底的指数。

注意：e 或 E 之前必须有数字，且 e 或 E 后面必须为整数。

以下是合法的指数形式的常量：0.7e2、4e–5、2.1E5 3.2E–2、0.74E7、–2.33E–2、0.5E5。

【例 2-3】 带有后缀的实型常量。

```
#include<stdio.h>
int main()
{
    printf("%d\n",sizeof(3.12f));
    printf("%d\n",sizeof(3.12));
```

```
    return 0;
}
```

程序运行结果：

4
8

例 2-3 借助 sizeof 运算符测试两种不同的实数在需要存放时应该分配的字节数。

注意：C 标准允许浮点数使用后缀。后缀为 f 或 F 即表示该数为单精度浮点数，分配 4B 空间；如不加后缀 f 或 F，默认为双精度浮点数，存储时按 8B 长度进行存储。

3. 字符型常量

字符常量有普通字符常量和转义字符常量两种。

（1）普通字符常量。普通字符常量是用单引号括起来的一个字符，C 语言中可以表示的字符使用 ASCII 码进行编码，一个字符占用 1B 空间，即由 8 位二进制组成，最多可以表示 256 种不同的字符，这些字符主要包括字母、数字、标点、特殊字符及一些不可见字符。字符常量在存储时，存放字符所对应的 ASCII 代码。

例如：'a'、'b'、'-'、'+' 和 '?' 都是符合语法的字符常量。

在 C 语言中，字符常量有以下特点：

① 字符常量只能用单引号括起来，不能用双引号或其他括号括起来。

② 字符常量只能是单个字符，不能是多个字符。

字符可以是字符集中任意字符。但数字被定义为字符型之后就不能参与数值运算。例如 '5' 和 5 是不同的。'5' 是字符常量，5 则是整型常量。

（2）转义字符常量。转义字符以反斜线（\）开头，后跟一个或几个字符。转义字符具有特定的含义，不同于字符原有的意义，故称"转义"字符。例如，在前面各例题中 printf() 函数的参数中用到的'\n'就是一个转义字符，其意义是"回车换行"。转义字符主要用来表示那些用一般字符不便于表示的控制代码，详见表 2-1。

表 2-1 常用的转义字符及其作用

转义字符	作　　用	ASCII 码
\a	响铃（BEL）	7
\b	退格（BS），将当前位置移到前一列	8
\f	换页（FF），将当前位置移到下页开头	12
\n	换行（LF），将当前位置移到下一行开头	10
\r	回车（CR），将当前位置移到本行开头	13
\t	水平制表（HT）（跳到下一个 TAB 位置）	9
\v	垂直制表（VT）	11
\\	代表反斜线字符（\）	92
\'	代表单引号（撇号）字符	39
\"	代表双引号字符	34

转义字符	作　　用	ASCII 码
\?	代表问号	63
\0	空字符（NULL）	000
\ddd	任意 1～3 位八进制数所代表的字符	一个 3 位八进制数
\xhh	任意 1～2 位十六进制数所代表的字符	一个 2 位十六进制数

广义地讲，C 语言字符集中的任何一个字符均可用转义字符来表示。表中的\ddd 和\xhh 可以用八进制和十六进制表示字符集中任意字符的 ASCII 编码，ddd 和 hh 分别为八进制数和十六进制数。例如：\101 表示字母 'A'，\102 表示字母 'B'，\134 表示反斜线，\X0A 表示换行等。

4. 符号常量

【**例 2-4**】 已知 3 个圆的半径分别为 3、4、5，计算 3 个圆的周长。

```
#include<stdio.h>
#define  PI 3.14
int  main()
{
    float  c1,c2,c3;
    float  r1=3,r2=4,r3=5;
    c1=2*PI*r1;
    c2=2*PI*r2;
    c3=2*PI*r3;
    printf("c1=%f  c2=%f  c3=%f\n",c1,c2,c3);
}
```

程序运行结果：

```
c1=18.840000  c2=37.680000  c3=31.400000
```

本例中使用了符号常量，即用 PI 代替整常数 3.14，程序执行时，函数体中出现的 PI，将直接替换为 3.14 再运行。

在 C 语言中，符号常量是用一个标识符来表示一个常量。符号常量在使用之前必须先定义，其一般形式如下：

```
#define  标识符  常量
```

其中，#define 也是一条预处理命令（预处理命令都以#开头），称为宏定义命令（在后面预处理程序中将进一步介绍），习惯上符号常量的标识符用大写字母，变量标识符用小写字母，以示区别。其功能是把该标识符定义为其后的常量值。一经定义后在程序中所有出现该标识符的地方均代之以该常量值。

使用符号常量的好处如下：

（1）符号含义清楚；

（2）能做到"一改全改"，例如在例 2-4 中要提供计算精度，将 3.14 修改成 3.1415，只修改一处即可，如果不使用符号常量，要修改 3 次。

在什么情况下使用符号常量呢？当一个程序中使用的常数超过 2 次，使用符号常量比较方便。

2.5.2 变量

在程序运行过程中，值可以改变的量称为变量。一个变量应该有一个名字，在内存中占据一定的存储单元。变量必须先定义后使用。定义变量一般在函数体的开头部分。要区分变量名和变量值是两个不同的概念。

变量定义的一般形式如下：

类型说明符　变量名标识符 1, 变量名标识符 2, …, 变量名标识符 n;

在书写变量定义时，应注意以下几点：

（1）类型说明符与变量名之间至少用一个空格间隔。

（2）允许在一个类型说明符后，定义多个相同类型的变量。

（3）各变量名之问用逗号间隔。

（4）最后一个变量名之后必须以";"结尾。

1. 整型变量

（1）整型变量的定义。如果定义了一个整型变量 i:

```
int i;
i=10;
```

int 是定义基本整型的类型说明符，需要和后面的变量名中间隔开，基本整型在不同的编译系统中，所占用的字节数也不同。如图 2-2 所示，假设一个基本整型变量占用 4B，当定义变量 i 时，会在内存中分配 4B 的存储空间给变量 i，供 i 使用。

当把 10 赋给变量 i 时，就会将 10 的补码 1010 存放进来，最高位是因为在整数的高位补 0 不影响该数值的大小，故实际存放的数值为 00000000 00000000 00000000 00001010，左面的第一位是表示符号的符号位，0 表示正，1 表示负。

注意：正数的补码和原码相同；负数的补码：将该数的绝对值的二进制形式按位取反再加 1。

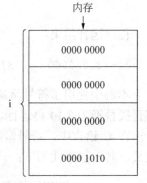

图 2-2　变量 i 的存储形态

（2）整型变量的分类。

① 基本型：类型说明符为 int，在内存中占 4B；

② 短整型：类型说明符为 short int 或 short，在内存中占 2B；

③ 长整型：类型说明符为 long int 或 long，在内存中占 4B；

④ 双长整型：类型说明符 long long int 或 long long，在内存在 8B。这是 C99 新增的类型，Visual C++ 6.0 不支持该类型，Visual C++ 2010 支持。

在部分实际应用情况下，数据范围只有正值（例如学号、年龄、存款等），为了充分利用变量值的范围，可以将变量定义成"无符号"类型。可以在类型符号前面加上修饰符 unsigned，则表示该变量是无符号整数类型。如果加上修饰符 signed，则表示有符号整数类型。因此，在以上 4 种整型数据类型的基础上可以扩展为以下 8 种整数数据类型：

有符号基本整型　　[signed] int；

无符号基本整型　　unsigned int；

有符号短整型　　　[signed] short [int]；

无符号短整型　　　unsigned short [int]；

有符号长整型　　　[signed] long [int]；

无符号长整型　　　unsigned long [int]；

有符号双长整型　　[signed] long long [int]；

无符号双长整型　　unsigned long long [int]。

上述方括号（[ ]）表示其中的内容是可选的，既可以有，也可以没有。如果既没有指定 signed 也没有指定 unsigned 的，默认是有符号类型，以下定义 iWidth 变量是等价的。

```
int iWidth;
signed int iWidth;
```

整型变量的值的范围如表 2-2 所示。

表 2-2　整型数据常见的存储空间和值的范围

类型说明符（关键字）	字节数	值　　域
int	4	$-2\ 147\ 483\ 648 \sim 2\ 147\ 483\ 647$，即 $-2^{31} \sim (2^{31}-1)$
unsigned int	4	$0 \sim 4\ 294\ 967\ 295$，即 $0 \sim 2^{32}-1$
short int	2	$-32\ 768 \sim 32\ 767$，即 $-2^{15} \sim (2^{-15}-1)$
unsigned short int	2	$0 \sim 65\ 535$，即 $0 \sim 2^{16}-1$
long int	4	$-2\ 147\ 483\ 648 \sim 2\ 147\ 483\ 647$，即 $-2^{31} \sim (2^{31}-1)$
unsigned long int	4	$0 \sim 4\ 294\ 967\ 295$，即 $0 \sim 2^{32}-1$
long long	8	$-9\ 223\ 372\ 036\ 854\ 775\ 808 \sim 9\ 223\ 372\ 036\ 854\ 775\ 807$，即 $-2^{63} \sim (2^{63}-1)$
unsigned long long	8	$0 \sim 18\ 446\ 744\ 073\ 709\ 551\ 615$，即 $0 \sim (2^{64}-1)$

整型变量定义，例如：

```
int a,b,c;          /*a,b,c 为整型变量*/
long x,y;           /*x,y 为长整型变量*/
unsigned p,q;       /*p,q 为无符号整型变量*/
```

【例 2-5】 整型变量的定义与使用。

```
#include<stdio.h>
int  main()
{
    int a,b,c,d;
```

```
    unsigned u;
    a=12;b=-24;u=10;
    c=a+u;d=b+u;
    printf("a+u=%d,b+u=%d\n",c,d);
    return 0;
}
```

程序运行结果：

```
a+u=22,b+u=-14
```

（3）整型数据的溢出。

【例 2-6】 整型数据的溢出。

```
#include<stdio.h>
int main()
{
    short a,b;
    a=32767;
    b=a+1;
    printf ("%d",b);
    return 0;
}
```

程序运行结果：

```
-32768
```

a=32767 在内存中的存储形式为 011111111111111，它的从左数第一位的 0 为符号位 b=a+1，a 在内存中的存储形式为 100000000000000，由于在计算机内存中是以补码的形式进行存放的，所以将 100000000000000 减 1 取反后转为十进制输出−32768。

因此，读者进行程序设计时一定要根据实际情况选取合适的数据类型，以免数据溢出，造成不可预料的结果。

【例 2-7】 不同整型之间的简单运算。

```
#include<stdio.h>
int main()
{
    long x,y;
    int a,b,c,d;
    x=5;
    y=6;
    a=7;
    b=8;
    c=x+a;
    d=y+b;
    printf ("c=%d+%d=% d,d=%d+%d=% d\n",x,a,c,y,b,d);
```

```
        return 0;
}
```

程序运行结果：

```
c=x+a=12,d=y+b=14
```

从程序中可以看到：x、y 是长整型变量，a、b 是基本整型变量。它们之间允许进行运算，运算结果为长整型。但 c、d 被定义为基本整型，因此最后结果为基本整型。本例说明，不同类型的量可以参与运算并相互赋值。其中的类型转换是由编译系统自动完成的。有关类型转换的规则将在以后介绍。

【例 2-8】 双长整型数据的运算。

```
#include<stdio.h>
int  main()
{
    long long x=1234567890123456789;
    long long y=4561234987098765432,z;
    z=x+y;
    printf ("%lld + %lld = %lld\n",x,y,z);
    return 0;
}
```

程序运行结果如图 2-3 所示。

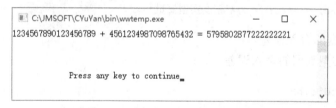

图 2-3　双长整型程序运行结果

需要说明的是，本书配套的 C/C++程序设计学习与实验系统默认采用 Visual C++ 6.0 编译器，运行该程序会出现 "error C2632: 'long' followed by 'long' is illegal" 语法错误，说明 Visual C++ 6.0 编译器不支持 long long 类型，要正确运行该程序必须通过选择"工具"|"选项"菜单，在弹出的"选项"对话框中设置 GCC 编译器即可，如图 2-4 所示。

2．实型变量

实型变量分为实型变量分为单精度（float 型）、双精度（double 型）和长双精度（long double 型）3 类，值的范围如表 2-3 所示。

表 2-3　实型数据类型存储空间和值的范围（**Visual C++**）

类型说明符（关键字）	字节数	有效位数	值　域
float	4	6～7	$-3.4\times10^{-38}\sim3.4\times10^{38}$
double	8	15～16	$-1.7\times10^{-308}\sim1.7\times10^{308}$
long double	8	15～16	$-1.7\times10^{-308}\sim1.7\times10^{308}$

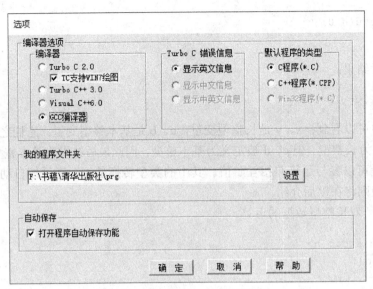

图 2-4 选择 GCC 编译器

说明：对于 long double 类型，不同编译器所分配的字节数不同，GCC 编译器分配 12B，Turbo C 编译器分配 10B，而 Visual C++分配 8B。

（1）实型变量的定义。实型变量定义的格式和书写规则与整型相同。

例如：

```
float x,y;          /*x,y 为单精度实型变量*/
double a,b,c;        /*a,b,c 为双精度实型变量*/
```

（2）实型数据的舍入误差。

【例 2-9】 实型数据的舍入误差。

```
#include<stdio.h>
void  main()
{
    float a,b;
    a=123456.789e5;
    b=a+20;
    printf("%f\n",a);
    printf("%f\n",b);
    return 0;
}
```

程序运行结果：

```
12345678848.000000
12345678848.000000
```

由于实型变量是由有限的存储单元组成的，因此能提供的有效数字总是有限的。程序运行时,输出 b 的值与 a 相等。原因是 a 的值比 20 大很多,a+20 的理论值应是 12345678920,

而一个实型变量只能保证有效数字是 7 位有效数字，后面的数字是无意义的，并不准确地表示该数。运行程序得到的 a 和 b 的值都是 12345678848.000000，可以看到，前 8 位是准确的，后几位是不准确的，把 20 加在后几位上，是无意义的。应当避免将一个很大的数和一个很小的数直接相加或相减，否则就会丢失小的数。

【例 2-10】 实型数据的有效位数。

```c
#include<stdio.h>
int  main()
{
     float a;
     double b;
     a=12345.67888;
     b=12345.6788888888;
     printf("%f\n%f\n",a,b);
     return 0;
}
```

程序运行结果：

```
12345.678711
12345.678889
```

从本例可以看出，由于 a 是单精度浮点型，有效位数只有 7 位。而整数已占 5 位，故小数点 2 位之后均为无效数字。b 是双精度型，有效位为 16 位。但 Visual C++ 6.0 规定小数点后最多保留 6 位，其余部分四舍五入。

3．字符型变量

字符变量用来存储字符常量，即单个字符。由于存放的是相应字符的 ASCII 码，故也可以用来存放 8 位的二进制数，见表 2-4，字符变量的类型说明符是 char。

表 2-4　字符类型存储空间和值的范围

类型说明符（关键字）	字节数	值域
char	1	−128～127
signed char	1	−128～127
unsigned char	1	0～255

字符变量类型定义的格式和书写规则都与整型变量相同。例如：

```c
char a,b;
```

每个字符变量被分配 1B 的内存空间，因此只能存放一个字符。字符值是以 ASCII 码的形式存放在变量的内存单元之中的。

例如，x 的十进制 ASCII 码是 120，y 的十进制 ASCII 码是 121。对字符变量 a,b 赋予 'x' 和 'y' 值：

```c
a='x';
```

```
b='y';
```

实际上是在 a、b 两个存储单元内存放 120 和 121 的二进制代码，如图 2-5 所示。

所以也可以把它们看成是整型量。C 语言允许对整型变量赋以字符值，也允许对字符变量赋以整型值。在输出时，允许把字符变量按整型量输出，也允许把整型量按字符量输出。

【例 2-11】 字符变量的溢出。

```
#include<stdio.h>
int  main()
{
    int a;
    char b;
    a=321;
    b=321;
    printf("a=%d,b=%c\n",a,b);
    return 0;
}
```

程序运行结果：

```
a=321,b=A
```

整型变量占 2B，字符变量为 1B，当整型量按字符型量处理时，只将低 8 位参与处理，如图 2-6 所示，变量 b 中存放了 321 的低 8 位，转换为十进制后 65，按%c 的格式输出所对应的字符 A。

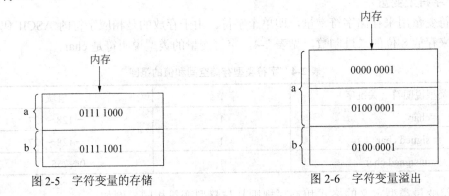

图 2-5 字符变量的存储   图 2-6 字符变量溢出

【例 2-12】 向字符变量赋以整数。

```
#include<stdio.h>
int  main()
{
    char a,b;
    a=120;
    b=121;
    printf("%c,%c\n",a,b);
```

```
    printf("%d,%d\n",a,b);
    return 0;
}
```

程序运行结果：

```
x,y
120,121
```

本程序中定义 a、b 为字符型，但在赋值语句中赋以整型值。从结果看，a、 b 值的输出形式取决于 printf()函数格式串中的格式符，当格式符为 "c" 时，对应输出的变量值为字符，当格式符为 "d" 时，对应输出的变量值为整数。

【例 2-13】 字符型变量的运算。

```
#include<stdio.h>
int  main()
{
    char a,b;
    a='a';
    b='b';
    a=a-32;
    b=b-32;
    printf("%c,%c\n%d,%d\n",a,b,a,b);
    return 0;
}
```

程序运行结果：

```
A,B
65,66
```

本例中，a、b 被说明为字符变量并赋予字符值，C 语言允许字符变量参与数值运算，即用字符的 ASCII 码参与运算。由于大小写字母的 ASCII 码相差 32，因此运算后把小写字母换成大写字母。然后分别以整型和字符型输出。

4．sizeof ()运算符

sizeof()是 C 语言的一种单目操作符，不是函数。sizeof()操作符以字节形式给出了其操作对象的存储大小。操作对象可以是一个表达式或括在括号内的类型名。操作数的存储大小由操作数的类型决定。

sizeof()的使用方法如下。

（1）用于数据类型。

形式如下：

```
sizeof(类型名)
```

（2）用于变量。

形式如下：

```
sizeof（变量名）或 sizeof   变量名
```

变量名可以不用括号括住。如已定义变量 a 为整型，sizeof(a), sizeof   a 都是正确形式。带括号的用法更普遍，大多数编程人员采用这种形式。

【例 2-14】 使用 sizeof()运算符，显示当前编译系统给各种量分配的字节数。

```
#include <stdio.h>
int  main()
{
    double f=3;
    printf("%d ",sizeof(int));
    printf("%d ",sizeof(long));
    printf("%d ",sizeof(float));
    printf("%d ",sizeof(double));
    printf("%d ",sizeof(char));
    printf("%d ",sizeof(5));
    printf("%d ",sizeof(5.2));
    printf("%d ",sizeof(5.2f));
    printf("%d ",sizeof(f));
    printf("%d\n",sizeof(f+5));
    return 0;
}
```

程序运行结果：

```
4 4 4 8 1 4 8 4 8 8
```

在本例中，将 sizeof()运算写在 printf()函数的输出参数列表中，为的是将 sizeof()运算的结果直接输出，不同的编译系统，输出的结果可能不一致，也就证实了之前所说，不同的编译系统给相同类型的变量分配的字节数不一定相同。

【同步练习】 如果将例 2-10 最后一条输出语句改为

```
printf(" %f\n%.15f\n",a,b);
```

输出结果是什么？为什么会这样？

2.6 运算符与表达式

2.6.1 常用的运算符与表达式

1. 运算符

运算符可以有一个或多个字符组成，表示各种运算。根据参与运算操作数的个数，运算符可以分为单目运算符、双目运算符和三目运算符。

C 语言中的运算符主要分为以下几类。

（1）算术运算符：用于各类数值运算，包括加（+）、减（-）、乘（*）、除（/）、求余（或称模运算，%）、自增（++）和自减（--），共 7 种。

（2）关系运算符：用于比较运算，包括大于（>）、小于（<）、等于（==）、大于等于（>=）、小于等于（<=）和不等于（!=），共 6 种。

（3）逻辑运算符：用于逻辑运算，包括与（&&）、或（||）和非（!），共 3 种。

（4）位操作运算符：参与运算的量，按二进制位进行运算，包括位与（&）、位或（|）、位非（~）、位异或（^）、左移（<<）和右移（>>），共 6 种。

（5）赋值运算符：用于赋值运算，分为简单赋值（=）、复合算术赋值（+=、—=、*=、/=和%=）、复合位运算赋值（&=、|=、^=、>>=和<<=）3 类，共 11 种。

（6）条件运算符：唯一一个三目运算符，用于条件求值（?:）。

（7）逗号运算符：用于把若干个表达式组合成一个表达式（,）。

（8）指针运算符：用于取内容（*）和取地址（&）两种运算。

（9）求字节数运算符：用于计算数据类型所占字节数（sizeof）。

（10）特殊运算符：包括括号（( )）、下标（[]）、成员运算符（ . 、–>）、强制类型转换运算符（(类型)）。

2. 表达式

表达式是由常量、变量、函数等通过运算符连接起来的一个有意义的式子。一个常量、一个变量、一个函数都可以看成一个特殊的表达式。一个表达式代表一个具有特定数据类型的具体值。

表达式的求值过程实际上是一个数据加工的过程。通过各种不同的运算符实现不同的数据加工。表达式代表了一个具体值，在计算这个值时，要根据表达式中各个运算符的优先级和结合性，按照优先级高低，从高到低进行表达式的运算，对同级别的优先级按照该运算符的结合性按从左向右或从右向左的顺序计算。同时，为了改变运算次序，可以采取加小括号的方式，因为小括号的优先级最高，以此提升某个运算的次序。

C 语言提供了以下类型的表达式：

算术表达式，例如：4*x+5;

赋值表达式，例如：y=12;

关系表达式，例如：4>2;

逻辑表达式，例如：x>3||y<6;

条件表达式，例如：x>y?x:y;

逗号表达式，例如：x=11,y=25,z=5;

位表达式，例如：x>>3;

指针表达式，例如*p。

2.6.2 赋值运算符与赋值表达式

1. 变量赋初值

变量赋初值是指定义变量的同时将值赋值给该变量，以便使用变量。C 语言程序中可有多种方法为变量提供初值。本节先介绍在变量定义的同时给变量赋以初值的方法。这种方法称为初始化。

在变量定义中赋初值的一般形式如下：

类型说明符 变量 1=值 1,变量 2=值 2,…,变量 n=值 n;

例如:

```
int a=3;
int b,c=5;
float x=3.2,y=3,z=0.75;
char ch1='K',ch2='P';
```

注意:在定义中不允许连续赋值,例如 a=b=c=5 是不合法的。

【例 2-15】 为多个相同类型变量赋初值。

```
#include<stdio.h>
int main()
{
    int a=3,b,c=5;
    b=a+c;
    printf("a=%d,b=%d,c=%d\n",a,b,c);
    return 0;
}
```

程序运行结果:

```
a=3,b=8,c=5
```

2. 自动类型转换

变量的数据类型是可以转换的。转换的方法有两种,一种是自动转换,一种是强制转换。自动转换发生在不同数据类型的量混合运算时,由编译系统自动完成。自动转换遵循以下规则:

(1)若参与运算量的类型不同,则先转换成同一类型,然后进行运算。

(2)转换按数据长度增加的方向进行,以保证精度不降低。例如 int 型和 long 型数据在运算时,先把 int 量转成 long 型后再进行运算。

(3)所有的浮点运算都是以双精度进行的,即使仅含 float 单精度量运算的表达式,也要先转换成 double 型,再做运算。

(4)char 型和 short 型参与运算时,必须先转换成 int 型。

(5)在赋值运算中,赋值号两边量的数据类型不同时,赋值号右边量的类型将转换为左边量的类型。如果右边的数据类型长度大于左边长度时,将丢失一部分数据,这样会降低精度,丢失的部分按四舍五入向前舍入。

图 2-7 展示了类型自动转换的规则。

【例 2-16】 自动类型转换应用实例。

```
#include<stdio.h>
int main()
{
    float pi=3.14159;
```

```
    int s,r=5;
    s=r*r*pi;
    printf("s=%d\n",s);
    return 0;
}
```

运行结果：

```
s=78
```

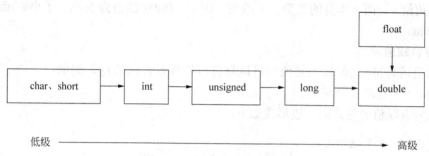

图 2-7   C 语言自动转换规则

本例程序中，pi 为实型；s、r 为整型。在执行 s=r*r*pi 语句时，r 和 pi 都转换成 double 型计算，结果也为 double 型。但由于 s 为整型，故赋值结果仍为整型，舍去了小数部分。

3. 强制类型转换

在 C 语言中，可以通过强制类型转换运算符将一个表达式的值转换成所需的数据类型。其一般形式如下：

(类型说明符) (表达式)

例如：

```
(double) a              /*把 a 转换为浮点型*/
(int)(x+y)              /*把 x+y 的结果转换为整型*/
(float)(x/y)            /*把 x/y 的结果转换为单精度浮点型*/
```

注意：类型说明符和表达式都必须加括号(单个变量可以不加括号)，如果把(float)(x/y)写成 (float)x/y 则成了把 x 转换成 float 型之后再与变量 y 相除。

无论是强制转换还是自动转换，都只是为了本次运算的需要而对变量的数据长度进行的临时性转换，并没有改变原变量的数据类型。

【例 2-17】 强制类型转换应用实例。

```
#include<stdio.h>
int  main()
{
    float x=5.8;
    int y;
    y=(int)x;
    printf("x=%f y=%d\n",x,y);
```

```
        return 0;
}
```

程序运行结果：

```
x=5.800000
y=5
```

本例表明，虽然 x 被强制转为 int 型，但是只在运算中起作用，是临时地将 x 的值转换为整型赋值给 y，而 x 本身的类型并不改变。因此，(int)x 的值为 5(删去了小数)而 f 的值仍为 5.800000。

4．复合赋值符

在赋值运算符=之前加上其他二目运算符可构成复合赋值符。例如+=、-=、*=、/=、%=、<<=、>>=、&=、^=和|=。

构成复合赋值表达式的一般形式如下：

变量　双目运算符=表达式

说明：刚开始接触复合赋值表达式的读者，理解可能有点困难，它与普通赋值表达式转化规律如下。

（1）如果复合赋值运算符后面的表达式是简单的变量或常量，则直接按下面形式转化：

变量=变量　运算符　表达式

例如：

```
a+=5          /*等价于 a=a+5*/
x-=y          /*等价于 x=x-y*/
```

（2）如果复合赋值运算符后面的表达式不是简单的变量或常量，则直接按下面形式转化：

变量=变量　运算符　（表达式）

例如：

```
x*=y+7        /*等价于 x=x*(y+7)*/
r%=p-15       /*等价于 r=r%(p-15) */
```

复合赋值符这种写法，有利于编译处理，能提高编译效率并产生质量较高的目标代码。

【例2-18】 复合的赋值运算实例。

```
#include <stdio.h>
int  main()
{
    int x=6;
    x+=x-=x*x;
    printf("x=%d\n",x);
    return 0;
```

```
}
```

程序运行结果：

```
x=-60
```

本例的关键是求解 x+=x-=x*x 表达式的值，根据赋值运算的右结合性，首先是 x-=x*x，然后是 x-=36，继续 x=x-36，x=-30，x+=-30，x=-30-30 最终 x 的值为-60。

x+=x-=x*x;可以转化为以下两条等价语句：

```
x=x-x*x;
x=x+x;
```

2.6.3　算术运算符与算术表达式

1. 基本的算术运算符

加法运算符（+）：加法运算符为双目运算符，即应有两个量参与加法运算。例如 a+b,4+9 等。具有左结合性。

减法运算符（-）：减法运算符为双目运算符。需要注意的是，"-"也可作负值运算符，此时为单目运算，例如-x,-5 等具有左结合性。

乘法运算符（*）：双目运算，具有左结合性。

除法运算符（/）：双目运算具有左结合性。参与运算量均为整型时，结果也为整型，舍去小数。如果运算量中有一个是实型，则结果为双精度实型。

【例 2-19】　除法运算的特性。

```
#include<stdio.h>
int  main()
{
    printf("%d, %d\n",16/7,-19/7) ;
    printf("%f, %f\n",20.0/7,-20.0/7) ;
    return 0;
}
```

程序运行结果：

```
2,-2
2.857143,-2.857143
```

本例程序中，16/7 和-19/7 的结果均为整型，小数全部舍去。而 20.0/7 和-20.0/7 由于有实数参与运算，因此结果也为实型。

求余运算符（模运算符）%：双目运算，具有左结合性。要求参与运算的对象均为整型。求余运算的结果等于两数相除后的余数。

【例 2-20】　求余数。

```
#include<stdio.h>
int main()
```

```
{
    printf("%d\n",23%5);
    printf("%d\n",(-23)%5);
    printf("%d\n",23%(-5));
    return 0;
}
```

程序运行结果：

```
3
-3
3
```

说明：求余运算的结果的正负符号与被除数符号相同。

2. 算术表达式和运算符的优先级和结合性

算术表达式：用算术运算符和括号将运算对象(也称操作数)连接起来的、符合 C 语法规则的式子。表达式求值按运算符的优先级和结合性规定的顺序进行。单个的常量、变量、函数可以看作是表达式的特例。

算术表达式是由算术运算符和括号连接起来的式子。

以下是算术表达式的例子：

```
x+4*y
(x+y)/z
(x+z)*8-(a+b)/7
++I
cos(x)+sin(y)
```

运算符的优先级：C 语言中，运算符的运算优先级共分为 15 级，详见表 2-5。1 级最高，15 级最低。在表达式中，优先级较高的先于优先级较低的进行运算。而在一个运算量两侧的运算符优先级相同时，则按运算符的结合性所规定的结合方向处理。

表 2-5　运算符的优先级和结合性

优 先 级	运　算　符	结 合 性
1	( ) [ ] -> .	左结合
2	! ~ ++ -- + - * & sizeof	右结合
3	* / %	左结合
4	+ -	左结合
5	<< >>	左结合
6	<= < >= >	左结合
7	== !=	左结合
8	&	左结合
9	^	左结合
10			左结合
11	&&	左结合

优 先 级	运 算 符	结 合 性
12	||	左结合
13	? :	右结合
14	= += -= *= /= %= <<= >>= &= ^= |=	右结合
15	,	左结合

运算符的结合性：C 语言中各运算符的结合性分为两种，即左结合性（自左至右）和右结合性（自右至左）。例如算术运算符的结合性是自左至右，即先左后右。例如，有表达式 x-y+z，则 y 应先与-号结合，执行 x-y 运算，然后再执行+z 的运算。这种自左至右的结合方向就称为"左结合性"。而自右至左的结合方向称为"右结合性"。最典型的右结合性运算符是赋值运算符。例如 x=y=z，由于"="的右结合性，应先执行 y=z 再执行 x=(y=z) 运算。C 语言运算符中大多数是左结合性，只有少量的右结合性运算符，应注意区别，以避免理解错误。

3. 自增自减运算符

自增自减运算符：自增运算符为"++"，其功能是使变量的值自增 1；自减运算符为"--"，其功能是使变量值自减 1；自增 1，自减 1 运算符均为单目运算，都具有右结合性。可有以下几种形式：

```
++i      /*变量 i 的值自增 1 后再参与其他运算*/
--i      /*变量 i 的值自减 1 后再参与其他运算*/
i++      /*变量 i 的值参与运算后，i 的值再自增 1*/
i--      /*变量 i 的值参与运算后，i 的值再自减 1*/
```

在理解和使用上容易出错的是 i++和 i--。特别是当它们出在较复杂的表达式或语句中时，常常难于弄清，因此应仔细分析。

【例 2-21】 自增自减运算实例。

```
#include<stdio.h>
int  main()
{
    int i=9;
    printf("%d\n",++i);
    printf("%d\n",--i);
    printf("%d\n",i++);
    printf ("%d\n",i--);
    return 0;
}
```

程序运行结果：

```
10
9
9
10
```

i 的初值为 9，函数体内第 2 行 i 加 1 后输出故为 10；第 3 行减 1 后输出故为 9；第 4 行输出 i 为 9，之后再将 i 的值加 1(i 为 10)；第 5 行输出 i 为 10。

说明：在实际开发软件时，为了使程序易读，应避免将自增自减运算符写在复杂的表达式中。

2.6.4 条件运算符与条件表达式

条件运算符（?:）是一个三目运算符，即有 3 个参与运算的对象。

条件表达式的一般形式如下：

表达式 1?表达式 2：表达式 3

条件表达式的求值规则为，先求解表达式 1，如果表达式 1 的值为真，则将表达式 2 的值作为条件表达式的值；否则将表达式 3 的值作为整个条件表达式的值。

例如：

```
max=(a>b)?a:b;
```

执行该语句的语义是，若 a>b 为真，则把 a 的值赋给 max，否则把 b 的值赋给 max。

使用条件表达式时，应注意以下几点。

（1）条件运算符的运算优先级低于关系运算符和算术运算符，但高于赋值符。例如：

```
max=(a>b)?a:b
```

可以去掉括号后写为

```
max=a>b?a:b
```

（2）条件运算符 "?" 和 "："是一对运算符，不能分开单独使用。

（3）条件表达式中的表达式 1、表达式 2、表达式 3 也可以是条件表达式嵌套使用，使用时需注意条件运算符的结合方向是右结合。

例如：

```
a>b?a:c>d?c:d
```

应理解为

```
a>b?a:(c>d?c:d)
```

【例 2-22】 输入两个整数，输出其中大值。

```
#include<stdio.h>
int  main()
{
    int a,b,max;
    printf("\ninput two numbers: ");
    scanf("%d%d",&a,&b);
```

```
        printf("max=%d",a>b?a: b);
        return 0;
}
```

程序运行结果：

```
input two numbers: 11 22✓
max=22
```

2.6.5 逗号运算符与逗号表达式

逗号运算符（,）的作用是将两个表达式连接起来，又称为"顺序求值运算符"。其优先级别最低，左结合性。

逗号表达式的一般形式如下：

表达式 1,表达式 2,…,表达式 n

逗号表达式的求解过程是，从左至右，依次计算各表达式的值，最后一个表达式的值为逗号表达式的值。

例如：

```
int a,b,c;          /*此处的逗号是分隔符，不是逗号运算符*/
a=1,b=2,c=3;        /*逗号表达式，给变量a,b,c依次赋值，逗号表达式的值是3*/
```

【例 2-23】 逗号运算符举例。

```
#include<stdio.h>
int main()
{
    int a=5,b,x,y;
    a=3*5,a*4;
    b=2+a,3+5;
    x=(1+3,4+6);
    y=3&&!x,b>a;
    printf("a=%-5db=%-5d\nx=%-5dy=%-5d\n",a,b,x,y);
    return 0;
}
```

程序运行结果：

```
a=15    b=17
x=10    y=0
```

本例中对 a、b 求解值的两个表达式语句，赋值运算符的优先级别高于逗号运算符，因此应先求解 a=3*5，经计算和赋值后得到 a 的值为 15，然后求解 a*4，得 60 即逗号表达式"a=15,a*4"的值为 60，同理求得 b 的值为 2+a 的值 17；求解 x 的值，赋值符号右侧为一个小括号括起来的整体，应先计算出"1+3,4+6"表达式的值为 10，再将 10 赋给 x；求解 y

的值与求解 a、b 值同理，表达式 3&&!x 的值为 0，故 y 的值为 0。

2.6.6 位运算符与位表达式

C 语言的位运算是指在 C 语言中能进行二进制位的运算。位运算包括位逻辑运算和移位运算，位逻辑运算能够方便地设置或屏蔽内存中某个字节的一位或几位，也可以对两个数按位相加等；移位运算可以对内存中某个二进制数左移或右移几位等。在计算机用于检测、控制领域和简单数据加密中都要用到位运算的知识，运算符如表 2-6 所示。

表 2-6 位运算符

运算符	含义	类型	优先级	结合性	举例
~	取反	单目	高	从右向左	~a
<<,>>	左移、右移	双目	↓	从左向右	a<<1, b>>2
&	按位与	双目	↓	从左向右	a&b
^	按位异或	双目	↓	从左向右	a^b
|	按位或	双目	低	从左向右	a|b

说明：

① 位运算量 a，b 只能是整型或字符型的数据，不能为实型数据。

② 长度不同的数据进行位运算时，系统先将两者的右端对齐，短的运算对象若是有符号数则按符号位扩展，若是无符号数则按 "0" 扩展。

③ 位运算符中除按位取反运算符（~）为单目运算符外，其他均为双目运算符，即要求运算符的两侧各有一个运算量。

1. 按位与运算

按位与运算符（&）是双目运算符。其功能是参与运算的两数各对应的二进位相与。只有对应的两个二进位均为 "1" 时，结果位才为 "1"，否则为 "0"。参与运算的数以补码方式出现。

例如：9&5 可写算式如下：

```
      00001001        (9 的二进制补码)
  &   00000101        (5 的二进制补码)
      00000001        (1 的二进制补码)
```

可见 9&5=1。

按位与运算通常用来对某些位清 "0" 或保留某些位。例如把 a 的高 8 位清 "0"，保留低 8 位，可进行 a&255 运算（255 的二进制数为 0000000011111111）。

【例 2-24】 按位与运算举例。

```c
#include "stdio.h"
int main()
{
    int a=9,b=5,c;
    c=a&b;
    printf("a=%d b=%d c=%d\n",a,b,c);
```

```
    return 0;
}
```

程序运行结果:

```
a=9  b=5  c=1
```

2. 按位或运算

按位或运算符（|）是双目运算符。其功能是参与运算的两数各对应的二进位相或。只要对应的两个二进位有一个为"1"时，结果位就为"1"。参与运算的两个数均以补码出现。

例如：9|5 可写算式如下：

```
  00001001
| 00000101
  00001101          （十进制为 13）
```

可见 9|5=13

【例 2-25】 按位或运算举例。

```
#include "stdio.h"
int  main()
{
    int a=9,b=5,c;
    c=a|b;
    printf("a=%d b=%d c=%d\n",a,b,c) ;
    return 0;
}
```

程序运行结果:

```
a=9  b=5  c=13
```

3. 按位异或运算

按位异或运算符（^）是双目运算符。其功能是参与运算的两数各对应的二进位相异或，当两对应的二进位相异时，结果为"1"。参与运算数仍以补码出现，例如9^5可写成算式如下：

```
  00001001
^ 00000101
  00001100          （十进制为 12）
```

【例 2-26】 按位异或运算举例。

```
#include "stdio.h"
int  main()
{
    int a=9;
    a=a^5;
    printf("a=%d\n",a);
    return 0;
```

```
}
```

程序运行结果：

```
a=12
```

4．求反运算

求反运算符（~）为单目运算符，具有右结合性。其功能是对参与运算的数的各二进位按位求反。

例如~9 的运算为~（0000000000001001），结果为 1111111111110110。

5．位逻辑运算符在计算机检测、控制领域的一些用途

（1）判断一个数据的某一位是否为"1"。例如判断一个整数 a（占 2B 空间）的最高位是否为"1"，可以设一个与 a 同类型的测试变量 test，test 的最高位为"1"，其余位均为"0"，即 int test=0x8000。根据"按位与"运算规则，只要判断位逻辑表达式 a&test 的值就可以了。如果表达式的值为 test 本身的值（即 0x8000），则 a 的最高位为"1"；如果表达式的值为"0"，则 a 的最高位为"0"。

例如 0100010011111110&1000000000000000=0 说明最高位为"0"；

1100010011111110&1000000000000000=1000000000000000 说明最高位为"1"。

（2）留一个数据中的某些位。如果要保留整数 a 的低字节，屏蔽掉其高字节，只需要将 a 和 b 进行按位与运算即可，其中 b 的高字节每位置"0"，低字节每位置"1"，即 int b=0xff。

例如 00101010 01010010&00000000 11111111=00000000 01010010。

（3）把一个数据的某些位置"1"。如果把 a 的第 10 位置"1"，而且不要破坏其他位，可以对 a 和 b 进行"按位或"运算，其中 b 的第 10 位置"1"，其他位置"0"，即 int b=0x400。

例如 00100000 01010010|00000010 00000000=00100010 01010010。

（4）把一个数据的某些位翻转，即"1"变为"0"，"0"变为"1"。如要把 a 的奇数位翻转，可以对 a 和 b 进行"按位异或"运算，其中 b 的奇数位置"1"，偶数位置"0"，即 int b=0xaaaa。

例如 00000000 01010010^01010101 01010101=01010101 00000111。

（5）交换两个值，不用临时变量。例如 a=3，b=4。想将 a 和 b 的值互换，可以用以下 3 条赋值语句实现：

```
a=a^b;    /*即 a=3^4=7*/
b=b^a;    /*即 b=4^7=3*/
a=a^b;    /*即 a=7^3=4*/
```

6．左移运算

左移运算符（<<）是双目运算符。其功能把<<左边的运算数的各二进位全部左移若干位，由<<右边的数指定移动的位数，高位丢弃，低位补"0"。

例如：

```
a=a<<2
```

则 a<<2 的过程是

```
00100001<<2=10000100
```

将 a 的二进制数左移 2 位，即高位（左）的两个 "0" 丢弃，低位（右）补两个 "0"。若 a=15，即二进制数 00001111，左移 2 位得 00111100，即十进制数 60（为简单起见，规定用 8 位二进制数表示十进制数 15，如果用 16 位表示，结果是一样的）。即高位左移后溢出，舍弃不起作用。

左移 1 位相当于该数乘以 2，左移 2 位相当于该数乘以 2*2=4。

上面举的例子 15<<2=60，即乘了 4。但此结论只适用于该数左移时被溢出舍弃的高位中不包含 "1" 的情况。例如，假设以 1B（8b）空间存一个整数，若 a 为无符号整型变量，则 a=64 时，左移一位时溢出的是 "0"，而左移 2 位时，溢出的高位中包含 "1"。左移比乘法运算快得多，有些 C 编译程序自动将乘 2 的运算用左移一位来实现，将乘以 2^n 的幂运算处理为左移 n 位。

7. 右移运算

右移运算符>>是双目运算符。其功能是把>>左边的运算数的各二进位全部右移若干位，">>"右边的数指定移动的位数。移到右端的低位被舍弃，对无符号数，高位补 "0"。例如当 a=017 时，a 二进制为 00001111，a>>2 为 0000001111，后二位舍弃。

右移一位相当于除以 2，右移 n 位相当于除以 2^n。在右移时，需要注意符号位问题。对无符号数，右移时左边高位移入 "0"。对于有符号的值，如果原来符号位为 "0"（该数为正），则左边也是移入 "0"，如同上例表示的那样。如果符号位原来为 "1"（即负数），则左边移入 "0" 还是 "1"，要取决于所用的计算机系统。有的系统移入 "0"，有的移入 "1"。移入 "0" 的称为 "逻辑右移"，即简单右移。移入 "1" 的称为 "算术右移"。例如，a 的值为八进制数 113755，则

```
a: 1001011111101101
a>>1: 0100101111110110(逻辑右移时)
a>>1: 1100101111110110(算术右移时)
```

在有些系统中，a>>1 得八进制数 045766，而在另一些系统上可能得到的是 145766。Turbo C 和其他一些 C 编译采用的是算术位移，即对有符号数右移时，如果符号位原来为 "1"，左面移入高位的是 "1"。

【例 2-27】 移位运算。

```c
#include "stdio.h"
int  main()
{
    unsigned a,b;
    printf("input a number:    ");
    scanf("%d",&a);
    b=a>>5;
    b=b&15;
    printf("a=%d\tb=%d\n",a,b);
    return 0;
}
```

程序运行结果：

```
input a number:  12↙
a=12    b=0
```

2.7　常见的数学函数与表达式

C 程序由一系列函数构成，C 函数分为标准函数和自定义函数两类，本书介绍部分常见函数，如数学函数、字符串函数、字符函数、文件函数等，其中自定义函数将在第 6 章函数中介绍，本节只介绍数学函数，其他函数将在后续章节介绍。

C 程序中要使用某个标准函数，必须在程序首部包括它相应的头文件（扩展名为.h，在 C 软件系统的 include 文件夹下）。作为初学者，要记住常用的数学函数是必要的，如表 2-7 所示。当程序中要是这些数学函数时，系在程序的首部包括头文件：

```
#include <math.h>
```

表 2-7　常用的数学函数

数学形式	C 程序形式	说　　明
$|x|$	abs(x)	求整数的绝对值，参数类型是 int，返回值类型是 int
$|x|$	fabs(x)	求实数绝对值，参数类型是 double，返回值类型是 double
$\sqrt{x}$	sqrt(x)	数学函数定义域与数学相同，参数类型为 double，返回值类型是 double
e^x	exp(x)	
$\ln x$	log(x)	
$\lg x$	log10(x)	
x^y	pow(x,y)	
10^x	pow10(x)	
$\sin x$	sin(x)	数学函数定义域与数学相同，参数类型为 double（按照弧度衡量的），返回值类型是 double
$\cos x$	cos(x)	

【例 2-28】　2016 年我国国内生产总值（GDP）是 74.4 万亿元，假如每年以 6.7%年增长率，则 10 年后我国的国内生产总值是多少？

编程提示：可以用国内生产总值连续乘以 10 个（1+0.067）计算，比较麻烦，直接使用 pow()函数就简单多了。

```
#include <stdio.h>
#include <math.h>
int  main()
{
    double gdp=74.4,r=0.067;
    gdp=gdp*pow(1+0.067,10);
    printf("10 年后的国内生产总值:  %6.1lf 万亿元",gdp);
    return 0;
```

}

程序运行结果：

10 年后的国内生产总值： 142.3 万亿元

使用库函数可以简化程序设计，读者要多了解 C 语言软件系统提供哪些功能的库函数（最好能记住常用的库函数，对于不常用的，只要知道有哪一类功能的函数即可，使用时再查询），以备程序设计时查询使用。

2.8　顺序结构程序设计

计算机语言提供了 3 种基本控制结构：顺序结构、分支结构、循环结构。由于使用这 3 种结构可以解决任何复杂问题，而且编写的程序清晰易于理解，所以提倡使用这 3 种结构编写程序。其中分支结构、循环结构将在后续章节介绍。顺序结构程序设计就像流水线作业一样按顺序执行语句。

2.8.1　C 语句

C 语句是用来向计算机系统发出指令，一条语句经过编译将产生若干条机器指令，计算机系统通过执行这些机器指令来完成程序员通过程序设计要计算机所完成的任务。C 语句大致可以分为以下 5 类。

1. 表达式语句

表达式语句就是在表达式最后加上一个分号（;）组成。一个表达式语句必须在最后出现分号，分号是表达式语句不可缺少的一部分。

其一般形式如下：

表达式;

表达式语句举例如表 2-8 所示。

表 2-8　表达式语句举例

表达式	表达式语句	说　　明
x=12(赋值表达式)	x=12;(赋值语句)	将 12 的值赋值给 x
a+b(算术表达式)	a+b;(算术表达式语句)	计算 a+b 的值，但由于无法再程序中使用，没有实际意义
i++(自增表达式)	i++;(自增表达式语句)	表示 i 的值加 1

2. 函数调用语句

由函数名、实际参数加上分号（;）组成。其一般形式如下：

函数名(实际参数表);
printf("%d",max);   /*函数调用语句*/

3. 控制语句

控制语句用于控制程序的流程。C 程序有 9 种控制语句，可分为以下 3 类控制语句：

① 条件语句： if 语句和 switch 语句。

② 循环语句：while 语句、do … while 语句和 for 语句。

③ 转向语句：break 语句、continue 语句、return 语句、goto 语句和 return(从函数返回)语句。

4. 复合语句

在形式上，用一对花括号（{ }）将多条语句括起来组合在一起，在语法上相当一个整体，称为复合语句。在功能上，复合语句是将多条语句组合在一起，实现一个特定的功能，常在分支结构和循环结构中使用复合语句。

例如：

```
int a=5,b=8,t;
if(a<b)
{
    a=t;
    a=b;
    b=t;
}
```

上述 3 条赋值表达式语句组成的一条复合语句，实现的功能是交换 a、b 两个变量值，与 if 条件语句组合在一起实现的功能是"使变量 a 的值大于变量 b 的值"。读者可以用 printf()函数输出 a、b 的值验证。

5. 空语句

只有一个分号（;）的语句，它什么也不做。有时在循环结构中使用，表示空循环。

```
for(i=1;i<20;i++)
    ;                        /*这个分号就是空语句*/
```

需要注意的是，空语句什么也不做，并不代表它没有什么用，它的作用就是用在需要等待或空转的程序中，比如在流水作业线的程序中，上游程序或软件还没有处理完数据，下游程序或软件必须等待（当然要设计时刻检查数据是否到达，一旦数据到达，结束等待进行数据处理）。

2.8.2 数据的输入输出

在第 1 章中简单介绍了 scanf()、printf()函数，本节较详细介绍其应用及 getchar(输入字符)、putchar(输出字符)函数。其中 scanf()、printf()函数是针对标准输入输出（键盘与显示器）进行格式化输入输出函数，由于它们在 stdio.h 中定义，所以在使用它们时，应使用下面的编译预处理命令将该文件包含到程序中。因为 printf()和 scanf()函数使用频繁，系统允许在使用这两个函数时可以不加。

```
#include <stdio.h>
```

或

```
#include "stdio.h"
```

其中，stdio.h 是 standard input&output 的缩写。

1. printf()函数（格式输出函数）

printf()函数所以称为格式输出函数，因其可以按用户指定的格式，把数据输出到显示器屏幕上。

printf()函数调用的一般形式如下：

```
printf ("格式控制字符串",输出表列);
```

其中"格式控制字符串"用于指定输出格式。"格式控制字符串"可由格式字符串和非格式字符串两种组成。格式字符串是以"%"开头的字符串，在"%"后面跟有各种格式字符，以说明输出数据的类型、形式、长度、小数位数等。例如："%d"表示按十进制整型输出；"%ld"表示按十进制长整型输出；"%c"表示按字符型输出等，如表 2-9 所示。

表 2-9　表示输出数据的类型

格式字符	意　　义
d	以十进制形式输出带符号整数（正数不输出符号）
o	以八进制形式输出无符号整数（不输出前缀零 0）
x、X	以十六进制形式输出无符号整数（不输出前缀 0X）
u	以十进制形式输出无符号整数
f	以小数形式输出单、双精度实数
e、E	以指数形式输出单、双精度实数
g、G	以%f 或%e 中较短的输出宽度输出单、双精度实数
c	输出单个字符
s	输出字符串

非格式字符串在输出时原样输出。

输出表列中给出了各个输出项，要求格式字符串和各输出项在数量和类型上应该一一对应。

【例 2-29】 以不同格式输出整型数据。

```c
#include<stdio.h>
int  main()
{
    int a=88, b=89;
    printf("%d %d\n", a, b);
    printf("%d,%d\n", a, b);
    printf("%c, %c\n", a, b);
    printf("a= %d, b=%d", a, b);
    return 0;
}
```

程序运行结果：

```
88 89
88, 89
X,Y
a=88,b=89
```

本例中 4 次输出了 a、b 的值，但由于格式控制串不同，输出的结果也不相同。第 1 条输出语句格式控制串中，两格式串%d 之间加了一个空格(非格式字符)，所以输出的 a、b 值之间有一个空格。第 2 条 printf()语句格式控制串中加入的是非格式字符逗号，因此输出的 a、b 值之间加了一个逗号。第 3 条 printf()语句的格式串要求按字符型输出 a、b 值。最后为了提示输出结果又增加了非格式字符串。

格式控制字符串的修饰符如表 2-10 所示。

表 2-10 格式控制字符串的修饰符

修饰符	意 义
m（代表一个正整数）	以宽度 m 输出数值，宽度不足 m 位时，向右对齐，左边补空格
n（代表一个正整数）	对实数，表示输出 n 位小数；对字符串，表示截取字符串个数
l	用于长整型整数，可加在格式符 d、o、x、u 前面
-	结果左对齐，右边补空格

下面列出了常用的格式控制形式。

（1）格式字符 d：以带符号的十进制整数形式输出。

① 常用形式有%d、%md、%-md 、%ld 等。

② %d 表示按整型数据的实际位数输出。

③ %md 表示输出数据位数，如果 m 小于数据的实际位数，按实际位数输出；当数据位数小于 m 时，结果右对齐，左边补空格。

④ %-md 表示数据宽度小于 m 时，连字符（-）要求结果左对齐，右边补空格。

⑤ %ld 中字母 l 用于长整型数据输出，还可以加在格式符 o,x,u 前面。

【例 2-30】 格式符 d 的使用。

```
#include "stdio.h"
int main()
{
    int n1=111;
    long n2=222222;
    printf("n1=%d,n1=%4d,n1=%-4d,n1=%2d\n",n1,n1,n1,n1);
    printf("n2=%ld,n2=%9ld,n2=%2ld\n",n2,n2,n2);
    return 0;
}
```

程序运行结果：

```
n1=111,n1=□111,n1=111□,n1=111
n2=222222,n2=□□□222222,n2=222222
```

分析程序运行结果，体会%d、%md、%-md、%l 格式控制的用法。

说明：为了方便读者阅读，本书在描述对齐方式时常用□代表一个空格。

（2）格式字符 f：以小数形式，输出单精度和双精度实数。

① 常用形式有%f、%m.nf、%-m.nf、%mf、%.nf 等。

② %f 按系统默认宽度输出实数。

③ %-m.nf 中 m 是正整数，表示数据最小宽度；n 是正整数，表示小数位数，m 和负号的用法与前面相同。

【例 2-31】 输出实数的有效位。

```
#include "stdio.h"
int main()
{
    float  x=11111.111,y =33333.333;
    printf("x+y=%f\n",x+y);
    return 0;
}
```

程序运行结果：

x+y=44444.443359

显然有效数字只有 7 位：44444.44。

【例 2-32】

```
#include "stdio.h"
int  main()
{
    float a=1234.444;
    printf("a=%f,a=%9.2f,a=%-9.2f,a=%.2f",a,a,a,a);
    return 0;
}
```

程序运行结果：

a=1234.443970,a=□1234.44,a=1234.44□,a=1234.44

分析程序运行结果，体会%f、%m.nf、%-m.nf、%.nf 格式控制的用法。

（3）格式字符 c：输出一个字符。

① 常用形式：%c。

② %c 以字符形式输出一个字符。

【例 2-33】 字符和整数的输出。

```
#include "stdio.h"
int main()
{
    char ch='a';
```

```
        int i=97;
        printf("ch=%c,i=%c\n", ch,i);   /*c,i 以字符形式输出*/
        printf("ch=%d,i=%d\n", ch,i);   /*c,i 以整数形式输出*/
        return 0;
    }
```

程序运行结果:

```
ch=a, i=a
ch=97,i=97
```

结论:整数可以用字符形式输出,字符也可以用整数形式输出。

说明:字符在内存是以 ASCII 码的形式存放,ASCII 码就是整数形式。所以它们之间根据需要可以相互转换。

(4)格式符 s:输出一个字符串。

① 常用形式有%s、%m.ns。

② %s 表示输出一个字符串。

③ %m.ns 中 m 是正整数,表示允许输出的字符串宽度;n 是正整数,表示对字符串截取的字符个数。

【例 2-34】 输出字符串。

```
#include "stdio.h"
int  main()
{
    printf("%s,%3s,%-9s\n","student","student","student");
    printf("%8.3s,%-8.3s,%3.4s\n","student","student ","student");
    return 0;
}
```

程序运行结果:

```
student, student, student□□
□□□□□stu, stu□□□□□, stud
```

其中□表示空格,分析程序运行结果,体会%s、%ms、%-ms、%m.ns -m.ns 格式控制的用法。

2. scanf()函数(格式输入函数)

scanf()函数称为格式输入函数,它可以按用户指定的格式从键盘上把数据输入到指定的变量中。

scanf()函数的一般形式如下:

```
scanf("格式控制字符串", 变量地址表);
```

功能:按"格式控制字符串"的要求,从键盘上把数据输入到变量中。

说明:

(1)格式控制字符串。格式控制字符串的作用与 print()函数类似,只是将屏幕输出的内容转换为键盘输入的内容。例如，普通字符在输出数据时是原样印在屏幕上，而在输入数据时，必须原样一起由键盘输入。

（2）变量地址。变量地址由地址运算符（&）后跟变量名组成。例如：&a 表示变量 a 的地址，本章已经介绍。

（3）变量地址表。变量地址表由若干个被输入数据的地址组成，相邻地址之间，用逗号分开。地址表中的地址，可以是变量的地址，也可以是字符数组名或指针变量。

（4）格式说明符，如表 2-11 所示。

表 2-11　格式说明符

格式字符	字符意义
d	输入十进制整数
o	输入八进制整数
x	输入十六进制整数
u	输入无符号十进制整数
f 或 e	输入实型数（用小数形式或指数形式）
c	输入单个字符
s	输入字符串

常用格式：d f c s

（5）数据输入格式。

① 如果相邻格式说明符之间，没有数据分隔符号（例如%d%d），则由键盘输入的数据间，可以用空格分隔（至少一个），或者用 Tab 键分隔，或者输入 1 个数据后按 Enter 键，然后再输入下一个数据。

例如：

```
scanf("%d%d",&x1,&x2);
```

如果给 x1 输入 11，给 x2 输入 33，则正确的输入操作为：

11□33✓

或者

11✓
33✓

② "格式控制字符串"中出现的普通字符，包括转义字符，需要原样输入。例如

```
scanf("%d,%d",&x1,&x2);
```

的输入格式为

```
11,33✓
scanf("%d : %d",&x1,&x2);
```

的输入格式为

```
11 : 33✓
scanf("x1=%d,x2=%d\n",&x1,&x2);
```

的输入格式为

```
x1=11, x2=33\n
```

这样的输入格式输入时很麻烦，最好不这样设计。

③ 输入数据时，遇到以下情况，该数据被认为输入结束：

- 遇到空格，或者按 Enter（回车）键，或者 Tab（跳格）键。
- 指定的输入宽度结束时。例如"%5d"，只取 5 列。
- 遇到非法输入。例如，输入数值数据时遇到非数值符号。
- 使用"%c"输入字符时，不要忽略空格的存在。例如：

```
scanf("%c%c ",&c1,&c2,);
printf("c1=%c,c2=%c \n",c1,c2);
```

如果输入：

```
□xy✓
```

则系统将空格赋值给 c1，字母'x'赋值给 c2。

使用 scanf()、printf()函数应该注意以下几点。

（1）如果需要实现人机对话的效果，设计数据输入格式时，可以先用 printf()函数输出提示信息，再用 scanf()函数进行数据输入。

例如，把

```
scanf("x1=%d,x2=%d\n",&x1,&x2);
```

改为

```
printf("x1="); scanf("%d",&x1);
printf("x2="); scanf("%d",&x2);
```

这样就可以有屏幕提示的效果了。

（2）格式输入输出函数的规定比较烦琐，但不要死记硬背，可以先掌握一些基本的规则，多上机操作，随着以后学习的深入，通过编写和调试程序逐步深入自然就掌握了。

3. getchar()函数

getchar()函数的一般形式如下：

```
getchar();
```

功能：从键盘上输入一个字符。

说明：

（1）getchar()函数只接收单个字符，数字也按字符处理。输入多于一个字符时，接收第一个字符。

（2）可以把输入的字符赋予一个字符变量或整型变量，构成赋值语句。

（3）使用本函数前必须包含文件 stdio.h。

4．putchar()函数

putchar()函数是单个字符输出函数，其一般格式如下：

```
putchar(ch);
```

功能：在显示器上输出字符变量 ch 的值。

说明：

（1）ch 可以是一个字符变量或常量，也可以是一个转义字符，对转义字符则执行控制功能，屏幕上不显示。

（2）putchar()函数用于单个字符的输出，一次只能输出一个字符。

（3）使用本函数前必须要用文件包含命令："#include <stdio.h>" 或 "#include "stdio.h""。

【例 2-35】 getchar()、putchar()函数的使用。

```
#include<stdio.h>
int  main()
{
    char c;
    printf("Please input two characters: \n");
    c=getchar();              /*输入一个字符,赋给 c */
    putchar(c);               /*显示上一条语句输入的字符*/
    putchar('\n');
    putchar(getchar());       /*输入一个字符，并输出*/
}
```

程序运行结果：

```
Please input two characters:
    ab✓
    a
    b
```

2.9　顺序结构程序举例

【例 2-36】 输入一个三位整数，将它分解成百位、十位、个位 3 个位数，例如输入 345，分解成 3、4 和 5。

方法 1：

编程提示：先分解出百位、再分解出十位、最后分解出个位。

```
#include "stdio.h"
int main()
{
```

```
    int a,bai,shi,ge;
    printf("输入一个3位整数: ");
    scanf("%d",&a);
    bai=a/100;
    shi=(a-bai*100)/10;
    ge=a-bai*100-shi*10;
    printf("\nbai=%d  shi=%d ge=%d\n",bai,shi,ge);
    return 0;
}
```

程序运行结果:

输入一个3位整数: 345✓
bai=3 shi=4 ge=5

方法2:

编程提示: 先分解出个位, 再分解出十位, 最后分解出百位。

```
#include "stdio.h"
int main()
{
    int a,bai,shi,ge;
    printf("输入一个3位整数: ");
    scanf("%d",&a);
    ge=a%10;
    shi=a/10%10;
    bai=a/100;
    printf("\nbai=%d  shi=%d ge=%d\n",bai,shi,ge);
    return 0;
}
```

程序运行结果:

输入一个3位整数: 345✓
bai=3 shi=4 ge=5

提示: 数字分解是程序设计中常用的方法, 在后续章节中将学习到分解任意输入的整数。

【例2-37】 输入两个整数赋值给变量 a 和 b, 输出变量 a 和 b 交换后的值。

方法1:

编程提示: 借助第 3 个变量实现 a,b 的值交换, 就像实现一杯水和一杯油交换杯子一样, 借助第 3 个杯子, 先把水倒入第 3 个杯子, 然后把油倒入以前盛水的杯子, 再从第 3 个杯子将水倒入以前盛油的杯子。

```
#include "stdio.h"
int main()
```

```
{
    int a,b,temp;
    printf("输入a,b的值: ");
    scanf("%d%d",&a,&b);
    temp=a;                        /*将a赋值给temp*/
    a=b;                           /*将b赋值给a*/
    b=temp;                        /*将temp中的原来a的值赋值给b实现互换*/
    printf("交换后a=%d  b=%d\n",a,b);
    return 0;
}
```

程序运行结果:

输入a,b的值: 5 8✓
交换后a=8 b=5

方法2:

编程提示: 利用加、减法的互为逆运算借助第3个变量实现两个变量值的交换。

```
#include "stdio.h"
int main()
{
    int a,b,temp;
    printf("输入a,b的值: ");
    scanf("%d%d",&a,&b);
    temp=a+b;           /*计算a、b的和赋值给temp*/
    a=temp-a;           /*利用加减的互为逆运算计算出b的值赋值给a*/
    b=temp-b;           /*利用加减的互为逆运算计算出a的值赋值给b,实现互换 */
    printf("交换后a=%d  b=%d\n",a,b);
    return 0;
}
```

程序运行结果:

输入a,b的值: 5 8✓
交换后a=8 b=5

方法3: 利用加、减法的互为逆运算不借助任何变量实现两个变量值的交换。

```
#include "stdio.h"
int main()
{
    int a,b;
    printf("输入a,b的值: ");
    scanf("%d%d",&a,&b);
    a=a+b;              /*计算a,b的和赋值给a,注意,原来a的值被覆盖*/
    b=a-b;              /*此a-b的值是原来的a的值,赋值给b*/
```

```
        a=a-b;              /*此时 a-b 的值是原来 b 的值，赋值给 a 实现交换*/
        printf("交换后 a=%d  b=%d\n",a,b);
        return 0;
}
```

程序运行结果：

```
输入 a,b 的值: 5 8↙
交换后 a=8  b=5
```

注意： 此题的关键是在计算出 "a=a-b;" 中 a 的值之前，a 中保存的是原来 a+b 的和。

提示：此外还可以利用异或运算实现不借助任何变量实现两个变量值的交换，可以在网上搜索相关内容。

【例 2-38】编写一个对整数加密解密的程序，例如输入数字"1234"，输入密码"56789"，输出加密后的数字，再次输入密码"56789"，将加密后的数字解密出来是"1234"，如果输入错密码，解密出来的不是原来的数字"1234"。

编程提示：利用异或运算进行加密解密，加密解密原理：将需要加密的内容看作 a，密钥看作 b，a^b 等于加密后的内容 c；解密时只需要将 c^b=b。如果没有密钥，就不能正确解密！

```
#include <stdio.h>
int main()
{
        int a,b=345,c;  /*a 待加密的整数,b 为密码,c 存储加密后的数*/
        printf("输入要加密的数字：");
        scanf("%d",&a);
        printf("输入数字密码：");
        scanf("%d",&b);
        c=a^b;/**/
        printf("输出加密后数字：%d",c);
        printf("\n 输入数字密码解密：");
        scanf("%d",&b);
        c=c^b;
        printf("解密加密前的数字：%d",c);
        return 0;
}
```

程序运行结果（输入正确的密码）：

```
输入要加密的数字: 1234↙
输入数字密码: 56789↙
输出加密后数字: 55559
输入数字密码解密: 56789↙
解密加密前的数字: 1234
```

程序运行结果（输入错误的密码）：

输入要加密的数字：1234↙
输入数字密码：56789↙
输出加密后数字：55559
输入数字密码解密：46789↙
解密加密前的数字：28610

提示：异或运算还可以对字符、汉字内容加密，如果读者感兴趣，可以在网上搜索相关内容。

【例2-39】 输入三角形的三边长，求三角形面积。

编程提示：已知三角形的三边长 a、b、c，则该三角形的面积公式可以使用海伦公式：

$$area=\sqrt{s(s-a)(s-b)(s-c)}$$

其中 $s=(a+b+c)/2$，其中开平方使用 sqrt()函数。

```c
#include <stdio.h>
#include <math.h>
int main()
{
    float a,b,c,s,area;
    scanf("%f,%f,%f",&a, &b,&c);      /*输入3个实数，分别赋值给a、b、c 3个变量*/
    s=1.0/2*(a+b+c);                  /*计算三角形的半周长，赋值给变量s*/
    area=sqrt(s*(s-a)*(s-b)*(s-c));   /*套用海伦公式，调用 sqrt 函数求平方根*/
    printf("a=%7.2f,b=%7.2f,c=%7.2f,s=%7.2f\n",a,b,c,s);
    printf("area=%7.2f\n",area);
    return 0;
}
```

程序运行结果：

```
6,7,8↙
a=□□□6.00,b=□□□7.00,c=□□□8.00,s=□□10.50
area=□□20.33
```

【例2-40】 随机产生一个4位的自然数，输出它的逆序数。

编程提示：在 Visual C++中，产生任意区间的整数要用到随机函数 rand()和种子函数 srand()；产生不重复的随机数要以时间为种子；数字分解可参考例2-36；最后重新组合成逆序数。

```c
#include <stdio.h>
#include <time.h>
int main()
{
    int x,y,qw,bw,sw,gw;
    srand(time(NULL));         /*以时间为种子产生不同的随机数*/
    x=rand()%9001+1000;        /*产生[1000 ,9999]之间的随机数*/
    printf("产生的随机数是：%d\n",x);
    ge=x%10;
```

```
shi=x/10%10;
bai=x/100%10;
qian=x/1000;
y=ge*1000+shi*100+bai*10+qian;
printf("生成的逆序数是：%d\n",y);
return 0;
}
```

程序运行结果：

产生的随机数：8484
生成的逆序数：4848

说明：由于是随机数，每次运行结果都一样。

2.10 综合实例：学生成绩管理程序（二）

在第 1 章学生成绩管理程序的基础上增加输入菜单选项功能。

编程提示：输入选项编号可以使用 scanf()、getchar()函数实现，不过由于 getchar()函数由于受到前面程序中回车控制符的影响，要用两个才能正常接收，本程序采用 scanf()函数输入选项编号。

```
#include <stdio.h>
int main()
{
    int choose;
    printf("        *****************************\n");
    printf("        *                           *\n");
    printf("        *        学生成绩管理程序       *\n");
    printf("        *                           *\n");
    printf("        *****************************\n");
    printf("        *        1.输入学生成绩        *\n");
    printf("        *        2.显示学生成绩        *\n");
    printf("        *        3.按学号查找成绩      *\n");
    printf("        *        4.查找最高分         *\n");
    printf("        *        5.插入学生成绩        *\n");
    printf("        *        6.按学号删除成绩      *\n");
    printf("        *        7.成绩排序           *\n");
    printf("        *        0.退出程序           *\n");
    printf("        *****************************\n");
    printf("        *      请输入选项编号（0~7）     *\n");
    printf("        *****************************\n");
    printf("        ");
    scanf("%d",&choose);
    printf("    你输入的选项编号：%d",choose);
```

```
    return 0;
}
```

程序运行结果测试：

输入选项 2 后回车，运行结果如图 2-8 所示。

图 2-8 学生成绩管理程序选项菜单

2.11 常见程序错误及解决方法

（1）忘记定义变量。

```
#include "stdio.h"
int main()
{
    x=1;
    printf("%d\n",x);
    return 0;
}
```

错误提示信息：error C2065: 'x': undeclared identifier（没有声明标识符 'x'，即没有定义变量 x）。

C 语言规定：所有的变量要先定义，后使用。

产生这种错误的原因如下：

① 变量的确没有定义，例如上例。

② 变量定义了，但使用是写错了，如将 x1 写成了 xl（说明：前一个是数字 1，后一个

是字母 l) 等。

改正的方法是在

```
x=1;
```

之前加上变量定义

```
int  x;
```

（2）变量没有赋值就引用。

例如：

```
#include "stdio.h"
int main()
{
    int x,y,z;
    z=x+y;
    printf("%d\n",z);
    return 0;
}
```

这个程序在编译时会给出警告，告诉你变量 x、y 没有赋值就使用了，如果要执行这个程序，输出的将是一个随机的值，在程序中变量要先赋值后再使用。

（3）变量赋值超过了该变量数据类型的取值范围。

例如：

```
#include "stdio.h"
int main()
{
    short i,j,k;
    i=100;
    j=1000;
    k=i*j;
    printf("%d\n",k);
    return 0;
}
```

这个程序在编译时不会产生任何问题，但运行时却得不到预期的结果，程序不会输出值 100 000，而是输出 –31 072，这是因为 short 变量的范围为 –32 768~32 767，而 100 000 已经超出了这个范围，高位被截断。如果需要计算较大的整数值，将变量定义成 int 型。

（4）将数学表达式改编成 C 语言算术表达式时，丢失了必要的括号。

如果数学表达式 $\dfrac{a+b}{c \cdot d}$ 写成了 a+b/c*d ，这实际上相当于 $a+\dfrac{b}{c} \cdot d$ 显然不对，所以代码正确的写法是

```
(a+b)/(c*d)
```

（5）语句的末尾忘记分号。

（6）向字符变量赋字符串值。

例如：

```
char x;
x="student";
```

字符型变量只能存放一个字符，而不能存放字符串。

本 章 小 结

本章介绍标识符、基本数据类型、常量与变量、运算符与表达式，常见的数学函数等 C 程序的基础知识，知识点比较多，建议读者不要机械记忆，而是要多练习，在应用中掌握。建议读者平时多看看附录中常见库函数并加以应用，提高程序设计能力。

要求读者：

掌握顺序结构程序设计的基本方法，在编写程序时要注重编程规范。

加强综合实例的研读与上机调试，逐步提高设计较大程序的能力。

总结常见错误，提高在调试程序中的改错纠错能力。

习 题 2

一、选择题

1. 若 m 为 float 型变量，则执行以下语句后的输出为（   ）。

```
m=1234.123;
printf("%-8.3f\n",m);
printf("%10.3f\n",m);
```

    A. 1234.123   B. 1234.123   C. 1234.123   D. –1234.123

      1234.123   –1234.123   1234.123   001234.123

2. 若 x、y、z 均为 int 型变量，则执行以下语句后的输出为（   ）。

```
x=(y=(z=10)+5)-5;
printf("x=%d,y=%d,z=%d\n",x,y,z);
y=(z=x=0,x+10);
printf("x=%d,y=%d,z=%d\n",x,y,z);
```

    A. x=10,y=15,z=10   B. x=10,y=10,z=10

       x=0,y=10,z=0   x=0,y=10,z=10

    C. x=10,y=15,z=10   D. x=10,y=10,y=10

       x=10,y=10,z=0   x=0,y=10,z=0

3. 若 x 是 int 型变量，y 是 float 型变量，所用的 scanf() 调用语句格式为

```
scanf("x=%d,y=%f",&x,&y);
```

则为了将数据 10 和 66.6 分别赋给 x 和 y，正确的输入应是（　　　）。

　　A. x=10,y=66.6<回车>　　　　　　B. 10 66.6<回车>

　　C. 10<回车>66.6<回车>　　　　　D. x=10<回车>y=66.6<回车>

4. 已知有变量定义：

```
int a;char c;
```

用语句

```
scanf("%d%c",&a,&c);
```

给 a 和 c 输入数据，使 30 存入 a，字符 'b' 存入 c，则正确的输入是（　　　）。

　　A. 30'b'<回车>　　　　　　　　　B. 30　b<回车>

　　C. 30<回车>b<回车>　　　　　　　D. 30b<回车>

5. 已知有变量定义：

```
double x;long a;
```

要给 a 和 x 输入数据，正确的输入语句是（　　　）。若要输出 a 和 x 的值，正确的输出语句是（　　　）。

　　A. scanf("%d%f",&a,&x);　　　　　B. scanf("%ld%f",&a,&x);
　　　　printf("%d,%f",a,x);　　　　　　　printf("%ld,%f",a,x);

　　C. scanf("%ld%lf",&a,&x);　　　　D. scanf("%d%lf",&a,&x);
　　　　printf("%ld,%lf",a,x);　　　　　　printf("%ld,%f",a,x);

6. 若有定义 "double x=1,y;"，则以下的语句执行的结果是（　　　）。

```
y=x+3/2; printf("%f",y);
```

　　A. 2.500000　　　　B. 2.5　　　　　C. 2.000000　　　　D. 2

7. 若 a 为整型变量，则以下语句

```
a=-2L;
printf("%d\n",a);
```

结果是（　　　）。

　　A. 赋值不合法　　　　　　　　　　B. 输出为不确定的值

　　C. 输出值为–2　　　　　　　　　　D. 输出值为2

8. 若 w=1、x=2、y=3、z=4，则条件表达式 w<x?w:y<z?y:z 的结果为（　　　）。

　　A. 4　　　　　　B. 3　　　　　　　C. 2　　　　　　　D. 1

二、编程

1. 将华氏温度转换为摄氏温度和绝对温度的公式分别为：

$$c=5/9(f-32) \qquad （摄氏温度）$$

$$k=273.16+c \qquad （绝对温度）$$

请编程序：当给出 f 时，求其相应摄氏温度和绝对温度。

测试数据：

$f=34$

$f=100$

2．输入 3 个整数，求 3 个整数中的最大值。

3．输入 3 个双精度实数，分别求出它们的和、平均值、平方和以及平方和的开方，并输出所求出各个值。

4．输入一个三位整数，求出该数每个位上的数字之和。例如 123，每个位上的数字和就是 1+2+3=6。

5．设银行定期存款年利率 r 为 2.25％，已知存款期为 n 年，存款本金为 x 元，求 n 年后本利之和 y 是多少元。

实验 2　顺序结构程序设计

1．实验目的

（1）掌握 C 语言数据类型，了解字符型数据和整型数据的内在关系。

（2）掌握对各种数值型数据的正确输入方法。

（3）学会使用教材中所介绍的运算符及表达式。

（4）学会编写和运行一些较简单的 C 程序。

2．实验内容

（1）输入华氏温度 f，输出摄氏温度 c。

编程提示：参考例题 2-2。

```c
#include <stdio.h>
 int main()
 {
     float f,c;
     printf("请输入华氏温度:\n");
     scanf("%f",&f);
     c=5.0/9*(f-32);
     printf("\n 摄氏温度为%f\n",c)
     return 0;
}
```

为什么在计算摄氏温度时用 5.0/9，可不可以换成 5/9，为什么？能不能修改成其他形式？

（2）从键盘输入一个 3 位整数，将输出该数的逆序数。

编程提示：先分离成百位、十位、个位，再个位乘以 100 加十位乘以 10 加百位。

```c
#include<stdio.h>
int main()
{
```

```
int a,b,c,x,y;
printf("请输入一个 3 位的正整数:\n");
scanf("%d",&x);
a=x/100;                  /*求 x 的百位数*/
b=(x-a*100)/10;           /*求 x 的十位数*/
c=x-a*100-b*10;           /*求 x 的个位数*/
y=c*100+b*10+a;
printf("%d: %d\n",x,y);
return 0;
}
```

思考:利用 C 语言运算符中的求余运算符求出末位数字,输出后,利用除法运算符整型和整型相除还是整型的特性切掉末位,将得出的数值,再次求余,只需 3 次就可以完全逆序输出,请试着编出此程序。

(3)随机产生一个 4 位的自然数,输出它的逆序数。

编程提示:参考例 3-40。

(4)输入 3 个字符型数据,将其转换成相应的整数后,求它们的平均值并输出。

编程提示:要解决这一问题需要定义 3 个字符或整数类型变量,用于存放 3 个字符型数据,还需要一个实型变量用于存放 3 个数据的平均值,因为整型和字符型可以互换,求得平均值输出即可。

3.实验总结

(1)总结本章所接触到的基本数据类型及其相应特点。

(2)总结各类运算符中所包含的运算符号以及运算符的优先级和结合性。

第3章　选择结构程序设计

在顺序结构程序中，所有语句按照自上而下的顺序执行，即按照代码书写的先后顺序，执行完上一条语句然后执行下一条语句，直到程序结束。这是最常见也是最简单的程序结构。然而在实际问题中，往往需要根据不同的条件或情况来选择执行不同的操作任务，这时顺序结构就无法完成这些任务。这就需要用到本章将要学习的选择结构。

在 C 语言中，常用的选择语句有两种。

（1）if 语句：用来实现两个分支的选择结构。

（2）switch 语句：用来实现多分支的选择结构。

3.1　选　择　引　例

【例 3-1】 输入一个正整数，判断它的奇偶性。

编程提示：判断一个数的奇偶性，即判断该数是否能够被 2 整除。本题出现条件的判断，并根据不同的判定结果输出不同的语句。此时，必须使用选择结构才能完成任务。

```c
#include <stdio.h>
int main()
{
    int x;
    scanf("%d",&x);                    /* 输入一个正整数 */
    if(x%2==0)                         /* 判断 x 为偶数 */
        printf("这是一个偶数! \n");
    else                               /* 判断 x 为奇数 */
        printf("这是一个奇数! \n");
    return 0;
}
```

程序运行结果：

10↙
这是一个偶数!

15↙
这是一个奇数!

程序中判断一个数为奇数还是偶数，只需要判断该数对 2 求余是否为 0。若余数为 0，则该数是一个偶数，否则就是一个奇数。这里，使用选择结构中的 if 语句，实现了两个分支的选择。

【同步练习】 中国有句俗话叫"三天打鱼两天晒网"。每年的 1 月 1 日为第一天，输入天数，判断今天是打鱼还是晒网？

提示：从某天起，每 3 天打鱼，每 2 天晒网，打鱼和晒网每 5 天为一个周期，因此，计算天数对 5 求余，判断结果与 3 的大小，来确定是打鱼还是晒网。

3.2 选择条件

在实际生活中，有些问题需要根据某个条件进行判断和选择后才决定完成哪些任务。其中，这里的条件抽象出来后，在程序中，通常被描述为关系表达式和逻辑表达式。

3.2.1 关系运算符和关系表达式

比较或判断两个数值是否符合给定条件时，需要使用关系运算符。例如，一个正整数是否能被 2 整除；两个变量 a 和 b 比较大小；构成三角形的条件是任意两条边的和大于第三边，这些都需要利用关系运算符和关系表达式。

1．关系运算符

C 语言提供了 6 种关系运算符，如表 3-1 所示。

表 3-1　关系运算符

运 算 符	含 义	目	使用	优 先 级	结 合 性
<	小于比较	双目	exp1 < exp2	高	自左向右
<=	小于等于比较	双目	exp1 <= exp2		自左向右
>	大于比较	双目	exp1 > exp2		自左向右
>=	大于等于比较	双目	exp1 >= exp2		自左向右
==	相等比较	双目	exp1 == exp2	低	自左向右
!=	不相等比较	双目	exp1 != exp2		自左向右

2．关系表达式

用关系运算符将两个数值或数值表达式连接起来的式子，称为关系表达式。例如，a>b、'a'>'b'、a+b>c、(a>b)>(b>c)。关系表达式的值是一个逻辑值，即"真"或"假"。在 C 语言的逻辑计算中，以 1 代表"真"，以 0 代表"假"。

3.2.2 逻辑运算符和逻辑表达式

有时判断一个关系时不是一个简单的条件，而是由几个给定简单条件组合的复合条件。例如，假定三角形的三条边分别为变量 a、b、c，判断这三条边是否可以构成一个三角形。由于构成三角形的条件是任意两条边的和大于第三边，即 a+b>c、b+c>a、c+a>b 同时成立，那么就需要用到逻辑运算符，即 a+b>c&&b+c>a&&c+a>b。

1．逻辑运算符

C 语言提供了 3 种逻辑运算符，如表 3-2 所示。

2．逻辑表达式

逻辑表达式就是用逻辑运算符将关系表达式或其他逻辑量连接起来的式子。逻辑表达式的值是一个逻辑值，即"真"或"假"。在 C 语言中表示逻辑运算结果时，以"1"代表

"真"，以"0"代表"假"，但在判断一个量时，非"0"的值为真，"0"代表"假"。逻辑运算的真值表如表 3-3 所示。

表 3-2 逻辑运算符

运 算 符	含 义	目	使 用	优先级	结 合 性
!	逻辑非	单目	!exp	单目高于所有双目	自右向左
&&	逻辑与	双目	exp1 && exp2	高	自左向右
||	逻辑或	双目	exp1 || exp2	低	自左向右

表 3-3 逻辑运算的真值表

a	b	!a	!b	a&&b	a||b
非 0	非 0	0	0	1	1
非 0	0	0	1	0	1
0	非 0	1	0	0	1
0	0	1	1	0	0

逻辑非：这种逻辑运算最简单，即真变假；假变真。

逻辑与：当条件同时为真时，结果才为真；其他情况都为假。

逻辑或：只要有一个条件为真，结果就为真；只有条件同时为假时，结果才为假。

例如，判断某年是否为闰年，可以用逻辑表达式来表示。

闰年的条件：

（1）能被 4 整除，但不能被 100 整除。

（2）能被 400 整除。

如果满足两个条件之一，就可以判断为闰年。

逻辑表达式为 (year%4==0 && year%100!=0) || year%400==0。

注意：逻辑与&&和逻辑或||具有短路特性。

（1）a&&b，若 a 为真，则 b 需要判断；若 a 为假，则 b 不必判断。

（2）a||b，若 a 为真，则 b 不必判断；若 a 为假，则 b 需要判断。假定 a=1，b=0，执行 (a=2>3) &&(b=4>1)，会发现输出 a 为 0，b 为 0；这就说明当执行 a=2>3 时，逻辑与&&左边已经为假，逻辑与&&右边的表达式 b=4>1 根本没有执行。

3.3 if 语句

C 语言中的 if 语句主要用来实现两个分支的选择。但由于 if 语句的结构比较灵活，因此，它既可以实现简单的选择，也可以实现多分支的选择。

3.3.1 if 语句的一般形式

【例 3-2】比较两个实数的大小，输出较大者。

编程提示：由于需要比较两个数的大小，因此要用选择结构。两个数的比较有 3 种情况：大于、等于或小于，这时要用到关系运算符。该选择条件描述为：关系表达式 a>=b。

方法 1：

```
#include <stdio.h>
int main()
{
    float a,b;
    printf("输入两个实数a、b（中间以空格间隔）: ");
    scanf("%f%f",&a,&b);        /* 输入两个实数，中间以空格间隔 */
    if(a>=b)                    /* a 大于或等于 b */
        printf("两个数中的较大者为: %5.2f\n",a);
    else                        /* a 小于 b */
        printf("两个数中的较大者为: %5.2f\n",b);
    return 0;
}
```

程序运行结果：

输入两个实数a、b（中间以空格间隔）: 23 21↙
两个数中的较大者为: 23.00

输入两个实数a、b（中间以空格间隔）: 18 21↙
两个数中的较大者为: 21.00

方法 2：

```
#include <stdio.h>
int main()
{
    float a,b,max;
    printf("输入两个实数a&b(中间以空格间隔):\n");
    scanf("%f%f",&a,&b);            /* 输入两个实数，中间以空格间隔 */
    if(a>=b)                        /* a 大于或等于 b */
        max=a;
    else                            /* a 小于 b */
        max=b;
    printf("两个数中的较大者为:%5.2f\n",max); /* 将较大者赋值为 max */
    return 0;
}
```

if 语句一般形式如下：

```
if ( 表达式 )      (if…else…形式，实现双分支)
    语句 1;
[else
    语句 2;]
```

if 语句执行过程：如果条件表达式的值为真，则执行语句 1；否则执行语句 2。
执行流程如图 3-1 所示。
使用 if 语句要注意以下几点：

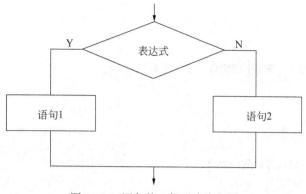

图 3-1　if 语句的一般形式流程图

（1）if 语句后的"表达式"可以是关系表达式、逻辑表达式和数值表达式。不论是哪种表达式，其结果均为"真"或"假"。

（2）语句 1 和语句 2 可以是一个简单的语句（赋值语句或输入输出语句），也可以是一个复合语句（作为一个整体执行），还可以是另一个 if 语句（即内嵌一个或多个 if 语句，if 语句的嵌套）。

（3）else 子句用方括号括起来表示可选，即可有可无。但 else 子句不能单独使用，必须和 if 语句配对使用。

【例 3-3】　输入 3 条边的边长，判断能否构成一个三角形，若能构成一个三角形，则计算其面积；否则输出"这三条边不能构成一个三角形！"。

编程提示：判断输入的 3 个边长能否构成三角形，需要用到选择结构。构成三角形的条件是任意两条边的和大于第三边，即关系表达式 a+b>c、b+c>a、c+a>b 必须同时满足，因此需要用到逻辑运算符中的逻辑与 &&，将 3 个关系表达式连接起来组成逻辑表达式 a+b>c && a+c>b && b+c>a。

求三角形面积为

$$\sqrt{s(s-a)(s-b)(s-c)}，其中 s=\frac{a+b+c}{2} \qquad （Heron 公式）$$

将上述两个数学公式转化为 C 语言的表达式，即 sqrt(s*(s–a)*(s–b)*(s–c)) 和 s=(a+b+c)/2.0。

```
#include<stdio.h>
#include<math.h>
int main()
{
    double a,b,c;
    printf("input a、b、c(以逗号间隔):");
    scanf("%lf,%lf,%lf",&a,&b,&c);      /*输入三角形三边长，中间以逗号间隔*/
    if(a+b>c && a+c>b && b+c>a)          /*判断三边是否构成三角形*/
    {
        double area,s;
        s=(a+b+c)/2.0;
        area=sqrt(s*(s-a)*(s-b)*(s-c));  /*Heron 公式计算三角形面积*/
        printf("area=%.2f\n", area);
```

```
    }
    else
        printf("这 3 条边不能构成一个三角形!\n");
    return 0;
}
```

程序运行结果：

```
input a、b、c(以逗号间隔):3,4,5✓
area=6.00

input a、b、c(以逗号间隔):1,2,3✓
这 3 条边不能构成一个三角形!
```

说明：sqrt(x)是库函数，其功能是求 x 的平方根，要求 x 必须大于等于 0。在调用此函数时，需要在 main()函数前加#include <math.h>。

【同步练习】 比较 3 个实数的大小，输出较大者。

提示：求 3 个实数 a、b、c 中的较大者。假定 a 为三个数中的较大者，并赋值给 max，然后 max 和 b 比较，若 b 大于 max，则将 b 赋值给 max；再 max 和 c 比较，若 c 大于 max，则将 c 赋值给 max，最后输出 max。这种方法被称为"打擂台"法。

3.3.2　用 if 语句实现简单的选择结构

【例 3-4】 输入两个整数，按由小到大的顺序输出这两个数。

编程提示：排序的本质就是两个数大小的比较，按由小到大的顺序输出 a 和 b 时，需要比较 a 和 b，当 a 大于 b 时，将 a 和 b 进行交换后，输出 a 和 b；当 a 小于或等于 b 时，则不做任何操作，直接输出 a 和 b。

两个变量的值相互交换时，不能直接相互复制。

```
{
    a=b;        /* 把 b 的值赋给 a，a 的值等于 b 的值 */
    b=a;        /* 再把 a 的值赋给 b，b 的值没有改变 */
}
```

这就像是要实现一瓶牛奶和一瓶可乐互换，需要借助一个空的瓶子才行；试图通过两个瓶子直接倒来倒去的办法是无法实现牛奶和可乐的互换的。

正确实现两个变量的值相互交换的方法，需要借助一个新变量。

```
{           /* 将 a 和 b 的值互换　*/
    t=a;
    a=b;
    b=t;
}
```

完整的程序代码如下：

```
#include<stdio.h>
int main()
{
    int a,b,t ;
    printf("输入两个整数 a、b:");
    scanf("%d%d",&a,&b);    /* 输入两个整数 */
    if(a>b)       /* 当a大于b时，执行下面的操作；当a小于或等于b时，不做其他操作 */
    {             /* 将a和b的值互换 */
        t=a;
        a=b;
        b=t;
    }
    printf("两个整数按由小到大的顺序输出：%d,%d \n",a,b);
    return 0;
}
```

程序运行结果：

输入两个整数 a、b: 8 5↙
两个整数按由小到大的顺序输出:
5,8

输入两个整数 a、b: 1 5↙
两个整数按由小到大的顺序输出:
1,5

if 不带 else 子句的形式如下：

```
if （表达式）
    语句;
```

if 语句执行过程：如果条件表达式的值为真，则执行语句；否则不做任何操作，直接执行 if 结构下面的语句。

执行流程如图 3-2 所示。

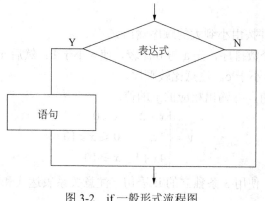

图 3-2　if 一般形式流程图

【例 3-5】 有一个函数：

$$y = \begin{cases} 1, & x > 0 \\ 0, & x = 0 \\ -1, & x < 0 \end{cases}$$

编写程序，输入一个 x 的值，并输出相应的 y 的值。

编程提示：这是一个分段函数，x 的 3 个不同域，y 的值分别对应为–1、0、1。可以把每个域看作一个简单的选择，因此，可以使用 3 个独立的 if 语句。

```
#include <stdio.h>
int main()
{
    int x,y;
    scanf("%d",&x);
    if(x>0)
        y=1;
    if(x==0)
        y=0;
    if(x<0)
        y=-1;
    printf("x=%d,y=%d\n",x,y);
    return 0;
}
```

程序运行结果：

```
3✓
x=3,y=1

0✓
x=0,y=0

-3✓
x=-3,y=-1
```

【同步练习】

1. 输入 3 个整数并按由小到大的顺序输出。

提示：a、b、c 3 个数排序，先 a 与 b 比较，使 a 小于 b；然后 a 与 c 比较，使 a 小于 c；最后 b 与 c 比较，使 b 小于 c。注意比较顺序。

2. 输入一个 x 的值，并输出相应的 y 的值。

$$y = \begin{cases} x-2, & x < 0 \\ 3x, & 0 \leqslant x < 10 \\ 4x+1, & x \geqslant 10 \end{cases}$$

提示：分段函数，使用 3 条独立的 if 语句。注意关系表达式和逻辑表达式的书写。

3.3.3　用 if 语句实现多分支选择结构

if 语句不仅可以实现单分支和双分支的选择结构，而且还可以实现多分支的选择结构。通常，if 实现多分支的形式有两种。

【例 3-6】　有一个函数：

$$y = \begin{cases} 1, & x > 0 \\ 0, & x = 0 \\ -1, & x < 0 \end{cases}$$

编写程序，输入一个 x 的值，并输出相应的 y 的值。

编程提示：这个分段函数，每个域对应一个值，且相邻的两个域之间存在双分支选择。因此，也可以使用 if 语句实现多分支的选择结构。

第 1 种，称为 if 语句的第 3 种形式，即在 else 分支上嵌套 if 语句。

```c
#include <stdio.h>
int main()
{
    int x,y;
    scanf("%d",&x);
    if(x>0)    /* if 的第 3 种形式 */
        y=1;
    else if(x==0)
        y=0;
    else
        y=-1;
    printf("x=%d,y=%d\n",x,y);
    return 0;
}
```

程序运行结果：

```
3✓
x=3,y=1

0✓
x=0,y=0

-3✓
x=-3,y=-1
```

它的一般形式如下：

```
if ( 表达式 1 )
    语句 1;
else if ( 表达式 2 )
    语句 2;
```

```
else if ( 表达式 3 )
    语句 3;
  ⋮
else if ( 表达式 n )
    语句 n;
else
    语句 n+1;
```

该语句的执行过程：若表达式 1 的值为真，则执行语句 1；否则若表达式 2 的值为真，则执行语句 2；其余依次类推，若前 n 个表达式都为假，则执行语句 n+1。其中任何一个 else if 子句，都表示否定上一个 if 后面的表达式，同时满足自己 if 后面的表达式。注意，else 与 if 中间至少有一个空格。

执行流程如图 3-3 所示。

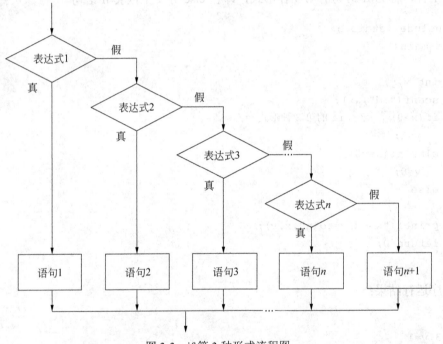

图 3-3　if 第 3 种形式流程图

第 2 种，if 嵌套语句，即在 if 和 else 分支上嵌套 if 语句。

```
#include <stdio.h>
int main()
{
    int x,y;
    scanf("%d",&x);
    if(x>0)
        y=1;
    else
        if(x==0)  /* 内嵌的 if */
```

```
            y=0;
        else
            y=-1;
    printf("x=%d,y=%d\n",x,y);
    return 0;
}
```

它的一般形式如下：

```
if ( 表达式 1 )
    if ( 表达式 2)
        语句 1;
    else
        语句 2;
else
    if ( 表达式 3)
        语句 3;
    else
        语句 4;
```

内嵌的 if

内嵌的 if

注意：由于 else 不能单独成句，因此，当 if 语句进行嵌套时，必须注意 else 的匹配问题，即 else 总是与离它最近的未配对的 if 配对。

根据算法的不同，if 语句的嵌套形式也不唯一。但通常建议将内嵌的 if 语句放在外层 if…else 语句的 else 子句部分。这种 if 语句嵌套形式实际上完全等价于 if 语句的第 3 种形式，重要的是它避免了 else 与 if 语句进行匹配时引起的程序歧义。

从形式上来看，if 语句的第 3 种形式明显比 if 嵌套语句更直观和简洁，因此当使用 if 语句实现多分支结构时，建议使用前者。

【例 3-7】 输入一个百分制成绩，编程将它转换为对应的五级制成绩，其中 90~100 分的成绩等级为 A，80~89 分的成绩等级为 B，70~79 分的成绩等级为 C，60~69 分的成绩等级为 D，0~59 分的成绩等级为 E。若输入的值不为 0~100，程序输出"这是一个非法数据！"。

编程提示：输入一个 0~100 的数，当该数范围为 90~100 时，即 score<=100 && score>=90，等级为 A；范围为 80~90 时，即 score<90 && score>=80，等级为 B；范围为 70~79 时，即 score<80 && score>=70，等级为 C；范围为 60~69 时，即 score<70 && score>=60，等级为 D；范围为 0~60 时，即 score<60 && score>=0，等级为 E。

这是一个分段函数，每个域对应一个值，且相邻的两个域之间存在双分支选择。因此，既可以用独立的 if 语句实现，也可以使用 if 语句的多分支选择结构。

第 1 种（独立的 if 语句）：

```
#include<stdio.h>
int main()
{
    int score;
    printf("请输入一个百分制分数:");
```

```
    scanf("%d",&score);                    /* 输入一个百分制的分数 */
    if(score<0||score>100)
        printf("这是一个非法数据！\n");
    if(score<=100 && score>=90 )           /* 90 分以上 */
        printf(" %d --> A \n",score);
    if(score<90&& score>=80)               /* 80～89分 */
        printf(" %d --> B \n",score);
    if(score<80 && score>=70)              /* 70～79分 */
        printf(" %d --> C \n",score);
    if(score<70 && score>=60)              /* 60～69分 */
        printf(" %d --> D \n",score);
    if(score<60 && score>=0)               /* 60 分以下 */
        printf(" %d --> E \n",score);
    return 0;
}
```

程序运行结果：

请输入一个百分制分数：85✓
85 --> B

请输入一个百分制分数：50✓
50 --> E

请输入一个百分制分数：123✓
这是一个非法数据！

第 2 种（if 的第 3 种形式）：

```
#include<stdio.h>
int main()
{
    int score;
    printf("请输入一个百分制分数:");
    scanf("%d",&score);                    /* 输入一个百分制的分数 */
    if(score<0||score>100)
        printf("这是一个非法数据！\n");
    else if(score>=90)                     /* 90 分以上 */
        printf(" %d --> A \n",score);
    else if(score>=80)                     /* 80～89分 */
        printf(" %d --> B \n",score);
    else if(score>=70)                     /* 70～79分 */
        printf(" %d --> C \n",score);
    else if(score>=60)                     /* 60～69分 */
        printf(" %d --> D \n",score);
    else                                   /* 60 分以下 */
```

```
        printf(" %d --> E \n",score);
    return 0;
}
```

程序运行结果：

请输入一个百分制分数：85↙
85 --> B

请输入一个百分制分数：50↙
50 --> E

请输入一个百分制分数：123↙
这是一个非法数据！

注意：else 子句表示否定所对应的 if 子句的表达式，因此，else if 后的表达式不必再包含否定上一个 if 子句的表达式。例如：

```
if (score>=90)
    语句1;
else if(score>=80&&score<90)      /* 此处不必给出表达式 score<90 */
    语句2;
```

第 3 种（if 嵌套语句）：

```
#include<stdio.h>
int main()
{
    int score;
    printf("请输入一个百分制分数:");
    scanf("%d",&score);               /* 输入一个百分制的分数 */
    if(score<0||score>100)
        printf("这是一个非法数据! \n");
    else
        if(score>=90)                 /* 90分以上 */
            printf(" %d --> A \n",score);
        else
            if(score>=80)             /* 80~89分 */
                printf(" %d --> B \n",score);
            else
                if(score>=70)         /* 70~79分 */
                    printf(" %d --> C \n",score);
                else
                    if(score>=60)     /* 60~69分 */
                        printf(" %d --> D \n",score);
                    else              /* 60分以下 */
                        printf(" %d --> E \n",score);
```

```
    return 0;
}
```

程序运行结果:

请输入一个百分制分数: 85↙
85 --> B

请输入一个百分制分数: 50↙
50 --> E

请输入一个百分制分数: 123↙
这是一个非法数据!

注意: else 子句表示否定所对应的 if 子句的表达式, 因此, else 中的内嵌 if 后的表达式不必再包含否定上一个 if 子句的表达式。例如:

```
if (score>=90)
    语句1;
else
    if(score>=80&&score<90)    /* 此处不必给出表达式 score<90 */
        语句2;
```

3 种方法均可以实现编程, 但由于分支较多且各条件之间有逻辑关系, 因此使用包含 else 子句的 if 更简洁; 而 if 的第 3 种形式与 if 嵌套形式相比较, 前者更直观。因此, 解决同类问题时建议使用 if 的第 3 种形式。

【同步练习】

1. 输入一个字符, 判断该字符是大写字母、小写字母、数字字符、空格还是其他字符。
提示: 多种情况的判断, 采用选择分支结构中 if 的第 3 种形式。
2. 输入一个 x 的值, 并输出相应的 y 的值。

$$y = \begin{cases} x-2, & x<0 \\ 3x, & 0 \leq x < 10 \\ 4x+1, & x \geq 10 \end{cases}$$

提示: 分段函数, 采用选择分支结构中 if 的第 3 种形式。

3.4   switch 语句

C 语言中 switch 语句也可以实现多分支的选择结构, 但由于它的结构特点, 即只能对整型或字符型数据进行匹配, 因此, 使用时没有 if 语句更具有广泛性。

3.4.1   switch 语句的一般形式

【例 3-8】 输入一个五级制成绩, 编程将它转换为对应的百分制分数段, A 等为 90~100 分, B 等为 80~89 分, C 等为 70~79 分, D 等为 60~69 分, E 等为 60 分以下。

编程提示：将学生的五级制分数显示为对应的百分制分数段，很明显这是一个多分支选择问题。使用 switch 语句实现多分支的选择结构。

```c
#include <stdio.h>
int main()
{
    char grade;
    printf("请输入一个五级制成绩（如 A、B、C、D、E）: ");
    scanf("%c",&grade);                              /*输入一个字符*/
    printf(" %c 对应的百分制分数段为: ",grade);
    switch(grade)                                    /*grade 为字符型*/
    {
        case 'A': printf("90~100\n");break;
        case 'B': printf("80~89\n");break;
        case 'C': printf("70~79\n");break;
        case 'D': printf("60~69\n");break;
        case 'E': printf("60 分以下\n");break;
        default: printf("输入数据有误!\n");break;   /*字符不是 A、B、C、D、E 时，
                                                      执行此语句*/
    }
    return 0;
}
```

程序运行结果：

请输入一个五级制成绩（如 A、B、C、D、E）: B✓
B 对应的百分制分数段为：80~89

请输入一个五级制成绩（如 A、B、C、D、E）: F✓
F 对应的百分制分数段为：输入数据有误!

switch 语句的一般形式如下：

```
switch （表达式）
{
    case 常量 1 :  语句 1; break ;
    case 常量 2 :  语句 2; break ;
        ⋮
    case 常量 n :  语句 n; break ;
    [default   :  语句 m; ]
}
```

switch 语句执行过程：首先计算 switch 后面表达式的值，然后将该值依次与各 case 子语句后的常量值进行比较，当它们相等时，执行相应的 case 子句，当执行到 break 语句时，程序直接跳转到 switch 语句后面的语句，表示 switch 语句执行完毕。若没有与 switch 后面的表达式的值相等的 case 常量，程序执行 default 子句。

使用 switch 语句要注意以下几点：

（1）switch 后面括号中的"表达式"只能是整型或字符型数据。

（2）switch 下面的花括号内是一个复合语句，这个复合语句包含多个 case 子句和最多一个 default 语句（根据程序要求，也可以没有 default 语句）。

（3）case 后面的常量（或常量表达式）与 switch 后面括号中的"表达式"类型一致。注意，case 与常量中间至少有一个空格且常量后面是冒号。每个 case 常量必须互不相同；但多个 case 常量可以执行同一语句。例如：

```
    ⋮
case 'A':
case 'B':
case 'C':
case 'D': printf(">60\n");break;
    ⋮
```

（4）在 case 子句中虽然包含了一个以上的子句，但可以不必用花括号括起来，程序会自动顺序执行本 case 后面所有的语句。每个 case 子句中都包含一个 break 语句，但最后一条语句不论是 case 子句还是 default 子句可以没有 break 语句。

（5）每个 case 子句中必须有 break 语句，否则程序将顺序执行下面所有 case 子句，直到遇到 switch 的右花括号为止。这样，switch 将无法实现多分支的选择结构。

【同步练习】编写程序实现以下功能，当输入 A 或 a 时，屏幕显示"打开文件！"；当输入 B 或 b 时，屏幕显示"关闭文件！"

提示：多分支结构，可以使 switch 语句。其中 case 'A'和 case 'a'子句执行同一条语句；case 'B'和 case 'b'子句执行同一条语句。

3.4.2　用 switch 语句实现多分支选择结构

要想使用 switch 语句解决多分支问题，首先要看其条件是否能够转换为 switch 关键字后面的表达式要求的整型或字符型数据。因此，不是所有的多分支结构都可以用 switch 语句实现。

【例 3-9】 输入一个百分制成绩，编程将它转换为对应的五级制成绩，其中 90~100 分的成绩等级为 A，80~89 分的成绩等级为 B，70~79 分的成绩等级为 C，60~69 分的成绩等级为 D，0~59 分的成绩等级为 E。若输入的值不为 0~100，程序输出"这是一个非法数据！"。

编程提示：本题在前面小节中已经分析过，是一个典型的多分支选择结构，因此，要想使用 switch 语句解决，则必须满足 switch 后"表达式"为整型数据的要求。题目描述中没有直接给出，这就需要找出将题目中区间值转化为整型数据的表达式。经过分析，我们发现，百分制的分数对 10 取整后，得到的数字恰好可以表示某个分数段，即

100：	十位 10	100/10=10
90~99：	十位 9	90/10~99/10=9
80~89：	十位 8	80/10~89/10=8
70~79：	十位 7	70/10~79/10=7

60~69： 十位 6 60/10~69/10=6

…

因此，定义整型变量 score，switch 后 "表达式" 即为 score/10。

```c
#include <stdio.h>
#include <stdlib.h>
int main()
{
    int score;
    char grade;
    printf("请输入一个百分制分数:");
    scanf("%d",&score);                    /*输入一个百分制的分数*/
    if (score<0 || score>100)
    {  printf("这是一个非法数据! \n ");
       exit(0);
    }
    else
    {
        switch(score/10)                   /*将区间值转化为整型数据*/
        {
            case 10:
            case 9: grade='A';break;       /*90分以上*/
            case 8: grade='B';break;       /*80~89分*/
            case 7: grade='C';break;
            case 6: grade='D';break;
            case 5:                        /*60分以下*/
            case 4:
            case 3:
            case 2:
            case 1:
            case 0: grade='E';
        }
        printf(" %d --> %c\n ",score,grade);
    }
    return 0;
}
```

程序运行结果：

请输入一个百分制分数：97✓
97 --> A

请输入一个百分制分数：56✓
56 --> E

请输入一个百分制分数：123✓
这是一个非法数据！

说明：函数 exit()的作用是终止整个程序的执行，强制返回操作系统，并将 int 型参数 code 的值传给调用进程（一般为操作系统）。当 code 为 0 时，便是程序正常退出。调用函数 exit()时，需要在程序开头加#include<stdlib.h>。

当输入分数小于 60 时，case 5、case 4、case 3、case 2、case 1 和 case 0 都执行同一条语句，即五级成绩都为 E。根据 switch 语句的一般形式，程序可以修改为

```c
#include <stdio.h>
#include <stdlib.h>
int main()
{
    int score;
    char grade;
    printf("请输入一个百分制分数:");
    scanf("%d",&score);                    /*输入一个百分制的分数*/
    if (score<0 || score>100)
    {  printf("这是一个非法数据! \n ");
       exit(0);
    }
    else
    {
        switch(score/10)                    /*将区间值转化为整型数据*/
        {
            case 10:
            case 9: grade='A';break;       /*90 分以上*/
            case 8: grade='B';break;       /*80～89分*/
            case 7: grade='C';break;
            case 6: grade='D';break;
            default:grade='E';              /*60 分以下*/
        }
        printf(" %d --> %c\n ",score,grade);
    }
    return 0;
}
```

程序运行结果：

请输入一个百分制分数：97↙
97 --> A

请输入一个百分制分数：56↙
56 --> E

请输入一个百分制分数：123↙
这是一个非法数据！

思考：当键入的百分制分数为 90.5 时，程序怎么修改？

【同步练习】 编写程序计算个人应缴的所得税 tax=rate*(salary-1500)。假如：

当 salary<1500 时，rate=0；

当 1500≤salary<3000 时，rate=5%；

当 3000≤salary<4500 时，rate=10%；

当 4500≤salary<6000 时，rate=15%；

当 6000≤salary 时，rate=20%。

提示：多种情况的判断，采用选择分支结构中的 switch 语句。其中，switch 语句中"表达式"要求整型数据。

3.5　应　用　举　例

【例 3-10】 输入一个字符，若该字符是一个大写字母，则直接输出；若该字符是一个小写字母，则将它转换为大写字母并输出；若该字符是一个数字字符，则将它转换为整数并输出；若为其他字符，则输出"当前字符为无效字符！"。

编程提示：判断字符为大写字母的条件为 ch>='A'&&ch<='Z'，这种情况不需要任何转换；判断字符为小写字母的条件为 ch>='a'&&ch<='z'，这种情况需要将小写字母转换为大写字母，由于大写字母与对应的小写字母的 ASCII 码相差 32，因此 ch=ch-32；判断字符为数字字符的条件为 ch>='0'&&ch<='9'，这种情况需要将数字字符转换为整型数字，由于数字字符与对应整型数字的 ASCII 码相差 48，因此 ch=ch-'0'。

```c
#include<stdio.h>
int main()
{
    char ch;
    printf("请输入一个字符：");
    scanf("%c",&ch);
    if(ch>='A'&&ch<='Z')
        printf("当前字符为大写字母\n");
    else if(ch>='a'&&ch<='z')
    {
        ch=ch-32;   /* 大写字母与对应小写字母的 ASCII 码相差 32 */
        printf("当前字符为小写字母，转换为大写字母即：%c\n",ch);
    }
    else if(ch>='0'&&ch<='9')
    {
        ch=ch-'0'; /* 数字字符与对应整型数字的 ASCII 码相差 48 */
        printf("当前字符为数字字符，转换为整数即：%d\n",ch);
    }
    else
        printf("当前字符为无效字符！\n");
    return 0;
```

}

程序运行结果：

请输入一个字符：A↙
当前字符为大写字母

请输入一个字符：a↙
当前字符为小写字母，转换为大写字母即：A

请输入一个字符：3↙
当前字符为数字字符，转换为整数即：3

请输入一个字符：?↙
当前字符为无效字符！

【例3-11】 求 $ax^2+bx+c=0$ 方程的解。

编程提示：由键盘输入 a、b、c。假设 a、b、c 的值任意，方程有以下几种可能。

（1） $a=0$，这不是二元一次方程；

（2） $b^2-4ac=0$，有两个相同的实根；

（3） $b^2-4ac>0$，有两个不同的实根；

（4） $b^2-4ac<0$，有两个共轭复根。以 $p+qi$ 和 $p-qi$ 的形式输出复根。

```c
#include <stdio.h>
#include <stdlib.h>
#include <math.h>
int main()
{
    double a,b,c,disc,x1,x2,realpart,imagpart;
    printf("请输入 a、b、c 的值(以逗号间隔)：");
    scanf("%lf,%lf,%lf",&a,&b,&c);       /*输入时以逗号间隔*/
    if(fabs(a)<=1e-6)                    /*此方程不是二元一次方程*/
    {
        printf("这不是二元一次方程!\n");
        exit(0);
    }
    else
    {
        disc=b*b-4*a*c;
        if(fabs(disc)<=1e-6)             /*方程有两个相同的实根*/
            printf("此方程有两个相同的实根：\nx1=x2=%8.2f\n",-b/(2*a));
        else
            if(disc>1e-6)               /*方程有两个不同的实根*/
            {
                x1=(-b+sqrt(disc))/(2*a);
                x2=(-b-sqrt(disc))/(2*a);
```

```
        printf("此方程有两个不同的实根: \n x1=%8.2f\n x2=%8.2f\n",x1,x2);
    }
    else                                    /*方程有两个共轭复根*/
    {
        realpart=-b/(2*a);                  /*realpart 是复根的实部*/
        imagpart=sqrt(-disc)/(2*a);         /*imagpart 是复根的虚部*/
        printf("此方程有两个共轭复根: \n");
        printf("x1=%8.2f+%8.2fi\n",realpart,imagpart);
        printf("x2=%8.2f-%8.2fi\n",realpart,imagpart);
    }
  }
  return 0;
}
```

程序运行结果:

请输入 a、b、c 的值(以逗号间隔): 1,2,1✓
此方程有两个相同的实根:
x1=x2=   -1.00

请输入 a、b、c 的值(以逗号间隔): 1,5,6✓
此方程有两个不同的实根:
x1=   -2.00
x2=   -3.00

请输入 a、b、c 的值(以逗号间隔): 1,1,2✓
此方程有两个共轭复根:
x1=   -0.50+   1.32i
x2=   -0.50+   1.32i

    程序中用 disc 代表 b^2-4ac,先计算 disc 的值,以减少以后的重复性计算。当判断 disc 是否等于 0 时,由于 disc 的值为实数,因此不能直接将 disc 与 0 比较,即 if(disc==0)。原因在于,实数在内存中是以浮点形式存储的,而浮点数并不是真正意义上的实数,只是其在某种范围内的近似。因此,只能用近似的方法将实数与 0 进行比较。

    说明: fabs(x)是库函数,其功能是求 x 的绝对值。在调用此函数前需要在 main()函数前加#include <math.h>。

    exit(x)是库函数,其功能是终止整个程序的执行,强制返回操作系统。x 为 0 时表示程序正常退出。在调用此函数前需要在 main()函数前加#include <stdlib.h>。

    【例 3-12】 输入年、月、日,判断当天是这一年中的第几天。

    编程提示:正常年份每个月中的天数是已知的,但 2 月份比较特殊,要判断输入的年份是否为闰年,若为闰年且月份在 3 月或 3 月以后时,总天数要再加 1。闰年的条件为年份能被 4 整除但不能被 100 整除或能被 400 整除。

```
#include <stdio.h>
int main()
```

```
{
    int day,month,year,sum,leap;
    printf("输入年、月、日（以空格间隔）: ");
    scanf("%d%d%d",&year,&month,&day);    /*输入年、月、日，以空格间隔*/
    switch(month)                          /*判断输入月份的总天数*/
    {
        case 1:sum=0;break;
        case 2:sum=31;break;
        case 3:sum=59;break;
        case 4:sum=90;break;
        case 5:sum=120;break;
        case 6:sum=151;break;
        case 7:sum=181;break;
        case 8:sum=212;break;
        case 9:sum=243;break;
        case 10:sum=273;break;
        case 11:sum=304;break;
        case 12:sum=334;break;
    }
    sum=sum+day;
    if(year%4==0&&year%100!=0||year%400==0)  /*判断是否为闰年*/
        leap=1;
    else
        leap=0;
    if(leap==1&&month>=3)    /*若为闰年，且月份大于等于3，则天数加1*/
        sum++;
    printf("当天是这一年中的第%d天。\n",sum);
    return 0;
}
```

程序运行结果：

输入年、月、日（以空格间隔）: 2008 8 8✓
当天是这一年中的第221天。

或者改为

```
#include <stdio.h>
int main()
{
    int day,month,year,sum;
    printf("输入年、月、日（以空格间隔）: ");
    scanf("%d%d%d",&year,&month,&day);    /*输入年、月、日，以空格间隔*/
    switch(month)                          /*判断输入月份的总天数*/
    {
        case 1:sum=0;break;
```

```
        case 2:sum=31;break;
        case 3:sum=59;break;
        case 4:sum=90;break;
        case 5:sum=120;break;
        case 6:sum=151;break;
        case 7:sum=181;break;
        case 8:sum=212;break;
        case 9:sum=243;break;
        case 10:sum=273;break;
        case 11:sum=304;break;
        case 12:sum=334;break;
    }
    sum=sum+day;
    if( (year%4==0&&year%100!=0||year%400==0)&&month>=3)
        sum++;   /*若为闰年，且月份大于等于3，则天数加1*/
    printf("当天是这一年中的第%d天。\n",sum);
    return 0;
}
```

程序运行结果：

输入年、月、日（以空格间隔）：2008 8 8✓
当天是这一年中的第 221 天。

【例 3-13】 编写程序输入三角形的 3 条边 a、b、c，判断它们能否构成三角形。若能构成三角形，判断其为哪种三角形：等腰三角形、直角三角形，还是一般三角形。

编程提示：为了区分特殊三角形和一般三角形，程序中定义了一个标志位变量 flag，flag 为 1 表示该三角形为一般三角形；flag 为 0 表示该三角形为特殊三角形。

本题涉及实数比较问题，因为实数运算的结果是有精度限制的，如按照勾股定理，先计算两个直角边的边长的平方和，再计算其平方后得到的斜边，发现只能是一个近似值，因此不能使用

```
if(a*a+b*b=c*c || a*a+c*c=b*b || c*c+b*b=a*a)
```

直接判断经计算得到的两个实数是否相等，应使用下列方法：

```
if(fabs(a-b)<=1e-1 || fabs(b-c)<=1e-1|| fabs(c-a)<= 1e-1)
```

如果精度要求不高，比较时用 1e-1 就可以。

```
#include <stdio.h>
#include <math.h>
int main()
{
    float a, b, c;
    int flag = 1;                    /*置标志变量 flag 为非 0 值*/
    printf("输入 a、b、c(以空格间隔):");
```

```
        scanf("%f%f%f", &a, &b, &c);
        if (a+b>c && b+c>a && a+c>b)        /*如果满足三角形的条件*/
        {
            printf("这是一个");
            if (fabs(a-b)<=1e-1 || fabs(b-c)<=1e-1|| fabs(c-a)<=1e-1)
            {
                printf("等腰");                    /*等腰三角形*/
                flag = 0;                          /*置标志变量 flag 为 0 值*/
            }
            if (fabs(a*a+b*b-c*c)<=1e-1    || fabs(a*a+c*c-b*b)<=1e-1
                || fabs(c*c+b*b-a*a)<=1e-1)
            {
                printf("直角");                    /*直角三角形*/
                flag = 0;                          /*置标志变量 flag 为 0 值*/
            }
            if (flag)                              /*若标志变量 flag 非 0，则是一般三角形*/
                printf("一般");
            printf("三角形! \n");
        }
        else                                       /*不满足三角形的条件*/
            printf("这不是三角形! \n");
        return 0;
    }
```

程序运行结果:

输入 a、b、c(以空格间隔):4 4 5↙
这是一个等腰三角形!

输入 a、b、c(以空格间隔):3 4 5↙
这是一个直角三角形!

输入 a、b、c(以空格间隔):3 4 6↙
这是一个一般三角形!

输入 a、b、c(以空格间隔):3 4 9↙
这不是一个三角形!

输入 a、b、c(以空格间隔):10 10 14.14↙
这是一个等腰直角三角形!

输入 a、b、c(以空格间隔):4 4 4↙
这是一个等腰三角形!

此时，按照题目的要求，上面的程序已经实现所有任务。但是在输入 4 4 4↙后，程序输出的结果为"这是一个等腰三角形!"。按照实际情况，这个三角形应判断为等边三角形。这说明该程序没有考虑等边三角形的情况。因此，程序应加入对等边三角形的判断：

if (fabs(a-b)<=1e-1 && fabs(b-c)<=1e-1 && fabs(c-a)<=1e-1)

程序修改如下：

```c
#include <stdio.h>
#include <math.h>
int main()
{
    float a, b, c;
    int flag = 1;
    printf("输入 a、b、c(以空格间隔):");
    scanf("%f%f%f", &a, &b, &c);
    if (a+b>c && b+c>a && a+c>b)
    {
        printf("这是一个");
        if (fabs(a-b)<=1e-1 && fabs(b-c)<=1e-1 && fabs(c-a)<=1e-1)
        {
            printf("等边");                    /*等边*/
            flag = 0;                          /*置标志变量 flag 为 0 值*/
        }
        else if (fabs(a-b)<=1e-1 || fabs(b-c)<=1e-1|| fabs(c-a)<=1e-1)
        {
            printf("等腰");                    /*等腰*/
            flag = 0;                          /*置标志变量 flag 为 0 值*/
        }
        if (fabs(a*a+b*b-c*c)<=1e-1    || fabs(a*a+c*c-b*b)<=1e-1
            || fabs(c*c+b*b-a*a)<=1e-1)
        {
            printf("直角");
            flag = 0;
        }
        if (flag)
            printf("一般");
        printf("三角形! \n");
    }
    else
        printf("这个不是一个三角形! \n");
    return 0;
}
```

程序运行结果：

输入 a、b、c(以空格间隔):4 4 4✓
这是一个等边三角形!

3.6 综合实例：学生成绩管理程序（三）

学生成绩管理程序主要功能包括输入学生成绩、显示学生成绩、按学号查找成绩、查找最高分、插入学生成绩、按学号删除成绩与成绩排序等，输入不同选项编号，选择对应的功能项。本节的任务是实现学生成绩管理程序的菜单选择。

1. 编程提示

首先在主函数中模拟学生成绩管理程序的菜单界面，然后根据菜单选项编号进行功能选择。

```c
#include <stdio.h>
int main()
{
    printf("      ********************************\n");
    printf("      *                              *\n");
    printf("      *          学生成绩管理程序      *\n");
    printf("      *                              *\n");
    printf("      ********************************\n");
    printf("      *        1.输入学生成绩          *\n");
    printf("      *        2.显示学生成绩          *\n");
    printf("      *        3.查找成绩             *\n");
    printf("      *        4.查找最高分            *\n");
    printf("      *        5.插入学生成绩          *\n");
    printf("      *        6.按学号删除成绩         *\n");
    printf("      *        7.成绩排序             *\n");
    printf("      *        0.退出程序             *\n");
    printf("      ********************************\n");
    printf("             请输入选项编号： ");
    return 0;
}
```

2. 程序设计方法编写程序的步骤

为了实现学生成绩管理程序的菜单选择，利用 switch 语句，根据输入的选项编号，与 case 子句中的常量比较，若相等，则执行该子句中的语句，输出该选项编号对应的选项内容；若都不相等，则执行 default 子句，输出该项"为非法选项！"。

```c
switch(choose)
{
    case 1:
        printf("输入学生成绩\n");/*调用输入学生成绩模块*/
        break;
    case 2:
        printf("显示学生成绩\n");/*调用显示学生成绩模块*/
        break;
    case 3:
        printf("查找成绩\n");    /*调用查找成绩模块*/
        break;
    case 4:
```

```
        printf("查找最高分\n");  /*调用查找最高分模块*/
        break;
    case 5:
        printf("插入成绩\n");  /*调用插入成绩模块*/
        break;
    case 6:
        printf("删除成绩\n");  /*调用删除成绩模块*/
        break;
    case 7:
        printf("成绩排序\n");  /*调用成绩排序模块*/
        break;
    case 0: exit(0);
    default : printf("为非法选项!\n");
}
```

注意：case 子句中的 break 语句不能省略。如果没有 break 语句，不管执行哪一个 case 子句，程序都将顺序执行完后面的所有子句。

测试主函数：调试程序，显示主菜单，并可以根据不同的菜单选项分别输入 0、1、2、3、4、5、6、7 数字，每输入一个选项数字并回车，确保每个分支都能执行到，如图 3-4 和图 3-5 所示。如果输入的为其他内容，例如数字 8，则输出"为非法选项!"，如图 3-6 所示。程序只是验证每个分支都是可行的，但每个项功能并没有实现。

图 3-4　菜单测试，输入 1

图 3-5　菜单测试，输入 0

图 3-6　菜单测试，输入 8

完整的程序代码如下：

```c
#include <stdio.h>
#include <stdlib.h>
int main()
{
    int choose;
    printf("        *********************************\n");
    printf("        *                               *\n");
    printf("        *         学生成绩管理程序        *\n");
    printf("        *                               *\n");
    printf("        *********************************\n");
    printf("        *          1.输入学生成绩        *\n");
    printf("        *          2.显示学生成绩        *\n");
    printf("        *          3.查找成绩            *\n");
    printf("        *          4.查找最高分          *\n");
    printf("        *          5.插入学生成绩        *\n");
    printf("        *          6.按学号删除成绩      *\n");
    printf("        *          7.成绩排序            *\n");
    printf("        *          0.退出程序            *\n");
    printf("        *********************************\n");
    printf("                请输入选项编号： ");
    scanf("%d",&choose);
    switch(choose)
    {
        case 1:
            printf("输入学生成绩\n");/*调用输入学生成绩模块*/
            break;
        case 2:
            printf("显示学生成绩\n");/*调用显示学生成绩模块*/
            break;
        case 3:
            printf("查找成绩\n");    /*调用查找成绩模块*/
            break;
        case 4:
            printf("查找最高分\n");  /*调用查找最高分模块*/
            break;
        case 5:
            printf("插入成绩\n");   /*调用插入成绩模块*/
            break;
        case 6:
            printf("删除成绩\n");   /*调用删除成绩模块*/
            break;
        case 7:
            printf("成绩排序\n");   /*调用成绩排序模块*/
            break;
        case 0: exit(0);
        default : printf("为非法选项!\n");
```

```
    }
    return 0;
}
```

3.7 常见程序错误及解决方法

常见程序错误及解决方法如表 3-4 所示。

表 3-4　常见程序错误及解决方法

错误类型	错误实例	修改错误
标点符号	if(a>b); 　max=a;	将紧跟 if 表达式的圆括号后的分号去掉

	if(a>b) ;
	　max=a;
	else
	　max=b;
		同上

复合语句	if(a>b)
	　max=a;
	printf("max=%d\n",a) ;
		在界定 if 语句后两条语句为复合语句时,需加上花括号括起来

	if(a>b)
	max=a;
	　printf("max=%d\n",a) ;
	else
	max=b;
	printf("max=%d\n",b) ;
		在界定 if…else 语句后的复合语句时,需加上花括号括起来

运算符	if(a=b) 　printf("a=b\n");	在界定 if 语句的条件表达式为相等条件时,将赋值运算符（=）改为关系运算符（==）
	if(a= =b) 　printf("a=b\n");	在关系运算符<=、>=、==和!=的中间不能加入空格
	if(a= <b) 　printf("max=%d\n",b) ;	关系运算符的正确写法：!=、<=、>=
		不要把关系运算符与相应的数学运算符混淆,写成了≠、≤、≥
	if('a'<=ch<='z')	把逻辑运算符写成了数学关系式混淆,应改为 ch>='a'&&ch<='z'

语句结构	switch(mark)
	{
	　case 10:
	　case 9: printf("A\n");
	　　case 8: printf("B\n");
	　　　⋮
	}
		使用 switch 语句实现多分支时,需要每个 case 单分支后加上 break 语句

错误类型	错误实例	修改错误

语句形式	switch(mark)
	{
	    case10:
	    case9: printf("A\n");break;
	    case8: printf("B\n");break;
	    ⋮
	}
		switch 语句中, case 与其后的数值常量中间至少有一个空格

	switch(mark)
	{
	    case 100:
	    case 90~100: printf("A\n"); break;
	    case mark<90:printf("B\n");break;
	    ⋮
	}
		switch 语句中, case 后的常量表达式不能用一个区间表示, 或者出现了运算符(如关系运算符)

本 章 小 结

本章重点介绍了 if 语句和 switch 语句两种选择语句。

选择结构一般分为单分支、双分支和多分支三类。通常, 使用 if 语句来实现单分支和双分支; 而多分支选择除了可以使用 if 的第 3 种形式或 if 嵌套形式以外, 还可以使用 switch 语句来实现。

当 if 语句进行嵌套时, 必须注意 else 的匹配问题: else 总是与离它最近的未配对的 if 配对。根据算法的不同, if 语句的嵌套形式也不唯一。但通常建议将内嵌的 if 语句放在外层 if…else 语句的 else 子句部分。这种 if 语句嵌套形式实际上完全等价于 if 语句的第 3 种形式, 重要的是它避免了 else 与 if 语句进行匹配时引起的程序歧义。因此, 当使用 if 语句实现多分支结构时, 建议使用 if 的第 3 种形式。从形式上来看, if 语句的第 3 种形式明显比 if 嵌套语句更直观和简洁。

本章还介绍了两种运算符及相应的表达式, 即关系运算符和关系表达式、逻辑运算符和逻辑表达式, 使用时注意它们的优先级和结合性。

习 题 3

一、选择题

1. 已有定义 int x=3,y=4,z=5;, 则表达式 !(x+y)+z-1 && y+z/2 的值是 ( )。

  A. 6   B. 0   C. 2   D. 1

2. if 语句的基本形式是 if(表达式)语句, 以下关于 "表达式" 值的叙述中正确的是 ( )。

A. 必须是逻辑值   B. 必须是整数值
C. 必须是正数   D. 可以是任意合法的数值

3. 为了避免嵌套的 if…else 语句的二义性，C 语言规定 else 总是与（   ）组成配对关系。

A. 缩排位置相同的if   B. 在其之前未配对的if
C. 在其之前未配对的最近的if   D. 同一行上的if

4. C 语言的 switch 语句中，case 后（   ）。

A. 只能为常量
B. 只能为常量或常量表达式
C. 可为常量及表达式或有确定值的变量及表达式
D. 可为任何量或表达式

5. 阅读以下程序：

```
int x;
scanf("%d",&x);
if(x--<5) printf("%d",x);
else printf("%d",x++);
```

程序运行后，如果从键盘上输入5，则输出结果是（   ）。

A. 3   B. 4   C. 5   D. 6

6. 下列条件语句中，输出结果与其他语句不同的是（   ）。

A. if(a!=0)   printf("%d\n",x); else printf("%d\n",y);
B. if(a==0)   printf("%d\n",y); else printf("%d\n",x);
C. if(a==0)   printf("%d\n",x); else printf("%d\n",y);
D. if(a)   printf("%d\n",x);   else printf("%d\n",y);

7. 有以下程序

```
int a=1,b=2,c=3;
if( a==1 && b++==2 )
  if( b!=2 || c--!=3 )
          printf("%d,%d,%d\n",a,b,c);
   else  printf("%d,%d,%d\n",a,b,c);
else  printf("%d,%d,%d\n",a,b,c);
```

程序运行后的输出结果是（   ）。

A. 1,3,2   B. 1,3,3   C. 1,2,3   D. 3,2,1

8. 若有定义 "float x=1.5; int a=1,b=3,c=2;"，则正确的 switch 语句是（   ）。

A. switch(a+b)
   {
       case 1: printf("*\n");
       case 2+1: printf("**\n");
   }

B. switch((int)x);
   {
     case 1: printf("*\n");
     case 2: printf("**\n");
   }

C. switch(x);
   {
     case 1.0: printf("*\n");
     case 2.0: printf("**\n");
   }

D. switch(a+b)
   {
     case 1: printf("*\n");
     case c: printf("**\n");
   }

9. 以下选项中与

```
if (a==1) a=b;
else a++;
```

语句功能不同的switch语句是（　　　）。

A. switch(a==1)
   {
     case 0: a=b;break;
     case 1: a++;
   }

B. switch(a)
   {
     case 1: a=b;break;
     default: a++;
   }

C. switch(a)
   {
     default: a++;break;
     case 1: a=b;
   }

D. switch(a==1)
   {
     case 1: a=b;break;

```
            case 0: a++;
    }
```

10. 有以下程序：

```
int x=1,y=0,a=0,b=0;
switch(x)
{
    case 1:
      switch(y)
      {
          case 0: a++; break;
          case 1: b++; break;
      }
      case 2:  a++;  b++;  break;
      case 3:  a++;  b++;
}
printf("a=%d,b=%d\n",a,b);
```

程序运行后，输出的结果为（　　）。

A．a=2,b=2　　　　B．a=2,b=1　　　　C．a=1,b=1　　　　D．a=1,b=0

二、编程题

1. 编程判断输入的正整数是否既是 5 又是 7 的整倍数。若是，输出 yes，否则输出 no。

2. 输入 3 个整数，输出它们中的最大值和最小值。（打擂台法）。

3. 输入一个不超过 4 位数的正整数，要求：

（1）输出它是几位数；

（2）输出每一位上的数字；

（3）反序输出这个数。

4. 输入一个字符，判断该字符是大写字母、小写字母、数字字符、空格还是其他字符。

5. 输入一个 x 的值，并输出相应的 y 的值。

$$y = \begin{cases} x-2, & x<0 \\ 3x, & 0 \leqslant x < 10 \\ 4x+1, & x \geqslant 10 \end{cases}$$

6. 输入年、月、日，判断当天是打鱼还是晒网？

7. 设计一个简单的计算器程序，要求根据用户从键盘输入的表达式：

操作数 1 运算符 op 操作数 2

计算表达式的值，其中算术运算符包括：加（+）、减（−）、乘（*）、除（/）。

8. 运输公司对用户计算运输费用。路程越远，每吨·千米运费越低。（分别用 if 语句和 switch 语句实现。）

标准如下：

$s<250$	没有折扣
$250 \leqslant s < 500$	2%折扣

$500 \leqslant s < 1000$	5%折扣
$1000 \leqslant s < 2000$	8%折扣
$2000 \leqslant s < 3000$	10%折扣
$3000 \leqslant s$	15%折扣

实验 3　选择程序设计

1. 实验目的

（1）学会使用关系运算符和关系表达式以及逻辑运算符和逻辑表达式。

（2）熟练掌握 if 语句的使用。

（3）熟练掌握 switch 语句的使用。

2. 实验内容

（1）输入 3 个整数，输出它们中的最大值和最小值（打擂台法）。

编程提示：设置最大值变量 max 和最小值变量 min；首先比较 a、b 的大小，并把大数存入 max，小数存入 min；然后最大值变量 max 和最小值变量 min 再与 c 比较，若 c 大于 max，则 max 取值 c，否则保持不变；如果 c 小于 min，则 min 取值 c，否则保持不变。最后输出 max 和 min 的值。

参考程序：

```
#include<stdio.h>
int main()
{
    int a,b,c,min,max;
    printf("3 个数中整数（必须以空格间隔）: ");
    scanf("%d %d %d",&a,&b,&c);   /*输入时必须以空格间隔*/
    /*打擂台法*/
    min=a;max=a;                    /* 假定 a 既是最大值，又是最小值 */
    /* 求最大值 */
    if(b>max)
        max=b;
    if(c>max)
        max=c;
    /* 求最小值 */
    if(b<min)
        min=b;
    if(c<min)
        min=c;
    printf("3 个数中最大值为:%4d\n 3 个数中最小值为:%4d\n",max,min);
}
```

（2）有一个函数：

$$y = \begin{cases} x-2, & x < 0 \\ 3x, & 0 \leqslant x < 10 \\ 4x+1, & x \geqslant 10 \end{cases}$$

编写程序，输入一个 x 的值，并输出相应的 y 的值。

编程提示：这是一个分段函数，x 的 3 个不同域，y 的值分别对应为 $x-2$、$3x$、$4x+1$。既可以用独立的 3 条 if 语句实现，也可以用 if 语句的第 3 种形式实现，还可以用 if 嵌套语句实现。比较 3 种方法后，建议此类问题都采用 if 语句的第 3 种形式实现。

参考程序如下。

① 用独立的 3 条 if 语句实现：

```c
#include <stdio.h>
int main()
{
    int x,y;
    scanf("%d",&x);
    if(x<0)
        y=x-2;
    if(x>=0&&x<10)
        y=3*x;
    if(x>=10)
        y=4*x-1;
    printf("x=%d,y=%d\n",x,y);
    return 0;
}
```

② 用 if 语句的第 3 种形式实现：

```c
#include <stdio.h>
int main()
{
    int x,y
    scanf("%d",&x);
    if(x<0)                    /* if 的第 3 种形式 */
        y=x-2;
    else if(x<10)
        y=3*x;
    else
        y=4*x-1;
    printf("x=%d,y=%d\n",x,y);
    return 0;
}
```

③ 用 if 嵌套语句实现：

```c
#include <stdio.h>
```

```
int main()
{
  int x,y;
  scanf("%d",&x);
  if(x<0)
    y=x-2;
  else
    if(x<10)                    /* 内嵌的 if */
      y=3*x;
    else
      y=4*x-1;
  printf("x=%d,y=%d\n",x,y);
  return 0;
}
```

（3）编程设计一个简单的计算器程序，要求根据用户从键盘输入的表达式：

操作数 1 运算符 op 操作数 2

计算表达式的值，其中算术运算符包括：加（+）、减（−）、乘（*）、除（/）。

编程提示：简单的计算机器可以实现加（+）、减（−）、乘（*）、除（/）运算。需要输入两个数及一个算术运算符，判断出运算符为加（+）、减（−）、乘（*）、除（/）后，根据运算符完成相应功能计算。其中，验证除(/)时，要考虑到除数不能为零的情况。当然如果输入的字符非加（+）、减（−）、乘（*）、除（/）中的符号，则输出"输入数据无效！"

（4）运输公司对用户计算运输费用。路程越远，每吨·千米运费越低。（分别用 if 语句和 switch 语句实现。）

标准如下：

$s < 250$	没有折扣
$250 \leqslant s < 500$	2%折扣
$500 \leqslant s < 1000$	5%折扣
$1000 \leqslant s < 2000$	8%折扣
$2000 \leqslant s < 3000$	10%折扣
$3000 \leqslant s$	15%折扣

编程提示：设每吨·千米货物的基本运费为 p，货物重为 w，距离为 s，折扣为 d，则总运费 f 的计算公式为 $f = pws(1-d/100)$。

① 用 if 语句实现。这是一个分段函数，不同的域对应不同的折扣，选择条件分别为当 $s<250$ 时，无折扣；当 $250 \leqslant s<500$ 时，折扣 $d=2\%$；当 $500 \leqslant s<1000$ 时，折扣 $d=5\%$；当 $1000 \leqslant s<2000$ 时，折扣 $d=8\%$；当 $2000 \leqslant s<3000$ 时，折扣 $d=10\%$；当 $3000 \leqslant s$ 时，折扣 $d=15\%$。只需要将选择条件转换为关系表达式或逻辑表达式即可。因此，本题目既可以用独立的 3 条 if 语句实现，也可以用 if 语句的第 3 种形式实现，还可以用 if 嵌套语句实现。但此类问题使用 if 语句的第 3 种形式实现结构更清晰。

② 用 switch 语句实现。经过分析发现折扣的变化是有规律的：折扣的变化点都是 250 的倍数。利用这一点，定义 $c=s/250$，当 $c<1$ 时，表示 $s<250$，无折扣；当 $1 \leqslant c<2$ 时，表示

250≤s<500，折扣 d=2%；

当 2≤c<4 时，表示 500≤s<1000，折扣 d=5%；当 4≤c<8 时，表示 1000≤s<2000，折扣 d=8%；当 8≤c<12 时，表示 2000≤s<3000，折扣 d=10%；当 12≤c 时，表示 3000≤s，折扣 d=15%。

3．实验总结

（1）总结在本次实验遇到哪些问题及解决方法。

（2）总结 if 语句与 switch 语句区别与联系。

（3）总结使用 if 嵌套的注意事项。

第 4 章　循环结构程序设计

在前面的程序例子中，每运行一次程序，只能完成一次操作，若要再完成一次操作，必须重新运行一次程序；能否运行一次程序而完成多次操作呢？

只要用本章将要学习的循环知识即可解决上述问题。在实际应用中的许多问题，都会涉及重复执行某些操作的算法，如求和、方程迭代求解、数据统计等。

在 C 语言中，常用的循环语句有 3 种形式：while 语句、do…while 语句和 for 语句。

4.1　循 环 引 例

【例 4-1】　求 1+2+3+…+100 的值，并将其结果放在变量 sum 中。

编程提示：根据前面章节学习的知识，用以下程序实现其功能。

```
#include <stdio.h>
int main()
{
    int sum=0;
    sum=sum+1;  /*sum 的值为 1*/
    sum=sum+2;  /*sum 的值为 1+2 的和 3*/
    sum=sum+3;  /*sum 的值为 1+2+3 的和 6*/

    ⋮            /*省略了 96 条语句，如果要运行程序，必须补充完整*/

    sum=sum+99;
    printf("1+2+3+…+100=%d\n",sum);
    return 0;
}
```

在上述程序中用 100 条语句求和的写法不可取。通过观察上述 100 条赋值语句的规律是 sum=sum+i;（其中 i 从 1 变化到 100）。其中 sum=sum+i; 被重复执行了 100 次。这时可以用本章学习的知识来简化程序。程序改写如下：

```
#include <stdio.h>
int main()
{
    int i=1,sum=0;
    while(i<=100)
    {
        sum=sum+i;
        i++;
```

```
        }
        printf("1+2+3+…+100=%d\n ",sum);
        return 0;

}
```

程序运行结果：

```
1+2+3+…+100=5050
```

这种有规律的、重复性的工作在程序设计中称为循环。循环结构是结构化程序设计的 3 种结构之一，是学习程序设计语言的基础。在 C 语言中循环语句有 while 语句、do…while 语句、for 语句。在上述实例是用 while 语句进行循环处理。

需要说明的是无论采用哪一种循环语句实现循环，循环都是由循环条件和循环体两部分组成，循环条件用于确定什么时候开始循环，什么时候结束循环，例如本例中的 i<=100；而循环体则是负责完成有规律的重复性的工作，在本例中就是一对花括号括起来的部分，主要完成求和工作。当循环体的工作在循环条件的控制下重新执行直到结束时，程序完成一个循环工作。在循环条件中用于控制判断的变量叫循环控制变量，如上例中的 i。

【同步练习】　求 1+3+5+…+99 的值，并将其结果放在变量 sum 中。

4.2　while 语句

1. 什么情况下使用 while 语句

while 语句一般用于解决循环次数未知的问题。

【例 4-2】　编写程序求一个班学生 C 语言成绩的总分。用 0 表示循环结束。

编程提示：由于需要不断地输入学生的 C 语言成绩，并且每输入一个成绩，将其加到总成绩 sum 中，因此要用循环结构，由于不知道一班有多少学生，当输入 0 是表示循环结束。

```
#include <stdio.h>
int main()
{
    int score=0,sum=0;                    /*与循环相关变量初始化*/
    printf("Input student's score:");
    scanf("%d",&score);
    while(score!=0)                       /*循环条件*/
    {
        printf("%4d",score);
        sum=sum+score;
        scanf("%d",&score);               /*改变循环条件的语句，输入 0 时结束循环*/
    }
    printf("\nsum=%d\n",sum);
    return 0;
```

```
}
```

程序运行结果：

```
Input student's score:85 90 75 88 96 0 ✓
85 90 75 88 96
sum=434
```

2．while 语句的一般形式

while 语句的一般形式如下：

```
while (条件表达式)
      循环体语句;
```

while 语句执行过程：当条件表达式满足时执行循环体，否则结束 while 循环，接着执行循环体以外的语句。

执行流程如图 4-1 所示。

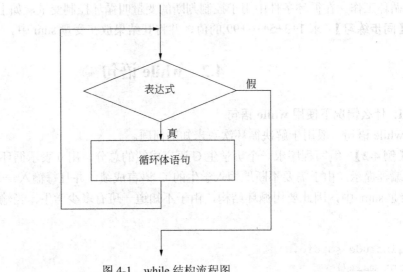

图 4-1　while 结构流程图

3．使用 while 语句要注意问题

（1）进入循环体之前，与循环相关的变量要初始化，否则会造成意外结果，例如 sum=0。

（2）while 语句先判断条件表达式后执行循环体，因此 while 语句适用于循环次数不确定的情况。

（3）为避免死循环，在循环体内必须有改变循环结束条件，例如：

```
scanf("%d",&score);
```

（4）while()括号后没有分号，如果误加了分号，程序将空语句;作为循环体，造成死循环。

（5）由于 while 循环是先判断条件表达式后执行循环体，所以可能循环体一次也不执行，这种情况发生在循环初始条件不成立时。

【例 4-3】 用公式 $\dfrac{\pi}{4}=1-\dfrac{1}{3}+\dfrac{1}{5}-\dfrac{1}{7}+\cdots$ 求 π 的近似值，直到最后一项的绝对值小于 10^{-4} 为止。

编程提示：将上述公式改写 $\dfrac{\pi}{4}=1+\left(-\dfrac{1}{3}\right)+\dfrac{1}{5}+\left(-\dfrac{1}{7}\right)+\cdots$ 的形式，其规律是 sum=sum+p，p 的符号正负交替，可用一个变量（如 sing=-sign）解决，即 p=1/(2*i-1)*sign;由于不能确定从第几项开始，p 的绝对值小于 10^{-4}，符合 while 语句循环。

```c
#include <stdio.h>
#include <math.h>
int main()
{
    int sign=1,i=1;
    double p=1.0,pi=0.0,sum=0.0;
    while(fabs(p)>=1e-4)
    {   sum=sum+p;
        sign=-sign;
        i=i+2;
        p=(double)sign/i;
    }
    pi=sum*4;
    printf("pi=%lf\n",pi);
    return 0;

}
```

程序运行结果：

```
pi=3.141393
```

说明：fabs(x)是库函数，其功能是求 x 的绝对值。在调用此函数前需要在 main()函数前加#include <math.h>。

【同步练习】

1. 编写程序求一个班学生 C 语言成绩的平均分。用 0 表示循环结束。

2. 求 $1-\dfrac{1}{2}+\dfrac{1}{3}-\dfrac{1}{4}+\cdots$ 的值，直到最后一项的绝对值小于 10^{-4} 为止。

4.3　do…while 语句

1. 什么情况下使用 do…while 语句

do…while 语句与 while 语句一样也用于解决循环次数未知的问题，但两者是有区别的（参见本节后面部分内容）。

【例 4-4】 用 do…while 语句求 1+2+3+…+100 的值，并将其结果放在变量 sum 中。

```
#include <stdio.h>
int main()
{
    int i=1,sum=0;
    do
    {
        sum=sum+i;
        i++;
    } while(i<=100);
    printf("1+2+3+…+100=%d\n ",sum);
    return 0;
}
```

程序运行结果：

```
1+2+3+…+100=5050
```

2．do…while 语句的一般形式

```
do
    循环体语句
while（表达式）；
```

do…while 语句执行过程：先执行循环体中的语句，然后再判断表达式是否为真，如果表达式值为真则继续循环；如果为假，则终止循环。

因此，do…while 循环至少要执行一次循环语句。执行流程如图 4-2 所示。

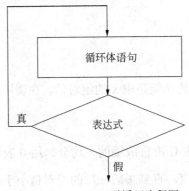

图 4-2　do…while 型循环流程图

【例 4-5】　用 do…while 语句编写程序求一个班学生 C 语言成绩的总分。用 0 表示循环结束。

编程提示：参见例 4-2。

```
#include <stdio.h>
int main()
{
    int score=0,sum=0;               /*与循环相关变量初始化*/
```

```
    printf("Input student's score:");
    scanf("%d",&score);
    while(score!=0)                    /*循环条件*/
    {
        printf("%4d",score);
        sum=sum+score;
        scanf("%d",&score);            /*改变循环条件的语句，输入 0 时结束循环*/
    }
    printf("\nsum=%d\n",sum);
    return 0;

}
```

程序运行结果：

```
Input student's score:85  90  75  88  96  0↙
85  90  75  88  96
sum=434
```

【例 4-6】 用公式 $\dfrac{\pi}{4}=1-\dfrac{1}{3}+\dfrac{1}{5}-\dfrac{1}{7}+\cdots$ 求 π 的近似值，直到最后一项的绝对值小于 10^{-4} 为止。

分析：参见例 4-3。

```
#include <stdio.h>
#include <math.h>
int main()
{
    int sign=1,i=1;
    double p=1.0,pi=0.0,sum=0.0;
    do
    {
        sum=sum+p;
        sign=-sign;
        i=i+2;
        p=(double)sign/i;
    }while(fabs(p)>=1e-4);
    pi=sum*4;
    printf("pi=%lf\n",pi);
    return 0;

}
```

程序运行结果：

```
pi=3.141393
```

【例 4-7】 while 和 do…while 循环比较。

（1）

```c
#include <stdio.h>
int main()
{
    int sum=0,i;
    scanf("%d",&i);
    while(i<=10)
    {
        sum=sum+i;
        i++;
    }
    printf("sum=%d",sum);
    return 0;
}
```

（2）

```c
#include <stdio.h>
int main()
{
    int sum=0,i;
    scanf("%d",&i);
    do
    {
        sum=sum+i;
        i++;
    }
    while(i<=10);
    printf("sum=%d",sum);
    return 0;
}
```

程序运行结果：

5 ✓
sum=45

3. 使用 do…while 语句应注意的问题

（1）一般情况下，while 语句和 do…while 语句是等价的，可以相互转换。

（2）只能使用 do…while 语句的情况：只有在第一次进入循环条件就不满足的特殊情况下，两者是不等价的，例如上述两个例子中，如果输入 i 的值为 15，则两个程序的执行结果就不相同。

【同步练习】

1. 用 do…while 语句编写程序求一个班学生 C 语言成绩的平均分。用 0 表示循环结束。

2. 用 do…while 求 $1-\dfrac{1}{2}+\dfrac{1}{3}-\dfrac{1}{4}+\cdots$ 的值，直到最后一项的绝对值小于 10^{-4} 为止。

4.4 for 语句

1. 什么情况下使用 for 语句

for 语句的 for 语句用于解决已知次数循环的问题。

【例 4-8】 用 for 语句求 $1+2+3+\cdots+100$ 的值，并将其结果放在变量 sum 中。

```c
#include <stdio.h>
int main()
{
    int i,sum=0;
    for(i=1;i<=100;i++)
    {
        sum=sum+i;
    }
    printf("1+2+3+…+100= %d\n",sum);
    return 0;
}
```

程序运行结果：

```
1+2+3+…+100=5050
```

2. for 循环语句的一般形式

```
for(表达式1;表达式2;表达式3)
循环体语句;
```

for 循环语句执行过程：

（1）先求解表达式 1。

（2）求解表达式 2，若其值为真（非 0），则执行 for 语句中指定的内嵌语句，然后执行下面第 3 步；若其值为假（0），则结束循环，转到第（5）步。

（3）求解表达式 3。

（4）转回上面第（2）步继续执行。

（5）循环结束，执行 for 语句下面的一个语句。

执行流程如图 4-3 所示。

for 语句最简单同时也是最容易理解的形式如下：

```
for(循环变量赋初值;循环条件;循环变量增量)
循环体语句;
```

循环变量赋初值是一个赋值语句，它用来给循环控

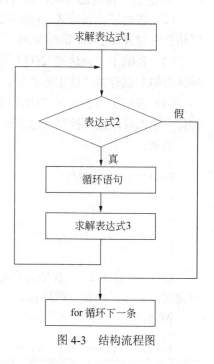

图 4-3 结构流程图

制变量赋初值；循环条件是一个关系表达式，它决定什么时候退出循环；循环变量增量，定义循环控制变量每循环一次后按什么方式变化。

【例 4-9】 求 1!+2!+3!+…+5!的值。

编程提示：实质是求和，但每次累加的数为连续的阶乘恰好可以在每次循环时取得。

```c
#include <stdio.h>
int main()
{
    int i,t=1;
    double sum=0;
    for(i=1;i<=5;i++)
    {
        t=t*i;
        sum=sum+t;
    }
    printf("sum=%f\n",sum);
    return 0;
}
```

程序运行结果：

```
sum=153.000000
```

3. 使用 for 语句应注意的问题

（1）for 循环中的"表达式 1(循环变量赋初值)""表达式 2(循环条件)"和"表达式 3(循环变量增量)"都是选择项，都可以缺省，但";"不能缺省。

（2）省略了"表达式 1(循环变量赋初值)"，表示不对循环控制变量赋初值或者已经把赋初值语句放在了 for 语句前面。

（3）省略了"表达式 2(循环条件)"，则不做其他处理时便成为死循环，这就需要在循环体语句中放有循环结束的语句。

（4）省略了"表达式 3(循环变量增量)"，则不对循环控制变量进行操作，这时可在语句体中加入修改循环控制变量的语句。

例如：

```c
for(i=1;i<=100;)
{
    sum=sum+i;
    i++;
}
```

（5）"表达式 2"一般是关系表达式或逻辑表达式，但也可是数值表达式或字符表达式，只要其值非零，就执行循环体。

例如：

```c
for(i=0;(c=getchar()) !='\n';i+=c);
```

又如：

```
for(;(c=getchar() ) != '\n';)
    printf("%c",c);
```

【例 4-10】 列出斐波那契（Fibonacci）数列的前 20 个数。

数列如下：1，1，2，3，5，8，13，…

编程提示：根据斐波那契数列的规律：前两个数的值各为 1，从第 3 项起，每一项都是前两项的和。

```
#include <stdio.h>
int main()
{
    long f1=1,f2=1,f;  int i;
    printf("%ld %ld",f1,f2) ;
    for(i=1;i<=18;i++)
    {
        f=f1+f2;
        f1=f2;
        f2=f;
        printf("  %ld",f);
    }
    return 0;
}
```

程序运行结果：

1 1 2 3 5 8 13 21 34 55 89 144 233 377 610 987 1597 2584 4181 6765

【同步练习】

1. 求 $1^2+2^2+3^2+\cdots+n^2$ 的值，用 for 循环语句实现。

2. 从键盘输入 10 个整数，求其中正数的平均数。

4.5　循环结构的比较

前面学习 while、do…while 与 for 这 3 种循环语句，在程序设计中，遇到需要使用循环语句时，应该使用上述的哪一种循环语句呢？

（1）一般情况下，这 3 种循环语句是通用的，可以相互转换，使用哪一种都能满足需要。

（2）但是这 3 种循环语句又各有特色，如果不能确定循环次数，并且有可能一次也不执行循环体，用 while 循环语句；如果不能确定循环次数，且至少执行一次循环体，用 do…while 循环语句；如果能明确知道循环次数，或能确定循环变量的初值、终值和循环增量（或步长），则用 for 循环语句。

【例 4-11】 编写一个求整数逆值的程序。例如输入 12345，则输出 54321。

编程提示：采用对 10 求余数的方法将整数由个位依次向高位分离，直到分离出整数的所有位，分离出的位依次向高位移动，即每分离出一位，原来分离出来的位乘以 10。

由于不知道输入的整数的位数，所以不知道循环次数，故选择 while 循环语句。

```c
#include <stdio.h>
int main()
{
    int x,y=0,temp1,temp2;
    printf("请输入一个非负整数:");
    scanf("%d",&x);
    temp1=x;
    while(x!=0)
    {
        temp2=x%10;
        y=y*10+temp2;
        x=x/10;
    }
    printf("%d 的逆值是: %d\n",temp1,y);
    return 0;
}
```

程序运行结果：

```
请输入一个非负整数:12345 ↙
12345 的逆值是:54321
```

【例 4-12】 编写一个计算输入整数的位数。例如输入 23456，则输出 5。

编程提示：将输入的整数反复除以 10，直到商为 0，执行除法循环的次数就是输入整数的位数，例如 1234/10=123，123/10=12，12/10=1，1/10=0，执行 4 次循环，则 1234 是 4 位数。由于至少要输入 1 位整数，所以循环至少执行一次，故使用 do…while 循环语句合适。

```c
#include <stdio.h>
int main()
{
    int x,wei,temp;
    printf("请输入一个整数: ");
    scanf("%d",&x);
    temp=x;
    do
    {
        wei++;
        x=x/10;
    }while(x!=0);
    printf("整数 %d 有 %d 位",temp,wei);
    return 0;
}
```

程序运行结果：

请输入一个整数：1234 ✓
整数 1234 有 4 位

【例 4-13】 计算 100 之内所有能被 3 整除自然数的和。

编程提示：在执行循环之前，已经能确定循环的次数，或者说循环变量的初值是 3，终值是 99，循环增量是 3，所以用 for 循环语句合适。

```c
#include <stdio.h>
int main()
{
    int sum=0,i;
    for(i=3;i<=99;i=i+3)
    {
        sum=sum+i;
    }
    printf("100 之内所有能被 3 整除自然数的和是:%d\n",sum);
    return 0;
}
```

程序运行结果：

100 之内所有能被 3 整除自然数的和是:1683

4.6 break 和 continue 语句

在使用循环的过程中，有时需要提前跳出循环，有时又需要在满足一定条件时不再执行循环体中剩下的语句而重新开始新一轮的循环。C 语言提供了 break 语句和 continue 语句满足上述要求。

4.6.1 break 语句

1. 什么情况下使用 break 语句

（1）满足一定条件下需要立即终止循环的情况下使用 break 语句。

（2）在第 3 章也学过可以跳出 switch 语句。

2. break 语句的一般形式

以 while 语句为例。

```c
while (表达式1)
{
    ⋮

    if (表达式2) break;
    ⋮
}
```

执行流程如图 4-4 所示。

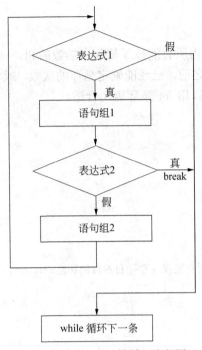

图 4-4 含有 break 的循环流程图

【例 4-14】 判断任意一个数是否为素数。

编程提示：素数即为除 1 和它本身之外不能被其他数整除的数，判断一个数 *m* 是否为素数即为判断 *m* 能否整除 2~*m*−1 这个范围内的数，如果一个都不能整除，即为素数，否则，不是素数。

```c
#include <stdio.h>
int main()
{
    int m, i;
    scanf("%d",&m);
    for(i=2;i<=m-1;i++)
        if (m%i==0) break;
    if (i==m)
        printf("%d prime number\n",m);
    else
        printf("%d not a prime\n",m);
    return 0;
}
```

程序运行结果：

41↙

41 prime number

3. 使用 break 语句应注意的问题

（1）使用 break 语句可以跳出 while、do…while 与 for 语句构成的循环。

（2）需要注意的是，break 语句只能跳出它所在的循环。例如 break 在双重循环中的内层循环中，它只能跳出它所在内层循环。

（3）如果需要从双层循环中从内层循环跳出到外层循环外，需要在外层循环体中配合 if 语句和另外一个 break 语句来实现。

4.6.2　continue 语句

1. 在什么情况下使用 continue 语句

当在循环体中满足一定条件下不再执行循环体中还未执行的语句，需要开始下一轮循环时，就要使用 continue 语句，即只结束本次循环的执行，开始下一轮循环。

2. continue 语句的一般形式

以 while 语句为例，continue 语句的形式如下：

```
while (表达式 1)
{
    ⋮
    if (表达式 2) continue;
    ⋮
}
```

执行流程如图 4-5 所示。

【例 4-15】输出 100～120 范围内不能被 3 整除的数。

```
#include <stdio.h>
int main()
{
    int n;
    for (n=100; n<=120; n++)
    {
        if (n%3==0)
            continue;
        printf("%d  ",n);
    }
    return 0;
}
```

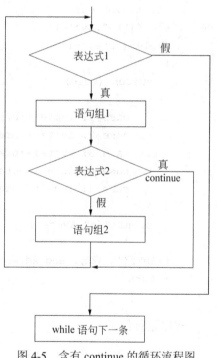

图 4-5　含有 continue 的循环流程图

程序运行结果：

```
100 101 103 104 106 107 109 110 112 113 115 116 118 119
```

注意：break 语句和 continue 语句只适用于循环语句中，并且只对包含它们的最内层循环起作用。

【例 4-16】 统计选票。现有选票如下：3,1,2,1,1,3,3,2,1,2,3,3,2,1,1,3,2,0,1,4,-1。-1 是结束标志。设 1 选李，2 选张，3 选王，0 和 4 为废票，谁会当选？

分析：

（1）每当读入一张选票，只有 6 种情况，将它们加到相应的人选上。

（2）-1 结束循环。

（3）case 语句作为开关。

```c
#include <stdio.h>
int main()
{
    int vote,lvote,zvote,wvote,
    invalidvote;
    lvote=0; zvote=0; wvote=0;
    invalidvote=0;
    scanf("%d",&vote);
    while (vote!=-1)
    {
        switch (vote)
        {
            case 1: lvote++;break;
            case 2: zvote++;break;
            case 3: wvote++;break;
            case 0: invalidvote++;break;
            case 4: invalidvote++;break;
        }
        scanf("%d",&vote);
    }
    printf("Li%2d,zhang%2d,wang%2d,invalid%2d",lvote,zvote,wvote,invalidvote);
    return 0;
}
```

程序运行结果：

```
1 2 3 4 1 2 3 1 2 0 -1↙
li 3,zhang 3,wang 2,invalid 2
```

3. break 与 continue 语句的区别

一般在编写程序时，如果在循环结构的里边当出现某种特殊情况或某些特殊情况时循环就可以结束，这时在这些情况出现时就需要用到 break 语句；如果在循环结构的里边当出现某种特殊情况或某些特殊情况时循环就可以直接进行下一轮循环，就需要用到 continue 语句。

【同步练习】

1. 针对例 4-11 能否换一种方法判断任意一个数是否为素数。

2. 参考例 4-13，增加一个刘姓候选人，再编写统计选票程序。

4.7　循环的嵌套

1. 循环嵌套的概念

循环的嵌套是指在一个循环体内包含另一个循环。根据循环嵌套的层数分为两层循环嵌套与多层循环嵌套。

【例 4-17】 编程从键盘输入 n 值（$10 \geqslant n \geqslant 3$），然后求 $1!+2!+3!+\cdots+n!$ 的值。

分析：计算 $1!+2!+3!+\cdots+n!$ 相当于计算 $1+1 \times 2+1 \times 2 \times 3+\cdots+1 \times 2 \times 3 \times \cdots \times n$。可用循环嵌套解决。其中外层循环控制变量 i 的值从 1 变化到 n，以计算 $1 \sim n$ 的各个阶乘的累加求和，内层循环控制变量 j 从 1 变化到 i，以计算从 1 到 i 的阶乘 $i!$。

```c
#include <stdio.h>
int main()
{
    int  i, j, n;
    long p, sum = 0;            /* 累加求和变量 sum 初始化为 0 */
    printf("Input n:");
    scanf("%d", &n);
    for (i=1; i<=n; i++)
    {
        p = 1;                  /* 每次循环之前都要将累乘求积变量 p 赋值为 1 */
        for (j=1; j<=i; j++)
        {
            p = p * j;          /* 累乘求积 */
        }
        sum = sum + p;          /* 累加求和 */
    }
    printf("1!+2!+…+%d! = %ld\n", n, sum);
    return 0;
}
```

程序运行结果：

```
Input n:10↙
1!+2!+…+10! = 4037913
```

上述程序是 for 语句的循环体内又包含另一个循环，将这种形式的循环称为循环嵌套。

【例 4-18】 打印如下图形：

```
* * * * * * * *
* * * * * * * *
* * * * * * * *
* * * * * * * *
* * * * * * * *
```

分析：这是一个简单的二维图形：5 行、8 列。用变量 i 表示行号，取值范围是 $1\sim5$；变量 j 表示列号，取值范围是 $1\sim8$。

因为打印图形是按行打印，先打印第 1 行，再打印第 2 行，…，所以应该由内循环完成行的打印。对某一行 i，有循环：

```
for ( j=1 ; j<= 8 ; j++ ) printf ("*") ;
```

实现对 i 行的打印，打印出第 i 行的："* * * * * * * *"。

所以 j 就是内循环变量。外循环 i 是控制行号的，i 是外循环变量。

程序如下：

```
#include  <stdio.h>
int main()
{
    int i , j ;
    for (i=1 ; i<= 5 ; i++ )
    {
        for ( j=1 ; j<= 8 ; j++ )
            printf ("*") ;
        printf ("\n");          /* 输出 8 个*，换行一次*/
    }
    return 0;
}
```

程序运行结果：
```
* * * * * * * *
* * * * * * * *
* * * * * * * *
* * * * * * * *
* * * * * * * *
```

【例 4-19】 输出如下乘法口诀表。

```
1*1=1   1*2=2   1*3=3   1*4=4   1*5=5   1*6=6   1*7=7   1*8=8   1*9=9
2*1=2   2*2=4   2*3=6   2*4=8   2*5=10  2*6=12  2*7=14  2*8=16  2*9=18
3*1=3   3*2=6   3*3=9   3*4=12  3*5=15  3*6=18  3*7=21  3*8=24  3*9=27
4*1=4   4*2=8   4*3=12  4*4=16  4*5=20  4*6=24  4*7=28  4*8=32  4*9=36
5*1=5   5*2=10  5*3=15  5*4=20  5*5=25  5*6=30  5*7=35  5*8=40  5*9=45
6*1=6   6*2=12  6*3=18  6*4=24  6*5=30  6*6=36  6*7=42  6*8=48  6*9=54
7*1=7   7*2=14  7*3=21  7*4=28  7*5=35  7*6=42  7*7=49  7*8=56  7*9=63
```

8*1=8 8*2=16 8*3=24 8*4=32 8*5=40 8*6=48 8*7=56 8*8=64 8*9=72
9*1=9 9*2=18 9*3=27 9*4=36 9*5=45 9*6=54 9*7=63 9*8=72 9*9=81

编程提示：乘法口诀表分 9 行、9 列，可用外层循环控制行，内层循环控制列。

```c
#include <stdio.h>
int main()
{
    int i,j,result;
    printf("\n");
    for (i=1;i<=9;i++)
    {
        for(j=1;j<=9;j++)
        {
            result=i*j;
            printf("%d*%d=%-4d",i,j,result);  /*-4d 表示左对齐，占 4 位*/
        }
        printf("\n"); /*每一行后换行*/
    }
    return 0;
}
```

程序运行结果：

```
1*1=1  1*2=2  1*3=3  1*4=4  1*5=5  1*6=6  1*7=7  1*8=8  1*9=9
2*1=2  2*2=4  2*3=6  2*4=8  2*5=10  2*6=12  2*7=14  2*8=16  2*9=18
3*1=3  3*2=6  3*3=9  3*4=12  3*5=15  3*6=18  3*7=21  3*8=24  3*9=27
4*1=4  4*2=8  4*3=12  4*4=16  4*5=20  4*6=24  4*7=28  4*8=32  4*9=36
5*1=5  5*2=10  5*3=15  5*4=20  5*5=25  5*6=30  5*7=35  5*8=40  5*9=45
6*1=6  6*2=12  6*3=18  6*4=24  6*5=30  6*6=36  6*7=42  6*8=48  6*9=54
7*1=7  7*2=14  7*3=21  7*4=28  7*5=35  7*6=42  7*7=49  7*8=56  7*9=63
8*1=8  8*2=16  8*3=24  8*4=32  8*5=40  8*6=48  8*7=56  8*8=64  8*9=72
9*1=9  9*2=18  9*3=27  9*4=36  9*5=45  9*6=54  9*7=63  9*8=72  9*9=81
```

如果不习惯这种 9 行、9 列的乘法口诀表，可以用下面的乘法口诀表。

```
1*1=1
2*1=2  2*2=4
3*1=3  3*2=6  3*3=9
4*1=4  4*2=8  4*3=12  4*4=16
5*1=5  5*2=10  5*3=15  5*4=20  5*5=25
6*1=6  6*2=12  6*3=18  6*4=24  6*5=30  6*6=36
7*1=7  7*2=14  7*3=21  7*4=28  7*5=35  7*6=42  7*7=49
8*1=8  8*2=16  8*3=24  8*4=32  8*5=40  8*6=48  8*7=56  8*8=64
9*1=9  9*2=18  9*3=27  9*4=36  9*5=45  9*6=54  9*7=63  9*8=72  9*9=81
```

编程提示：上述乘法口诀表是 9 行，但列数随着行数依次增减 1 列。根据外层控制行，内层控制列的规律，与上面的程序相比，外层循环不变，每次内层循环次数与外层循环一致。

```c
#include <stdio.h>
int main()
{
    int i,j,result;
    printf("\n");
    for (i=1;i<=9;i++)
    {
        /*根据上述输出结果，可以看出每输出一行数据增加一列数据*/
        /*再根据外层循环执行一次、内层循环执行一遍的特点，找出 j 和 i 的关系是 j<=i*/
        for(j=1;j<=i;j++)
        {
            result=i*j;
            printf("%d*%d=%-3d",i,j,result);  /*-3d 表示左对齐，占 3 位*/
        }
        printf("\n"); /*每一行后换行*/
    }
    return 0;
}
```

程序运行结果：

```
1*1=1
2*1=2 2*2=4
3*1=3 3*2=6 3*3=9
4*1=4 4*2=8 4*3=12 4*4=16
5*1=5 5*2=10 5*3=15 5*4=20 5*5=25
6*1=6 6*2=12 6*3=18 6*4=24 6*5=30 6*6=36
7*1=7 7*2=14 7*3=21 7*4=28 7*5=35 7*6=42 7*7=49
8*1=8 8*2=16 8*3=24 8*4=32 8*5=40 8*6=48 8*7=56 8*8=64
9*1=9 9*2=18 9*3=27 9*4=36 9*5=45 9*6=54 9*7=63 9*8=72 9*9=81
```

2. 使用双层循环应注意的问题

双层循环是多层循环的基础，使用时应注意以下问题：

（1）循环边界的控制。

（2）外层循环执行一次、内层循环执行一遍。

（3）总循环次数=外层循环次数×内层循环次数。

（4）一般编程都要涉及找出内、外层循环控制变量之间的某种变化规律，这是编程重点考虑的问题，也是最难的地方。

【同步练习】

1. 用 while 循环嵌套编程：从键盘输入 n（$10 \geq n \geq 3$）的值，然后求 1!+2!+3!+…+n! 的和。

2. 打印如下图形：

```
        *
       ***
      *****
     *******
    *********
```

4.8   循环程序举例

1. 求最大值、最小值

【例 4-20】 从键盘输入一组整型数据，求这组数中的最大值、最小值，说明当输入数据 0，表示输入结束。

编程提示：求一组数的最大值、最小值，一般的方法是先假设第一个数为最大值 max、最小值 min，然后将每一个数与它比较，若该数大于最大值 max 将该数赋值给最大值 max，如该数小于最小值 min，则将该数赋值给 min，比较完所有的数据，则假设的最大值变量 max 中存储的就是真正的最大值，最小值变量中存储的是最小值。

```c
#include "stdio.h"
int main()
{
    int x,max;
    printf("please input a integer number:");
    scanf("%d",&x);
    max=min=x;              /*假设输入的第一个整数是最大值、最小值*/
    while(x!=0)             /*当输入的整数为 0 是退出循环*/
    {
        /* 求最大值*/
      if(x>max)
      {
            max=x;
      }
      if(x<min)
      {
            min=x;
      }
      scanf("%d",&x);    /* 在循环内实现连续输入多个数据*/
    }
    printf("最大值是：%d ，最小值是：%d \n",max,min);
    return 0;
}
```

程序运行结果：

```
please input a integer number: 23 45 87 2 98 5 0✓
最大值是：98，最小值是：2
```

2. 最大公约数和最小公倍数

如果有一个自然数 a 能被自然数 b 整除，则称 a 为 b 的倍数，b 为 a 的约数。几个自然数公有的约数，称为这几个自然数的公约数。公约数中最大的一个公约数，称为这几个自然数的最大公约数。

几个数公有的倍数称为这几个数的公倍数，其中最小的一个公倍数，称为这几个数的最小公倍数。

【例 4-21】 输入两个正整数 m 和 n，求其最大公约数和最小公倍数。

方法 1：

编程提示：求两个正整数的最大公约数和最小公倍数采用的是欧几里得算法，也就是常说的辗转相除法。该算法如下：

（1）对于已知两数 m 和 n，使得 m>n。

（2）m 除以 n 得余数 r。

（3）若 r=0，则 n 为最大公约数，结束；否则执行（4）。

（4）m←n，n←r，再重复执行（2）。

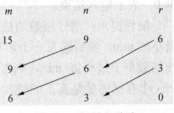

图 4-6　辗转相除法

从算法中可以看出，求最大公约数通过循环来实现的，循环结束的条件是余数为零，图 4-6 是辗转相除的结果，r=0 时 n 就是最大公约数 3，而最小公倍数等于两个正整数的乘积与最大公约数的商。

```c
#include <stdio.h>
int main()
{
    int p,r,n,m,temp;
    printf("input m and n:");
    scanf("%d%d",&n,&m);
    /*把大数放在 m 中，小数放在 n 中*/
    if(m<n)
    {
        temp=m;
        m=n;
        n=temp;
    }
    p=m*n;    /*先将 m 和 n 的乘积保存在 p 中，以便求最小公倍数时用*/
    while((r=m%n)!=0)/*求 m 和 n 的最大公约数*/
    {
        m=n;
        n=r;
    }
    printf("gong yue shu is:%d\n",n);
    printf("gong bei shu is:%d\n",p/n); /*p 是原来两个整数的乘积*/
    return 0;
}
```

程序运行结果：

```
input m and n:15 9 ✓
gong yue shu is:3
gong bei shu is:45
```

方法2：

编程提示：根据最大公约数的定义，通过循环找出最大公约数，在求最小公倍数。

```c
#include <stdio.h>
int main()
{
    int p,r,n,m,temp,i;
    printf("input m and n:");
    scanf("%d%d",&n,&m);
    /*把大数放在m中，小数放在n中*/
    if(m<n)
    {
        temp=m;
        m=n;
        n=temp;
    }
    p=m*n;    /*先将m和n的乘积保存在p中，以便求最小公倍数时用*/
    for(i=n;i>=2;i--)
    {
     if(m%i==0 && n%i==0)
        break;
    }

    printf("gong yue shu is:%d\n",i);
    printf("gong bei shu is:%d\n",p/i); /*p是原来两个整数的乘积*/
    return 0;
}
```

程序运行结果：

```
input m and n:15 9 ✓
gong yue shu is:3
gong bei shu is:45
```

3. 求素数

所谓素数就是除了被1和它本身整除外没有其他约数。

【例4-22】 求2～100所有的素数，要求每行显示10个素数。

方法1：

编程提示：根据素数定义，判断一个数 m 是否为素数最简单的方法是用 m 依次与 $2 \sim$ $m-1$ 相除，只要有一个数能被整除，说明 m 不是素数，否则 m 是素数。

```c
#include "stdio.h"
int main()
{
    int m,k,i,n=0;
    for (m=2;m<=100;m++)
    {
        k=m-1;
        for (i=2;i<=k;i++)
        {
            if(m%i==0)
                break;
        }
        if(i==m)
        {
            printf("%4d",m);
            n=n+1;
        }
        if(n%10==0)   /* 一行显示10个数据,即每输出10个素数输出一个回车换行*/
            printf("\n");
    }
    printf("\n");
    return 0;
}
```

程序运行结果：

```
 2   3   5   7  11  13  17  19  23  29
31  37  41  43  47  53  59  61  67  71
73  79  83  89  97
```

方法 2：

编程提示：判断一个数 m 是否为素数可以根据数学定律：根据因子偶对性，如果一个整数 m 在区间 $[2,\sqrt{m}]$ 内没有因子，说明 m 不是素数，否则 m 是素数。

```c
#include "stdio.h"
#include "math.h"
int main()
{
    int m,k,i,n=0;
    for (m=2;m<=100;m++)
    {

        k=sqrt(m);
```

```
      for (i=2;i<=k;i++)
      {
          if(m%i==0)
              break;
      }
      if(i==k+1)
      {
          printf("%4d",m);
          n=n+1;
      }
      if(n%10==0)   /* 一行显示 10 个数据,即每输出 10 个素数输出一个回车换行*/
          printf("\n");
    }
    printf("\n");
    return 0;
}
```

程序运行结果:

```
2  3   5  7 11 13 17 19 23 29
31 37 41 43 47 53 59 61 67 71
73 79 83 89 97
```

提示: 在上述两种求素数程序中还可以进一步改进, 将

```
for (m=2;m<=100;m++)
```

改成

```
for (m=2;m<=100;m=m+2)
```

效率更高。

4. 穷举法求不定方程

穷举法, 也称为枚举法, 其基本思想是全面排查, 找出满足条件的所有情况。程序设计简单, 但这种方法只适用于有限个问题的求解。

【例 4-23】 36 块砖, 36 人搬, 男人搬 4 块, 女人搬 3 块, 两个小孩搬一块, 要求一次搬完, 设计一个程序, 求需要男人、女人、小孩各多少人?

方法 1:

编程提示: 假设 man 表示男人, women 表示女人, child 表示小孩, 则列出含有不定方程为 4*man+3*women+0.5*child=36, 由题意知: man 取值范围[0, 9], women 取值范围[0, 12], child=36-man-women。

采用穷举法,用双层循环分别确定 man、women 的值,而 child 可有 child=36-man-women 求得。

```
#include <stdio.h>
int main()
```

```
{
    int man,women,child;  /* man 表示男人,women 表示女人,child 表示小孩*/
    for(man=0;man<=9;man++)
    {
        for(women=0;women<=12;women++)
        {
            child=36-man-women;
            if(4*man+3*women+0.5*child==36)
                printf("man=%d\twomen=%d\tchild=%d\n",man,women,child);
        }
    }
    return 0;
}
```

程序运行结果:

```
man=3 women=3 child=30
```

方法 2:

编程提示: 假设 man 表示男人, women 表示女人, child 表示小孩, 则不定方程为 4*man+3*women+0.5*child=36, 由题意知: man 取值范围[0, 9], women 取值范围[0, 12], child 取值范围[0, 36]。

采用穷举法, 用三层循环分别确定 man、women 与 child 的值。

```
#include <stdio.h>
int main()
{
    int man,women,child;  /* man 表示男人,women 表示女人,child 表示小孩*/
    for(man=0;man<=9;man++)
    {
        for(women=0;women<=12;women++)
        {
            for(child=0;child<36;child++)

                if(4*man+3*women+0.5*child==36 && man+women+child==36)
                    printf("man=%d\twomen=%d\tchild=%d\n",man,women,child);
        }
    }
    return 0;
}
```

程序运行结果:

```
man=3 women=3 child=30
```

【例 4-24】 有一本书, 被人撕掉了其中的一页。已知剩余页码之和为 140 页, 问这本书原来共有多少页? 撕掉的是哪几页?

编程提示：书的页码总是从第 1 页开始，每张纸的页码都是奇数开头，但结束页不一定都是偶数。一页纸上有两个页码 x，$x+1$，由前面分析知道 x 为奇数。设 n 为原书的页码数，总页数之和为 s，又因为页码之和为 140，所以原书的页码数 n 不大于 20。

因此写出不定方程 $s-x-(x+1)=140$，其中 $1 \leqslant x \leqslant n-1$ 且 x 为奇数。

```c
#include <stdio.h>
int main()
{
    int n=1,s=0,x;
    do
    {
        s=s+n;
        for(x=1;x<=n-1;x=x+2)
        {
            if(s-x-x-1==140)
                printf("原书共%d 页,页码数的和是%d,撕掉的是%d和%d页",n,s,x,x+1);
        }
        n++;
    }while(n<=20);
    return 0;
}
```

程序运行结果：

原书共 18 页,页码数的和是 171,撕掉的是 15 和 16 页

5. 验证哥德巴赫猜想

哥德巴赫猜想是数论中存在最久的未解问题之一，是世界著名的数学难题。这个猜想最早出现在 1742 年，哥德巴赫猜想可以陈述为："任何大于 2 的偶数，都可表示成两个素数之和。哥德巴赫猜想在提出后的很长一段时间内毫无进展，目前最好的结果是陈景润在 1973 年发表的陈氏定理（也被称为 "1+2"）。

【例 4-25】 哥德巴赫猜想：任何大于 2 的偶数可以分成两个素数之和（例如 18=11+7），请验证哥德巴赫猜想。

编程提示：设偶数为 n，将 n 分解成 n1 和 n2 且 n=n1+n2，显然 n1 最大为 n/2。

首先判断 n1 是否为素数，如果是，再判断 n2 是否为素数，如果是输出 n=n1+n2。

```c
#include<stdio.h>
int main()
{
    int n,n1,j,k,n2;
    printf("请输入一个偶数:");
    scanf("%d",&n);
    for (n1=2;n1<n/2;n1++)
    {
        for(j=2;j<n1;j++)
            if(n1%j==0)
```

```
            break;
        if(j>=n1)
            n2=n-n1;
        else continue;
        for(k=2;k<n2;k++)
            if(n2%k==0)
                break;
        if (k>=n2)
            printf("%d=%d+%d\n",n,n1,n2);
    }
}
```

程序运行结果：

请输入一个偶数:44✓
44=3+41
44=7+37
44=13+31

6. 递推问题求解

有一类问题，相邻的两项数据之间的变化有一定的规律性，可以将这种规律归纳成简洁的递推关系式，这样就可以建立起后项与前项之间的关系，然后从初始条件或最终结果入手，一步一步按递推关系进行递推计算，直至求出最终结果或初始值。

递推一般可以分为顺推法和倒推法两种。

（1）顺推法。

【例 4-26】 编写程序，把以下数列延长到第 30 项：1,2,5,10,21,42,85,170,341,682…

编程提示：由给定的数组元素可以看出，偶数项是前一项的两倍，奇数项是前一项的 2 倍加 1。即 $a_{2k}=a_{2k-1}, a_{2k+1}=a_{2k}+1$，这是一种递推关系，由前项推出后项，此题可以通过递推关系求解。

```
#include <stdio.h>
int main()
{
    int a1=1,a=0;
    int i=1;
    while(i<=40)
    {
        printf("%15d\t",a1);
        if(i%5==0)
            printf("\n");
        i++;
        if(i%2==1)
            a=2*a1+1;
        else
            a=2*a1;
        a1=a;
```

```
        }
}
```

程序运行结果：

1	2	5	10	21
42	85	170	341	682
1365	2730	5461	10922	21845
43690	87381	174762	349525	699050
1398101	2796202	5592405	11184810	22369621
44739242	89478485	178956970	357913941	715827882
1431655765	-1431655766	1431655765	-1431655766	1431655765
-1431655766	1431655765	-1431655766	1431655765	-1431655766

从程序运行结果来看，程序第 7 行第 2 列的数据出现负值，造成这种结果的原因是数据项的值超出了整型数据的范围，将数据类型(int)从整型修改成双精度的浮点型(double)。修改后的程序如下：

```
#include <stdio.h>
int main()
{
    double a1=1,a=0;
    int i=1;
    while(i<=40)
    {
        printf("%12.0lf\t",a1);
        if(i%5==0)
            printf("\n");
        i++;
        if(i%2==1)
            a=2*a1+1;
        else
            a=2*a1;
        a1=a;
    }
}
```

程序运行结果：

1	2	5	10	21
42	85	170	341	682
1365	2730	5461	10922	21845
43690	87381	174762	349525	699050
1398101	2796202	5592405	11184810	22369621
44739242	89478485	178956970	357913941	715827882
1431655765	2863311530	5726623061	11453246122	22906492245
45812984490	91625968981	183251937962	366503875925	733007751850

（2）逆推法。

【例4-27】 一个自然数被8除余1，所得的商被8除也余1，再将第二次的商被8除后余7，最后得到一个商为x。又知这个自然数被17除余4，所得的商被17除余15，最后得到一个商是a的2倍。求这个自然数。

编程提示：根据题意，用逆推法可以列出关系式：

$$(((x*8+7)*8)+1)*8+1=((2*x*17)+15)*17+4$$

再用试探法求出商x的值，最后计算出自然数y=(((x*8+7)*8)+1)*8+1。

```c
#include<stdio.h>
int main()
{
    int x,i=0;
    for(x=0;;x++)   /*试探商的值*/
    {
        if(((x*8+7)*8+1)*8+1==(34*x+15)*17+4)
        {
            printf("满足条件的自然数：%d\n",(34*x+15)*17+4);
            break;
        }
    }
}
```

程序运行结果：

满足条件的自然数：1993

7. 分类统计

【例4-28】 输入一行字符，分别统计出其中英文字母、空格、数字和其他字母的个数。

编程提示：在循环中利用getchar()函数输入字符，判断输入字符的种类进行统计。

```c
#include  <stdio.h>
int main()
{
    char c;
    int letter=0,space=0,digit=0,other=0;
    printf("input a line letter: \n");
    while((c=getchar())!='\n')
    {
        if(c>='a'&&c<='z'||c>='A'&&c<='Z')
            letter++;
        else if(c==' ')
            space++;
        else if(c>='0'&&c<'9')
            digit++;
        else
```

```
        other++;
    }
    printf("letter=%d,space=%d,digit=%d,other=%d\n",letter,space,digit,
           other);
    return 0;
}
```

程序运行结果：

```
input a line letter:
My teacher's address is"#123 Beijing Road,Shanghai". ✓
letter=38,space=6,digit=3,other=6
```

8. 根据日期算天数

【例 4-29】 输入一个日期，输出这一天是这一年的第几天。

编程提示：输入一个日期后，先计算这一月之前有多少天，再加上当期日期就是这一年的第几天。需要注意的是 1 月、3 月、5 月、7 月、8 月、10 月、12 月是 31 天；4 月、6 月、9 月、11 月是 30 天，2 月不是闰年时 28 天，闰年时 29 天。

```
#include <stdio.h>
int main()
{
    int y,m,d;
    int i,days=0,totalDays=0;
    printf("请输入一个日期（年 月 日）:");
    scanf("%d%d%d",&y,&m,&d);

    for(i=1;i<m;i++)
    {
        switch(i)
        {
            case 1:  case 3: case 5: case 7:
            case 8:  case 10: case 12:
                    days=31;
                    break;
            case 4: case 6: case 9: case 11:
                    days=30;
                    break;
            case 2:
                    if((y%400==0) ||(y%4==0&&y%100!=0))
                        days=29;
                    else
                        days=28;
                    break;
        }
        totalDays=totalDays+days;
```

```
        }
        totalDays=totalDays+d;
        printf("%d 年 %d 月 %d 日是第 %d 天",y,m,d,totalDays);
         return 0;
}
```

程序运行结果：

请输入一个日期（年 月 日）:1988 3 26 ↙
1988 年 3 月 26 日是第 86 天

4.9 综合实例：学生成绩管理程序（四）

解决本书 3.6 节的学生成绩管理程序只能选择一次的问题，即实现在程序主菜单中可以重复输入选项功能。

编程提示：用循环结构可以实现程序主菜单重复输入选项。利用 do…while 循环语句至少执行一次循环的特点很适合做程序菜单用。其中 exit(0)退出程序。

```
#include <stdio.h>
#include <stdlib.h>
int main()
{
    int choose;
    do
    {
        printf("        *********************************\n");
        printf("        *                               *\n");
        printf("        *          学生成绩管理程序        *\n");
        printf("        *                               *\n");
        printf("        *********************************\n");
        printf("        *           1.输入学生成绩         *\n");
        printf("        *           2.显示学生成绩         *\n");
        printf("        *           3.按学号查找成绩       *\n");
        printf("        *           4.查找最高分           *\n");
        printf("        *           5.插入学生成绩         *\n");
        printf("        *           6.按学号删除成绩       *\n");
        printf("        *           7.成绩排序            *\n");
        printf("        *           0.退出程序            *\n");
        printf("        *********************************\n");
        printf("        请输入（0~7）选择: ");
        scanf("%d",&choose);
        switch(choose)
        {
            case 1: printf("  选择了 1.输入学生成绩功能,按任一键重新选择");
```

```
            getch();break;
    case 2: printf("   选择了2.显示学生成绩功能,按任一键重新选择");
            getch();break;
    case 3 : printf("   选择了3.按学号查找成绩功能,按任一键重新选择");
            getch();break;
    case 4: printf("   选择了4.查找最高分功能,按任一键重新选择");
            getch();break;
    case 5: printf("   选择了5.插入学生成绩功能,按任一键重新选择");
            getch();break;
    case 6: printf("   选择了6.按学号删除成绩功能,按任一键重新选择");
            getch();break;
    case 7: printf("   选择了7.成绩排序功能,按任一键重新选择");
            getch();break;
    case 0: exit(0);
    default : printf("        非法选项!按任一键重新选择",choose);getch();
    }
  }while(1);
  return 0;
}
```

程序运行时,输入选项2并回车,运行结果如图4-7所示。

图4-7 可以重复选择的程序主控菜单

4.10 常见程序错误及解决方法

（1）while 语句后面不能加分号（；），否则造成死循环，即把空语句"；"作为循环体，而真正的循环体并没有执行。

例如：

```
while(i<=100);      /* 此时 ;作为循环体，造成死循环*/
{
    sum=sum+i;
    i++;
}
```

（2）do…while 语句后面的分号"；"不能少，它是 do…while 语句结束的标志，缺少会出现语法错误。

（3）误把赋值号（=）作为等号使用。

这与条件语句中的情况一样，例如：

```
while(i=1)
{
    …
}
```

这是一个条件永远成立的循环，正确地写法如下：

```
while(i= =1)
{
    …
}
```

（4）忘记用花括号括起来循环体中的多个语句，这也与条件语句类似，例如：

```
i=1;
while(i<=10)
    printf("%d",i);
    i++;
```

由于没有花括号，循环体就剩下 printf("%d",i)一条语句,循环变成了死循环。正确地写法是：

```
i=1;
while(i<=10)
{
    printf("%d",i);
    i++;
}
```

（5）在不该加分号的地方加了分号，例如：

```
for(i=1;i<=10;i++);
    sum=sum+i;
```

由于 for 语句后加了分号，表示循环体只有一个空语句，而"sum=sum+i;"与循环体无关。正确的写法如下：

```
for(i=1;i<=10;i++)
    sum=sum+i;
```

（6）花括号不匹配。由于各种控制结构的嵌套，有些左右花括号相距较远，这就有可能忘掉右侧的花括号而造成花括号不匹配，这种情况在编译时可能产生许多莫名其妙的错误，而且错误的提示与实际错误无关。 解决的办法是配对的花括号在上下对齐（即在列的位置上对齐）。

```
while()
{
    …
    while()
    {
        …
        if()
        {
            …
        }
    }
    …
}
```

如果括号上下不对齐，可以肯定括号不匹配（注意为了使程序层次清晰易读，左右括号要单独占一行）。

（7）循环中没有改变控制循环变量的语句，造成死循环。

```
i=1;
while(i<=100)
{
    sum=sum+i;
}
```

由于 i 在循环中没有改变，i<=100 永远成立，造成死循环。

（8）for 循环中 3 个表达式都可以省略，但";"不能省略。例如：

```
i=1;
for(i<=100;i++)
    sum=sum+i;
```

正确的是：

```
i=1;
for(;i<=100;i++)
    sum=sum+i;
```

（9）使用 while、do…while、for 循环语句时，不要忘记与循环相关变量的初始化，这是初学者最易犯的错误。例如：

```
/* 控制循环变量 i 没有初始化*/
    sum=0;
    while(i<=100)
    {
     sum=sum+i;
     i++;
    }
    /* 求和变量 sum 没有初始化*/
    for(i=1;i<=100;i++)
     {
      sum=sum+i;
     }
```

本 章 小 结

本章重点介绍了 while，do…while 和 for 这 3 种循环语句。

使用 while、do…while 语句时要注意以下两点：

（1）进入循环体之前要进行初始化与循环体相关的变量；

（2）循环体内要有改变循环条件的语句。

while、do…while 语句都可以用于解决未知循环次数的问题，区别是 do…while 循环体至少执行一次，而 while 有可能一次也不执行循环。

for 语句一般用于解决已知循环次数的问题，它的用法比较灵活，建议使用常规的 for 语句格式，如果要灵活格式，切记：无论省略了哪一个表达式，都要在循环体前或循环体内加上与省略表达式功能相同的语句，才能实现同样的功能。

break 语句和 continue 语句都可用于循环流程控制，其中 break 语句功能是跳出该语句所在的循环体；而 continue 语句的功能是结束本次循环进入下一次循环，深刻体会两个语句的作用有助于编写较高质量的程序。

双层循环是多层循环嵌套的基础，使用它注意以下问题：

（1）循环边界的控制。

（2）外层循环执行一次、内层循环执行一遍。

（3）总循环次数=外层循环次数×内层循环次数。

（4）一般编程都要涉及找出内、外层循环控制变量之间的某种变化规律，这是编程重点考虑的问题，也是最难的地方。

常见错误总结介绍了初学者在学习本章知识的过程中遇到的问题及解决方法。

习 题 4

一、选择题

1. 设有程序

```
#include <stdio.h>
int main()
{
    int i,j;
    for(i=0,j=1;i<=j+1;i+=2,j--)
        printf("%d\n",i);
    return 0;
}
```

在运行上述程序时，for语句中循环体的执行次数是（　　　）。

A. 3　　　　　　B. 2　　　　　　C. 1　　　　　　D. 0

2. 在下述选项时，没有构成死循环的程序是（　　　）。

A.　int i=100;

while (1)

{

i=i%100+1;

if(i>100)

break;

}

B.　for (;;);

C.　int k=1000;

do

{

++k;

}while (k>=10000);

D.　int s=36;

while (s);--s;

3. 有以下程序

```
#include <stdio.h>
int main()
{
    int i,n=0;
    for(i=2;i<5;i++)
    {
        do
```

```
        {  if (n%3) continue;
            n++;
        } while (!i);
        n++;
    }
    printf ("n=%d\n",n);
    return 0;
}
```

程序执行后结果为（　　）。

A. n=5　　　　　　B. n=2　　　　　　C. n=3　　　　　　D. n=4

4. 假定 a 和 b 为 int 型变量，则执行下述语句组后，b 的值为（　　）。

```
a=1;
b=10;
do
{
    b-=a;
    a++;
} while (b--<0);
```

A. 9　　　　　　B. -2　　　　　　C. -1　　　　　　D. 8

5. 有以下程序：

```
#include <stdio.h>
int main()
{
    int x=10;
    while(x--);
        printf("x=%d\n",x);
    return 0;
}
```

程序执行后的输出结果是（　　）。

A. x=0　　　　　　B. x=-1　　　　　　C. x=1　　　　　　D. while构成无限循环

6. 以下叙述正确的是（　　）。

　　A. do…while语句构成的循环不能用其他语句构成的循环代替。

　　B. 只有do…while语句构成的循环能用break语句退出。

　　C. 用do…while语句构成循环时，在while后的表达式为零时不一定结束循环。

　　D. 用while语句构成循环时，在while后的表达式为零时结束循环。

7. 以下程序的输出结果是（　　）。

```
#include <stdio.h>
int main()
{
```

```
        int y=10;
        for (;y>0;y--)
            if(y%3==0)
            {
                printf("%d",--y);
                continue;
            }
        return 0;
}
```

A. 741   B. 852   C. 963   D. 8754321

8. 若变量已正确定义，有以下程序段：

```
i=0;
do
    printf("%d,",i);
while(i++);
printf("%d\n",i);
```

其输出结果是（　　）。

A. 0,0   B. 0,1   C. 1,1   D. 程序进入无限循环

9. 有以下程序段：

```
int k=0;
while(k=1) k++;
```

while循环执行的次数是（　　）。

A. 无限次   B. 有语法错误，不能执行

C. 一次也不执行   D. 执行一次

10. 若变量已正确定义，下面程序段的输出结果是（　　）。

```
a=1;b=2;c=2;
while(a<b<c)
{t=a;a=b;b=t;c--;}
printf("%d,%d,%d",a,b,c);
```

A. 1,2,0   B. 2,1,0   C. 1,2,2   D. 2,1,1

二、编程题

1. 求解猴子吃桃问题。猴子第一天摘下若干个桃子，当天吃了一半，还不过瘾，又多吃了一个，第二天早上又将剩下的桃子吃掉一半，并又多吃了一个。以后每天早上都吃了前一天剩下的一半零一个。到第 10 天早上想再吃时，只剩一个桃子了。求第一天共摘了多少桃子。

2. 打印所有的"水仙花数"。所谓"水仙花数"是指一个三位数，其各位数字的立方和等于该数本身。例如 $153=1^3+5^3+3^3$ 等。

3. 从键盘输入一批整数，统计其中不大于 100 的非负整数的个数。

4. 假设银行一年整存领取的月息为 1.85%，现在某人的父母手头有一笔钱，他打算今

后孩子 4 年大学中，每年年底取出 10000 元作为孩子来年的大学教育费用，到 4 年孩子毕业时刚好取完这笔钱，请编程计算第一年年初他们应存入银行多少钱。

5. 一个数如果恰好等于它的因子之和，这个数称为"完数"。例如 6 的因子分别为 1、2、3，而 6=1+2+3，因此 6 是"完数"。编程序找出 1000 之内所有完数并输出。

6. 编程输出以下格式乘法口诀表。

```
1*1=1  1*2=2  1*3=3  1*4=4   1*5=5   1*6=6   1*7=7   1*8=8   1*9=9
       2*2=4  2*3=6  2*4=8   2*5=10  2*6=12  2*7=14  2*8=16  2*9=18
              3*3=9  3*4=12  3*5=15  3*6=18  3*7=21  3*8=24  3*9=27
                     4*4=16  4*5=20  4*6=24  4*7=28  4*8=32  4*9=36
                             5*5=25  5*6=30  5*7=35  5*8=40  5*9=45
                                     6*6=36  6*7=42  6*8=48  6*9=54
                                             7*7=49  7*8=56  7*9=63
                                                     8*8=64  8*9=72
                                                             9*9=81
```

7. 每个苹果 0.8 元，第一天买两个苹果。从第二天开始，每天买前一天的 2 倍，当某天需购买苹果的数目大于 100 时，则停止。求平均每天花多少钱？

8. 无重复数字的 3 位数问题。用 1、2、3、4 等 4 个数字组成无重复数字的 3 位数，将这些 3 位数据全部输出。

9. 鸡兔同笼，共有 98 个头，386 个脚，编程求鸡兔各多少只。

实验 4　循环结构程序设计

1. 实验目的

（1）熟练掌握 while、do…while 和 for 这 3 种循环控制语句，掌握循环结构程序设计和调试方法。

（2）掌握二重循环结构程序的设计方法。

2. 实验内容

（1）求解猴子吃桃问题。猴子第一天摘下若干个桃子，当即吃了一半，还不过瘾，又多吃了一个。第二天早上又将剩下的桃子吃掉一半，并又多吃了一个。以后每天早上都吃了前一天剩下的一半零一个。到第 10 天早上想再吃时，只剩一个桃子了。求第一天共摘了多少桃子。

编程提示：猴子吃桃问题可用递推方法求解。设前一天开始时的桃子数为 m，猴子吃掉之后剩余桃子数为 n，则 m 和 n 存在如下关系：

$$n=m/2-1$$

已知第 10 天开始时只有一个桃子，根据上述关系，有如下递推数据：

第 9 天：$n=1$，$m=2\times(n+1)=4$

第 8 天：$n=4$，$m=2\times(n+1)=10$

第 7 天：$n=10$，$m=2\times(n+1)=22$

第 6 天：$n=22$，$m=2\times(n+1)=46$

...

按照上述递推过程，用 while、do…while 与 for 循环语句求解猴子吃桃问题。

参考程序 1：用 while 语句实现。

```c
#include<stdio.h>
int main()
{
    int i=1,m,n=1;
    while(i<10)
    {
        m=2*n+2;
        n=m;
        i++;
    }
    printf("total=%d\n",m);
    return 0;
}
```

参考程序 2：用 do…while 语句实现。

```c
#include<stdio.h>
int main()
{
    int i=1,m,n=1;
    do
    {
        m=2*n+2;
        n=m;
        i++;
    }while(i<10);
    printf("total=%d\n",m);
    return 0;
}
```

参考程序 3：用 for 语句实现。

```c
#include<stdio.h>
int main()
{
    int i,m,n=1;
    for(i=1;i<10;i++)
    {
        m=2*n+2;
        n=m;
    }
    printf("total=%d\n",m);
```

```
        return 0;
}
```

（2）从键盘输入一批整数，统计其中不大于 100 的非负整数的个数。

编程提示：由于输入数据个数是不确定的，因此每次执行程序时，循环次数都是不确定的。在进行程序设计时，确定循环控制的方法是本实验的一个关键问题。循环控制条件可以有多种确定方法：

① 使用一个负数作为数据输入结束标志。

② 输入一个数据后通过进行询问的方式决定是否继续输入下一个数据。

参考程序 1：使用负数作为数据输入结束标志的程序。

```
#include<stdio.h>
int main()
{
    int m,counter=0;
    while(1)
    {
        printf("请输入一个整数: ");
        scanf("%d",&m);
        if(m<0)
            break;
        if(m<=100)
            counter++;
        printf("\n");
    }
    printf("符合要求的整数个数为:%d\n",counter);
    return 0;
}
```

参考程序 2：通过进行询问的方式决定是否继续输入下一个数据的程序。

```
#include<stdio.h>
int main()
{
    int m,counter=0;
    char ask;
    while(1)
    {
        printf("请输入一个整数: ");
        scanf("%d",&m);
        getchar();
        if(m>=0&&m<=100)
            counter++;
        printf("继续输入下一个数据?(Y / N) ");
        ask=getchar();
```

```
        getchar();
        if(ask!='y'&&ask!='Y')
            break;
        printf("\n");
    }
    printf("符合要求的整数个数为:%d\n",counter);
    return 0;
}
```

（3）打印所有的"水仙花数"。所谓"水仙花数"是指一个三位数，其各位数字的立方和等于该数本身。例如 $153=1^3+5^3+3^3$ 等。

编程提示：

① 用一重循环实现方法如下。

• "水仙花数"的取值范围 100～999 的三位整数。

• 分离出每个三位整数的百位、十位、个位。

• 对百位数字、十位数字与个位数字分别求立方后再求和，接着与 100～999 的三位整数分别比较判断是否"水仙花数"。

② 用三重循环实现方法如下。

• 分别设百位、十位、个位分别为 i、j、k。

• 判断 i*100+j*10+k 与 i*i*i+j*j*j+k*k*k 是否相等判断是否"水仙花数"。

（4）无重复数字的 3 位数问题。用 1、2、3、4 等 4 个数字组成无重复数字的 3 位数，将这些 3 位数据全部输出。

编程提示：

① 可填在百位、十位、个位的数字都是 1、2、3、4。

② 首先组成所有的排列，然后去掉不满足条件的排列。

③ 该问题可用三重循环实现。

3. 实验总结

（1）总结在本次实验遇到哪些问题及解决方法。

（2）总结 while、do…while 与 for 语句区别与联系。

（3）总结使用循环嵌套的主要事项。

第 5 章 数　　组

在解决实际问题中，经常需要对批量数据进行处理，例如对一批数据进行求和、求平均值或排序等运算。

在 C 语言中，为了便于处理批量数据，将具有相同类型的若干变量有序地组织起来，这些被有序组织起来的同类型数据的集合称为数组。

5.1　数组引例

【例 5-1】　读入某位同学 8 门课的期末考试成绩，求这位同学期末考试的平均分。

编程提示：根据前面章节学习的知识，用以下程序可以实现其功能。

```
#include <stdio.h>
int main()
{
    float score1,score2,score3,score4,score5, score6,score7,score8,sum;
    scanf("%f",&score1);
    scanf("%f",&score2);
    scanf("%f",&score3);
    …            /* 省略了 4 条语句，如果要运行程序，必须补充完整 */
    scanf("%f",&score8);
    sum= score1+score2+score3+score4+score5+score6+score7+score8;
    printf("The average score is %f",sum/8.0);
    return 0;
}
```

在上述程序中定义了 8 个整型变量并分别读入 8 门课的成绩，最后求平均值。若有 20 门课，难道要定义 20 个变量吗？显然不可取。可以发现这 8 个变量具有相同数据类型，如果引入数组知识，程序在处理这些批量数据时将更加灵活方便。程序改写如下：

```
#include <stdio.h>
int main()
{
    int i;
    float score[8],sum=0;
    for (i=0;i<8;i++)
    {
        scanf("%f",&score[i]);
        sum=score[i]+sum;
    }
```

```
        printf("The average score is %.1f",sum/8.0);
        return 0;
}
```

程序运行结果：

```
80 85 90 95 100 75 70 84 ↙
The average score is 84.9
```

【同步练习】　某件商品分 10 次进货，每次进货价格不同，读入 10 次进货价格，求该
件商品的平均进货价格。

提示：定义长度为 10 的一维数组，依次读入每次进货的价格，求和后再求平均值。

5.2　一 维 数 组

数组是一组具有相同数据类型的有序数据的集合。数组中各个数据的排列具有一定规
律，下标代表数据在数组中的序号。一维数组是数组中最简单的一种，它的数组元素只有
一个下标。

5.2.1　一维数组的定义

数组和变量一样，必须先定义，然后才能使用。

一维数组的一般形式如下：

类型名　数组名[常量表达式];

例如：

int a[5];

表示定义了一个整型数组，数组名为 a，其元素均分整数，分别为 a[0]、a[1]、a[2]、a[3]和 a[4]。

char b[8];

表示定义了一个由 8 个元素组成的一维数组。数组名为 b，其元素均为字符型，分别为 b[0]、
b[1]、b[2]、b[3]、b[4]、b[5]、b[6]和 b[7]。

float c[10];

表示定义了一个由 10 个元素组成的一维数组，数组名为 c，其元素均为浮点型，分别为 c[0]、
c[1]、c[2]、c[3]、c[4]、c[5]、c[6]、c[7]、c[8]和 c[9]。

注意：

（1）"[ ]" 不能错用为 "()"。

（2）数组元素的下标从 0 开始。

（3）数组中存储的数据均为同一个数据类型。

（4）定义数组长度时，方括号中只能是常量或常量表达式。

例如：

```
int i,a[i];      /* 错误！定义数组长度时 i 为变量 */
int a[2+3];      /* 正确！ */
```

（5）一维数组中各元素按顺序连续存放，即相邻元素的地址相差 sizeof(int)个字节。

5.2.2　一维数组的引用

定义数组之后，就可以引用数组中的元素。

一维数组的引用形式如下：

数组名［下标］；

其中，下标可以是常量、变量或表达式。由于下标是 0～n–1 的数，因此引用数组元素时可以与循环语句结合，即通过循环变量改变下标的值。例如：

```
int n=1;
int a[3];
a[0]=1;
a[n]=2;
a[2]=5;
```

【例 5-2】　输入 10 个学生的成绩，将低于 60 分的成绩输出。

编程提示：定义长度为 10 的数组，依次将 10 个成绩赋值给数组元素。利用循环将各个元素与 60 分比较，小于 60 分的成绩输出。

```
#include <stdio.h>
int main()
{
    int score[10],i;
    for (i=0;i<10;i++)
      scanf("%d",&score[i]);
    printf("小于 60 分的成绩有：\n");
    for (i=0;i<10;i++)
        if(score[i]<60)
            printf("%3d",score[i]);
    return 0;
}
```

程序运行结果：

```
10 20 30 40 50 60 70 80 90 100✓
小于 60 分的成绩有：
10 20 30 40 50
```

【同步练习】　输入 10 个学生的成绩，求平均值。

提示：定义长度为 10 的数组，依次将 10 个成绩赋值给数组元素。利用循环将各个元素累加求和，计算平均值输出。

5.2.3 一维数组的初始化

所谓数组的初始化是指在定义数组时就对各个数组元素进行赋值。

（1）在定义数组时对全部元素进行初始化。

例如：

```
int a[6]={0,1,2,3,4,5};
```

利用花括号对各元素按序赋值，数据元素间用逗号分隔。等价于 a[0]=0, a[1]=1, a[2]=2, a[3]=3, a[4]=4, a[5]=5。

（2）对全部元素初始化时，可以不指定数组的长度。

```
int a[]={0,1,2,3,4,5};
```

等价于

```
int a[6]={0,1,2,3,4,5};
```

（3）对部分元素进行初始化。

例如：

```
int b[6]={0,1,2};
```

只对 b[0]、b[1]和 b[2]进行赋初值，未赋值的整型自动初始化为 0。等价于 b[0]=0, b[1]=1, b[2]=2, b[3]=0, b[4]=0,b[5]=0。字符型数据自动初始化为'\0'；浮点型数据自动初始化为 0.0。

5.2.4 一维数组的应用

【例 5-3】 将 10 个数组元素依次赋值为 0,1,2,3,4,5,6,7,8,9，并按逆序输出。

编程提示：首先定义一个长度为 10 的数组，利用循环语句逐个将数组元素赋值为 0~9。输出时，按逆序输出，即输出 a[9],a[8],…, a[0]。

```
#include <stdio.h>
int main()
{
    int i,a[10];
    for (i=0; i<=9;i++)
        a[i]=i;
    for(i=9;i>=0; i--)
        printf("%d ",a[i]);
    printf("\n");
    return 0;
}
```

运行结果：

```
9 8 7 6 5 4 3 2 1 0
```

【例 5-4】 输入 10 个整数，查找其中的最大值与最小值。

编程提示：定义长度为 10 的数组 a，将最大值 max 和最小值 min 都赋值为 a[0]，利用循环依次将各个数组元素与 max 和 min 比较，如果发现 a[i]大于 max，则令 max=a[i]；如发现 a[i]小于 min，则令 min=a[i]，循环结束后 max 与 min 中值即为最大值与最小值。

```c
#include <stdio.h>
int main()
{
    int a[10], i, max, min;
    for(i=0;i<10;i++)
        scanf("%d",&a[i]);
    max=a[0];
    min=a[0];
    for(i=1;i<10;i++)
    {
        if(max<a[i])
            max=a[i];
        if(min>a[i])
            min=a[i];
    }
    printf("最大值为%d\n",max);
    printf("最小值为%d\n",min);
    return 0;
}
```

程序运行结果：

```
11 22 33 44 55 66 77 88 99 100↙
最大值为100
最小值为11
```

【例 5-5】 利用一维数组输出斐波那契数列的前 10 项。

编程提示：斐波那契数列为 1,1,2,3,5,8,…

生成公式为

$$\begin{cases} f_1 = 1, & n = 1 \\ f_2 = 1, & n = 2 \\ f_n = f_{n-1} + f_{n-2}, & n \geqslant 3 \end{cases}$$

定义长度为 10 的数组 f，将 f[0]=1，f[1]=1，从第 3 项开始令 f[i]=f[i−1]+f[i−2]；

```c
#include <stdio.h>
int main()
{
    int i;
```

```
    int f[10]={1,1};
    for(i=2;i<20;i++)
        f[i]=f[i-1]+f[i-2];
    for(i=0;i<10;i++)
    {
        if(i%5==0) printf("\n");
        printf("%10d",f[i]);
    }
    printf("\n");
    return 0;
}
```

程序运行结果:

```
1    1    2    3    5
8   13   21   34   55
```

【例 5-6】 输入 10 个整数，分别统计奇数和偶数的个数。

编程提示：定义一维数组存储数据，利用 if 语句依次对输入的数据判断其奇偶性。

```
#include<stdio.h>
int main()
{
    int a[10],i,n=0,k=0;                /*数组上限定为 10 */
    printf("请输入数值:");
    for(i=0;i<10;i++)
        scanf("%d",&a[i]);
    printf("数组中的偶数为:");
    for(i=0;i<10;i++)
    {
        if(a[i]%2==0)
        {
            printf("%d ",a[i]);        /*输出偶数*/
            n++;                        /*统计偶数的个数*/
        }
    }
    printf("\n");
    printf("数组中的奇数为:");
    for(i=0;i<10;i++)
    {
      if(a[i]%2!=0)
        {
            printf("%d ",a[i]);        /*输出奇数*/
            k++;                        /*统计奇数的个数*/
        }
    }
```

```
        printf("\n");
        printf("数组中偶数的个数:%d",n);
        printf("数组中奇数的个数:%d",k);
        return 0;
}
```

程序运行结果：

请输入数值：1 2 3 4 5 6 7 8 9 10↙
数组中的偶数为：2 4 6 8 10
数组中的奇数为：1 3 5 7 9
数组中的偶数个数为：5
数组中的奇数个数为：5

【同步练习】

1．有一个数组 a[5]={0,1,2,3,4}，要求不借助其他数组，将其逆序为 a[5]={4,3,2,1,0}。

提示：定义长度为 5 的数组，将 a[0]与 a[4]交换值，a[1]与 a[3]交换值，a[2]不变。

2．在数组 a[10]中，查找变量 m，若找到输出对应的元素下标；若没有找到输出查无此数据。

提示：利用循环将 a[i]与 m 依次比较，若发现 a[i]与 m 相等，输出下标 i；若数组元素全部比较结束无相等出现，输出查无此数据。

5.3   二维数组及多维数组

一维数组只有一个下标，但在实际问题中有很多数据是二维的或多维的，因此 C 语言允许构造多维数组。多维数组元素有多个下标，以标识它在数组中的位置，所以也称为多下标变量。本节只介绍二维数组，多维数组可由二维数组类推而得到。

5.3.1   二维数组的定义

定义二维数组的一般形式如下：

类型名 数组名[常量表达式 1][常量表达式 2];

其中，常量表达式 1 表示第 1 维下标的长度，常量表达式 2 表示第 2 维下标的长度。

例如：

```
int a[3][4];
```

表示定义了一个 3 行 4 列的数组，数组名为 a，其元素共有 3×4 个，均为整型：

	第 0 列	第 1 列	第 2 列	第 3 列
第 0 行	a[0][0]	a[0][1]	a[0][2]	a[0][3]
第 1 行	a[1][0]	a[1][1]	a[1][2]	a[1][3]
第 2 行	a[2][0]	a[2][1]	a[2][2]	a[2][3]

（1）二维数组可以看作是一个特殊的一维数组，即一维数组的每个元素又是一个一维数组。例如二维数组 a[3][4]。

```
a[0]  →  a[0][0]  a[0][1]  a[0][2]  a[0][3]
a[1]  →  a[1][0]  a[1][1]  a[1][2]  a[1][3]
a[2]  →  a[2][0]  a[2][1]  a[2][2]  a[2][3]
```

先将二维数组 a[3][4]看作一个由 3 个元素组成的一维数组，它的数组名为 a，元素分别为 a[0]、a[1]和 a[2]，因为这 3 个元素并不是真的一维数组的元素，所以它们的值当然也不是整型数据。实际上，这 3 个元素又分别是由 4 个元素组成的一维数组，因此 a[0]、a[1]和 a[2]分别代表这 3 个一维数组的数组名（即数组的起始地址）。也就是数组 a[0]的 4 个元素分别为 a[0][0]、a[0][1]、a[0][2]和 a[0][3]；数组 a[1]的 4 个元素分别为 a[1][0]、a[1][1]、a[1][2]和 a[1][3]；数组 a[2]的 4 个元素分别为 a[2][0]、a[2][1]、a[2][2]和 a[2][3]。

（2）二维数组以一维数组为基本单位，一维数组的各元素按顺序连续存放，因此二维数组中的各元素也按顺序连续存放。这样，在处理二维数组 a[3][4]时，也可以将它看作一个一维数组 a[3×4]来处理。

5.3.2 二维数组的引用

二维数组的元素表示的形式如下：

数组名[下标1][下标2];

其中，下标可以是常量、变量或表达式。这与一维数组元素在引用时对下标的要求相同。例如，a[3][4]表示数组中第 3 行第 4 列的元素，注意：下标 1 和下标 2 皆从 0 开始。

【例 5-7】 求一个二维数组 a[2][3]全部元素之和。

编程提示：利用两层 for 循环依次将数组元素读入 a，累加求和保存至 sum，输出 sum。

```
#include <stdio.h>
int main()
{
    int a[2][3],i,j,sum=0;
    for (i=0;i<2;i++)
    {
        for (j=0;j<3;j++)
        {
            scanf("%d",a[i][j]);
            sum=sum+a[i][j];
        }
    }
    printf("sum is %d",sum);
    return 0;
}
```

程序运行结果：

```
1 2 3✓
4 5 6✓
sum is 21
```

【同步练习】 求一个二维数组 a[2][3]全部元素的平均值。

提示：利用两层 for 循环依次将数组元素读入 a，累加求和保存至 sum，再求平均值。

5.3.3 二维数组的初始化

二维数组初始化可以通过以下方式：

（1）对全部元素赋初值，通过使用大括号分成若干行，赋予不同的行。例如：

```
int a[3][3]={{1,2,3},{4,5,6},{7,8,9}};
```

赋值后第 1 对花括号代表第 1 行的数据，第 2 对花括号代表第 2 行数据，第 3 对花括号代表第 3 行数据。

也可按顺序赋值将所有的数据写在一对花括号内，例如：

```
int a[3][3]={1,2,3,4,5,6,7,8,9};
```

如果对全部数组元素置初值，则第 1 维的长度可以省略。例如：

```
int a[][3]={1,2,3,4,5,6,7,8,9};
```

以上 3 种赋初值的结果完全相同。

（2）只对部分元素赋初值，未赋初值的元素系统自动将整型数据初始化为 0，将字符型数据初始化为'\0'，将浮点型数据初始化为 0.0。例如：

```
int a[3][3]={{1},{2},{3}};
```

是对每行的第 1 列元素赋值，未赋值的元素取 0 值。 赋值后各元素的值为

```
1 0 0
2 0 0
3 0 0
```

又如：

```
int a [3][3]={{0,1},{0,0,2},{3}};
```

赋值后的元素值为

```
0 1 0
0 0 2
3 0 0
```

【例 5-8】 将一个 3×4 的矩阵，按行列形式输出。

编程提示：读入时利用两层 for 循环依次为二维数组元素赋值，外层循环控制行下标为 0~2，内层循环控制列下标为 0~3。同理输出时利用两层 for 循环按 3 行 4 列的要求输出，

每输出一行后，利用'\n'换行。

程序代码：

```c
#include <stdio.h>
int main()
{
    int a[3][4]={{1,2,3,4},{5,6,7,8},{9,10,11,12}},i,j;
    for (i=0;i<3;i++)
    {
        for (j=0;j<4;j++)
            printf("%5d",a[i][j]);
        printf("\n");
    }
    return 0;
}
```

程序运行结果：

```
1    2    3    4
5    6    7    8
9    10   11   12
```

【同步练习】　有一个二维数组 a[4][4]，编程将其每一行的第一个元素输出。

提示：每一行第一个元素的列下标为 0，利用循环将 a[i][0]依次输出。

5.3.4　二维数组的应用

【例 5-9】　将一个二维数组 a[2][3]={{1,2,3}，{4,5,6}}行和列的元素互换，保存在 b[3][2]中。

编程提示：定义一个数组 b[3][2]，将数组 a 中的行和列元素互换可以看作将数组元素行下标与列下标互换，即 b[j][i]=a[i][j]，然后利用两层 for 循环输出二维数组 b。

```c
#include <stdio.h>
int main()
{
    int a[2][3]={{1,2,3},{4,5,6}};
    int b[3][2],i,j;
    printf("array a:\n");
    for (i=0;i<=1;i++)          /*按行列式格式输出数组 a，并把 a[i][j]赋值给 b[j][i]*/
    {
        for (j=0;j<=2;j++)
        {
            printf("%5d",a[i][j]);
            b[j][i]=a[i][j];       /*把 a[i][j]赋值给 b[j][i]*/
        }
        printf("\n");
```

```
    }
    printf("array b:\n");
    for (i=0;i<=2;i++)
    {
        for(j=0;j<=1;j++)
            printf("%5d",b[i][j]);
        printf("\n");
    }
    return 0;
}
```

程序运行结果:

```
array a:
1 2 3
4 5 6
array b:
1 4
2 5
3 6
```

【例5-10】有一个3×4的矩阵,编程输出其中的最小值并输出最小值所在的行号和列号。

编程提示:定义最小值min变量,将min的初值设为a[0][0],利用循环依次将a[i][j]与min比较大小,若min>a[i][j],则将a[i][j]的值赋予min,并保存行下标i和列下标j。

```
#include <stdio.h>
int main()
{
    int i,j,row=0,colum=0,min;
    int a[3][4]={{-4,2,1,6},{-8,-10,-5,2},{17,18,9,5}};   /*定义数组并赋初值*/
    min=a[0][0];                                    /*先认为a[0][0]最小*/
    for (i=0;i<=2;i++)
        for (j=0;j<=3;j++)
            if (a[i][j]<min)                /*如果某元素大于min,就取代min的原值*/
            {
                min=a[i][j];
                row=i;                      /*记下此元素的行号*/
                colum=j;                    /*记下此元素的列号*/
            }
    printf("min=%d\nrow=%d\ncolum=%d\n",min,row,colum);
    return 0;
}
```

程序运行结果:

```
min=-10
row=1
colum=1
```

【例 5-11】 已知有 3×3 矩阵 A，将 A 与矩阵 A 的转置相加，存放在矩阵 B 中。

编程提示：可先将 A 的转置存入 B，再将 A 的元素 a[i][j]累加到 B 的元素 b[i][j]。也可直接利用转置性质，b[i][j]=a[i][j]+a[j][i]。

```
#include<stdio.h>
int main()
{
    int a[3][3]={{1,2,3},{4,5,6},{7,8,9}},b[3][3];
    int i,j;
    for(i=0;i<3;i++)
      for(j=0;j<3;j++)
          b[i][j]=a[i][j]+a[j][i];
    for(i=0;i<3;i++)
    {
        for(j=0;j<3;j++)
            printf("%4d",b[i][j]);
        printf("\n");
    }
    return 0;
}
```

程序运行结果：

```
 2    6   10
 6   10   14
10   14   18
```

【例 5-12】 某宿舍有 4 个人，每人考 3 门课如表 5-1 所示，求该宿舍各科的平均成绩。

表 5-1 宿舍成员的成绩

科目	张	王	李	赵
高数	80	78	92	91
外语	85	83	82	84
语文	90	80	77	88

编程提示：首先利用一个双重循环。在内循环中依次读入某一门课程的各个学生的成绩，并把这些成绩累加起来，退出内循环后再把该累加成绩除以 4 送入平均分数组 average [i] 之中，这就是该门课程的平均成绩。外循环共循环 3 次，分别求出 3 门课各自的平均成绩并存放在 average 数组之中。

```
#include <stdio.h>
int main()
{
    int i,j,s=0,average[3],a[4][3];
    printf("input score: \n");
```

```
        for(i=0;i<3;i++)
        {
            for(j=0;j<4;j++)
            {
                scanf("%d",&a[j][i]);
                s=s+a[j][i];
            }
            average[i]=s/4;
            s=0;
        }
        printf("高数:%d\n外语:%d\n语文:%d\n",average[0],average[1],average[2]);
        return 0;
}
```

程序运行结果：

```
Input score:
80 78 92 91↙
85 83 82 84↙
90 80 77 88↙
高数: 85
外语: 83
语文: 83
```

【同步练习】

1. 有一个 4×4 的矩阵，编程将矩阵的对角线元素输出。

提示：矩阵的对角线元素的行下标与列下标相等。

2. 输入一个 3×3 的实数矩阵，求两条对角线元素中各自的最大值。

提示：矩阵主对角线上行下标 i 与列下标 j 相等，3×3 的矩阵副对角线行下标与列下标之和为 2，即判断 $i+j==2$ 是否成立。

5.4 字符数组与字符串

用来存放字符的数组称为字符数组，字符数组可以是一维的、也可以是多维的。例如：

```
char a[7]={'a','b','c','d','e','f','g'};
char b[3][3]={{'a','b','c'},{'d','e','f'},{'h','j','k'}};
```

5.4.1 字符数组的定义

字符数组使用关键字 char 定义，即存储字符类型的数组。

```
char 数组名[常量表达式];
```

例如：

```
char c[10];
```

定义的是一个由 10 个元素组成的一维数组，其元素均为字符型。

在 C 语言中，每一个字符均有对应的 ASCII 码，因此整型与字符型具有对应关系，即字符数组 c 也可以定义为：

```
int c[10];
```

5.4.2　字符数组的引用

字符数组与其他数值数组的引用方法相同。

【例 5-13】　将一个已知的字符数组输出。

编程提示：定义一个字符数组，利用循环逐个输出每个字符。

```
#include <stdio.h>
int main()
 {
     char a[11]={'I','','a','m','','a','','b','o','y','!'};
     int i;
     for(i=0;i<11;i++)
         printf("%c",a[i]);
     printf("\n");
     return 0;
}
```

程序运行结果：

```
I am a boy!
```

【同步练习】　输出下列三角形图案。

```
*
***
*****
*******
*********
```

提示：每行输出星号的数目分别为 1、3、5、7 和 9，运用字符数组循环输出。

5.4.3　字符数组的初始化

（1）按字符数据进行初始化。例如：

```
char c[9]={'C','','p','r','o','g','r','a','m'};
```

赋值后各元素的值为：

```
c[0]= 'C'
```

```
c[1]=''    /* 空格 */
c[2]='p'
c[3]='r'
c[4]='o'
c[5]='g'
c[6]='r'
c[7]='a'
c[8]='m'
```

当对全体元素赋初值时也可以省略下标。例如：

```
char c[]={'C','','p','r','o','g','r','a','m'};
```

这时数组的长度为 9。

（2）C 语言允许用字符串的方式对字符数组初始化。例如：

```
char c[]={"C program"};
```

或去掉花括号后写为

```
char c[]="C program";
```

等价于

```
char c[]={'C',' ','p','r','o','g','r','a','m','\0'};
```

5.4.4　字符串和字符串结束标志

在 C 语言中是没有字符串类型的，对字符串的操作是通过字符数组来实现的，例如：

```
char a[]="I am a student!";
```

或

```
char a[]={"I am a student!"};
```

在使用字符数组处理字符串时，人们往往关注的是字符串的有效长度，而不是字符数组定义时长度。例如：

```
char b[100]="I am a student!";
```

字符数组 b 定义长度为 100，而存储的字符串有效长度仅为 15。在 C 语言中规定了一个字符串结束标志'\0'，在每一个字符串末尾都有这个结束标志。例如：

```
char c[]="I am a boy!"
```

数组 c 在内存中存储如图 5-1 所示。

| I | | a | m | | a | | b | o | y | ! | \0 |

图 5-1　数组 c 在内存中的存储方式

字符串"I am a boy!"有效长度为 11，字符数组 c 长度为 12，系统会在字符串末尾自动添加字符串结束标志'\0'。

【例 5-14】 将 3 个字符串输出。

编程提示：系统输出字符串时遇到'\0'表示结束。

```c
#include <stdio.h>
int main()
{
    char str1[50] = "I have a apple";
    char str2[] = "I have a pen";
    char str3[50] = "Ha apple pen\0 pineapple pen";
    printf("str1: %s\n", str1);
    printf("str2: %s\n", str2);
    printf("str3: %s\n", str3);
    return 0;
}
```

程序运行结果：

```
str1: I have a apple
str2: I have a pen
str3: Ha apple pen
```

str1 和 str2 初始化时编译器会在字符串最后自动添加'\0'，所以会输出整个字符串。str3 由于字符串中间存在'\0'，系统输出时遇到第一个'\0'就认为字符串结束了，所以不会输出后面的内容。

【同步练习】 求一个字符串的长度。

提示：将字符串读入字符数组，利用循环依次将每个元素与'\0'比较，若相等即结束，输出元素下标 $i+1$ 即为字符串有效长度。

5.4.5 字符数组的输入输出

字符数组的输入和输出分为以下两种格式：

（1）%c 格式。按%c 格式，将字符数组中的元素按字符进行输入和输出。例如：

```c
for(i=0;i<5;i++)
    scanf("%c",&a[i]);
for(i=0;i<5;i++)
    printf("%c",a[i]);
```

对于字符串，由于字符串的有效长度小于字符数组的定义长度，因此通常采用检测字符串结束标志'\0'的方式，进行字符串的输出操作。例如：

```c
for(i=0;a[i]!='\0';i++)
    printf("%c",a[i]);
```

该段代码在输出字符串的过程中，通过检测当前元素是否为'\0'来判断字符串输出是否结束。

（2）%s 格式。按%s 格式，对字符串作为一个整体进行输入和输出。例如：

```
scanf("%s",a);
```

表示读入一个字符串，直到遇到空白字符（空格、回车或制表符）为止，并将该字符串的有效长度中的字符存储到字符数组 a 中，系统会为它自动加上'\0'。

```
printf("%s",a);
```

表示输出一个字符串，直到遇到字符串结束标志'\0'为止，其中 a 代表了该字符数组的起始地址，即该字符串的首地址。

【例 5-15】 将一个已知的字符串"I am a boy!"利用%c 和%s 分别输出。

编程提示：定义字符数组 a 并初始化，利用 printf 语句和%c、%s 输出。

```
#include <stdio.h>
int main()
 {
     char a[15]="I am a boy!";
     int i;
     for(i=0; a[i]!='\0';i++)
         printf("%c",a[i]);
     printf("\n");
     printf("%s\n",a);
     return 0;
}
```

程序运行结果：

```
I am a boy!
I am a boy!
```

【例 5-16】 利用%c 和%s 分别读入字符串"China"，分别保存在字符数组 a 和字符数组 b 中并输出。

编程提示：利用 for 循环语句和%c 和%s 依次将字符串"China"读入。

```
#include <stdio.h>
int main()
 {
     char a[10],b[10];
     int i;
     for(i=0;i<5;i++)
         scanf("%c",&a[i]);
     scanf("%s",b);
     printf("字符数组 a: ");
     for(i=0;i<5;i++)
         printf("%c",a[i]);
     printf("\n 字符数组 b: %s\n",b);
```

```
    return 0;
}
```

程序运行结果：

```
China
China
字符数组 a: China
字符数组 b: China
```

5.4.6 字符串处理函数

在 C 语言库函数中提供了众多字符串处理函数，这些函数定义在 string.h 头文件中。因此要想使用字符串处理函数，需要在源文件最前面加上指令#include<string.h>。本节介绍常用的字符串处理函数，其他函数参见附录内容。

1. puts()函数

puts()函数输出一个字符串（字符数组），其调用一般形式如下：

```
puts(字符数组名);
```

例如：

```
char c[ ]= "Hello World";
puts(c);
```

输出结果：

```
Hello World
```

输出时，当遇到字符串结束标志'\0'时表示字符串结束。

2. gets()函数

gets()函数用于输入字符串，即从键盘输入一个字符串到字符数组中，返回该字符数组的起始地址，函数调用的一般形式：

```
gets(字符数组名);
```

例如：

```
char c[12];
gets(c);
```

输入：

```
Hello world↙
```

将 Hello world 字符串送入字符数组 c 中，字符数组 c 的长度为 12，因为包含了字符串结束标志。

注意：puts()函数和 gets()函数只能对一个字符数组进行操作。

【例 5-17】 利用 gets()函数读入一个字符串，利用 puts()函数输出。

编程提示：定义字符数组 str，在程序最前面加#include<string.h>，利用 gets()函数读入字符串，puts()函数输出字符串。

```c
#include <stdio.h>
#include <string.h>
int main()
{
    char str[100];
    gets(str);
    puts(str);
    return 0;
}
```

程序运行结果：

```
better man✓
better man
```

3. strcpy()函数

strcpy()函数用来赋值字符串，其调用的一般形式：

```
strcpy(字符数组1，字符串2);
```

该语句功能是将字符串 2 复制到字符数组 1 中。例如：

```
char c1[12], c2[12]="Hello World";
strcpy(c1, c2);
```

此时字符数组 c1 中的内容与数组 c2 的内容完全相同，均为字符串 "Hello World"。

注意：

（1）字符数组 1 必须是数组名的形式，字符串 2 可以是字符数组名，也可以是字符串常量。

（2）字符数组 1 的长度要大于字符串 2 的实际长度，复制时连同'\0'一同复制过去。

（3）不能用赋值语句将一个字符串复制给一个字符数组。例如，c1=c2 的写法是错误的。

【例 5-18】 利用 strcpy 复制一个字符串并输出。

编程提示：定义字符数组 a 和字符数组 b，利用 strcpy()函数将字符串 b 复制给字符串 a。

```c
#include <stdio.h>
#include <string.h>
int main()
{
    char a[30] = "abc";
    char b[] = "def";
    printf("复制前 :%s\n", a);
    printf("复制后 :%s\n", strcpy(a, b));
    return 0;
}
```

程序运行结果：

复制前: abc
复制后: def

4. strcat()函数

strcat()函数用来连接两个字符串,即把两个字符串连接在一起形成一个新的字符串,其调用的一般形式为:

```
strcat( 字符数组 1, 字符数组 2);
```

该功能是将字符数组 2 连接到字符数组 1 的后面,结果存放在字符数组 1 中,这样字符数组 1 的串值发生改变。例如:

```
char str1[12]="Hello ";
char str2[6]="World";
printf("%s",strcat(str1,str2));
```

输出结果为:

```
Hello World
```

注意:

(1)第一个字符串定义的长度要有预留空间,以备保存第二个字符串。

(2)字符串连接时,第一个字符串后面的'\0'将被第二个字符串的首字符代替。

【例 5-19】 编写一个程序,将两个字符串连接起来。

编程提示:该程序有两种解法:一是直接使用 strcat()实现两个字符串的连接,二是利用 for 循环找到字符串 1 的末尾,然后利用循环将字符串 2 复制到字符串 1 后面的空间。

(1)使用 strcat()函数实现:

```
#include <stdio.h>
#include <string.h>
int main()
{
    char s1[100],s2[50];
    gets(s1);
    gets(s2);
    strcat(s1,s2);
    printf("\nThe new string is:");
    puts(s1);
    return 0;
}
```

(2)不使用 strcat()函数实现:

```
#include <stdio.h>
int main()
{
    char s1[100],s2[50];
```

```
    int i=0,j=0;
    printf("input string1:");
    scanf("%s",s1);
    printf("\ninput string2:");
    scanf("%s",s2);
    while (s1[i]!='\0')                    /*寻找字符串 1 的末尾*/
        i++;
    while(s2[j]!='\0')
    s1[i++]=s2[j++];                       /*将字符串 2 复制到字符串 1 的末尾*/
    s1[i]='\0';
    printf("\nThe new string is:%s\n",s1);
    return 0;
}
```

程序运行结果：

```
input string1:apple✓
input string2:pen✓
The new string is:applepen
```

5. strcmp()函数

strcmp()函数用来比较两个字符串的大小，其调用的一般形式：

```
strcmp(字符串 1,字符串 2);
```

该功能是将字符串 1 和字符串 2 从左向右逐个字符（按 ASCII 码值的大小）比较，直到出现不同字符或遇到'\0'时为止。这样，即可得出函数值。有以下 3 种情况：

如果字符串 1==字符串 2，则函数值为 0。

如果字符串 1>字符串 2，则函数值为一个正整数。

如果字符串 1<字符串 2，则函数值为一个负整数。

注意：

（1）字符串比较，不能使用"=="直接判断：

```
c1==c2;
```

只能用字符串比较函数，比如：

```
strcmp(str1,str2)==0;
```

（2）字符串大小比较规则和数值型大小比较规则不同，比如数值型 2 和 10 比较，2<10；但是作为字符串比较"2">"0"，因为字符串第一个字符比较时'2'>'1'（字符'2'的 ASCII 码较大）。

【例 5-20】 编写程序，要求输入两个字符串并比较大小，最后输出其中较大的字符串。

编程提示：定义一个二维字符数组，利用 for 循环读入两个字符串，分别赋给 str[0]、str[1]。利用 if 语句将 str[0]和 str[1]中较大的字符串赋给 string 数组。

```
#include<stdio.h>
#include<string.h>
int main ()
{
    char str[2][20];              /*定义二维字符数组*/
    char string[20];                  /*定义一维字符数组，作为交换字符串时的临时字符数组*/
    int i;
    for (i=0;i<2;i++)
        gets (str[i]);                    /*读入两个字符串，分别给 str[0],str[1]*/
    if (strcmp(str[0],str[1])>0)    /*若 str[0]大于 str[1] */
        strcpy(string,str[0]);        /*把 str[0]的字符串赋给字符数组 string*/
    else                              /*若 str[0]小于等于 str[1] */
        strcpy(string,str[1]);        /*把 str[1]的字符串赋给字符数组 string */
    printf("\nThe largest string is:\n%s\n",string);  /* 输出 string*/
    return 0;
}
```

程序运行结果：

```
boy✓
tom✓
The largest string is:tom
```

6．strlen()函数

strlen()函数用来检测字符串长度，其调用的一般形式如下：

```
strlen(字符数组名);
```

该功能测试字符串长度，其值为字符串实际长度，不包括 '\0' 在内。例如：

```
char str[12]={"Hello world"};
printf("%d", strlen(str));
```

输出结果为 str 的实际长度 11，而不是 12。

【例 5-21】 读入两个字符串，比较其长度，将长的字符串输出。

编程提示：利用 strlen()函数求字符串的长度。由于返回值为整数，因此可以直接进行数值比较。

```
#include<stdio.h>
#include<string.h>
int main()
{
    char str1[100],str2[100];
    puts("\n 输入字符串 str1: ");
    gets(str1);
    puts("\n 输入字符串 str2: ");
    gets(str2);
    if (strlen(str1)>strlen(str2))
```

```
        puts(str1);
    else if (strlen(str1)<strlen(str2))
        puts(str2);
    else
        puts("长度相等");
    return 0;
}
```

程序运行结果：

输入字符串 str1：These✓
输入字符串 str2：Tom✓
These

7. strlwr()函数

strlwr()函数用来将字符串改成小写，其调用的一般形式如下：

```
strlwr(字符串);
```

该功能是将字符串中大写字母转换为小写字母。

8. strupr()函数

strupr()函数用来将字符串大写，与 strlwr 意义相反，用法相同。

5.4.7 字符数组的应用

【例 5-22】 输出下列图案。

```
*****
 *****
  *****
   *****
    *****
```

编程提示：输出 5 行 "*"，每行有 5 个 "*"，且从上到下每行向右错后一列。

```
#include<stdio.h>
int main()
{
    char a[]="*****";
    int i,j,k;
    for(i=0;i<5;i++)
    {
      printf("\n");
      for(j=0;j<i;j++) printf("%c",' ');
        for(k=0;k<5;k++) printf("%c",a[k]);
    }
```

```
    return 0;
}
```

程序运行结果:

```
*****
 *****
  *****
   *****
    *****
```

【例 5-23】 输入字符串，将字符串中的小写字母转换为相应的大写字母并输出。

编程提示：利用 gets()函数读入字符串，通过字符对应的 ASCII 码值，将小写字母转换为大写字母。

```
#include <stdio.h>
int main()
{
    char str[100];
    int i=0,j;
    printf("请输入字符串：");
    gets(str);
    while(str[i]!='\0')
        i++;
    for(j=0;j<i;j++)
    {
        if(str[j]> 'a' && str[j]< 'z')
        str[j]=str[j]-32;
    }
    puts(str);
    return 0;
}
```

程序运行结果:

请输入字符串：AbcDe✓
ABCDE

【例 5-24】 从键盘上输入 4 个字符串（长度小于 100），对其进行升序排序并输出。

编程提示：利用选择排序法进行排序，用 strcmp()函数进行比较，用 strcpy()函数进行交换。

```
#include <stdio.h>
#include <string.h>
int main()
{
```

```
        char str[4][100],temp[100];
        int i,j;
        printf("input 4 strings:\n");
        for(i=0;i<4;i++)
            gets(str[i]);
        for(i=0;i<3;i++)
            for(j=i+1;j<4;j++)
                if(strcmp(str[i],str[j])>0)
                {
                    strcpy(temp,str[i]);
                    strcpy(str[i],str[j]);
                    strcpy(str[j],temp);
                }
        printf("sort string:\n");
        for(i=0;i<4;i++)
            puts(str[i]);
        return 0;
}
```

程序运行结果：

```
input 4 strings:
these✓
boy✓
tom✓
jack✓
sort string:
boy
jack
these
tom
```

5.5 排序与查找

在解决实际问题中，经常遇到对大批数据进行排序与查找的操作。

1．排序

排序（Sort）是把一批无序的数据进行重新排列，使之变为升序或降序的过程。常见的排序方法有选择排序、冒泡排序、快速排序、插入排序、希尔排序等。

（1）选择排序（Selection Sort）是一种简单直观的排序算法。它的算法原理如下：首先在未排序序列中找到最小元素，存放到排序序列的起始位置，然后从剩余未排序元素中继续寻找最小元素，放到排序序列末尾（目前已被排序的序列）。以此类推，直到所有元素均排序完毕。

例如：对 a[6]={ 3, 8, 7, 4, 2, 5} 进行选择排序说明排序过程如下：

	a[0]	a[1]	a[2]	a[3]	a[4]	a[5]	
初始	3	8	7	4	2	5	在 a[0]～a[5]中找到最小值 2，存入 a[0]，即 a[0]和 a[4]交换
第 1 次选择	2	8	7	4	3	5	在 a[1]～a[5]中找到最小值 3，存入 a[1]，即 a[1]和 a[4]交换
第 2 次选择	2	3	7	4	8	5	在 a[2]～a[5]中找到最小值 4，存入 a[2]，即 a[2]和 a[3]交换
第 3 次选择	2	3	4	7	8	5	在 a[3]～a[5]中找到最小值 4，存入 a[3]，即 a[3]和 a[5]交换
第 4 次选择	2	3	4	5	8	7	在 a[4]～a[5]中找到最小值 7，存入 a[4]，即 a[4]和 a[5]交换
第 5 次选择	2	3	4	5	7	8	排列完成

【例 5-25】 输入 10 个整数，要求按从小到大的顺序输出。（利用选择法）

编程提示：定义一维数组 a 存储要排序的数据，利用循环查找最小元素 a[i]，交换 a[i] 与 a[0]的值，然后在 a[1]～a[9]的元素继续寻找最小元素 a[i]，交换 a[i]与 a[1]的值，以此类推，直到排序完毕。

```c
#include <stdio.h>
int main()
{
    int i,j,min,a[10],temp;
    printf("Please input 10 integers:\n");
    for(i=0;i<10;i++)
        scanf("%d",&a[i]);
    for(i=0;i<10-1;i++)
    {
        min=i;
        for(j=i+1;j<10;j++)
        {
            if (a[min]>a[j])  min=j;
        }
        if(i!=min)
        {
            temp=a[i];
            a[i]=a[min];
            a[min]=temp;
        }
    }
    for(i=0;i<10;i++)
        printf("%5d", a[i]);
    return 0;
}
```

程序运行结果：

```
Please input 10 integers:
10 9 8 7 6 5 4 3 2 1↙
1 2 3 4 5 6 7 8 9 10
```

【同步训练】 编写程序利用选择排序对数列{6,7,3,1,5,8,10}进行降序排列。

提示：定义一维数组 x 存储要排序的数据，利用循环查找最大值 x[i]，交换 x[i]与 x[0]的值，然后在 x[1]～x[9]的元素继续寻找最大值 x[i]，交换 x[i]与 x[1]的值，以此类推直到排序完毕。

（2）冒泡排序也是一种简单的排序，基本思想就是不断比较相邻的两个数，让较大的元素不断地往后移。经过一轮比较，就选出最大的数；经过第 2 轮比较，就选出次大的数，以此类推。这个算法的名字由来是因为越小的元素会经由交换慢慢"浮"到数列的顶端。

例如：对 4,3,2,1 进行排序。

第 1 轮 排序过程如下：

```
3 2 4 1    （最初）
2 3 4 1    （比较 3 和 2，交换）
2 3 4 1    （比较 3 和 4，不交换）
2 3 1 4    （比较 4 和 1，交换）
```

第 1 轮结束，最大的数 4 已经在最后面，因此第 2 轮排序只需要对前面 3 个数进行再比较。

第 2 轮 排序过程如下：

```
2 3 1 4        （第 1 轮排序结果）
2 3 1 4        （比较 2 和 3，不交换）
2 1 3 4        （比较 3 和 1，交换）
```

第 2 轮结束，第 2 大的数已经排在倒数第 2 个位置，所以第 3 轮只需要比较前两个元素。

第 3 轮 排序过程如下：

```
2 1 3 4        （第 2 轮排序结果）
1 2 3 4        （比较 2 和 1，交换）
```

至此，排序结束。

【例 5-26】 输入 10 个整数，要求按从小到大的顺序输出。（利用冒泡法）

编程提示：利用 for 循环依次读入 10 个整数，利用冒泡排序的算法，对数据两两比较，如果 a[i]>a[i+1]，交换它们的值，使较大的数往数组末尾移动，较小的数往前移动。

```c
#include <stdio.h>
int main()
{
    int a[10];
    int i,j,t;
    printf("Input 10 numbers :\n");
    for (i=0;i<10;i++)
        scanf("%d",&a[i]);
    printf("\n");
```

```
            for(j=0;j<9;j++)
                for(i=0;i<9-j;i++)
                    if (a[i]>a[i+1])
                    {
                        t=a[i];
                        a[i]=a[i+1];
                        a[i+1]=t;
                    }
            printf("The sorted numbers :\n");
            for(i=0;i<10;i++)
                printf("%d ",a[i]);
            printf("\n");
            return 0;
}
```

程序运行结果：

```
Input 10 numbers :
10 9 8 7 6 5 4 3 2 1✓
The sorted numbers :
1 2 3 4 5 6 7 8 9 10
```

【同步训练】 编写程序利用冒泡排序对数列{6,7,3,1,5,8,10}进行降序排列。

提示：定义一维数组存储这 10 个数据，利用冒泡排序的算法，两两比较，如果 a[i]<a[i+1]，交换它们的值，使较小的数往数组末尾移动，较大的数往前移动，直至排序结束。

2. 查找

查找是指从一组记录集合中找出满足给定条件的记录，常见的查找算法有顺序查找、二分（折半）查找、哈希查找等查找算法。本书以顺序查找、二分查找为例，给大家进行讲解。

（1）顺序查找。顺序查找是一种简单的查找算法，其实现方法是从序列的起始元素开始，逐个将序列中的元素与所要查找的元素进行比较，如果序列中有元素与所要查找的元素相等，那么查找成功，如果查找到序列的最后一个元素都不存在一个元素与所要查找的元素值相等，那么表明查找失败。

【例 5-27】 利用顺序查找在数列{32,12,56,78,76,45,43,98}中查找指定数据。

编程提示：定义数组 a 保存数列，定义变量 key 保存要查找的数据，利用 for 循环判断 key==a[i] 是否成立。若成立，则输出该元素及下标；若不成立，则输出"没有找到该元素"。

```
#include <stdio.h>
int main()
{
    int i, key,m=0,log=-1;          /* key 是要查找的数,log 为是否找到的标志位 */
    int a[8]={32,12,56,78,76,45,43,98};
    for(i=0; i<8;i++)
        printf("%d\t", a[i]);
```

```
        printf("\n请输入要查找的元素：");
        scanf("%d",&key);
          for(i=0;i<8;i++)
            {
                if (key==a[i])
                 {
                     log=1;         /* m 保存元素下标，log 置为 1 表示找到，-1 表示未找到 */
                     m=i;
                 }
            }
        if (log==1)
                printf("找到该元素，元素下标为：%d",m);
        else
                printf("没有找到该元素。");
        return 0;
}
```

程序运行结果：

```
32  12  56  78  76  45  43  98
请输入要查找的元素：45✓
找到该元素，元素下标为：5
```

【同步训练】 在一个字符串中查找是否含有用户输入的字符，并输出所在位置。

提示：定义字符数组存储字符串，运用循环依次与查找字符比较，找到输出对应下标。

（2）二分查找。二分查找也称折半查找，其优点是查找速度快，缺点是要求所要查找的数据必须是有序序列。二分查找算法的基本思想是，将要查找序列的中间位置数据与所要查找的数据元素进行对比，如果相等，则表示查找成功，否则将以该位置为基准将所要查找的序列分为左右两部分，然后根据所要查找序列的升降序规律及中间元素与所查找元素的大小关系，来选择所要查找元素可能存在的那部分序列，对其采用同样的方法进行查找，直至能够确定所要查找的元素是否存在。

在如图 5-2 所示的查找过程中，先将序列中间位置的元素与所要查找的元素进行比较，发现要查找的元素位于该位置的左部分序列中，接下来将 mid 的左边一个元素作为 high，

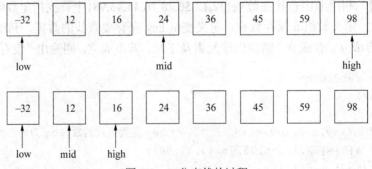

图 5-2 二分查找的过程

继续进行二分查找，这时 mid 所对应的中间元素刚好是所要查找的元素，查找结束，返回查找元素所对应的下标。在 main()函数中通过返回值来判断查找是否成功，如果查找成功，就打印输出"查找成功"的信息，否则输出"查找失败"的信息。

【例 5-28】已有数列{-32,12,16,24,36,45,59,98}，从键盘输入要查找的数，将元素输出。

编程提示：定义一维数组 a 存储有序数据，定义 low 为第一个数组元素的下标，high 为最后一个数组元素的下标，mid=(low+high)/2，比较要查找的数据 b 与 mid 对应的数组元素的值，如果相等，查找结束。如果不相等，判断 b 与 a[mid]的大小，从而判断要查找的元素 b 位于 a[mid]的左部分还是右部分。如果在左部分，则将 high 赋值等于 mid-1，继续进行二分查找。如果在右部分，则将 low 赋值等于 mid+1，继续二分查找，直到查找结束。

```c
#include<stdio.h>
int main()
{
    int a[10]={-32,12,16,24,36,45,59,98};
    int b;                        /* 要查找的数 */
    int low=0;int high=7;
    int mid=(low+high)/2;
    scanf("%d",&b);
    while(b!=a[mid])
    {
        if(b>a[mid])
        {
            low=mid+1;
            mid=(low+high)/2;
        }
        else if(b<a[mid])
        {
            high=mid-1;
            mid=(low+high)/2;
        }
        if(mid==low)  break;
    }
    if(b==a[mid])
        printf("a[%d]=%d\n",mid,a[mid]);
    else if(b==a[high])
        printf("a[%d]=%d\n",high,a[high]);
    else
        printf("没有此数\n");
    return 0;
}
```

程序运行结果：

12✓

```
a[1]=12
```

5.6 应 用 举 例

【例 5-29】 求一个整型数组中的最大值和最小值，并输出其下标。

编程提示：定义一个数组 a 读入数据，假定 max 和 min 皆是 a[0]，利用循环依次将每一个数组元素与 max 和 min 比较大小，如果 a[i]>max，则令 max=a[i]，如果 a[i]<min，则令 min=a[i]。

```c
#include <stdio.h>
int main()
{
    int a[10],max,min,i,j,k;
    for(i=0;i<10;i++)                  /*获取用户输入数据并赋值给数组元素*/
        scanf("%d",&a[i]);
    max=a[0];
    min=a[0];                          /*假设 a[0]是最大值也是最小值*/
    j=0;
    k=0;
    for(i=1;i<10;i++)
    {
        if(a[i]>max)
        {
            max=a[i];
            j=i;                       /*最大值的下标 j*/
        }
        if(a[i]<min)
        {
            min=a[i];
            k=i;                       /*最小值的下标 k*/
        }
    }
    printf("最大值是%d,下标为%d\n",max,j);
    printf("最小值是%d,下标为%d\n",min,k);
    return 0;
}
```

程序运行结果：

```
1 2 3 4 5 6 7 8 9 10↙
最大值是 10,下标是 9
最小值是 1,下标是 0
```

【同步训练】 求一个 4×4 矩阵中的最大值与最小值，并输出其下标。

提示：运用两层 for 循环，令 max=a[0][0]，min=a[0][0]，依次与每个元素比较，满足大于 max 或小于 min，对 max 或 min 重新赋值并记录对应行下标与列下标。

【例 5-30】 求 3×3 矩阵中对角线元素之和。

编程提示：在矩阵中的对角线元素的行下标与列下标是相等的，即输出行下标 *i* 与列下标 *j* 相等的数组元素。

```c
#include <stdio.h>
int main()
{
    int a[3][3],sum=0,i,j;
    printf("Please input rectangle element:\n");
    for(i=0;i<3;i++)
        for(j=0;j<3;j++)
            scanf("%d",&a[i][j]);
    for(i=0;i<3;i++)
        for(j=0;j<3;j++)
            if (i==j)
                sum=sum+a[i][j];
    printf("sum is %d",sum);
    return 0;
}
```

程序运行结果：

```
Please input rectangle element:
1 2 3 ✓
4 5 6 ✓
7 8 9 ✓
sum is 15
```

【同步训练】 求一个 4×4 矩阵的下三角元素之和。

提示：4×4 矩阵下三角元素的行下标 *i* 与列下标 *j* 存在这样的关系 $i \geqslant j$。

【例 5-31】 输入一行字符，分别统计出其中英文字母、空格、数字和其他字符的个数。

编程提示：利用 getchar() 读入字符串，通过循环逐个判断字符是英文字母、空格、数字还是其他字符。

```c
#include <stdio.h>
#include <string.h>
int main()
{
    char c;                 /*用户输入的字符*/
    int letters=0;          /*字母数目*/
    int space=0;            /*空格数目*/
    int digit=0;            /*整数数目*/
    int others=0;           /*其他字符数目*/
    printf("输入一些字符：");
    while((c=getchar())!='\n')
    {       /*每次读取一个字符，回车时结束*/
```

```
        if(c>='a'&&c<='z'||c>='A'&&c<='Z')
            letters++;
        else if(c==' ')
            space++;
        else if(c>='0'&&c<='9')
            digit++;
        else
            others++;
    }
    printf("\n 统计结果:\n 英文字母数=%d\n 空格数=%d\n 整数=%d\n 其他字符数=%d\n",
            letters, space, digit, others);
    return 0;
}
```

程序运行结果:

输入一些字符: abcd123 ef 456 g! ↙
统计结果:
英文字母数=7
空格数=3
整数=6
其他字符数=1

【同步训练】 输入一行字符,统计其中有多少个单词,单词之间用空格分隔。

提示:运用循环解决,前一个字符是空格,当前字符为字母则新单词开始,单词数加 1,前一个字符是字母,当前字符为上一单词的字母,单词数不变。

5.7 综合实例:学生成绩管理程序(五)

学生成绩管理程序主要功能包括输入学生成绩、显示学生成绩、按学号查找成绩、查找最高分、插入学生成绩、按学号删除成绩与成绩排序等功能模块。本节的任务是实现各功能模块。由于程序需要对批量数据进行处理,因此在程序中加入数组知识。

1. 编程提示

在定义数组长度时,通过宏定义可以任意指定班级人数,这样使程序更加灵活。学生成绩管理程序中的各个功能模块:

(1)输入学生成绩:编写程序,输入 10 个成绩并存入数组中。

(2)显示学生成绩:假设数组中已存入 10 个学生的成绩,编写程序,输出该数组中的成绩。

(3)查找成绩:假设数组中已存入 10 个学生的成绩,编写程序,从键盘输入一个成绩,中查找该成绩,如果找到则输出该成绩与下标,找不到则显示该成绩不存在。

(4)查找最高分:假设数组中已存入 10 个学生的成绩,编写程序,查找最高分并显示最高分。

(5)插入成绩:假设数组中已存入 10 个学生的成绩,编写成绩,从键盘输入一个数组下标与成绩，在数组的该下标处插入该成绩。

（6）删除功能：假设数组中已存放 10 个成绩，编写程序，从键盘输入一个下标值，删除该下标对应的数组元素。

（7）排序功能：假设数组中已存放 10 个成绩，编写程序，对数组中的成绩按从高到低的顺序排序。

2. 模块化程序设计方法编写程序的步骤

为了程序的灵活性，使用宏定义修改数组的长度：

```
#define N 10
```

（1）利用数组知识，根据功能要求，编写程序。

在主函数中定义存放成绩的数组，所有功能模块都可以用到。

```
int a[N+1];
/*输入学生成绩*/
{
    int i=0;
    printf("\n      输入学生成绩:");
    for(i=0;i<N;i++)
        scanf("%d",&a[i]);
}


/*显示学生成绩*/
{
    int i=0;
    printf("      学生成绩如下:\n");
    printf("      ");
    for(i=0;i<N;i++)
        if(a[i]!=-1)   /*-1 表示成绩已删除,为删除成绩做准备*/
            printf("%4d",a[i]);
    printf("\n");
}


/*按学号查找成绩*/
{
    int i=0,x=0;
    printf("\n      输入要查找的成绩:");
    scanf("%d",&x);
    for(i=0; i<N; i++)
        if(x==a[i])  break;
    if(i<N)
        printf("      要查找成绩在数组中的下标:%d\n",i);
    else
        printf("      查找的成绩: %d 不存在!\n",x);
}
```

```
/*查找最高分*/
{
    int max=a[0],i;
    for(i=1;i<N;i++)
    {
        if(max<a[i])
            max=a[i];
    }
    printf("\n        最高分成绩是:%4d\n",max);
}


/*插入学生成绩*/
{
    int i=0,k=0,s;
    printf("\n        成绩的原始顺序: ");
    printf("\n        学生成绩如下:\n");
    printf("        ");
    for(i=0;i<N;i++)
        if(a[i]!=-1)   /*-1表示成绩已删除,为删除成绩做准备*/
            printf("%4d",a[i]);
    printf("\n");
    printf("        请输入要插入成绩位置序号与成绩:");
    scanf("%d%d",&k,&s);
    for(i=N; i>=k+1; i--)
        a[i]=a[i-1];
    a[k]=s;
    printf("        插入成绩后的顺序: \n");
    printf("        ");
    for(i=0;i<N+1;i++)
        printf("%4d",a[i]);
    printf("\n");
}


/*删除成绩*/
{
    int i,s;
    printf("\n        删除前的成绩:");
    printf("\n        学生成绩如下:\n");
    printf("        ");
    for(i=0;i<N;i++)
        if(a[i]!=-1)   /*-1表示成绩已删除,为删除成绩做准备*/
            printf("%4d",a[i]);
    printf("\n");
    printf("        请输入要删除的成绩:");
```

```c
    scanf("%d",&s);
    for(i=0;i<N;i++)
    {
        if(s==a[i])
        {
            a[i]=-1;  /*加删除标记*/
            break;
        }
    }
    printf("\n       删除后的成绩:");
    printf("\n       学生成绩如下:\n");
    printf("       ");
    for(i=0;i<N;i++)
        if(a[i]!=-1)   /*-1 表示成绩已删除,为删除成绩做准备*/
    printf("%4d",a[i]);
    printf("\n");
}


/*成绩排序*/
{
    int i=0,j=0,k=0,t=0;
    printf("\n       排序前的成绩:");
    printf("\n       学生成绩如下:\n");
    printf("       ");
    for(i=0;i<N;i++)
        if(a[i]!=-1)   /*-1 表示成绩已删除,为删除成绩做准备*/
            printf("%4d",a[i]);
    for(i=0;i<N-1;i++)
    {
        k=i;
        for(j=k+1;j<N;j++)
            if(a[k]<a[j])  k=j;
        if(k>i)
        {
            t=a[i];
            a[i]=a[k];
            a[k]=t;
        }
    }
    printf("\n       排序后的成绩:");
    printf("\n       学生成绩如下:\n");
    printf("       ");
    for(i=0;i<N;i++)
        if(a[i]!=-1)   /*-1 表示成绩已删除,为删除成绩做准备*/
            printf("%4d",a[i]);
```

```
        printf("\n");
}
```

将以上功能程序分别放在选择菜单每一个 case 子句中，完成菜单选择各功能程序。注意不要忘记加 break 语句。

```
switch(choose)
{
    case 1:
        { /*调用输入学生成绩模块*/ }
        break;
    case 2:
        { /*显示学生成绩*/ }
        break;
    case 3:
        { /*按学号查找成绩*/ }
        break;
    case 4:
        { /*查找最高分*/ }
        break;
    case 5:
        { /*插入学生成绩*/ }
        break;
    case 6:
        { /*删除成绩*/ }
        break;
    case 7:
        { /*成绩排序*/ }
        break;
    case 0: exit(0);
    default : printf("    为非法选项！");
}
```

（2）编写测试数据运行程序。

调试程序，显示主菜单，根据不同的菜单选项分别输入数字 0～7，每输入一个选项数字并回车，确保每个分支都能执行到，如图 5-3 所示。

图 5-3　输入输出模块测试

① 输入选项编号 1 并回车，接着输入 10 个成绩，数据如下：

```
1
90 85 88 79 98 65 79 83 72 74
```

② 输出学生成绩。

输入显示学生成绩选项编号 2，并回车。

2

运行结果如图 5-3 所示。

③ 学生成绩输入显示功能调试验证无误，依次添加调试查找成绩、查找最高分、插入学生成绩、删除成绩、成绩排序等功能程序。

完整的程序代码如下：

```c
#include <stdio.h>
#include <conio.h>
#include <stdlib.h>
#define N 10
int main()
{
    int choose=0;
    int a[N+1];
    do
    {
        printf("    *******************************\n");
        printf("    *                             *\n");
        printf("    *        学生成绩管理程序       *\n");
        printf("    *                             *\n");
        printf("    *******************************\n");
        printf("    *        1.输入学生成绩         *\n");
        printf("    *        2.显示学生成绩         *\n");
        printf("    *        3.按学号查找成绩       *\n");
        printf("    *        4.查找最高分           *\n");
        printf("    *        5.插入学生成绩         *\n");
        printf("    *        6.按学号删除成绩       *\n");
        printf("    *        7.成绩排序             *\n");
        printf("    *        0.退出程序             *\n");
        printf("    *******************************\n");
        printf("          请输入选项编号：");
        scanf("%d",&choose);
        switch(choose)
        {
            case 1:
                {
                    int i=0;
                    printf("\n    输入学生成绩:");
                    for(i=0;i<N;i++)
                        scanf("%d",&a[i]);
                }
                break;
            case 2:
                {
```

```
            int i=0;
            printf("      学生成绩如下:\n");
            printf("       ");
            for(i=0;i<N;i++)
                if(a[i]!=-1)   /*-1表示成绩已删除,为删除成绩做准备*/
                    printf("%4d",a[i]);
            printf("\n");
        }
        break;
    case 3:
        {
            int i=0,x=0;
            printf("\n      输入要查找的成绩:");
            scanf("%d",&x);
            printf("\n      学生成绩如下:\n");
            printf("       ");
            for(i=0;i<N;i++)
                if(a[i]!=-1)   /*-1表示成绩已删除,为删除成绩做准备*/
            printf("%4d",a[i]);
            printf("\n");
            for(i=0; i<N; i++)
                if(x==a[i])  break;
            if(i<N)
                printf("      要查找成绩在数组中的下标:%d\n",i);
            else
                printf("      查找的成绩: %d 不存在!\n",x);
        }
        break;
    case 4:
        {
            int max=a[0],i;
            printf("      学生成绩如下:\n");
            printf("       ");
            for(i=0;i<N;i++)
                if(a[i]!=-1)   /*-1表示成绩已删除,为删除成绩做准备*/
                    printf("%4d",a[i]);
            printf("\n");
            for(i=1;i<N;i++)
            {
                if(max<a[i])
                    max=a[i];
            }
            printf("\n      最高分成绩是:%4d\n",max);
        }
        break;
```

```
case 5:
    {
        int i=0,k=0,s;
        printf("\n       成绩的原始顺序: ");
        printf("\n      学生成绩如下:\n");
        printf("       ");
        for(i=0;i<N;i++)
            if(a[i]!=-1)   /*-1表示成绩已删除,为删除成绩做准备*/
                printf("%4d",a[i]);
        printf("\n");
        printf("        请输入要插入成绩位置序号与成绩:");
        scanf("%d%d",&k,&s);
        for(i=N;  i>=k+1;  i--)
            a[i]=a[i-1];
        a[k]=s;
        printf("       插入成绩后的顺序: \n");
        printf("        ");
        for(i=0;i<N+1;i++)
            printf("%4d",a[i]);
        printf("\n");
    }
    break;
case 6:
    {
        int i,s;
        printf("\n      删除前的成绩:");
        printf("\n      学生成绩如下:\n");
        printf("       ");
        for(i=0;i<N;i++)
            if(a[i]!=-1)   /*-1表示成绩已删除,为删除成绩做准备*/
                printf("%4d",a[i]);
        printf("\n");
        printf("       请输入要删除的成绩:");
        scanf("%d",&s);
        for(i=0;i<N;i++)
        {
            if(s==a[i])
            {
                a[i]=-1;  /*加删除标记*/
                break;
            }
        }
    }
    printf("\n      删除后的成绩:");
    printf("\n      学生成绩如下:\n");
    printf("        ");
```

```
                for(i=0;i<N;i++)
                    if(a[i]!=-1)   /*-1表示成绩已删除,为删除成绩做准备*/
                        printf("%4d",a[i]);
                    printf("\n");
                }
                break;
            case 7:
                {
                    int i=0,j=0,k=0,t=0;
                    printf("\n        排序前的成绩:");
                    printf("\n        学生成绩如下:\n");
                    printf("        ");
                    for(i=0;i<N;i++)
                        if(a[i]!=-1)   /*-1表示成绩已删除,为删除成绩做准备*/
                            printf("%4d",a[i]);
                    for(i=0;i<N-1;i++)
                    {
                        k=i;
                        for(j=k+1;j<N;j++)
                            if(a[k]<a[j]) k=j;
                        if(k>i)
                        {
                            t=a[i];
                            a[i]=a[k];
                            a[k]=t;
                        }
                    }
                    printf("\n        排序后的成绩:");
                    printf("\n        学生成绩如下:\n");
                    printf("        ");
                    for(i=0;i<N;i++)
                        if(a[i]!=-1)   /*-1表示成绩已删除,为删除成绩做准备*/
                    printf("%4d",a[i]);
                    printf("\n");
                }
                break;
            case 0: exit(0);
            default : printf("     为非法选项!\n");
        }
    }while(1);
    return 0;
}
```

程序运行结果测试:

(1)输入显示学生成绩模块在上面已测试,如图 5-3 所示。

（2）查找成绩测试，输入选项编号3，查找成绩88，运行结果如图5-4所示。

（3）查找最高分测试，输入选项编号4，程序运行结果如图5-5所示。

图5-4　查找学生成绩

图5-5　查找最高分

（4）插入学生成绩测试，输入选项编号5，输入插入位置3、成绩82，程序运行结果如图5-6所示。

（5）按学号删除成绩测试，输入选项编号6，输入要删除的成绩82，程序运行结果如图5-7所示（为简化程序，是按成绩删除，在后续的章节案例中，将加入学号、姓名等信息）。

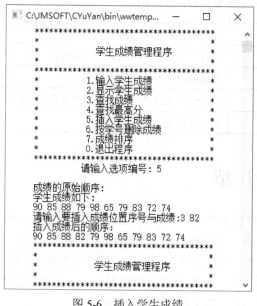

图5-6　插入学生成绩

图5-7　删除学生成绩

（6）成绩排序测试，输入选项编号7，程序运行结果如图5-8所示。

图 5-8　成绩排序

5.8　常见程序错误

C 语言常见的程序错误如表 5-2 所示。

表 5-2　常见的程序错误

错误类型	错误实例	错误描述
数组括号	int arr(4) ; float matrix(2)(3);	使用圆括号定义数组
	float matrix(2,3);	使用圆括号定义数组
	float matrix[2,3];	将行下标与列下标放在一个括号内
赋值错误	int arr={1,2,3,4,5};	利用数组名对数组元素赋值
数组越界	int arr[4]={1,2,3,4,5};	初始化时提供的初值多于数组元素的个数
数组定义错误	int arr[n];	使用变量定义数组长度

本 章 小 结

本章重点介绍了一维数组、二维数组和字符数组的定义、引用以及对批量数据的应用。

数组是一组具有相同数据类型的数据的集合，其中所有元素连续存放且所占字节数均相同。C 语言规定，数组元素中的下标从 0 起始，依次递增 1。因此，在引用数组元素时，通常结合循环语句来实现对各元素下标的控制。即一维数组结合单层循环，二维数组结合双层循环。处理好循环与数组元素下标的关系，就掌握了数组的核心技术。

C 语言在处理字符串时，将字符串存储在字符数组中，并在其末尾自动加上一个结束标志'\0'。因此，判断字符串是否结束，可以通过判断当前元素是否为'\0'。字符串与字符数组的根本区别就在于程序在处理字符串时是以'\0'作为结束标志的。

本章最后还介绍了常见的排序问题和查找问题。其中解决排序问题时可以采用选择法和冒泡法；解决查找问题时可以采用顺序查找和折半查找。

习　题　5

一、选择题

1. int 类型变量在内存中占用 4B 空间，若有定义：int x[8]={1,2,3}; 那么数组 x 在内存中所占字节数是（　　）。

　　A. 3　　　　　　　　B. 10　　　　　　　　C. 12　　　　　　　　D. 32

2. 在执行 int arr[][2] = {1,2,3,4,5,6};语句后，arr[1][0]的值为（　　）。

　　A. 3　　　　　　　　B. 1　　　　　　　　C. 2　　　　　　　　D. 5

3. 关于数组的定义与初始化，错误的是（　　）。

　　A. int a[4] = {1,2,3,4,5};　　　　　　　B. int a[] = {1,2,3,4};

　　C. int a[4] = {1,2,3};　　　　　　　　　D. int a[4] = {1,2,3,4};

4. 在定义数组 int a[5]后，下列选项中对 a 的引用正确的是（　　）。

　　A. a[5]　　　　　　B. a[6.3]　　　　　　C. a(6)　　　　　　D. a[0]

5. 以下选项中，不能正确赋值的是（　　）。

　　A. char a1[10]={ 'C', 't', 'e', 's', 't'};　　　　B. char　a2[]="Ctest";

　　C. char a3[20]= 'Ctest';　　　　　　　　　　D. char *a4="Ctest\n";

6. 当调用函数时，实参是一个数组，则向函数传送的是（　　）。

　　A. 数组每个元素中的值　　　　　　　　B. 数组的首地址

　　C. 数组每一个元素的地址　　　　　　　D. 数组的长度

7. 关于二维数组，下列选项能正确定义并赋初值的是（　　）。

　　A. int n = 5,b[n][n];　　　　　　　　　B. int a[1][2] = {{1},{3}};

　　C. int c[2][] = {{1,2},{3,4}};　　　　　D. int a[3][2] = {{1,2},{3,4}};

8. 阅读下列程序段：

```
char a[20]="a boy!";
printf("%.4s\n", a);
```

其输出结果为（　　）。

　　A. a book!　　　　B. a book　　　　　C. a bo　　　　　　D. a

9. 若有定义"char t[5] = {'w', 'o', 'r', 'l', 'd'};"，则"printf("%s",t);"的输出结果为（　　）。

　　A. 输出字符串world后乱码　　　　　　B. world

　　C. w　　　　　　　　　　　　　　　　　D. 输出数组t的地址

10. 若有定义和语句：

```
char t[10];
t="meet";
printf("%s\n",s);
```

那么结果是（以下u代表空格）（　　　）。

    A. 编译不通过　　　　B. 输出m　　　　　　C. 输出meet　　　　D. 输出meetuuuuu

11. 若有语句"char s1[10], s2[10]="books";"，则能将字符串 books 赋给数组 s1 的语句是（　　　）。

    A. s1="books";　　B. strcpy(s1, s2);　　C. s1=s2;　　　　　D. strcpy(s2, s1);

12. 程序的运行结果是（　　　）。

```
#include <stdio.h>
#include <string.h>
int main()
  { int a[3][3]={{1,2},{3,4},{5,6}};
    int i,j,s=0;
    for(i=0;i<3;i++)
      for(j=0;j<=i;j++)
        s+=a[i][j];
    printf("%d\n",s);
    return 0;
  }
```

    A. 12　　　　　　　B. 16　　　　　　　　C. 19　　　　　　　　D. 22

13. 以下程序执行后的输出结果是（　　　）。

```
#include <stdio.h>
#include "string.h"
int main()
{ char p[][10]={ "abc","aabdfg","dcdbe","abbd","cd"};
  printf("%d\n",strlen(p[4]));
  return 0;
}
```

    A. 2　　　　　　　　B. 3　　　　　　　　　C. 4　　　　　　　　　D. 5

14. 当执行下面程序且输入：ABC 时，输出的结果是（　　　）。

```
#include<stdio.h>
#include<string.h>
void main()
{
    char ss[10]="12345";
    gets(ss);
    printf("%s\n",ss);
}
```

    A. ABC　　　　　　B. ABC45　　　　　　C. 12345ABC　　　　D. ABC456789

15. 以下程序的输出结果是（　　　）。

```
void main()
{
    int i, a[10];
    for (i=9;i>=0;i--)
        a[i]=10-i;
    printf("%d%d%d",a[2],a[5],a[8]);
}
```

    A. 258   B. 741   C. 852   D. 369

二、编程题

1. 给定一维整型数组，输入数据并求第一个值为奇数元素之前的元素和。

2. 有一个数组 a[6]={2,5,3,9,5,4}，将其逆序（不借助其他数组实现）。

3. 把从键盘输入的字符串"234"转换为整型数据 234。

4. 输入字符串并统计各字母出现的次数。

5. 由键盘输入一个字符串，要求排序输出并且重复输入的字符只显示一次。例如输入"adfadjfeainzzzzv"，则应输出"adefijnvz"。

6. 编写程序，将 3×3 的矩阵 A 转置，并输出。

7. 已知两个升序数组，将它们合并成一个升序数组并输出。

8. 输出杨辉三角。

实验 5　　数　　组

1. 实验目的

（1）掌握一维数组和二维数组的定义、赋值和输入输出的方法。

（2）掌握字符数组和字符串函数的使用。

2. 实验内容

（1）已知两个升序数组，将它们合并成一个升序数组并输出。

编程提示：利用已知条件（两数组 A、B 均为升序），循环在每个数组中均选取一个元素来对比，较小的放到新数组 C 中。直到一个数组中的元素已全部放入 C 中，此时将另一个数组未放入的元素全放入到 C 中。

参考程序：

```
#include<stdio.h>
int main()
{
    int str1[5]={3,9,13,35,45};
    int str2[5]={2,14,19,23,26};
    int out[10];              /*输出数组*/
    int i=0,j=0,k=0;
    while (i<5&&j<5)          /*循环将较小元素放入*/
    {
        if (str1[i]<str2[j])
```

```
            {
                out[k]=str1[i];
                i++;
                k++;
            }
        else
            {
                out[k]=str2[j];
                j++;
                k++;
            }
    }
    if(i==5)
    {                /*第 1 个数组元素已经全部放到 C 中，将第 2 个数组剩余元素全放到 C 中 */
        while (j<5)
            {
                out[k]=str2[j];
                k++;
                j++;
            }
    }
    if(j==5)
    {                /* 第 2 个数组元素已经全部放到 C 中，将第 1 个数组剩余元素全放到 C 中 */
        while (i<5)
            {
                out[k]=str1[i];
                k++;
                i++;
            }
    }
    for(i=0;i<10;i++)
    {
        printf("%d ",out[i]);
    }
    return 0;
}
```

（2）输出杨辉三角。

$$
\begin{array}{ccccccccccc}
& & & & & 1 & & & & & \\
& & & & 1 & & 1 & & & & \\
& & & 1 & & 2 & & 1 & & & \\
& & 1 & & 3 & & 3 & & 1 & & \\
& 1 & & 4 & & 6 & & 4 & & 1 & \\
1 & & 5 & & 10 & & 10 & & 5 & & 1 \\
& & & & & \cdots & & & & &
\end{array}
$$

编程提示：杨辉三角是二项式系数在三角形中的一种几何排列，我国南宋数学家杨辉1261 年所著的《详解九章算法》一书里就出现了。杨辉三角的两个腰边的数都是 1，其他位置的数都是上顶上两个数之和。

首先定义一个二维数组：a[N][N]，略大于要打印的行数。再令两边的数为 1，即当每行的第一个数和最后一个数为 1。a[i][0]=a[i][i−1]=1，n 为行数。除两边的数外，任何一个数为上两顶数之和，即 a[i][j]=a[i−1][j−1]+a[i−1][j]，最后输出杨辉三角。

参考程序：

```c
#include <stdio.h>
#define N 14
int main()
{
    int i, j, k, n=0, a[N][N];    /*定义二维数组 a[14][14]*/
    while(n<=0||n>=13)            /*控制打印的行数不要太大，过大会造成显示不规范*/
     {
            printf("请输入要打印的行数：");
            scanf("%d",&n);
     }
    printf("%d 行杨辉三角如下：\n",n);
    for(i=1;i<=n;i++)
            a[i][1] = a[i][i] = 1;
                /*两边的数令它为 1，因为现在循环从 1 开始，就认为 a[i][1]为第一个数*/
    for(i=3;i<=n;i++)
        for(j=2;j<=i-1;j++)
        a[i][j]=a[i-1][j-1]+a[i-1][j];  /*除两边的数外都等于上两顶数之和*/
    for(i=1;i<=n;i++)
    {
        for(k=1;k<=n-i;k++)
        printf("   ");
        for(j=1;j<=i;j++)        /*j<=i 的原因是不输出其他的数，只输出我们想要的数*/
        printf("%6d",a[i][j]);
         printf("\n");                /*当一行输出完以后换行继续下一行的输出*/
    }
    printf("\n");
    return 0;
}
```

（3）有一个数组 a[6]={2,5,3,9,5,4}，将其逆序（不借助其他数组实现）。

（4）输入字符串并统计各字母出现的次数。

（5）把从键盘输入的字符串"1234"转换为整型数据 1234。

3. 实验总结

（1）总结在本次实验遇到哪些问题及解决方法。

（2）总结一维数组、二维数组与字符数组使用方法。

（3）总结使用字符串结束标志的注意事项。

第 6 章 函　　数

在程序中引入函数是软件技术发展史上一个重要的里程碑，它标志着软件模块化和软件重用的真正开始。在进行程序设计时，将一个大问题按照功能划分为若干个小的功能模块，每个模块完成一个确定的功能，在这些模块之间建立必要的联系，互相协作完成整个程序要完成的功能，这种方法称为模块化程序设计。通常规定模块只有一个入口和出口，使用模块的约束条件是入口参数和出口参数。模块的划分有利于团队开发，各个模块由不同的程序员开发，只有明确模块之间的接口关系，模块内部细节的具体实现可以由程序员自己设计，而模块之间不受影响。在 C 程序设计中，用函数实现这些功能模块。

6.1　函　数　概　念

【例 6-1】　从键盘输入 x 和 y 的值，利用库函数 pow(x, y)计算 x^y 的值（其中 x 与 y 都是 double 变量）。

编程提示：C 语言提供了库函数 pow(x, y)，该函数的功能是计算 x 的 y 次方，注意调用该函数要添加命令行#include <math.h>。

```
#include <stdio.h>
#include <math.h>
int main()
{
    double x=0,z=0, y=0;
    printf("Input x,y:");
    scanf("%lf%lf",&x,&y);
    z=pow(x,y);
    printf("%.0lf,%.0lf,%.0lf\n",x,y,z);
    return 0;
}
```

程序运行结果：

```
Input x y:2 3↙
2.000000,3.000000,8.000000
```

【例 6-2】　使用自定义函数求 x^y 的值。

编程提示：计算 x^y，就是 y 个 x 相乘所得的乘积，可以利用循环实现。

```
#include <stdio.h>
double mypow(double x,double y)
{
```

```
    double z=1.0;
    int i=0;
    for(i=1; i<=y; i++)  z=z*x;
    return z;
}
int main()
{
    double a=0,b=0, c=0;
    printf("Input a b:");
    scanf("%lf%lf",&a, &b);
    c=mypow(a,b);
    printf("%lf,%lf,%lf\n",a,b,c);
    return 0;
}
```

程序运行结果与例 6-1 相同。

程序说明：

（1）mypow 是自编函数的函数名，由用户编写的，称为自定义函数。

（2）mypow(x,y)与 pow(x,y)的作用都是计算 x^y 的值，但由于 mypow(x,y)函数不是库函数，所以在程序的开头要先编写该函数，然后就可以像使用库函数一样使用它了，也不必再添加命令行#include <math.h>。

上述举例从用户的使用角度看，函数可分为库函数和用户定义函数两种。

① 库函数：由 C 系统提供，用户无须定义，也不必在程序中作类型说明，只需在程序前包含有该函数原型的头文件即可在程序中直接调用。在前面章节的例题中用到 printf()、scanf()、sqrt()、pow()等函数均属此类。

② 用户自定义函数：由用户根据自己的需要写的函数。对于用户自定义函数，不仅要在程序中定义函数本身，而且在主调函数中还必须对该被调函数进行类型说明，然后才能使用，例如上述的 mypow()函数，自定义函数是模块化程序设计的基础。

另外，从函数的定义形式来看，函数分为无参函数和有参函数两种。

① 无参函数：在调用无参函数时，主调函数不向被调函数传递数据。此类函数通常用来完成一组指定的功能，可以返回或不返回函数值，但一般以不返回函数值的居多。

② 有参函数：在调用函数时，主调函数在调用被调函数时，通过参数向被调函数传递数据，一般情况下，执行被调函数时会得到一个函数值供主调函数使用，例如上述的 mypow()函数就是有参函数，主函数将 *a* 与 *b* 的值传递给 mypow()函数中的参数 *x* 和 *y*，经过 mypow()函数的运算，将 *z* 的值带回主调函数。

注意：在 C 语言中，包括主函数 main()在内的所有函数定义都是平行的。即在一个函数的函数体内，不能再定义另一个函数，即不能嵌套定义。但是函数之间允许相互调用，也允许嵌套调用。

【同步练习】 编写一个求前 *n* 个自然数和的函数，然后在 main()函数中调用它，求 1+2+3+…+100 的值。

6.2　函数的定义与调用

6.2.1　函数的定义

函数在使用之前必须进行正确的定义，定义时根据函数要完成的工作，需要确定函数名、类型名、参数个数及类型等。

【例 6-3】　编写一个输出"Hello World"的函数，并在主函数中调用。

编程提示：体会将 printf()函数封装在函数 Hello()函数中，在 main()函数中调用 Hello()函数。

```
#include <stdio.h>
void Hello()
{
    printf("Hello World");
}
int main()
{
    Hello();
    return 0;
}
```

程序运行结果：

```
Hello World
```

其中 void Hello()是函数头，小括号内没有参数，包括大括号在内是函数体。该函数的作用是输出"Hello Word"。

【例 6-4】　编写求两个整数和的函数，并在主函数中调用。

```
#include <stdio.h>
int GetTwoSum(int a, int b)
{
    int z;
    z=a+b;
    return z;
}

int main()
{
    int x=3,y=4,z;
    z=GetTwoSum(x,y);
    printf("z=%d\n",z);
    return 0;
}
```

程序运行结果：

z=7;

例中，定义了一个求两个整数和的函数 GetTwoSum()，在主函数中调用该函数时，将 x,y 的值分别传递给 GetTwoSum()函数的 a,b，经过计算将计算结果 7 返回主调函数。

函数定义的一般形式如下：

```
类型名  函数名([类型名 形式参数1,类型名 形式参数2,…])
{
        说明语句
        执行语句
}
```

其中，"类型名 函数名([类型名 形式参数 1,类型名 形式参数 2,…])"为函数头。

（1）类型名是指函数返回值类型，含义是调用该函数后返回值的类型，指明了本函数的类型，例 6-4 的"int max(int a, int b)"中的"int"表示调用该函数后返回的最大值为 int 类型；如果函数没有返回值用 void 类型，表示该函数没有返回值，例 6-3 的"void Hello()"中 void 表示调用该函数后不需要返回值。

（2）函数名是由用户定义的标识符。为了提高程序的可读性，函数名应尽量反映函数的功能，例如函数名 GetTwoSum()表示求两个数的和。

（3）用方括号括起来的部分是形式参数列表，[]表示该项是可选项，可以有也可以没有。如果没有该项，表示该函数是无形式参数函数，称为无参函数。注意，没有形式参数时，函数名后面的括号不能少，如例 6-3 的 Hello()函数；有形式参数的函数，称为有参函数，注意，每个形式参数必须单独定义，且各个参数之间用逗号分隔开，例如例 6-4 中的 GetTwoSum()函数。

（4）用花括号括起来的部分称为函数体，函数体包含了实现函数功能的所有语句，是函数实现的细节。函数体中的说明语句用于定义函数中所用的变量，函数体内定义的变量不能与形参同名，例如例 6-4 的 GetTwoSum()函数中的"int x=3,y=4,z;"。执行语句用于实现函数所要完成的功能，例如例 6-4 的 GetTwoSum()函数中的"z=a+b;"。

（5）如果调用函数后需要函数值，则在该函数名前给出该函数的类型，并且在函数体中用 return 语句将函数值返回如例 6-4 中的 GetTwoSum()函数名前的"int"与函数体中的"return z;"。

【同步练习】 编写一个求 *n* 个自然数和的函数。

6.2.2 函数调用

函数只有在调用时才会发挥它的作用，调用自己编写的函数与调用库函数的方法是一样的。

【例 6-5】 调用函数求两个整数的最大值。

编程提示：注意定义函数时形参的个数、类型，函数的类型与 return 后表达式类型一致。

```
#include <stdio.h>
int max(int a, int b)
{
    if (a>b)
        return a;
    else
        return b;
}
int  main()
{
    int x,y,z;
    printf("Input x y:");
    scanf("%d%d",&x,&y);
    z=max(x,y); /*调用max函数*/
    printf("\nmax=%d",z);
    return 0;
}
```

程序运行结果：

```
Input x y:3 8✓
max=8
```

程序说明：主函数中"z=max(x,y);"的作用求两个整数中的最大值，由于库函数中没有提供该功能，因此在调用之前由用户自己定义该函数。

1. 函数调用的一般形式

函数调用的一般形式如下：

```
函数名([参数表])
```

调用无参函数时，实际参数表中的参数可以是常数，变量或其他构造类型数据及表达式。各实参之间用逗号分隔。

2. 函数调用的方式

（1）函数表达式：函数作为表达式中的一项出现在表达式中，以函数返回值参与表达式的运算。这种方式要求函数是有返回值的。例如：

```
z=max(x,y)
```

（2）函数语句：函数调用的一般形式加上分号即构成函数语句。例如：

```
printf("%d",a);scanf("%d",&b);
```

（3）函数实参：函数作为另一个函数调用的实际参数出现。这种情况是把该函数的返回值作为实参进行传送，因此要求该函数必须是有返回值的。例如：

```
printf("%d",max(x,y));
```

3. 在主调函数中调用某函数之前应对该被调函数进行说明(声明)

形式如下：

类型说明符号　　被调函数名(类型 形参,类型 形参,…)

或

类型说明符号　　被调函数名(类型,类型,…)

【例6-6】 利用自定义函数实现求任意两个数的和。

编程提示：注意定义函数时形参的个数、类型，函数的类型与 return 后表达式类型一致。

```
#include <stdio.h>
int main()
{
    float add(float,float);  /*在主函数中对被调用函数进行说明.*/
    float a,b,c;
    scanf("%f%f",&a,&b);
    c=add(a,b);
    printf("sum is %f",c);
    return 0;
}
float add(float x,float y)
{
    float z;
    z=x+y;
    return(z);
}
```

程序运行结果：

```
34 78.9↙
sum is 112.900000
```

【例6-7】 利用函数输出指定内容。

```
#include <stdio.h>
void drawbar(int x,char ch)
{
    int i;
    for (i=1;i<=x;i++)
    printf("%c",ch);
    printf ("\n");
}
int main()
{
```

```
    int income;
    char symbol;
    income=20;
    symbol='#';
    drawbar(12,'X');
    drawbar(15,symbol);
    drawbar(income,'$');
    return 0;
}
```

程序运行结果:

```
XXXXXXXXXXXX
###############
$$$$$$$$$$$$$$$$$$$$$$$
```

注意:对库函数的调用不需要再作说明,但必须把该函数的头文件用 include 命令包含在源文件前部。

4. 函数调用注意事项

(1)调用库函数时必须将与该库函数相关的头文件用 include 命令包含在源文件前部,例如用#include <stdio.h>调用 printf()和 scanf()库函数,用#include <math.h>调用 sqrt()和 pow()库函数。

(2)调用用户自定义函数有两种方式。

① 用户自定义函数定义在函数调用的后面,必须在调用该函数的前面进行声明,例如例 6-6,推荐使用这种方式,优点是当程序比较长时,自定义函数声明集中写在 main()函数前面,而函数定义在调用它的后面,一般集中写在 main()函数后面,这样程序阅读者很容易知道该程序有多少个函数,而且很容易找到 main()函数。

② 用户自定义函数定义在函数调用的前面,就不用在函数调用前声明了,这种方式一般在程序行数比较少时使用。例如例 6-7。

6.2.3　形式参数和实际参数

1. 在函数调用时要注意函数形式参数与实际参数的关系

形式参数(简称形参)是函数头中定义中,在整个函数体内都可以使用,离开该函数后则不能使用。实际参数(简称形参)出现在函数调用时函数名后面的括号内。

形参和实参的功能是作数据传送。发生函数调用时,主调函数把实参的值传送给被调函数的形参从而实现主调函数向被调函数的数据传送。

2. 函数的形参和实参的特点

(1)形参变量只有在被调用时才分配内存单元,在调用结束时,即刻释放所分配的内存单元。因此,形参只有在函数内部有效。函数调用结束返回主调函数后则不能再使用该形参变量。

(2)实参可以是常量、变量、表达式、函数等,无论实参是何种类型的量,在进行函数调用时,它们都必须具有确定的值,以便把这些值传送给形参。

（3）实参和形参在数量上，类型上，顺序上应严格一致，否则会发生类型不匹配的错误。

（4）函数调用中发生的数据传送是单向的。即只能把实参的值传送给形参，而不能把形参的值反向地传送给实参。因此在函数调用过程中，形参的值发生改变，而实参中的值不会变化。

【例 6-8】 参数值传递。

编程提示：体会函数调用时实参向形参传值是单向的。

```
#include<stdio.h>
void s(int n)
{
    int i;
    for(i=n-1;i>=1;i--)
        n=n+i;
    printf("n=%d\n",n);
}


int main()
{
    int n;
    printf("Input number:\n");
    scanf("%d",&n);
    s(n);
    printf("n=%d\n",n);
    return 0;
}
```

程序运行结果：

```
Input number:
100✓
n=5050
n=100
```

本程序中定义了一个函数 s()，该函数的功能是求 n 个自然数的和。在主函数中输入 n 值，并作为实参，在调用时传送给 s() 函数的形参变量 n（注意，本例的形参变量和实参变量的标识符都为 n，但这是两个不同的变量，各自的作用域不同）。在主函数中用 printf() 语句输出一次 n 值，这个 n 值是实参 n 的值。在函数 s() 中也用 printf() 语句输出了一次 n 值，这个 n 值是形参最后取得的 n 值 0。从运行情况看，输入 n 值为 100，即实参 n 的值为 100。把此值传给函数 s() 时，形参 n 的初值也为 100，在执行函数过程中，形参 n 的值变为 5050。返回主函数之后，输出实参 n 的值仍为 100。可见实参的值不随形参的变化而变化。

6.2.4 函数的返回值

函数返回值是指函数被调用之后，执行函数体中的程序段所取得的并返回给主调函数的值。对函数返回值有以下一些说明：

（1）函数返回值只能通过 return 语句返回主调函数。

return 语句的一般形式为：

```
return 表达式;
```

或者

```
return (表达式);
```

该语句的功能是计算表达式的值,并返回给主调函数。在函数中允许有多个 return 语句,但每次调用只能有一个 return 语句被执行, 因此只能返回一个函数值。

（2）函数返回值类型和函数定义中函数的类型应保持一致。如果两者不一致, 则以函数类型为准, 自动进行类型转换。

（3）如果函数返回值为整型, 在函数定义时可以省去类型说明。

（4）不返回函数值的函数, 可以明确定义为 "空类型", 类型说明符为 void。如果函数 s()并不向主函数返回函数值, 可定义为

```
void s(int n)
{
    ...
}
```

一旦函数被定义为空类型后, 就不能在主调函数中使用被调函数的函数值了。例如, 在定义 s()为空类型后, 在主函数中写下述语句

```
sum=s(n) ;
```

就是错误的, 为了使程序有良好的可读性并减少出错, 凡不要求返回值的函数都应定义为空类型 void。

【同步练习】

1. 编写一个求圆面积的函数, 并在主函数中调用它。

2. 编写判断一个整数是否是素数的函数, 并在主函数中调用它求 100~200 的所有素数。

6.3 函数的嵌套调用和递归

利用函数的嵌套和递归可以用来解决一些相对复杂的问题。

6.3.1 函数的嵌套调用

1. 函数的嵌套调用的概念

在调用一个函数的过程中又调用了另外一个函数称函数的嵌套调用。

2. 函数的嵌套调用过程

其关系可表示如图 6-1 所示。执行 main()函数中调用 a()函数的语句时, 即转去执行 a()

函数，在 a()函数中调用 b()函数时，又转去执行 b()函数，b()函数执行完毕返回 a()函数的断点继续执行，a()函数执行完毕返回 main()函数的断点继续执行。

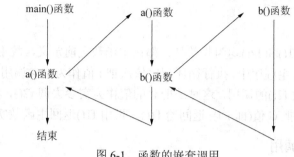

图 6-1   函数的嵌套调用

【例 6-9】   计算 $s=2^2!+3^2!$。

编程提示：编写两个函数，一个是用来计算平方值的函数 f1()，另一个是用来计算阶乘值的函数 f2()。主函数先调用 f1()计算出平方值，再在 f1()中以平方值为实参，调用 f2()计算其阶乘值，然后返回 f1()，再返回主函数，在循环程序中计算累加和。

程序如下：

```
#include <stdio.h>
long f1(int p)
{
    int k;
    long r;
    long f2(int) ;
    k=p*p;
    r=f2(k) ;
    return r;
}
long f2(int q)
{
    long c=1;
    int i;
    for(i=1;i<=q;i++)
    c=c*i;
    return c;
}
int main()
{
    int i;
    long s=0;
    for (i=2;i<=3;i++)
        s=s+f1(i) ;
    printf("\ns=%ld\n",s) ;
    return 0;
```

```
}
```

程序运行结果：

```
s=362904
```

在程序中，函数 f1() 和 f2() 均为长整型，都在主函数之前定义，故不必再在主函数中对 f1() 和 f2() 加以说明。在主程序中，执行循环程序依次把 i 值作为实参调用函数 f1() 求 i^2 的值。在 f1() 中又发生对函数 f2() 的调用，这时是把 i^2 的值作为实参去调 f2()，在 f2() 中完成求 i^2! 的计算。f2() 执行完毕把 C 值(即 i^2!) 返回给 f1()，再由 f1() 返回主函数实现累加。

6.3.2 函数的递归调用

1. 函数的递归调用概念

一个函数在它的函数体内调用它自身称为递归调用，这种函数称为递归函数。

C 语言允许函数的递归调用。在递归调用中，主调函数又是被调函数。执行递归函数将反复调用其自身，每调用一次就进入新的一层。

例如，有 f() 函数如下：

```
int f(int x)
{
    int y,z;
    z=f(y) ;
    return z;
}
```

这个函数是一个递归函数。但是运行该函数将无休止地调用其自身，这当然是不正确的。

2. 递归调用的条件

为了防止递归调用无终止地进行，必须在函数内有终止递归调用的条件，满足某种条件后就不再作递归调用，然后逐层返回。

下面举例说明递归调用的执行过程。

【例 6-10】 有 5 个人坐在一起，问第 5 个人有多大？他说比第 4 个人大 2 岁。问第 4 个人有多大，他说比第 3 个人大 2 岁。问第 3 个人有多大，他说比第 2 个人大 2 岁。问第 2 个人有多大，他说比第 1 个人大 2 岁。问第 1 个人有多大，他说 10 岁。请问第 5 个人有多大？

编程提示：经过分析可得

```
Age(5)=age(4)+2
Age(4)=age(3)+2
Age(3)=age(2)+2
Age(2)=age(1)+2
Age(1)=10
```

$$Age(n) = \begin{cases} 10, & n=1 \\ Age(n-1)+2, & n>1 \end{cases}$$

程序如下:

```c
#include <stdio.h>
int age(int  n)
{
    int c;
    if (n==1)
        c=10;
    else
        c=age(n-1)+2;
    return  c;
}
int main()
{
    printf( "%d\n",age(5));
    return 0;
}
```

程序运行结果:

18

【例 6-11】 用递归方法求 $n!$。

编程提示: 分析可得

$$n! = \begin{cases} 1, & n=1 \\ n \cdot (n-1)!, & n>1 \end{cases}$$

程序如下:

```c
#include <stdio.h>
int fac(int  n)
{
    int f;
    if ((n==0)||(n==1))
        f=1;
    else
        f=n*fac(n-1);
    return  f;
}
int main()
{
    int n;
    scanf("%d",&n) ;
    printf("%d\n",fac(n));
```

```
        return 0;
}
```

程序运行结果:

5 ↙
120

3. 递归调用函数的通用格式

由例 6-10 和例 6-11 可知,递归调用函数是由 if…else 条件语句组成的,其格式如下:

```
if(终止条件)
        发生终止值
else
        递推公式
```

【例 6-12】 Hanoi 塔问题。一块板上有 3 根针 A、B、C。A 针上套有 64 个大小不等的圆盘,大的在下,小的在上。要把这 64 个圆盘从 A 针移动 C 针上,每次只能移动一个圆盘,移动可以借助 B 针进行。但在任何时候,任何针上的圆盘都必须保持大盘在下,小盘在上。求移动的步骤。

编程提示:设 A 上有 n 个盘子。

如果 $n=1$,则将圆盘从 A 直接移动到 C。

如果 $n=2$,则:

(1)将 A 上的 $n-1$(等于 1)个圆盘移到 B 上;

(2)再将 A 上的一个圆盘移到 C 上;

(3)最后将 B 上的 $n-1$(等于 1)个圆盘移到 C 上。

如果 $n=3$,则进行如下操作。

(1)将 A 上的 $n-1$(等于 2,令其为 n')个圆盘移到 B(借助于 C),步骤如下:

① 将 A 上的 $n'-1$(等于 1)个圆盘移到 C 上。

② 将 A 上的一个圆盘移到 B。

③ 将 C 上的 $n'-1$(等于 1)个圆盘移到 B。

(2)将 A 上的一个圆盘移到 C。

(3)将 B 上的 $n-1$(等于 2,令其为 n')个圆盘移到 C(借助 A),步骤如下:

① 将 B 上的 $n'-1$(等于 1)个圆盘移到 A。

② 将 B 上的一个盘子移到 C。

③ 将 A 上的 $n'-1$(等于 1)个圆盘移到 C。

到此,完成了 3 个圆盘的移动过程。

从上面分析可以看出,当 n 大于等于 2 时,移动的过程可分解为 3 个步骤:

第 1 步　把 A 上的 $n-1$ 个圆盘移到 B 上;

第 2 步　把 A 上的一个圆盘移到 C 上;

第 3 步　把 B 上的 $n-1$ 个圆盘移到 C 上;其中第 1 步和第 3 步是类同的。

当 $n=3$ 时,第 1 步和第 3 步又分解为类同的 3 步,即把 $n'-1$ 个圆盘从一个针移到另一个针上，这里的 $n'=n-1$。显然这是一个递归过程，据此算法可编程如下：

```c
#include <stdio.h>
void move(int n,int x,int y,int z)
{
    if(n==1)
    printf("%c-->%c\n",x,z);
    else
    {
        move(n-1,x,z,y);
        printf("%c-->%c\n",x,z);
        move(n-1,y,x,z) ;
    }
}
int main()
{
    int h;
    printf("\ninput number:\n");
    scanf("%d",&h) ;
    printf("the step to moving %2d diskes:\n",h);
    move(h,'a','b','c');
    return 0;
}
```

从程序中可以看出，move()函数是一个递归函数，它有 4 个形参：n、x、y 和 z。n 表示圆盘数，x、y 和 z 分别表示 3 根针。move ()函数的功能是把 x 上的 n 个圆盘移动到 z 上。当 n==1 时，直接把 x 上的圆盘移至 z 上，输出 x→z。如果 n!=1 则分为 3 步：递归调用 move()函数，把 n–1 个圆盘从 x 移到 y；输出 x→z；递归调用 move()函数，把 n–1 个圆盘从 y 移到 z。在递归调用过程中 n=n–1，故 n 的值逐次递减，最后 n=1 时，终止递归，逐层返回。

运行结果：

```
input number:
4↙
the step to moving 4 diskes:
a→b
a→c
b→c
a→b
c→a
c→b
a→b
a→c
b→c
b→a
c→a
```

```
b→c
a→b
a→c
b→c
```

【同步训练】 有 5 个人坐在一起，问第 5 个人有多大？他说是第 4 个人的 2 倍。问第 4 个人有多大，他说是第 3 个人的 2 倍。问第 3 个人有多大，他说是第 2 个人的 2 倍。问第 2 个人有多大，他说是第 1 个人的 2 倍。问第 1 个人有多大，他说 4 岁。请问第 5 个人有多大？

6.4   数组作为函数参数

数组可以作为函数的参数使用，进行数据传送。数组用作函数参数有两种形式，一种是把数组元素(下标变量)作为实参使用；另一种是把数组名作为函数的形参和实参使用。

1. 数组元素作函数实参

数组元素就是下标变量，它与普通变量并无区别。因此它作为函数实参使用与普通变量是完全相同的，在发生函数调用时，把作为实参的数组元素的值传送给形参，实现单向的值传送。

【例 6-13】 判别一个整数数组中各元素的值，若大于 0 则输出该值，若小于等于 0 则输出 0 值。

```c
#include <stdio.h>
void nzp(int v)
{
    if(v>0)
        printf("%d",v);
    else
        printf("%d",0);
}
int main()
{
    int a[5],i;
    printf("Input 5 numbers:\n");
    for(i=0;i<5;i++)
    {
        scanf("%d",&a[i]);
        nzp(a[i]);
    }
    return 0;
}
```

程序运行结果：

```
Input 5 numbers:
1 2 -1 -2 3✓
1 2 0 0 3
```

本程序中首先定义一个无返回值函数 nzp()，并说明其形参 v 为整型变量。在函数体中根据 v 值输出相应的结果。在 main()函数中用一个 for 语句输入数组各元素，每输入一个就以该元素作实参调用一次 nzp()函数，即把 a[i]的值传送给形参 v，供 nzp()函数使用。

2. 数组名作为函数参数

用数组名作函数参数与用数组元素作实参有几点不同。

（1）用数组元素作实参时，只要数组类型和函数的形参变量的类型一致，那么作为下标变量的数组元素的类型也和函数形参变量的类型是一致的。因此，并不要求函数的形参也是下标变量。换句话说，对数组元素的处理是按普通变量对待的。用数组名作函数参数时，则要求形参和相对应的实参都必须是类型相同的数组，都必须有明确的数组说明。当形参和实参二者不一致时，即会发生错误。

（2）在普通变量或下标变量作函数参数时，形参变量和实参变量是由编译系统分配的两个不同的内存单元。在函数调用时发生的值传送是把实参变量的值赋予形参变量。在用数组名作函数参数时，不是进行值的传送，即不是把实参数组的每一个元素的值都赋予形参数组的各个元素。因为实际上形参数组并不存在，编译系统不为形参数组分配内存。那么，数据的传送是如何实现的呢?在前面曾介绍过，数组名就是数组的首地址。因此在数组名作函数参数时所进行的传送只是地址的传送，也就是说把实参数组的首地址赋予形参数组名。形参数组名取得该首地址之后，也就等于有了实际的数组。事实上形参数组和实参数组为同一数组，共同拥有一段内存空间。

图 6-2 说明了这种情形，图中设 a 为实参数组，类型为整型。a 占有以 2000 为首地址的一块内存区。b 为形参数组名。当发生函数调用时，进行地址传送，把实参数组 a 的首地址传送给形参数组名 b，于是 b 也取得该地址 2000。于是 a，b 两数组共同占有以 2000 为首地址的一段连续内存单元。从图 6-2 中还可以看出 a 和 b 下标相同的元素实际上也占相同的两个内存单元(整型数组每个元素占 2B 空间)。例如 a[0]和 b[0]都占用 2000 和 2001 单元，当然 a[0]等于 b[0]。以此类推，则有 a[i]等于 b[i]。

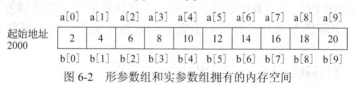

图 6-2　形参数组和实参数组拥有的内存空间

【例 6-14】　数组 a 中存放了一个学生 5 门课程的成绩，求平均成绩。

编程提示：注意一维数组作函数参数，要传递一维数组元素的个数。

```
#include <stdio.h>
float aver(float a[],int n)
{
    int i;
    float av,s=a[0];
```

```
    for(i=1;i<n;i++)
        s=s+a[i];
    av=s/n;
    return av;
}
int main()
{
    float sco[5],av;
    int i;
    printf("\nInput 5 scores:\n");
    for(i=0;i<5;i++)
        scanf("%f",&sco[i]);
    av=aver(sco,5);
    printf("The average score is %5.2f",av);
    return 0;
}
```

程序运行结果：

```
Input 5 scores:
88 76 98 89 87↙
The average score is 87.60
```

本程序首先定义了一个实型函数 aver()，有一个形参为实型数组 a，长度为 5。在函数 aver() 中，把各元素值相加求出平均值，返回给主函数。主函数 main() 中首先完成数组 sco 的输入，然后以数组 sco 作为实参调用 aver() 函数，函数返回值送 av，最后输出 av 值。从运行情况可以看出，程序实现了所要求的功能。

（3）前面已经讨论过，在变量作函数参数时，所进行的值传送是单向的。即只能从实参传向形参，不能从形参传回实参。形参的初值和实参相同，而形参的值发生改变后，实参并不变化，两者的终值是不同的。

而当用数组名作函数参数时，情况则不同。由于实际上形参和实参为同一数组，因此当形参数组发生变化时，实参数组也随之变化。当然这种情况不能理解为发生了"双向"的值传递。但从实际情况来看，调用函数之后实参数组的值将由于形参数组值的变化而变化。

【例 6-15】 题目同例 6-13。改用数组名作函数参数。

```
#include <stdio.h>
void nzp(int a[5])
{
    int i;
    printf("\nThe values of array a are:\n");
    for(i=0;i<5;i++)
    {
        if(a[i]<0) a[i]=0;
        printf("%d ",a[i]);
```

· 234 ·

```
        }
    }
    int main()
    {
        int b[5],i;
        printf("\nInput 5 numbers:\n");
        for(i=0;i<5;i++)
            scanf("%d",&b[i]);
        printf("The initial values of array b are:\n");
        for(i=0;i<5;i++)
            printf("%d ",b[i]);
        nzp(b);
        printf("\nThe last values of array b are:\n");
        for(i=0;i<5;i++)
            printf("%d ",b[i]);
        return 0;
    }
```

程序运行结果：

```
Input 5 numbers:
1 2 -1 -2 3✓
The initial values of array b are:
1 2 -1 -2 3
The values of array a are:
1 2 0 0 3
The last values of array b are:
1 2 0 0 3
```

本程序中函数 nzp()的形参为整数组 a，长度为 5。主函数中实参数组 b 也为整型，长度也为 5。在主函数中首先输入数组 b 的值，然后输出数组 b 的初始值。然后以数组名 b 为实参调用 nzp()函数。在 nzp()中，按要求把负值单元清"0"，并输出形参数组 a 的值。返回主函数之后，再次输出数组 b 的值。从运行结果可以看出，数组 b 的初值和终值是不同的，数组 b 的终值和数组 a 是相同的。这说明实参形参为同一数组，它们的值同时得以改变。

3. 用数组名作为函数参数时还应注意的问题

（1）形参数组和实参数组的类型必须一致，否则将引起错误。

（2）形参数组和实参数组的长度可以不相同，因为在调用时，只传送首地址而不检查形参数组的长度。当形参数组的长度与实参数组不一致时，虽不至于出现语法错误(编译能通过)，但程序执行结果将与实际不符，这是应予以注意的。

【例 6-16】 实参数组长度大于形参数组长度时的情况，把例 6-15 修改如下：

```
#include <stdio.h>
void nzp(int a[8])
{
    int i;
```

```
    printf("\nThe values of array a are:\n");
    for(i=0;i<8;i++)
    {
        if(a[i]<0)a[i]=0;
         printf("%d ",a[i]);
    }
}
int main()
{
    int b[5],i;
    printf("\nInput 5 numbers:\n");
    for(i=0;i<5;i++)
        scanf("%d",&b[i]);
    printf("The initial values of array b are:\n");
    for(i=0;i<5;i++)
        printf("%d ",b[i]);
    nzp(b);
    printf("\nThe last values of array b are:\n");
    for(i=0;i<5;i++)
        printf("%d ",b[i]);
    return 0;
}
```

程序运行结果:

```
Input 5 numbers:
1 2 -1 -2 3✓
The initial values of array b are:
1 2 -1 -2 3
The values of array a are:
1 2 0 0 3 1245120 4199289 1
The last values of array b are:
1 2 0 0 3
```

　　本程序与例 6-15 程序比,nzp()函数的形参数组长度改为 8,函数体中,for 语句的循环条件也改为 i<8。因此,形参数组 a 和实参数组 b 的长度不一致。编译能够通过,但从结果看,数组 a 的元素 a[5]、a[6]和 a[7]显然是无意义的。

　　在函数形参表中,允许不给出形参数组的长度,或用一个变量来表示数组元素的个数。
　　例如,可以写为

```
void nzp(int a[])
```

或

```
void nzp(int a[],int n)
```

其中形参数组 a 没有给出长度,而由 n 值动态地表示数组的长度。n 的值由主调函数的实参进行传送。

【**例 6-17**】 用一个形参变量来表示数组元素的个数，例 6-16 又可改为例 6-17 的形式。

```c
#include <stdio.h>
void nzp(int a[],int n)
{
    int i;
    printf("\nThe values of array a are:\n");
    for(i=0;i<n;i++)
    {
        if(a[i]<0) a[i]=0;
        printf("%d ",a[i]);
    }
}
int main()
{
    int b[5],i;
    printf("\nInput 5 numbers:\n");
    for(i=0;i<5;i++)
        scanf("%d",&b[i]);
    printf("The initial values of array b are:\n");
    for(i=0;i<5;i++)
    printf("%d ",b[i]);
    nzp(b,5);
    printf("\nThe last values of array b are:\n");
    for(i=0;i<5;i++)
        printf("%d ",b[i]);
    return 0;
}
```

程序运行结果：

```
Input 5 numbers:
1 2 -1 -2 3✓
The initial values of array b are:
1 2 -1 -2 3
The values of array a are:
1 2 0 0 3
The last values of array b are:
1 2 0 0 3
```

本程序 nzp() 函数形参数组 a 没有给出长度，由 n 动态确定该长度。在 main() 函数中，函数调用语句为 nzp(b, 5)，其中实参 5 将赋予形参 n 作为形参数组的长度。

【**同步练习**】 编写一个求整形数组元素和的函数，并主程序中调用它输出该数组元素的和。

6.5　变量的作用域及存储类型

　　C 语言中的变量从不同的角度可以分为不同的类型，从变量值存在的作用时间（即生存期）角度来分，可以分为静态存储方式和动态存储方式；从变量的作用域划分，变量可分为局部变量和全局变量。

6.5.1　动态存储方式与静态存储方式

　　从变量值存在的作用时间（即生存期）角度来分，可以分为静态存储方式和动态存储方式。

　　（1）静态存储方式：静态存储方式是指在程序运行期间分配固定的存储空间的方式。

　　（2）动态存储方式：动态存储方式是在程序运行期间根据需要进行动态的分配存储空间的方式。

1．动态存储变量

　　动态存储变量是指在程序运行期间根据需要进行动态的分配存储空间的变量。即变量所在的函数一结束，变量就消失，下一次调用该函数时，初始化等一系列操作重新执行。

　　动态存储变量定义方式：

auto 类型名　变量名；

或

　　类型名　变量名；

　　【例6-18】　输出 1～5 的阶乘。程序如下：

```c
#include <stdio.h>
int  fac(int  n)
{
    int f=1;
    f=f*n;
    return f;
}
int main()
{
    int i;
    for(i=1;i<=5;i++)
        printf("%d\n",fac(i) );
    return 0;
}
```

　　运行结果：

1 2 3 4 5

请分析原因，并提出改进方法。

2．静态存储变量

静态存储变量是指在程序运行期间由系统分配固定的存储空间的方式，即变量在所在函数结束时并不消失，也就是说这种变量只在第一次调用时赋初值语句。（如定义时没有赋初值，自动为 0）。

静态存储变量定义方式如下：

```
static  类型名  变量名；
```

【例6-19】 阅读下面程序，分析静态变量的值。

```c
#include <stdio.h>
int f1(int a)
{
    int b=0;
    static int c=3;
    b=b+1;
    c=c+1;
    return(a+b+c);
}
int main()
{
    int a=2,i;
    for(i=0;i<=3;i++)
    printf("%d",f1(i));
    return 0;
}
```

程序运行结果：

```
5  7  9  11
```

6.5.2 变量的作用域

从变量的作用域划分，变量可分为局部变量和全局变量。

1．局部变量

局部变量也称为内部变量。局部变量是在函数内作定义说明的。其作用域仅限于函数内，离开该函数后再使用这种变量是非法的。

例如：

```
int f1(int a)
{
    int b,c;          函数 f1()中 a、b 和 c 有效

    …

}
```

```
int f2(int x)
{
    int y,z;           函数 f2()中 x、y 和 z 有效
    ...
}

void main()
{
    int m,n;           main()函数中 m 和 n 有效
    ...
}
```

在函数 f1()内定义了 3 个变量，a 为形参，b 和 c 为一般变量。在 f1()的范围内 a、b 和 c 有效，或者说变量 a、b 和 c 的作用域限于 f1()内。同理，x、y 和 z 的作用域限于 f2()内。m 和 n 的作用域限于 main()函数内。

2. 使用局部变量应注意的问题

（1）主函数中定义的变量也只能在主函数中使用，不能在其他函数中使用，同时，主函数中也不能使用其他函数中定义的变量。因为主函数也是一个函数，它与其他函数是平行关系。

（2）形参变量是属于被调函数的局部变量，实参变量是属于主调函数的局部变量。

（3）允许在不同的函数中使用相同的变量名，它们代表不同的对象，分配不同的单元，互不干扰，也不会发生混淆。例如，在前例中，形参和实参的变量名都为 n 是完全允许的。

（4）在复合语句中也可定义变量，其作用域只在复合语句范围内。

例如：

```
int main()
{
    int s,a;
    ...
    {
        int b;
        s=a+b;
        ...                 /*b 作用域*/
    }
    ...                     /*s,a 作用域*/
}
```

【例 6-20】 阅读程序分析变量 i 和 k 的值。

编程提示：注意局部变量同名时的作用域。

```
#include <stdio.h>
int main()
{
```

```
    int i=2,j=3,k;
    k=i+j;
    {
        int k=8;
        i=3;
        /*在复合语句中定义的变量，作用域只在复合语句范围内，所以输出的 k 值为 8*/
        printf("%d\n",k);
    }
    printf("%d,%d\n",i,k);
    return 0;
}
```

程序运行结果：

```
8
3,5
```

本程序在 main()中定义了 i、j、k 这 3 个变量，其中 k 未赋初值。而在复合语句内又定义了一个变量 k，并赋初值为 8。应该注意这两个 k 不是同一个变量。在复合语句外由 main()定义的 k 起作用，而在复合语句内则由在复合语句内定义的 k 起作用。因此程序第 4 行的 k 为 main()所定义，其值应为 5。第 8 行输出 k 值，该行在复合语句内，由复合语句内定义的 k 起作用，其初值为 8，故输出值为 8，第 10 行输出 i，k 值。i 是在整个程序中有效的，第 7 行对 i 赋值为 3，故以输出也为 3。而第 10 行已在复合语句之外，输出的 k 应为 main()所定义的 k，此 k 值由第 4 行已获得为 5，故输出也为 5。

3. 全局变量

全局变量也称为外部变量，是在函数外部定义的变量，不属于任何一个函数，而属于一个源程序文件，其作用域是整个源程序。在函数中使用全局变量，一般应作全局变量说明。只有在函数内经过说明的全局变量才能使用。全局变量的说明符为 extern。在一个函数之前定义的全局变量，在该函数内使用可不再加以说明。

例如：

```
int a,b;              /*外部变量*/
void f1()             /*函数 f1*/
{
    ...
}
float x,y;            /*外部变量*/
int fz()              /*函数 fz*/
{
    ...
}
int main()            /*主函数*/
{
    ...
}
```

从上例可以看出 a、b、x 和 y 都是在函数外部定义的外部变量，都是全局变量。但 x 和 y 定义在函数 f1() 之后，而在 f1() 内又无对 x 和 y 的说明，所以它们在 f1() 内无效。a 和 b 定义在源程序最前面，因此在 f1()、f2() 及 main() 内不加说明也可使用。

【例 6-21】 输入长正方体的长 (*l*)、宽 (*w*)、高 (*h*)。求体积及 *lw*、*lh* 和 *wh* 这 3 个面的面积。

```c
#include <stdio.h>
int s1,s2,s3;
int vs(int a,int b,int c)
{
    int v;
    v=a*b*c;
    s1=a*b;
    s2=b*c;
    s3=a*c;
    return v;
}
int main()
{
    int v,l,w,h;
    printf("\nInput length,width and height\n");
    scanf("%d%d%d",&l,&w,&h);
    v=vs(l,w,h);
    printf("\nv=%d,s1=%d,s2=%d,s3=%d\n",v,s1,s2,s3);
    return 0;
}
```

程序运行结果：

```
Input length,width and height
3 4 5↙
v=60,s1=12,s2=20,s3=15
```

【例 6-22】 外部变量与局部变量同名。

```c
#include "stdio.h"
int a=3,b=5;              /*a,b 为外部变量*/
int max(int a,int b)     /*a,b 为外部变量*/
{
    int c;
    c=a>b?a:b;
    return(c);
}
int main()
{   int a=8;
    printf("%d\n",max(a,b));
```

```
        return 0;
}
```

程序运行结果：

```
8
```

如果同一个源文件中，外部变量与局部变量同名，则在局部变量的作用范围内，外部变量被"屏蔽"，即它不起作用。

【同步练习】

1. 输出 1~5 的阶乘。
2. 总结使用局部变量与全局变量时应注意的问题。

6.6 外部、内部函数

函数一旦定义后就可被其他函数调用。但当一个源程序由多个源文件组成时，在一个源文件中定义的函数能否被其他源文件中的函数调用呢?为此 C 语言又把函数分为两类：内部函数和外部函数。

1．内部函数

如果在一个源文件中定义的函数只能被本文件中的函数调用，而不能被同一源程序其他文件中的函数调用，则这种函数称为内部函数。

定义内部函数的一般形式如下：

static 类型说明符 函数名（形参表）

例如："static int f(int a,int b)"内部函数也称为静态函数。但此处静态 static 的含义已不是指存储方式，而是指对函数的调用范围只局限于本文件。

因此在不同的源文件中定义同名的静态函数不会引起混淆。

2．外部函数

外部函数在整个源程序中都有效，其定义的一般形式：

extern 类型说明符 函数名（形参表）

例如："extern int f(int a,int b)"如果在函数定义中没有说明 extern 或 static，则隐含为 extern。在一个源文件的函数中调用其他源文件中定义的外部函数时，应该用 extern 说明被调函数为外部函数。例如：

f1.C (源文件 1):

```
void main()
{
    extern int f1(int i) ;      /*外部函数说明，表示 f1()函数在其他源文件中*/
    …
}
```

f2.C (源文件 2)：

```
extern int f1(int i) ;        /*外部函数定义*/
{
     ...
}
```

【同步训练】 思考内部函数和外部函数定义的一般格式。

6.7　预处理命令

在前面章节曾经用过#include 和#define 命令行，在 C 语言中以"#"开头的行都是预处理命令，这些命令由 C 语言编译系统在对 C 源程序进行编译之前处理，因此叫"预处理命令"，预处理命令不是 C 语言的的内容，但用它可以扩展 C 语言的编程环境。C 语言的预处理命令主要有 3 类：宏定义、文件包含和条件编译。本节重点介绍#define 与#include 的应用。

1．宏定义#define

【例 6-23】 编写一个不带参数的宏定义#define 程序。

```
#include "stdio.h"
#define N 100
int main()
{
     int i,s=0;
     for(i=1;i<N;i++, i++)
         s=s+i;
     printf("sum=%d\n",s);
     return 0;
}
```

程序运行结果：

```
sum=5050
```

说明：上述程序中的 N 在编译时被替换成 100，这种替换的优点在于，用一个有意义的标识符代替一个字符串，便于记忆，易于修改，提高程序的可移植性。

不带参数的宏定义，它用来指定一个标识符代表一个字符串常数。它的一般格式：

```
#define  标识符   字符串
```

其中标识符就是宏的名字，简称为宏，字符串是宏的替换正文，通过宏定义，使得标识符等同于字符串。例如：

```
#define PI  3.1415926
```

其中，PI 是宏名，字符串"3.1415926"是替换正文。预处理程序将程序中凡以 PI 作为标识符出现的地方都用 3.1415926 替换，这种替换称为宏替换，或者宏扩展。

【例 6-24】 编写一个带参数的#define 宏定义程序。

```
#include <stdio.h>
#define MAX(x,y) (x>y)?x:y
int main()
{
    int a=2,b=3,c=0;
    c=MAX(a,b);
    printf("c=%d\n",c);
    return 0;
}
```

程序运行结果：

```
c=3
```

2．文件包含#include

【例 6-25】 编写一个含有#include 的程序。

假设有个文件 twosum.c，内容是求两个整数和的函数，内容如下：

```
int sum(int x,int y)
{
    return  (x+y);
}
```

程序如下：

```
#include <stdio.h>
#include "twosum.c"
int main()
{
    int a=3,b=8,z;
    z=twosum(a,b);
    printf("z=%d",z);
    return 0;
}
```

程序运行结果：

```
c=11
```

包含文件的命令格式有如下两种。

格式 1：

```
#include  <filename>
```

格式 2：

```
#include "filename"
```

格式 1 中使用一对小于号大于号（< >）通知预处理程序按系统规定的标准方式检索文件目录。例如，使用系统的 PACH 命令定义了路径，编译程序按此路径查找 filename，一旦找到与该文件名相同的文件，便停止搜索。如果路径中没有定义该文件所在的目录，即使文件存在，系统也将给出文件不存在的信息，并停止编译。

格式 2 中使用双引号（" "）通知预处理程序首先在原来的源文件目录中检索指定的文件 filename；如果查找不到，则按系统指定的标准方式继续查找。

预处理程序在对 C 源程序文件扫描时，如果遇到#include 命令，则将指定的 filename 文件内容替换到源文件中的#include 命令行中。

包含文件也是一种模块化程序设计的手段。在程序设计中，可以把一些具有公用性的变量、函数的定义或说明以及宏定义等连接在一起，单独构成一个文件。使用时用#include 命令把它们包含在所需的程序中。这样也为程序的可移植性、可修改性提供了良好的条件。

【同步练习】

1. 编写一个求两个数和的程序，要求用带参数的#define 宏定义程序实现。

2. 编写一个求前 n 个自然数和的函数并保存在 nsum.c 文件，然后另编写一个程序进行调用。

6.8 应 用 举 例

【例 6-26】 计算 $1^k+2^k+3^k+\cdots+n^k$ 的和。

编程提示：流程图如图 6-3 所示。

```
#include <stdio.h>
/*计算 n 的 k 次方*/
long  f1(int n,int k)
{
    long power=n;
    int i;
    for(i=1;i<k;i++) power *= n;
    return power;
}
/*计算 1 到 n 的 k 次方之累加和*/
long  f2(int n,int k)
{   long sum=0;
    int i;
    for(i=1;i<=n;i++) sum += f1(i, k) ;
    return sum;
}
int main()
{
    int n,k;
    printf("\n Input n and k: ") ;
```

```
    scanf("%d%d",&n,&k) ;
    printf("The sum of %d powers of integers from 1 to %d = ",k,n);
    printf("%d\n",f2(n,k));
    return 0;
}
```

程序运行结果：

```
Input n and k:
3 4↙
The sum of 4 powers of integers from 1 to 3 = 98
```

【例 6-27】 统计任意字符串中字母的个数。

编程提示：流程图如图 6-4 所示。

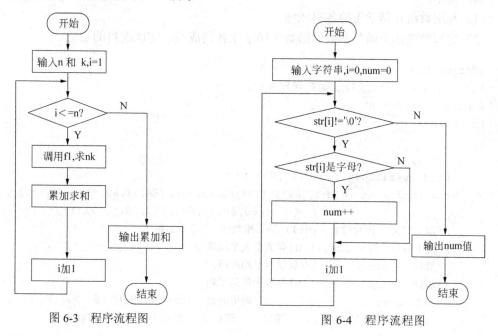

图 6-3 程序流程图   图 6-4 程序流程图

```
#include <stdio.h>
int  isalp(char c)
{
    if  (c>='a'&&c<='z'||c>='A'&&c<='Z') return(1) ;
    else  return(0) ;
}
int main()
{
    int i,num=0;
    char str[255];
    printf("Input  a  string: ") ;
    gets(str) ;
    for(i=0;str[i]!= '\0';i++)
        if (isalp(str[i]) )              /*调用函数，数组元素作为实参*/
```

```
        num++;
    puts(str);
    printf("num=%d\n",num);
    return 0;
}
```

程序运行结果：

```
Input  a  string: 1234abcd456efg↙
num=7
```

【例 6-28】 计算学生的个人平均成绩与各科平均成绩及全班平均成绩，并在屏幕上显示出来。

编程提示：

（1）利用数组存储学生的各科成绩。

（2）编写数组作为函数参数的函数传递学生各科成绩，实现题目的功能。

```
#define M 5    /*定义符号常量 人数为5*/
#define N 4    /*定义符号常量 课程为4*/
#include <stdio.h>
int main()
{
    int i,j;
    void aver(float sco[M+1][N+1]);
    static float score[M+1][N+1]={{78,85,83,65},{88,91,89,93},{72,65,54,75},
                        {86,88,75,60},{69,60,50,72}};
    /*以上定义一个(M+1) *(N+1) 的二维数组,并进行初始化,           */
    /*留下最后一列score[i][N]存放个人平均成绩,                    */
    /*最后一行score[M][i]存放学科平均成绩,                        */
    /*最后一个元素score[M][N]存放全班总平均                       */
    aver(score) ;                   /*调用函数，2 维数组名作为实参   */
    printf("学生编号  课程1   课程2   课程3   课程4   个人平均\n");
    for(i=0;i<M;i++)
    {
        printf("学生%d\t",i+1) ;
        for(j=0;j<N+1;j++)
            printf("%6.1f\t",score[i][j]);
        printf("\n") ;
    }
    for(j=0;j<8*(N+2) ;j++)
    printf("-") ;    /*画一条短画线*/
    printf("\n 课程平均");
    for(j=0;j<N+1;j++)
        printf("%6.1f\t",score[i][j]);
    printf("\n");
    return 0;
```

```
    }
void  aver(float sco[][N+1])                    /*定义函数，2维数组名作为形参*/
{
     int i,j;
    for(i=0;i<M;i++)
    {
        for(j=0;j<N;j++)
        {   sco[i][N] += sco[i][j];      /*求第 i 个人的总成绩*/
            sco[M][N] += sco[i][j];      /*求全班总成绩*/
        }
        sco[i][N] /= N;                  /*求第 i 个人的平均成绩*/
    }
    for(i=0;i<N;i++)
    {
        for(j=0;j<M;j++)
        sco[M][i]+=sco[j][i];
        sco[M][i]= sco[M][i]/M;
    }
    sco[M][N]=sco[M][N]/M/N;                     /*求全班总平均成绩*/
}
```

程序运行结果：

学生编号	课程 1	课程 2	课程 3	课程 4	个人平均
学生 1	78.0	85.0	83.0	65.0	77.8
学生 2	88.0	91.0	89.0	93.0	90.3.
学生 3	72.0	65.0	54.0	75.0	66.5
学生 4	86.0	88.0	75.0	60.0	77.3
学生 5	69.0	60.0	50.2	72.0	62.8
课程平均	78.0	77.8	70.2	73.0	74.9

【例 6-29】 用二分法求解 $e^x - \sin x - x^{1/2} - 2 = 0$ 在区间[1，3]上的实数解。

编程提示：二分法，是一种方程式根的近似值求法。对于区间[a,b]上连续不断且 $f(a) \cdot f(b) < 0$ 的函数 $y = f(x)$，通过不断地把函数 $f(x)$ 的零点所在的区间一分为二，使区间的两个端点逐步逼近零点，进而得到零点近似值的方法叫作二分法。

二分法求方程解的步骤：

（1）如果要求已知函数 $f(x) = 0$ 的根(x 的解)，那么先要找出一个区间[x_1, x_2]，使得 $f(x_1)$ 与 $f(x_2)$ 异号，根据介值定理，这个区间内一定包含着方程式的根；

（2）求该区间的中点 $x_{12} = (x_1 + x_2)/2$，并找出 $f(x_{12})$ 的值；

（3）若 $f(x_{12})$ 与 $f(x_1)$ 正负号相同，则取 [x_{12}, x_2] 为新的区间，否则取 [x_1, x_{12}]；

（4）重复第（2）步和第（3）步，直到得到理想的精确度为止。

```
#include <math.h>
#include <stdio.h>
double f(double x)
```

```
{
    double y;
    y=exp(x) -sin(x) -sqrt(x) -2;
    return y;
}
int main()
{
    double x1,x2,x12,y1,y12;
    x1=1;
    x2=3;
    do
    {
        x12=(x1+x2) /2;
        y1=f(x1);
        y12=f(x12);
        if (y1*y12<0)x2=x12;
        else x1=x12;
    } while (fabs(y12) >1e-12);
    printf("x=%lf\ny=%lf\n",x12,y12);
    return 0;
}
```

程序运行结果：

```
x=1.431995
y=0.000000
```

【同步练习】

1. 计算 $k+2k+3k+\cdots+nk$ 的和。

2. 统计任意字符串中数字的个数。

6.9 综合实例：学生成绩管理程序（六）

在前几章学生成绩管理程序基础上，用模块化的设计方法实现输入学生成绩、显示学生成绩、按学号查找成绩、查找最高分、插入学生成绩、按学号删除成绩、成绩排序等功能。

1. 编程提示

（1）输入学生成绩：编写程序，输入 10 个成绩并存入数组中。

（2）显示学生成绩：假设数组中已存入 10 个学生的成绩，编写程序，输出该数组中的成绩。

（3）查找成绩：假设数组中已存入 10 个学生的成绩，编写程序，从键盘输入一个成绩，并进行查找，如果找到则输出该成绩与下标，找不到则显示该成绩不存在。

（4）查找最高分：假设数组中已存入 10 个学生的成绩，编写程序，查找最高分并显示最高分。

（5）插入成绩：假设数组中已存入 10 个学生的成绩，编写程序，从键盘输入一个数组下标与成绩，在数组的该下标处插入该成绩。

（6）删除功能：假设数组中已存放 10 个成绩，编写程序，从键盘输入一个下标值，删除该下标对应的数组元素。

（7）排序功能：假设数组中已存放 10 个成绩，编写程序，对数组中的成绩按从高到低的顺序排序。

2. 模块化程序设计方法编写程序的步骤

用模块化程序设计的方法编写较大程序时，不要一次书写全部代码，而是要采用"自顶向下，逐步细化"的方法分步进行。

（1）编写测试主模块。刚开始，所有的函数模块都没有完成，所以只写出程序框架，具体模块内容等主模块运行无误后再一个一个添加。

① 编写主模块。

程序代码如下：

```c
#include <stdio.h>
#include <conio.h>
#include <stdlib.h>
#define N 10
int menu();
int main()
{
    int choose;
    do
    {
        choose=menu();
         switch(choose)
        {
            case 1:
                printf("输入学生成绩"); /*调用输入学生成绩模块*/
                break;
            case 2:
                printf("显示学生成绩"); /*调用显示学生成绩模块*/
                break;
            case 3:
                printf("查找成绩");      /*调用查找成绩模块*/
                break;
            case 4:
                printf("查找最高分");     /*调用查找最高分模块*/
                break;
            case 5:
                printf("插入成绩");      /*调用插入成绩模块*/
                break;
```

```
        case 6:
            printf("删除成绩");/*调用删除成绩模块*/
            break;
        case 7:
            printf("成绩排序");/*调用成绩排序模块*/
            break;
        case 0: exit(0);
        default : printf("    为非法选项!");
        }

    }while(1);
}
```

在此，主程序只调用了菜单函数，需要编写菜单模块函数。

```
int menu()
{
    int imenu;
    printf("    ********************************\n");
    printf("    *                              *\n");
    printf("    *        学生成绩管理程序       *\n");
    printf("    *                              *\n");
    printf("    ********************************\n");
    printf("    *       1.输入学生成绩         *\n");
    printf("    *       2.显示学生成绩         *\n");
    printf("    *       3.查找成绩             *\n");
    printf("    *       4.查找最高分           *\n");
    printf("    *       5.插入学生成绩         *\n");
    printf("    *       6.按学号删除成绩       *\n");
    printf("    *       7.成绩排序             *\n");
    printf("    *       0.退出程序             *\n");
    printf("    ********************************\n");
    printf("        请输入选项编号: ");
    scanf("%d",&imenu);
    return imenu;
}
```

如果编写的主函数在前，菜单子函数在后，在主函数中调用菜单子函数就需要对该函数进行声明。例如在主函数 main()前面加声明语句：

```
int menu();
```

② 测试主模块。调试程序,显示主菜单,并可以根据不同的菜单选项分别输入数字 0~7,每输入一个选项数字并回车,确保每个分支都能执行到, 如图 6-5 所示。

上面只是验证每个分支都是可行的, 但每个项功能并没有实现, 下面开始添加数据输入输出模块程序。

图 6-5　菜单测试

（2）编写测试数据输入输出模块。

在输入输出模块中用到存放成绩的数组，这时需要在主函数中定义相关的数组。

```
int a[n+1];
```

① 编写成绩输入模块。

```
/*录入学生成绩*/
void mycreate(int p[],int n)
{
    int i=0;
    printf("\n 输入学生成绩:");
    for(i=0;i<n;i++)
        scanf("%d",&p[i]);
}
```

输入的成绩是否正确接收，可以调用输出模块来验证。

② 编写输出模块。

```
/*输出学生成绩*/
void mydisplay(int p[],int n)
{
    int i=0;
    printf("学生成绩如下:\n");
    for(i=0;i<n;i++)
      if(p[i]!=-1)   /*-1 表示成绩已删除,为删除成绩做准备*/
          printf("%4d",p[i]);
    printf("\n");
}
```

　　输入输出函数完成后，需要在主函数中调用、调试、验证，在此存在参数的调用，需要注意参数的传递。另外，如果被调用函数出现在主调函数之后，在主调函数中需要对被调函数进行声明。

　　例如，在主调函数中进行声明的语句。

```
void mycreate(int p[],int n);
void mydisplay(int p[],int n);
```

主函数调用输入输出函数的语句段修改为

```
case 1:
    mycreate(a,n);
    break;
case 2:
    mydisplay(a,n);
    break;
```

　　③ 测试成绩输入模块。输入选项 1 并回车，接着输入 10 个成绩，如下所示：

1✓
输入学生成绩: 90 85 88 79 98 65 79 83 72 74✓

　　④ 输出模块测试。输入显示学生成绩选项编号 2 并回车，测试结果如图 6-6 所示。

　　（3）依次添加调试查找成绩、查找最高分、插入学生成绩、按学号删除成绩、成绩排序等模块。

　　学生成绩输入显示模块调试验证无误后再添加其他模块。

　　完整的程序代码如下：

图 6-6　输入输出模块测试

```c
#include <stdio.h>
#include <conio.h>
#include <stdlib.h>
#define N 10
int menu();
void mycreate(int p[],int n);
void mydisplay(int p[],int n);
void mysearch(int p[],int n);
void mymax(int p[],int n);
void myadd(int p[],int n);
void mydelete(int p[],int n);
void mysort(int p[],int n);

int main()
{
    int choose;
    int a[N+1];

    do
    {
        choose=menu();
```

```c
        printf("                    ");
        switch(choose)
        {
            case 1:
                mycreate(a,N);
                break;
            case 2:
                mydisplay(a,N);
                break;
            case 3:
                mysearch(a,N);
                break;
            case 4:
                mymax(a,N);
                break;
            case 5:
                myadd(a,N);
                break;
            case 6:
                mydelete(a,N);
                break;
            case 7:
                mysort(a,N);
                break;
            case 0: exit(0);
            default : printf("    为非法选项！");
        }

    }while(1);
}

int menu()
{
    int imenu;
    printf("     *********************************\n");
    printf("     *                               *\n");
    printf("     *       班级学生成绩管理程序      *\n");
    printf("     *                               *\n");
    printf("     *********************************\n");
    printf("     *       1.输入学生成绩           *\n");
    printf("     *       2.显示学生成绩           *\n");
    printf("     *       3.查找成绩               *\n");
    printf("     *       4.查找最高分             *\n");
    printf("     *       5.插入学生成绩           *\n");
```

```
        printf("      *           6.按学号删除成绩           *\n");
        printf("      *           7.成绩排序               *\n");
        printf("      *           0.退出程序               *\n");
        printf("      *****************************\n");
        printf("              请输入选项编号: ");
        scanf("%d",&imenu);
        return imenu;
}


void mycreate(int p[],int n)
{
        int i=0;
        printf("\n输入学生成绩:");
        for(i=0;i<n;i++)
            scanf("%d",&p[i]);
}


void mydisplay(int p[],int n)
{
        int i=0;
        printf("学生成绩如下:\n");
        for(i=0;i<n;i++)
          if(p[i]!=-1)   /*-1表示成绩已删除,为删除成绩做准备*/
              printf("%4d",p[i]);
        printf("\n");
}


void mysearch(int p[],int n)
{
        int i=0,x=0;
        printf("\n输入要查找的成绩:");
        scanf("%d",&x);
        mydisplay(p,N);
        for(i=0; i<n; i++)
            if(x==p[i])  break;
        if(i<n)
            printf("要查找成绩在数组中的下标:%d\n",i);
        else
            printf("查找的成绩: %d 不存在!\n",x);
}


void myadd(int p[],int n)
{
        int i=0,k=0,s;
        printf("\n成绩的原始顺序:\n");
```

```
    mydisplay(p,n);
    printf("请输入要插入成绩位置序号与成绩:");
    scanf("%d%d",&k,&s);

    for(i=n;i>=k+1;i--)
        p[i]=p[i-1];
    p[k]=s;
    printf("插入成绩后的顺序: \n");
    for(i=0;i<N+1;i++)
        printf("%4d",p[i]);
    printf("\n");
}
void mymax(int p[],int n)
{
    int max=p[0],i;
    for(i=1;i<n;i++)
    {
        if(max<p[i])
            max=p[i];
    }
    printf("\n 最高分成绩是:%4d\n",max);
}
void mydelete(int p[],int n)
{
    int i,s;


    printf("\n 删除前的成绩:");
    mydisplay(p,n);
    printf("请输入要删除的成绩");
    scanf("%d",&s);
    for(i=0;i<n;i++)
    {
        if(s==p[i])
        {
            p[i]=-1;  /*加删除标记*/
            break;
        }
    }
    printf("\n 删除后的成绩:");
    mydisplay(p,n);


}
void mysort(int p[],int n)
{
```

· 258 ·

```
int i=0,j=0,k=0,t=0;

printf("\n 排序前的成绩:\n");
mydisplay(p,n);
for(i=0;i<n-1;i++)
{
    k=i;
    for(j=k+1;j<n;j++)
        if(p[k]>p[j])  k=j;
    if(k>i)
    {
        t=p[i];
        p[i]=p[k];
        p[k]=t;
    }
}
printf("\n 排序后的成绩:\n");
mydisplay(p,n);
}
```

程序运行结果测试:

（1）输入显示学生成绩模块在上面已测试，如图 6-6 所示。

（2）查找成绩测试，输入选项编号 3，查找成绩 88，运行结果如图 6-7 所示。

（3）查找最高分测试，输入选项编号 4，程序运行结果如图 6-8 所示。

图 6-7　查找学生成绩

图 6-8　查找最高分

（4）插入学生成绩测试，输入选项编号 5，输入插入位置 3、成绩 82，程序运行结果如图 6-9 所示。

（5）按学号删除成绩测试，输入选项编号 6，输入要删除的成绩 82，程序运行结果如图 6-10 所示（由于是第一次模块化程序设计，所以为了简化程序，先按成绩进行删除，在后续的章节案例中，将加入学号、姓名等信息）。

图 6-9　插入学生成绩

图 6-10　删除学生成绩

（6）成绩排序测试，输入选项编号 7，程序运行结果如图 6-11 所示。

图 6-11　成绩排序

6.10　常见程序错误及解决方法

（1）在函数定义后加分号。例如：

```
int func(int x,int y);
{
```

```
    ...
}
```

在编译时，系统会提示错误。函数定义的后面不能加分号，因为这不是一个函数的调用。由于语句后面要加分号，一不注意就把所有的行末尾都加上了分号，这是 C 语言初学者最易犯的错误。

（2）调用了未声明的非整型函数。例如：

```
int main()
{
    float a,b,c;
    a=2.5;
    b=3.4;
    c=fadd(a,b);
    ...
}
float fadd(float x,float y)
{
    return (x+y);
}
```

在编译时系统会指出错误，fadd()是非整型函数，如果调用在先，定义在后，则应在调用之前说明它的类型，如可以在 main()函数之前或在 main()函数中 c=fadd(a,b);之前加上 fadd()函数的声明部分：

```
float fadd(float,float);
```

（3）所调用的函数在调用语句之后才定义，而又在调用前未加说明。

```
int main()
{
    float x, y, z;
    x=3. 5;y=-7. 6;
    z=max(x, y);
    printf("%f\n", z);
    return 0;
}
float max(float x, float y)
{
    return(z=x>y? x: y);
}
```

这个程序乍看起来没有什么问题，但在编译时有出错信息。原因是 max()函数是实型的，而且在 main()函数之后才定义，也就是 max()函数的定义位置在 main()函数中的调用 max()函数之后。改错的方法可以用以下二者之一：

① 在 main()函数中增加一个对 max()函数的声明，即函数的原型：

```
int main()
{
    float max(float, float);/*声明将要用到的max()函数为实型*/
    float x, y, z;
    x=3. 5;y=-7. 6;
    z=max(x, y);
    printf("%f\n", z);
    return 0;
 }
```

② 将 max() 函数的定义位置调到 main() 函数之前，即

```
float max(float x, float y)
{return(z=x>y?x: y);}
  void main()
{    float x, y, z;
     x=3. 5;y=-7. 6;
      z =max(x, y);
     printf("%f\n", z);
}
```

这样，编译时不会出错，程序运行结果是正确的。
（4）误认为形参值的改变会影响实参的值。

```
int main()
{
    int a, b;
    a=3;b=4;
    swap(a, b);
    printf("%d, %d\n", a, b);
    return 0;
}
swap(int x, int y)
{
    int t;
    t=x;x=y;y=t;
}
```

这段代码的原意是通过调用 swap() 函数使 a 和 b 的值对换，然后在 main() 函数中输出已对换了值的 a 和 b。但是这样的程序是达不到目的的，因为 x 和 y 值的变化是传送不回实参 a 和 b 的，所以 main() 函数中 a 和 b 的值并未改变。

如果想从函数得到一个以上变化后的值，就应该用指针变量作为函数参数，当指针变量所指向的变量的值发生变化，此时变量的值也改变了，此时主调函数中就可以利用这些已改变的值。例如：

```
int main()
```

```
{
    int a, b, *p1, *p2;
    a=3;b=4;
    p1=&a;p2=&b;
    swap(p1, p2);
    printf("%d, %d\n", a, b);   /a和b的值已对换/
    return 0;
}
swap(int *pt1, int *pt2)
{
    int t;
    t=*pt1;
    *pt1=*pt2;
    *pt2=t;
}
```

（5）函数的实参和形参类型不一致。

```
int main()
{
    int a=3, b=4;
    c=fun(a, b);
    ...
}
fun(float x, float y)
{
    ...
}
```

实参 a、b 为整型，形参 x、y 为实型。a 和 b 的值传递给 x 和 y 时，x 和 y 的值并非 3 和 4。C 语言要求实参与形参的类型一致。如果在 main()函数中对 fun 作原型。

声明：

```
fun (float, float);
```

程序可以正常运行，此时，按不同类型间的赋值的规则处理，在虚实结合后 x=3.0, y=4.0。也可以将 fun()函数的位置调到 main()函数之前，也可获正确结果。

本 章 小 结

本章介绍了函数的定义与调用、函数的嵌套与递归、数组作为函数参数、变量的作用域及存储类型、外部与内部函数以及预处理命令。

C 语言程序是由函数组成的，除了系统提供的函数外，用户还可以自定义函数。自定义函数是模块化程序设计的基础。函数定义包括类型名、函数名函数参数及函数实现（函数体）。函数调用时主调函数将实参传递给形参实现参数传递，函数经过计算后，将计算结果返回主调函数。函数不能嵌套定义但可以嵌套调用，函数可以直接或间接地调用自身，构成递归调用。

C 语言中的变量从不同的角度可以分为不同的类型，从变量值存在的作用时间(即生存期)角度来分，可以分为静态存储方式和动态存储方式；从变量的作用域划分，变量可分为局部变量和全局变量。

C 语言的预处理命令主要有三大类：宏定义、文件包含和条件编译。

模块化程序设计的步骤：自顶向下，逐步细化，即先编写主模块并测试各分支、再编写数据输入输出模块以验证数据的正确性，最后一个一个地编写并测试各功能模块，最后整体测试。

习 题 6

一、选择题

1. 以下所列的各函数首部中，正确的是（   ）。

    A．void play(var a:Integer,var b:Integer)

    B．void play(int a,b)

    C．void play(int a,int b)

    D．Sub play(a as integer,b as integer)

2. 有以下程序：

```c
#include <stdio.h>
void fun(int a[],int i,int j)
{   int t;
    if(i<j)
    {   t=a[i];a[i]=a[j];a[j]=t;
        i++; j--;
        fun(a,i,j);
    }
}
int main()
{
    int x[]={2,6,1,8},i;
    fun(x,0,3);
    for(i=0;i<4;i++) printf("%d ",x[i]);
    printf("\n");
    return 0;
}
```

    程序运行后的输出结果是（   ）。

    A．1 2 6 8   B．8 1 6 2   C．2 6 1 8   D．8 6 2 1

3. 执行下述程序后的输出结果是（   ）。

```c
#include <stdio.h>
```

```
int func(int a)
{
    int b=0;
    static int c=3;
    a=c++,b++;
    return (a);
}
int main()
{
    int a=2,i,k;
    for (i=0;i<2;i++)
        k=func(a++);
    printf("%d\n",k);
    return 0;
}
```

   A. 3   B. 0   C. 5   D. 4

4. 读下面的程序，正确的输出结果是（   ）。

```
#include <stdio.h>
static int a=50;
void f1(int a)
{
    printf("%d,",a+=10);
}
void f2(void)
{
    printf("%d,",a+=3);
}

int main()
{
    int a=10;
    f1(a);
    f2();
    printf("%d\n",a);
    return 0;
}
```

   A. 60,63,60   B. 20,23,23   C. 20,13,10   D. 20,53,10

5. 若已定义的函数有返回值，则以下关于该函数调用的叙述中错误的是（   ）。

   A. 函数调用可以作为独立的语句存在   B. 函数调用可以作为一个函数的实参

   C. 函数调用可以出现在表达式中   D. 函数调用可以作为一个函数的形参

6. 有以下函数定义：

```
void fun(int n, double x) {…}
```

若以下选项中的变量都已正确定义并赋值，则对函数 fun()的正确调用语句是（　　）。

    A．fun(int y,double m);　　　　　B．k=fun(10,12.5);

    C．fun(x,n);　　　　　　　　　　D．void fun(n,x);

7. 以下程序执行后输出结果是（　　）。

```
int fun(int a, int b)
{
    if(a>b) return(a);
    else return(b);
}
int main()
{   int x=3, y=8, z=6, r;
    r=fun(fun(x,y), 2*z);
    printf("%d\n", r);
        return 0;
}
```

    A．3　　　　　　　　B．6　　　　　　　　C．8　　　　　　　　D．12

8. 以下程序执行后输出结果是（　　）。

```
int f1(int x,int y)
{ return x>y?x:y; }
int f2(int x,int y)
{ return x>y?y:x; }
int main()
{
    int a=4,b=3,c=5,d,e,f;
    d=f1(a,b); d=f1(d,c);
    e=f2(a,b); e=f2(e,c);
    f=a+b+c-d-e;
    printf("%d,%d,%d\n",d,f,e);
    return 0;
}
```

    A．3,4,5　　　　　　　B．5,3,4　　　　　　　C．5,4,3　　　　　　　D．3,5,4

9. 如下程序执行后的输出结果是（　　）。

```
void fun(int *a,int i,int j)
{   int t;
    if(i<j)
    {   t=a[i];a[i]=a[j];a[j]=t;
        fun(a,++i,--j);
    }
}
int main()
```

```
{   int a[]={1,2,3,4,5,6},i;
    fun(a,0,5)
    for(i=0;i<6;i++)
    printf("%d ",a[i]);
    return 0;
}
```

A.654321　　　　B.432156　　　　C.456123　　　　D.123456

二、编程题

1．编写一个求任意三角形面积的函数，并在主函数中调用它，计算任意三角形的面积。

2．设计函数，使输入的一字符串按反序存放。

3．把猴子吃桃问题写成一个函数，使它能够求得指定一天开始时的桃子数。

4．用递归函数求解 Fibonacci 数列问题。在主函数中调用求 Fibonacci 数的函数，输出 Fibonacci 数列中任意项的数值。

5．写一个函数，使给定的一个 3 行 3 列的二维数组转置，即行列互换。

6．编写一个用选择法对一维数组升序排序的函数，并在主函数中调用该排序函数，实现对任意 20 个整数的排序。

7．用递归法将一个整数 n 转换成字符串。

实验 6　函　　数

1．实验目的

（1）掌握自定义函数的一般结构及定义函数的方法。

（2）掌握形参、实参、函数原型等重要概念。

（3）掌握函数声明、函数调用的一般方法。

2．实验内容

（1）求三角形面积函数。编写一个求任意三角形面积的函数，并在主函数中调用它，计算任意三角形的面积。

编程提示：

① 设三角形边长为 a、b、c，面积 area 的算法是

$$\text{area}=\sqrt{s(s-a)(s-b)(s-c)}, \quad \text{其中} \quad s=\frac{a+b+c}{2}$$

显然，要计算三角形面积，需要用到 3 个参数，面积函数的返回值的数据类型应为实型。

② 尽管 main( )函数可以出现在程序的任何位置，但为了方便程序阅读，通常将主函数放在程序的开始位置，并在它之前集中进行自定义函数的原型声明。

参考程序：

```
#include<math.h>
#include<stdio.h>
float area(float,float,float); /*计算三角形面积的函数原型声明*/
```

```
void main()
{
    float a,b,c;
    printf("请输入三角形的 3 个边长值: \n");
    scanf("%f, %f, %f",&a,&b,&c);
    if(a+b>c&&a+c>b&&b+c>a&&a>0.0&&b>0.0&&c>0.0)
        printf("Area=%-7.2f\n",area(a,b,c));
      else
      printf("输入的三边不能构成三角形");
}
/*计算任意三角形面积的函数*/
float area(float a,float b,float c)
{
  float s,area_s;
  s=(a+b+c)/2.0;
  area_s=sqrt(s*(s-a)*(s-b)*(s-c));
  return(area_s);
}
```

（2）把猴子吃桃问题写成一个函数，使它能够求得指定一天开始时的桃子数。

编程提示：猴子吃桃问题的函数只需一个 int 型形参，用指定的那一个天数作实参进行调用，函数的返回值为所求的桃子数。

参考程序：

```
#include<stdio.h>
int monkey(int);          /*函数原型声明*/
void main()
{
  int day;
    printf("求第几天开始时的桃子数?\n");
    do
    {
        scanf("%d",&day);
        if(day<1 || day>10)
          continue;
        else
          break;
        }while(1);
        printf("total: %d\n",monkey(day));
}
/*以下是求桃子数的函数*/
int monkey(int k)
{
    int i,m,n;
    for(n=1,i=1;i<=10-k;i++)
```

```
    {
        m=2*n+2;
        n=m;
    }
    return(n);
}
```

（3）用递归函数求解 Fibonacci 数列问题。在主函数中调用求 Fibonacci 数的函数，输出 Fibonacci 数列中任意项的数值。

编程提示：Fibonacci 数列第 $n(n \geqslant 1)$ 个数的递归表示为

$$f(n) = \begin{cases} 1, & n=1 \\ 1, & n=2 \\ f(n-1)+f(n-2), & n>2 \end{cases}$$

由此可得到求 Fibonacci 数列第 n 个数的递归函数。

（4）编写一个用选择法对一维数组升序排序的函数，并在主函数中调用该排序函数，实现对任意 20 个整数的排序。

编程提示：这是一维数组作函数参数的问题。

① 设计一个对一维数组的前 n 个用选择法进行排序的函数 select( )。select( ) 函数有两个形参，一个是一维数组形参，一是排序元素数形参。select( ) 函数不需要返回值，函数类型说明为 void 型。

② 在进行函数调用时。实参和形参要按照参数的意义在位置上对应一致。

3. 实验总结

（1）总结在本次实验遇到哪些问题及其解决方法。

（2）总结数组作为函数参数用法。

第7章 指　针

指针是 C 语言中最具特色、最重要的一个概念。正确灵活地使用指针，可以使程序简洁、高效、紧凑。只有通过深入的了解学习，才能熟练掌握指针，并真正掌握 C 语言的精髓。由于指针的概念较为复杂，使用非常灵活，若使用不当将产生严重的错误，导致程序崩溃，因此在学习的过程中应当多思考、多上机实践。

7.1　指针引例

指针就是内存的地址，通过指针可以访问它所指向的内存单元中的数据。

【例 7-1】 输入一个正整数，利用指针判断它的奇偶性。

编程提示：定义整型变量 i 和指向整型变量的指针 p，令 p 指向 i，通过指针 p 访问 i 的值，对 2 取余判断 i 的奇偶性。

```
#include<stdio.h>
int main()
{
    int i,*p;                    /*定义指针变量p*/
    scanf("%d",&i);
    p=&i;
    if(*p%2==0)                  /**p 代表变量 i 的值*/
        printf("偶数");
    else
        printf("奇数");
    return 0;
}
```

程序运行结果：

15✓
奇数

【同步练习】 中国有句俗话叫"三天打鱼两天晒网"。每年的 1 月 1 日为第一天，输入天数，判断今天是打鱼还是晒网？（利用指针知识。）

提示：从某天起，每三天打鱼，每两天晒网，打鱼和晒网每五天为一个周期，因此，计算天数对 5 求余，判断结果与 3 的大小，来确定是打鱼还是晒网。

7.2 指针和指针变量

指针是 C 语言中一种重要的数据类型，利用指针可以灵活地表示各种数据结构，也可以方便地访问数组和字符串，还能直接处理内存地址。

7.2.1 指针的概念

在 C 语言中，指针被用来表示内存单元的地址。内存是计算机用于存储数据的存储器，以 1B 空间作为存储单元，为了能正确的访问内存单元，必须为每一个单元编号，这个编号就称为内存单元的地址。由于内存的存储空间是连续的，因此地址编号也是连续的。如果将内存比喻成一个酒店，那么酒店的每一个房间就是内存单元，房间的门牌号码就是该单元的地址。

数据在内存中的地址也称为指针，如果一个变量存放了另一个数据的地址，就称它为指针变量。在 C 语言中，允许用一个变量来存放指针，这种变量称为指针变量。指针变量的值就是某个数据的地址，这个数据可以是普通变量或指针，也可以是数组、字符串或函数。

假设有整型变量 a，存储了整数 100，即 int a=100；内存单元地址为 0X13A（内存单元地址通常用十六进制表示）。另有变量 p，该变量的存储空间内存放着变量 a 的内存地址 13A，这时就说 p 是指针变量，称为指针变量 p 指向了整型变量 a，如图 7-1 所示。

图 7-1 指针变量

7.2.2 指针变量的定义和引用

1. 指针变量的定义形式

类型名 * 指针变量名；

类型名限定了该指针指向数据的类型，常见的有 int、float、char 等。指针变量名要求符合标识符的命名规则。

例如：

```
int *pa;    /*定义了指针变量pa，可以存放整型变量的地址，指向整型变量*/
float *pb;  /*定义了指针变量pb，可以存放浮点型变量的地址，指向浮点型变量*/
char *pc;   /*定义了指针变量pc，可以存放字符型变量的地址，指向字符型变量*/
```

注意：

（1）指针变量前面的星号（*），表示定义的变量为指针型变量，指针变量名是 pa。

（2）在定义指针变量时，必须指定基类型，表示该指针变量只能指向该类型变量。

（3）指针变量也是变量，因此它也有自己的地址。

定义指针变量后，必须将其与某个变量的地址建立关联才能使用，建立关联的方法有两种。

（1）赋值方法：将变量的地址赋值给指针变量。

例如：

```
int  str, *p;
p=&str;                    /*&符号是取址符，用来取出一个变量的内存地址*/
```

（2）定义时赋初值方法：定义指针变量时直接指向变量的地址。

```
int  str,*p=&str;
```

也可以将指针初始化为空：

```
int *p=NULL;
```

表示 p 不指向任何内存单元，NULL 代表空值。

2．指针变量的引用

一旦将指针变量指向了某个变量的地址，就可以引用该指针变量，引用的形式为

```
*指针变量
```

在 C 语言中有两个关于指针的运算符。

（1）&：取地址运算符，&a 是变量 a 的地址。

（2）*：指针运算符（又称"间接访问"运算符），在引用指针变量时，*p 是指针变量 p 指向的对象的值。

【例 7-2】 用指针变量进行输入输出。

编程提示：定义指针变量 p 和普通变量 a，让 p 指向变量 a 的内存地址。利用 scanf 读入数据，利用 printf 输出变量的值。

```
#include <stdio.h>
int main()
{
    int *p,a;
    scanf("%d",&a);
    p=&a;
    printf("%d",*p);
    return 0;
}
```

程序运行结果：

```
10✓
10
```

【例 7-3】 从键盘输入两个整数，按由大到小的顺序输出。

编程提示：定义指针变量 p1、p2，让 p1 指向变量 a 的地址，p2 指向变量 b 的地址。利

用 if 语句比较大小并排序，使用指针变量输出排序的结果。

```c
#include <stdio.h>
int main()
{
    int *p1,*p2,*p,a,b;
    scanf("%d,%d",&a,&b);              /*输入两个整数*/
    p1=&a;                            /*使 p1 指向变量 a*/
    p2=&b;                            /*使 p2 指向变量 b*/
    if(*p1<*p2)                       /*如果 a<b 成立，互换 p1 与 p2 的指向*/
    {
        p=p1;
        p1=p2;
        p2=p;
    }
    printf("%d,%d\n",a,b);
    printf("%d,%d\n",*p1,*p2);        /*利用指针变量 p1,p2 输出排序结果*/
    return 0;
}
```

程序运行结果：

```
10,20↙
10,20
20,10
```

在程序运行过程中，指针与普通变量之间的指向关系如图 7-2 所示：

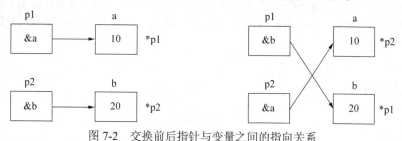

图 7-2　交换前后指针与变量之间的指向关系

【同步训练】　用指针实现从键盘读入 3 个整数，求平均值。

提示：定义指针变量 p1、p2、p3，让 p1 指向变量 a 的地址，p2 指向变量 b 的地址，p3 指向变量 c 的地址，先求和 sum=*p1+*p2+*p3，再求平均值。

7.2.3　指针变量作为函数参数

指针作为变量，也可以用来作为函数的参数。如果函数的参数类型为指针型，这样在调用函数时，则是采用"传址"方式，即实参传递给形参的是内存地址。在这种传递方式下，如果在函数中有对修改形参值的操作，实际上也就修改了实参的值。

【例 7-4】　输入任意两个整数存入两个变量，编写程序用函数实现交换这两个变量的值并输出其内存地址。

编程提示：交换两个变量的值，可以定义函数 swap(int *p1, int *p2)，通过指针与变量的指向关系，交换指针 p1 与 p2 所指向变量的值。由于调用 swap 函数时是将变量 a、b 的地址分别赋值给了 p1、p2，这样*p1、*p2 代表的就是变量 a、b 本身，交换*p1、*p2 的值也就是交换了变量 a、b 的值。

```c
#include <stdio.h>
void swap(int *p1, int *p2)
{
    int temp;    /* 临时变量 */
    temp = *p1;
    *p1 = *p2;
    *p2 = temp;
}
int main()
{
    int a,b,*pa,*pb;
    scanf("%d,%d",&a,&b);
    pa=&a;
    pb=&b;
    swap(pa,pb);
    printf("a=%d,b=%d\n",a,b);                /*输出 a,b 的值*/
    printf("*pa=%d,*pb=%d\n",*pa,*pb);        /*输出 a,b 的值*/
    printf("*&a=%d,*&b=%d\n",*&a,*&b);        /*输出 a,b 的值*/
    printf("a=%o,b=%o\n",&a,&b);              /*用八进制输出 a,b 的地址*/
    printf("pa=%o,pb=%o\n",pa,pb);            /*用八进制输出 a,b 的地址*/
    printf("&*pa=%o,&*pb=%o\n",&*pa,&*pb);    /*用八进制输出 a,b 的地址*/
    return 0;
}
```

程序运行结果：

```
10,20↙
a=20,b=10
*pa=20,*pb=10
*&a=20,*&b=10
a=6177504,b=6177500
pa=6177504,pb=6177500
&*pa=6177504,&*pb=6177500
```

上述程序中出现的*&a 实际上等价于*(&a)，&a 表示取变量 a 的地址（等价于 pa），*(&a) 表示取这个地址上的数据（等价于 *pa），*&a 仍然等价于 a。&*pa 可以理解为&(*pa)，*pa 表示取得 pa 指向的数据（等价于 a），&(*pa)表示数据的地址（等价于&a），所以&*pa 等价于 pa。

【同步训练】 输入任意 3 个整型变量，编写程序用函数实现从小到大排序。

提示：定义指针变量 p1、p2、p3，让 p1 指向变量 a 的地址，p2 指向变量 b 的地址，p3 指向变量 c 的地址。利用 if 语句比较大小并排序交换，通过指针变量输出排序的结果。

7.3 指针与数组

在 C 语言中，每一个变量在内存中都有一个存储地址，数组也是如此。由于数组中的所有元素在内存中是连续存放的，所以数组占用的一块连续的内存空间，其中数组名代表了数组的起始地址。指针变量用于存放地址，因此也就可以指向某一个数组的起始地址，指向数组的指针也被称为数组指针。

7.3.1 通过指针访问一维数组

C 语言规定数组名就是数组的首地址。例如：

```
int a[5],*p;
p=a;              /*指针 p 指向数组的首地址*/
```

如图 7-3 所示，数组 a 有 5 个数组元素，连续存储在内存中，a[0]是数组的第一个元素，所以&a[0]也代表了数组的首地址。需要注意的是，数组名是地址常量，地址之值不可改变，而指针变量是地址变量，可以改变其本身的值。对于整型数组 a[5]，如果：

```
int *p=a;
```

指针与数组的关系如表 7-1 所示。

图 7-3　指针与一维数组

表 7-1　指针 p 与一维数组的关系

地址描述	表达的意义	数组元素描述	表达的意义
a、p	数组的首地址，即&a[0]	*a、*p	a[0]的值
a+1、p+1	a[1] 的地址，即&a[1]	*(a+1)、*(p+1)、p[1]	a[1]的值
a+i、p+i	a[i] 的地址，即&a[i]	*(a+i)、*(p+i)、p[i]	a[i]的值

在 C 语言中指针变量也可以进行自增、自减运算，它的一般形式如下：

```
p++ p-- ++p --p
```

其中，p 是指针变量，p++和++p 与 p=p+1 等价，使 p 增加了一个 p 所指向的类型长度值；p--和--p 与赋值表达式 p=p-1 等价，使 p 减小了一个 p 所指向的类型长度值。

指向同一数组的两个指针变量还可以进行减法运算，相减运算的结果是两个指针之间元素的个数。

例如，如图 7-4 所示：

```
int x[5]={1,2,5,7,9},i,*p,*q;
p=x;              /*指针 p 指向数组的首地址*/
q=&x[2];
i=q-p;            /*i 得到 2，从 x[0]到 x[2]差两个元素*/
```

图 7-4　指针变量减法

【例 7-5】　定义一个长度为 5 的整型数组，通过数组元素的下标法输入输出数组的各个元素。

编程提示：定义一个整型数组 x，运用 for 循环使下标从 0~4 依次变化，读入数组元素，并输出。

```
#include <stdio.h>
int main()
{
    int i,x[5];
    for ( i=0;i<5 ;i++ )
         scanf( "%d",&x[i]);
    printf("下标法访问数组: \n") ;
    for(i= 0;i<5;i++ )
         printf( "%5d ",x[i] );
    return 0;
}
```

程序运行结果：

```
1 2 3 4 5✓
下标法访问数组:
   1   2   3   4   5
```

【例 7-6】　定义一个长度为 5 的整型数组，运用数组名表示地址的方法输入输出数组元素。

编程提示：定义一个整型数组 x[5]，数组名 x 代表数组的首地址，使 x+i 依次获取每个数组元素的地址，读入数组元素，通过*(x+i)将数组元素输出。

```
#include<stdio.h>
int main()
{
    int i,x[5];
    for(i=0;i<5;i++)
```

```
        scanf( "%d" ,x+i);
    printf("数组名表示地址的方法输入输出:\n");
    for(i=0;i<5;i++)
        printf( "%5d " ,*(x+i));
    return 0;
}
```

程序运行结果:

```
1 2 3 4 5↙
数组名表示地址的方法输入输出:
    1    2    3    4    5
```

【例 7-7】 定义一个长度为 5 的整型数组,运用指针变量表示地址的方法输入输出数组的各个元素。

编程提示:定义一个整型数组 x[5],定义指针变量 p 指向数组 x,使用指针 p+i 依次获取每个数组元素的地址,读入数组元素,通过*(p+i)将数组元素输出。

```
#include<stdio.h>
int main()
{
    int i,x[5],*p=x;                    /*定义时对指针变量初始化*/
    for(i=0;i<5;i++)
        scanf( "%d",p+i);
    printf("指针地址访问数组: \n") ;
    for(i= 0;i<5;i++)
        printf( "%5d ",*(p+i));
    return 0;
}
```

程序运行结果:

```
1 2 3 4 5↙
指针地址访问数组:
    1    2    3    4    5
```

【同步训练】 定义一个长度为 5 的整型数组,运用指针变量表示地址的方法求数组各元素的和。

提示:定义一个整型数组 x[5],定义指针变量 p 指向数组 x,使用指针 p+i 依次获取每个数组元素的地址,运用*(p+i) 依次表示各个元素的值,累加求和并输出。

【例 7-8】 定义一个长度为 5 整型数组,运用指针表示的下标法输入输出数组元素。

编程提示:定义一个整型数组 x[5],数组名 x 代表数组的首地址,令 p 指向数组 x,使 &p[i]依次获取每个数组元素的地址,读入数组元素,通过 p[i]将数组元素输出。

```
#include<stdio.h>
int main()
```

```
{
    int i,x[5],*p=x;
    for(i=0;i<5;i++)
        scanf( "%d",&p[i]);
    printf("指针表示的下标法输入输出\n");
    for(i=0;i<5;i++)
        printf( "%4d ",p[i]);
    return 0;
}
```

程序运行结果：

```
1 2 3 4 5✓
指针表示的下标法输入输出
        1    2    3    4    5
```

【同步训练】定义一个长度为 5 的整型数组，运用指针表示的下标法求数组的和。

提示：定义一个整型数组 x[5]，数组名 x 代表数组的首地址，令 p 指向数组 x，使&p[i]
依次获取每个数组元素的地址，读入数组元素，通过 p[i] 将数组元素累加求和并输出。

【例 7-9】 定义一个长度为 5 的整型数组，运用指针输入输出数组元素。

编程提示：定义一个整型数组 x[5]，数组名 x 代表数组的首地址，令 p 指向 x，使 p++
依次获取每个数组元素的地址，读入数组元素，通过*p 将数组元素输出。

```
#include<stdio.h>
int main()
{
    int i,x[5],*p=x;
    for(i=0;i<5;i++)
        scanf("%d",p++ );
    printf("指针输入输出数组元素: \n") ;
    p=x;                              /*指针变量重新指向数组首址*/
    for(i=0;i<5;i++)
        printf("%5d ",*p++ );
    return 0;
}
```

程序运行结果：

```
1 2 3 4 5✓
指针输入输出数组元素:
        1  2    3    4    5
```

【同步训练】 定义一个长度为 5 的整型数组，运用指针求数组元素的和。

提示：定义一个整型数组 x[5]，数组名 x 代表数组的首地址，令 p 指向 x，使 p++依次
获取每个数组元素的地址，读入数组元素，通过*p 将数组元素累加求和并输出。

7.3.2 通过指针访问二维数组

在 C 语言中，二维数组的数组名也代表了数组的首地址，例如二维整型数组 a[3][4]，假设数组在内存中的首地址为 2000，如图 7-5 所示。

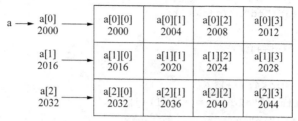

图 7-5 二维数组在内存中的存放

数组名 a 就代表了数组 a[3][4]的首地址，根据二维数组的特性，可以将 a[3][4]看作由 3 个一维数组 a[0]、a[1]、a[2]组成，所以 a[0]就代表了第 0 行的起始地址，a[1]就代表了第 1 行的起始地址，a[2]就代表了第 2 行的起始地址，即二维数组每行的首地址都可以用 a[i]表示。

对于整型数组 a[3][4]，如果 int *p=a，则指针 p 与数组 a 的关系如表 7-2 所示。

表 7-2 指针与二维数组的关系

描　　述	意　　义
a、p、*a、a[0]、&a[0][0]	表示同一个地址，但意义不同
a、p	0 行首地址
*a、a[0]、*p、p[0]	0 行 0 列元素的地址，即&a[0][0]
*(*a)、*(a[0])、*(*p)、*(p[0])	a[0][0]的值
*a+j、a[0]+j、*p+j、p[0]+j	0 行 j 列元素的地址，即&a[0][j]
*(*a+j)、*(a[0]+j)、*(*p+j)、*(p[0]+j)	a[0][j]的值
a+i、p+i	i 行首地址
(a+i)、(p+i)	i 行 0 列元素的地址，即&a[i][0]
((a+i))、*(*(p+i))	a[i][0]的值
(a+i)+j、a[i]+j、(p+i)+j、p[i]+j	i 行 j 列元素的地址，即&a[i][j]
((a+i)+j)、*(a[i]+j)、(*(p+i)+j)、*(p[i]+j)	a[i][j]的值

【例 7-10】 运用指针输入输出二维数组元素。

编程提示：定义指向二维数组 a 的指针 p，运用双层 for 循环依次将数据读入*(p+i)+j，即&a[i][j]，同理输出。

```
#include <stdio.h>
int main()
{
    int a[3][4];
    int(*p)[4];
```

```
        int i,j;
        p=a;
        for(i=0;i<3;i++)
         {
            for(j=0;j<4;j++)
                scanf("%d",*(p+i)+j);
         }
        for(i=0;i<3;i++)
         {
            for(j=0;j<4;j++)
                printf("%2d ",*(*(p+i)+j));
            printf("\n");
         }
        return 0;
    }
```

程序运行结果:

```
1 2 3 4 5 6 7 8 9 10 11 12↙
1   2   3   4
5   6   7   9
9  10  11  12
```

【例 7-11】 有一个 3×4 的矩阵,输出其中最大数。要求使用指针变量访问数组元素。

解法 1:指向数组元素的指针变量。

编程提示:执行 p=a[0];语句后,p 指向 a[0][0]元素的地址,因此执行 max=*p;语句后,max 的值为 a[0][0]。此时 p<a[0]+12,进入第 1 次循环;之后 p++后,p=a[0]+1,进入第 2 次循环;此时 p 指向数组元素 a[0][1];以此类推,p 在执行++运算后分别指向 a[0][2]、a[0][3]、a[1][0]、a[1][1]、a[1][2]、a[1][3]、a[2][0]、a[2][1]、a[2][2]、a[2][3]等元素。

(p-a[0])%6==0,则输出换行符,表示每行输出 6 个元素。

如果 max<*p,则把指针指向的数组元素值赋给 max,保证 max 为与之比较的数组元素中最大。

```
#include <stdio.h>
int main()
{
    int a[3][4]={1,3,5,7,9,11,13,15,17,19,21,23};
    int max ,* p;                      /*p 是整型指针变量*/
    for(p=a[0],max=*p;p<a[0]+12;p++)   /*p 指向数组元素 a[0][0]的地址*/
    {
        if((p-a[0])%6==0&&p!=a[0])
            printf("\n");
        printf("%4d",*p);
        if(max<*p)
            max=*p;
```

```
   }
   printf("\nmax=%d\n",max);
   return 0;
}
```

程序运行结果：

```
1   3   5   7   9   11
13  15  17  19  21  23
max=23
```

注意：这种方法相当于将二维数组 a[3][4]按一维数组 a[3×4]来处理。当指针变量 p 指向 a[0]时，就可以看作指针 p 指向一个由 12 个元素组成的一维数组的起始地址，p++指向下一个元素的地址。因此，*p 表示 a[0][0],*(p+(i*4)+j)表示 a[i][j]。

解法 2：指向由 m 个元素组成的一维数组的指针变量。

定义指向由 m 个元素组成的一维数组的指针变量的一般形式如下：

```
类型名 (*指针变量名)[m];
```

例如：

```
int a[3][4];
int (*p)[4];
p=a;
```

由于"( )"运算符的优先级高，p 前面的*表示这是一个指针变量，它只能指向包含 4 个整型元素的一维数组。二维数组名 a 表示 0 行首地址，将 a 赋值给 p，*(p+i)+j)表示 i 行 j 列元素的地址，即&a[i][j]；*(*(p+i)+j)表示 i 行 j 列元素的值，即 a[i][j]。

编程提示：程序需要采用两层 for 循环比较 max 变量和数组的每一个元素。其中当 i=0 时，比较二维数组的第一行，当 i=1 时，比较二维数组的第二行，以此类推。当 j=0 时，比较二维数组的第一列，当 j=1 时，比较二维数组的第二列，以此类推。在比较过程中，如果数组的某一个元素大于 max 变量的值，则把该数组元素的值赋给 max 变量，并记录行号和列号。

```
#include <stdio.h>
int main()
{
    int a[3][4]={{1,3,5,7},{9,11,13,15},{17,19,21,23}},row=0,col=0,max;
    int (*p)[4],i,j;              /*指针变量 p 指向包含 4 个整型元素的一维数组*/
    p=a;                          /*指向二维数组的 0 行首地址*/
    max=*(*a);
    for(i=0;i<3;i++)
        for(j=0;j<4;j++)
            if(max<*(*(p+i)+j))
            {
                max=*(*(p+i)+j);
```

```
            row=i;
            col=j;
        }
    printf("max=%d\nrow=%d\ncolumn=%d\n",max,row,col);
    return 0;
}
```

程序运行结果：

```
Max=23
Row=2
Column=3
```

注意：

```
max=*(*a);
max<*(*(p+i)+j);
max=*(*(p+i)+j);
```

这 3 个语句都出现了两个取值运算符（*）。

【同步训练】 运用指针输出 4×4 矩阵的主对角线元素，并求和。

提示：定义指向二维数组 a 的指针 p，运用两层 for 循环依次将数据读入*(p+i)+j，即 &a[i][j]，依据主对角线行下标与列下标相等的特性，运用两层循环和*(*(p+i)+j)表示数据的方式输出并累加求和。

7.3.3 通过指针访问字符串

在 C 语言中，字符串是通过字符数组来处理的，数组名就是数组的首地址，即字符串的首地址，所以可以通过指针变量来访问字符数组，即通过指针访问字符串。除了字符数组，也允许直接使用指针指向一个字符串，例如：

```
char *p="www.ayit.edu.cn";
```

或

```
char *p;
p="www.ayit.edu.cn";
```

【例 7-12】 使用指针输入输出一个字符串。

编程提示：定义一个字符数组 a[20]，指针变量 p 指向数组 a，利用指针变量 p 读入字符串并输出。

```
#include <stdio.h>
#include <string.h>
int main()
{
    char a[20],*p;
    p=a;
```

```
        gets(p);
        printf("%s\n",p);
        return 0;
}
```

程序运行结果：

```
This is a apple↙
This is a apple
```

【同步练习】使用指针输出一个二维字符数组。

提示：定义一个字符数组 a[10][20]，定义指向二维数组 a 的指针 p，运用循环依次将字符串*(p+i)表示数据的方式输出。

【例 7-13】 输入一个字符串和一个字符，在该字符串中查找是否含有该字符，如找到，则输入从该字符开始到结尾的字符串，如没有找到，输出"没有找到该字符"。

编程提示：定义字符数组 str 保存字符串，字符变量 key 为要查找的字符，指针变量 p 指向 str。运用 if 语句和循环将字符串的字符与 key 比较，发现相等停止比较，则 p 指向了字符串中与 key 相同的字符，运用 puts 将 p 为起始地址的字符串输出。

```
#include<stdio.h>
#include<string.h>
int main()
{
        char str[100],key,*p;
        p=str;
        gets(p);
        printf("输入要查找的字符: ");
        key=getchar();
        while(*p!='\0')
        {
            if (*p==key)
                break;
            p++;
        }
        if(*p=='\0')
            printf("没有找到该字符");
        else
            puts(p);
        return 0;
}
```

程序运行结果：

```
www.ayit.edu.cn↙
输入要查找的字符: e
```

edu.cn

【同步练习】 在字符串中查找是否含有指定字符串。

提示：先判断字符串中是否有和指定字符串首字符相同的字符，当找到第一个相同字符时，利用循环接着判断接下几个字符相同。

【例 7-14】 将多个字符串使用指针排序。

编程提示：定义二维数组存储多个字符串，定义一个指向字符串的指针，运用冒泡排序算法依次对字符串排序。

方法 1：

```c
#include<stdio.h>
#include<string.h>
int main()
{
    int i,j;
    char str[6][20]={"Java","C++","C#","PHP","Basic","Python"};
    char (*p)[20],t[20];
    p=str;
    for(j=0;j<5;j++)                          /*冒泡排序*/
        for(i=0;i<5-j;i++)
            if(strcmp(*(p+i),*(p+i+1))>0)   /*只要前一行大于后一行就交换*/
            {
                strcpy(t,*(p+i));
                strcpy(*(p+i),*p(i+1));
                strcpy(*(p+i+1),t);
            }
    printf("排序后为：\n");
    for(i=0;i<6;i++)
        printf("%s\n",*(p+i));
    return 0;
}
```

程序运行结果：

```
排序后为：
Basic
C#
C++
Java
PHP
Python
```

方法 2：

```c
#include <stdio.h>
#include <string.h>
```

```
void sort(char (*p)[20])        /*注意:此时 p 已经指向二维数组的首行了*/
{
    int i,j;
    char temp[10],*t=temp;  /*这里不能直接定义一个*t,因为(*p)[10]必须指向一维数组*/
    for (i=0;i<5;i++)            /*4 趟排序*/
    {
        for (j=0;j<5-i;j++)
        {
            if (strcmp(p[j],p[j+1]) >0 )  /*只要前一行大于后一行就交换*/
            {
                strcpy(t,p[j]);             /*p[j]就是 p 指向 j 行*/
                strcpy(p[j],p[j+1]);
                strcpy(p[j+1],t);
            }
        }
    }
}
int main()
{
    char (*p)[20],a[6][20]={"Java","C++","C#","PHP","Basic","Python"};
    int i;
    p=a;                        /*P 指向二维数组的第 0 行,注意不能写成 p=a[0]*/
    sort(p);
    printf("排序后为: \n");
    for (i=0;i<6;i++)
        printf("%s\n",a[i]);            /*按行输出*/
    return 0;
}
```

程序运行结果:

```
排序后为:
Basic
C#
C++
Java
PHP
Python
```

【同步练习】 运用选择排序法对多个字符串排序。

提示：定义二维数组存储多个字符串，定义一个指向字符串的指针，运用选择排序算法依次对字符串排序。

7.3.4 用数组名作为函数参数

在 C 语言中，函数的参数不仅可以是整数、小数、字符等具体的数据，还可以是指向它们的指针。可以用指针变量作为函数参数，将函数外部的地址传递到函数内部，使得在函数内部可以操作函数外部的数据，能够将更多的运算结果返回到主调函数中，即指针是函数参数传递的重要工具。

指针变量做函数的参数时，函数的形参定义为指针类型，一般形式如下：

类型名 函数名（指向类型 *指针变量名，指向类型 *指针变量名，…）
{
　　　　函数体
}

在主调函数调用函数时也必须用指向同类型的指针类型作为函数的实参。

【例 7-15】 输入 a 和 b 两个整数，比较其大小，按从小到大输出。

编程提示：定义 swap()函数，形参使用指针变量，利用 if 语句比较 a 与 b 的大小，如果 a 大于 b，调用 swap()交换其值。

```
#include <stdio.h>
void swap(int *p1, int *p2)
{
    int t;   /* 临时变量 */
    t= *p1;
    *p1=*p2;
    *p2=t;
}
int main()
{
    int a, b;
    scanf("%d,%d",&a,&b);
    if(a>b)
        swap(&a,&b);
    printf("a=%d, b=%d\n", a,b);
    return 0;
}
```

程序运行结果：

```
20,10↙
a=10,b=20
```

【同步练习】 输入两个字符串，判断字符串长短，先输出长字符串后再输出短字符串。

提示：定义函数 len（char *p），运用字符串结束标志'\0'来计算字符串长度，利用 if 语句比较长度，输出。

数组名表示数组的首地址，对一维数组而言，用数组名作函数的实参，向被调函数传递的是数组的首地址，即地址传递，本质和指针变量作函数的参数是一样的。因此在被调函数中既可以用指针变量当作形参，也可以用数组名当作函数的形参。

【例 7-16】 编写函数 min()，返回数组 n 个元素中的最小值。

编程提示：定义函数 min()，使用数组名作调用函数的实参，将地址传递给 min()，将最小值返回到主函数并输出。

```
#include<stdio.h>
int min(int *a,int n)
{
    int i,min=0,*p=a;
    min=*p;
    for(i=1;i<=n;i++,p++)
        if (*p<min)
            min=*p;
    return min;
}
int main()
{
    int x[10]={12,45,23,48,56,99,2,53,34,84};
    printf("min=%d",min(x,10));
}
```

程序运行结果：

```
min=2
```

【同步练习】 编写函数 average()，返回数组 n 个元素的平均值。

提示：定义函数 average ()，使用数组名作调用函数的实参，将地址传递给 average ()，将平均值返回到主函数并输出。

7.3.5　指针数组

一个数组中的元素均为整型数据，则称这个数组为整型数组；一个数组中的元素为指针型数据，则称这个数组为指针数组。指针数组比较适合用于指向若干个字符串，使字符串处理更加方便灵活。

【例 7-17】 输出 3 个字符串中最大的字符串。

编程提示：定义指针数组，每个元素存放字符串的起始地址。比较字符串时，使用库函数 strcmp()。

```
#include<stdio.h>
#include<string.h>
int main()
{
    /*定义指针数组，它的元素分别指向 3 个字符串的起始地址*/
    char * str[3]={"China","America","England"};
    char * largestr=0;
    if (strcmp(str[0],str[1])>0)
        largestr=str[0];
```

```
    else
        largestr=str[1];
    if (strcmp(str[2],largestr)>0)
        largestr=str[2];
    printf("The largest string is: %s\n",largestr);
    return 0;
}
```

程序程序运行结果：

```
The largest string is: England
```

定义了一个指针数组 str 并初始化，数组元素分别指向"China" "America"和"England" 3个字符串的起始地址。使用 strcmp()函数，对应的头文件为 string.h。

定义指针数组的一般形式：

类型名 *数组名[数组长度];

例如：

```
int *p[4];
```

由于"[ ]"比"*"运算符的优先级高，因此 p 先于[4]结合构成 p[4]的形式，这显然是数组的形式，该数组有 4 个元素。然后与前面的*结合，表示此数组中的元素均为指针类型，这些指针只能指向整型数据。

注意：区别指向二维数组的指针变量的定义形式与指针数组的定义形式，即 int(*p)[4] 与 int *p[4]。

【例 7-18】 输入 5 个字符串，并按字母由小到大的顺序输出。

编程提示：使用选择法排序，在比较过程中，用到字符串比较函数 strcmp()及字符串赋值函数 strcpy()。

```
#include <stdio.h>
#include <string.h>
#define N 5
#define M 20
void sort(char * str[],int n)  /*函数sort，选择法排序*/
{
    char *temp=NULL;
    int i,j,k;
    for(i=0;i<n-1;i++)
    {
        k=i;
        for(j=i+1;j<n;j++)
            if(strcmp(str[k],str[j])>0)
                k=j;
        if(k!=i)
```

· 288 ·

```
            {
                temp=str[i];
                str[i]=str[k];
                str[k]=temp;
            }
        }
}
void print(char * str[],int n)          /*函数 print，输出所有字符串*/
{
    int i;
    for(i=0;i<n;i++)
        printf("%s\n",str[i]);
}

int main()
{
    char name[N][M];
    char * string[N];
    int i;
    printf("输入%d 个字符串:\n",N);
    for(i=0;i<N;i++)
    {
        string[i]=name[i];              /*使指针数组的元素都有所指向*/
        gets(string[i]);
    }
    sort(string,N);                     /*实参为数组名*/
    printf("\n 按由小到大的顺序:\n");
    print(string,N);
    return 0;
}
```

程序程序运行结果:

输入 5 个字符串:
Java✓
C++✓
Basic✓
Python✓
PHP✓
按由小到大的顺序:
Basic
C++
Java
PHP
Python

调用 sort()函数和 print()函数时，将指针数组名 string 作为实参，传递给形参（形参也是指针数组 str），即将数组的起始地址传递给形参，函数就是对实参本身进行操作。

注意：由于指针在使用之前必须有所指向，因此若定义指针数组时没有进行初始化，则需要定义二维数组，在使用指针数组前，要让它的每一个元素指向二维数组的某行 0 列元素的地址。

【同步练习】 输入 5 个字符串，求每个字符串的长度。不能使用 strlen()函数。

提示：定义一个指针数组存放字符串，编写求字符串长度的函数。

7.4 指针与函数

指针与函数的应用主要有两种方式：一是指向函数的指针，变量和数组都有地址，函数也有地址，因此指针也可以指向函数；二是函数的返回值为指针，函数返回值通常是基本数据类型，但当需要返回一个地址时，返回值就定义为指针型。

7.4.1 指向函数的指针

数组名是存储数组的起始地址，函数名也是存储函数的起始地址，即该函数的入口地址。指向函数的指针就是在一个指针变量中存储所指向函数的入口地址，也称为函数指针。

【例 7-19】 编写函数求两个数中的较大者，在主函数中输入两个整数，并输出较大者的值。要求：利用函数指针调用函数。

编程提示：定义 max()函数，比较两个整数，并返回较大者；在主函数中定义指向函数的指针变量 p，并将函数名 max 赋值给指针变量 p，通过 p 来调用 max()函数。

```
#include <stdio.h>
int max(int x,int y)
{
    if(x>y)
        return x;
    else
        return y;
}
int main()
{
    int a,b,c;
    int (*p)(int,int);          /*定义指向函数的指针变量 p*/
    p=max;                      /*使 p 指向 max 函数*/
    printf("输入 a, b:");
    scanf("%d,%d",&a,&b);
    c=(*p)(a,b);                /*通过指针变量调用 max 函数*/
    printf("a=%d\nb=%d\nmax=%d\n",a,b,c);
    return 0;
}
```

程序运行结果：

输入 a，b:2,5↙
a=2
b=5
max=5

程序中 int (*p)(int,int); 表示定义一个指向函数的指针变量 p，该指针变量只能指向返回值为 int 类型，形式参数为两个 int 类型的函数；p=max;将 max()函数的起始地址赋值给指针变量 p，此时 p 指向 max()函数；c=(*p)(a,b); 通过对指针变量 p 间接访问(*p)(a,b)实现调用 max()函数，相当于执行 max(a,b)。

1. 指向函数的指针定义

定义指向函数的指针变量的一般形式如下：

类型名 (*指针变量名)([形式参数表]);

其中，方括号里是可选项。该功能是定义一个指向函数的指针变量，该指针变量只能指向返回值为"类型名"，形式参数为"函数形式参数表"的函数。

注意：

（1）定义指向函数的指针变量时，形式参数表一般都写形式参数类型和形式参数名，但也可以只写出各个形式参数的类型。

（2）如果要指向函数的指针变量调用函数，必须先使指针变量指向该函数。

（3）指向函数的指针变量所允许的操作：

① 将函数名或指向函数的指针变量的值赋给指向同类型函数的指针变量。

② 函数名或指向函数的指针变量作为函数的参数。

2. 指向函数的指针引用

可以利用指向函数的指针变量调用函数，调用形式如下：

(*指针变量名)(实际参数表)

等价于

函数名(实际参数表)

将函数名赋给指向函数的指针变量后，就可以通过该指针变量调用函数。用函数名调用函数，只能调用所指定的一个函数；通过指针变量调用函数，可以调用同类型（即返回值和形式参数完全相同）的不同函数。

【例 7-20】 有 3 个整数，如果输入 1，程序输出 3 个数中的最大值；如果输入 2，程序输出 3 个数中的最小值。（要求：使用函数指针。）

编程提示：定义 max()函数，求最大值；定义 min()函数，求最小值；定义 fun()函数，根据实参，确定指向函数的指针变量调用 max()函数还是 min()函数；在主函数输入 3 个整数，并输入 1 或 2 选择求最大值还是最小值。

```c
#include <stdio.h>
/*调用函数指针指向的函数*/
void fun(int x,int y,int z,int (*p)(int,int,int))
{
    int result;
    result=(*p)(x,y,z);
    printf("%d\n",result);
}
/*求最大值*/
int max(int x,int y,int z)
{
    int max;
    printf("三个数中的最大值为：" );
    max=x;
    if(max<y)
        max=y;
    if(max<z)
        max=z;
    return max;
}
/*求最小值*/
int min(int x,int y,int z)
{
    int min;
    printf("三个数中的最小值为：  ");
    min=x;
    if(min>y)
        min=y;
    if(min>z)
        min=z;
    return min;
}

int main()
{
    int a,b,c,n;
    printf("输入 a, b, c: ");
    scanf("%d,%d,%d",&a,&b,&c);
    printf("输入 1 求最大值 / 输入 2 求最小值: ");
    scanf("%d",&n);
    if (n==1)
        fun(a,b,c,max);
    else if (n==2)
        fun(a,b,c,min);
    return 0;
```

}

程序运行结果：

输入 a，b，c：2,5,0✓
输入 1 求最大值 / 输入 2 求最小值：1✓
三个数中的最大值为：5

输入 a，b，c：2,5,0✓
输入 1 求最大值 / 输入 2 求最小值：2✓
三个数中的最小值为：0

在 fun() 函数中，定义一个指向函数的指针变量 p，该指针只能指向返回值为 int 类型，形式参数为 3 个 int 类型的函数；在主函数中调用 fun() 函数，当输入 1 时，将 max 传递给函数指针 p，当输入 2 时将 min 传递给函数指针 p；"result=(*p)(x,y);"，语句分别调用 max() 函数和 min() 函数并把返回值赋给 result 变量。

【同步练习】输入 10 个整数进行排序并输出，其中用函数指针编写一个通用的排序函数，如果输入 1，程序实现数据按升序排序；如果输入 2，程序实现数据按降序排序。

7.4.2　返回指针值的函数

一个函数的返回值通常是整型、字符型、浮点型等数据类型。当函数需要返回一个地址时，也可以将它的返回值定义为指针类型，即返回指针值的函数。

【例 7-21】有 3 个学生，每个学生有 4 门课程的成绩，输入学生序号，并输出该学生的全部成绩。（要求：用指针型函数实现。）

编程提示：输入学生序号，要输出该学生 4 门课程的成绩，函数返回二维数组中当前行的首地址，因此定义函数的返回值为指针。

```
#include <stdio.h>
#define N 3
#define M 4
int *search(int (*pointer)[4],int n)     /*返回值为 int 指针*/
{
    int *pt;
    pt=*(pointer+n);                      /*pt 的值是&score[k][0]*/
    return(pt);
}
int main()
{
    int *search(int (*pointer)[4],int n); /*search 函数的返回值为整型指针*/
    int score[N][M],*p;
    int i,j,k;
    printf("输入%d 个学生%d 门课程的成绩：\n",N,M);
    for(i=0;i<N;i++)
        for(j=0;j<M;j++)
```

```
            scanf("%d",&score[i][j]);
      printf("\n 输入要找的学生的序号：");
      scanf("%d",&k);                    /*输入要找的学生的序号*/
      printf("\n 第%d 个学生的成绩为：\n",k);
      p=search(score,k-1);               /*调用 search 函数，返回 score[k-1][0]的地址*/
      for(i=0;i<4;i++)
          printf("%d\t",*(p+i));         /*输出 score[k-1][0]到 score[k-1][3]的值*/
      printf("\n");
      return 0;
}
```

程序运行结果：

输入 3 个学生 4 门课程的成绩：

85 96 89 90↙

92 90 95 89↙

91 96 87 88↙

输入要找的学生的序号：2↙

第 2 个学生的成绩为：

92   90   95   89

search()函数是一个返回指针的函数，在主函数中调用 search()函数时把返回指针赋值给 p，此时 p 指向返回的一个含有 4 个元素的数组。

定义返回指针值的函数，一般形式如下：

```
类型名 *函数名([类型名 形式参数 1,类型名 形式参数 2,…])
{
      说明语句
      执行语句
}
```

注意：

（1）"*" 表示函数的返回值是一个指针，其指向的数据类型由函数名前的类型名确定。

（2）除函数名前的 "*" 外，其他都是与普通函数定义形式相同，这种函数也称为指针型函数。

【例 7-22】 编写函数，将字符串 a 复制到字符串 b 中，并返回字符串 b 的起始地址。

编程提示：函数返回地址，则定义函数的返回值为字符指针。

```
#include <stdio.h>
#include <string.h>
#define N 20
char * copy_str(char *from, char *to)   /*copy_str 函数的返回值为字符指针*/
{
    char * ps=to;
    while(*from!='\0')
    {
```

```
            *to=*from;
            to++;
            from++;
        }
        *to='\0';
        return ps;
    }


    int main()
    {
        char a[N]="How do you do?";
        char b[N]="Hello!" ;
        printf("a string: %s\nb string: %s\n",a,b);
        printf("\ncopy a --> b:\n\n");
        printf("a string: %s\nb string: %s\n",a,copy_str(a,b));
        return 0;
    }
```

copy_str()函数中，from 指向的字符赋值给 to 指向的字符，其中 from 和 to 两个指针同时执行++操作，保证字符赋值时一一对应；while 循环结束后，给指针 to 指向的字符赋值 '\0'，给字符串加上结束标记。

【同步练习】编写函数，实现将字符串 a 从第 *n* 个字符开始的全部字符复制成字符串 b 中，并返回复制后字符串的首地址。

提示：在函数中，先将指向字符串 a 的指针移动到它的第 *n* 个字符的位置，然后将字符串 b 的内容从此位置开始赋值给字符串 a。

7.5 指向指针型数据的指针

指向指针型数据的指针变量，简称指向指针的指针。

定义指向指针的指针的一般形式如下：

类型名 **指针变量名;

例如，

int **p;

p 的前面有两个*号，*运算符的结合性是从右向左，因此**p 相当于*(*p)，(*p)是指针变量的定义形式。如果没有前面的*号（即 int *p;），p 表示一个指向整型数据的指针变量；但现在又加了一个*号（即 int **p;），可以看作 int * (*p)，p 表示指向一个整型指针变量的地址（这个整型指针变量指向一个整型数据）。如果引用*p，表示指向的整型指针变量的值（整型数据的地址）；如果引用**p，表示整型数据的值。

【例 7-23】 有一个指针数组，其元素分别为指向整型数组的元素，用指向指针型数据的指针变量，输出整型数组各元素的值。

编程提示：定义指针数组，利用指向指针型数据的指针变量访问数组。

```c
#include <stdio.h>
int main()
{
    int a[5]={1,3,5,7,9};
    int *num[5]={&a[0],&a[1],&a[2],&a[3],&a[4]};
    int **p,i;
    p=num;
    for(i=0;i<5;i++)
    {
        printf("%d ",**p);
      p++;
    }
    printf("\n");
    return 0;
}
```

程序程序运行结果：

```
1 3 5 7 9
```

p 表示指向一个指针数组的起始地址，*p 表示指向这个指针数组的各个元素 num[i]，也就是整型数组 a 各元素的地址&a[i]；**p 表示整型数组 a 各元素的值 a[i]。p++表示指向指针数组的指针下移，即&num[i+1]。

【例 7-24】 使用指向指针型数据的指针变量输出字符串。

编程提示：定义指针数组，每个元素存放字符串的起始地址。比较字符串时，使用库函数 strcmp()。

```c
#include <stdio.h>
int main()
{
    char *name[]={"Java","C++","Basic","Python","PHP"};
    char **p;
    int i;
    for(i=0;i<5;i++)
    {
        p=name+i;
        printf("%s\n",*p);
    }
    return 0;
}
```

程序程序运行结果：

```
Java
```

```
C++
Basic
Python
PHP
```

指针数组中，name[i]中存放的是各字符串的首地址。p=name+i;表示 p 指向指针数组中第 i 个元素的地址，*p 表示 name[i]中存放的字符串的首地址。

【例 7-25】 输入 5 个字符串，并按字母由小到大的顺序输出。

编程提示：将例 7-18 中的 sort()函数和 print()函数中的形式参数由指针数组改为指向指针的指针。

```
#include <stdio.h>
#include <string.h>
#define N 5
#define M 20
void sort(char * *str,int n)          /*函数 sort，选择法排序*/
{
    char *temp=NULL;
    int i,j,k;
    for(i=0;i<n-1;i++)
    {
        k=i;
        for(j=i+1;j<n;j++)
            if(strcmp(str[k],str[j])>0)
                k=j;
        if(k!=i)
        {
            temp=str[i];
            str[i]=str[k];
            str[k]=temp;
        }
    }
}
void print(char * *str,int n)         /*函数 print()，输出所有字符串*/
{
    int i;
    for(i=0;i<n;i++)
        printf("%s\n",str[i]);
}

int main()
{
    char name[N][M];
    char * string[N];
    int i;
```

```
        printf("输入%d个字符串:\n",N);
        for(i=0;i<N;i++)
        {
            string[i]=name[i];          /*使指针数组的元素都有所指向*/
            gets(string[i]);
        }
        sort(string,N);                 /*实参为数组名*/
        printf("\n按由小到大的顺序:\n");
        print(string,N);
        return 0;
    }
```

程序程序运行结果:

输入 5 个字符串:
Java✓
C++✓
Basic✓
Python✓
PHP✓
按由小到大的顺序:
Basic
C++
Java
PHP
Python

在主函数中,调用 sort()和 print()函数,它们的实参为指针数组名;定义 sort()和 print()
函数的形式参数为指向指针型数据的指针,实参和形参都是指向字符数据的指针的指针。

7.6 动 态 数 组

通过前面学习数组的知识,知道了在定义数组时数组的长度往往是事先确定好的,有
时也会出现数组元素个数不确定的情况,那么通常会选择定义一个长度较大的数组。但是
这样必然会造成资源浪费,因此想要根据实际需要来定义数组,可以采用动态数组方式。

7.6.1 内存的动态分配

在内存中,动态存储区有两部分:堆和栈,其中栈用于保存函数调用时的返回地址、
函数的形参、局部变量以及 CPU 的当前状态等程序的相关信息;堆是一个自由存储区,程
序可以利用 C 的动态内存分配函数来使用它,但堆要求使用动态分配空间后,必须及时释
放这些资源。

C 语言提供的动态内存分配函数,主要有 malloc()、calloc()、free()和 realloc()函数。

1. malloc()函数

该函数用于在内存的动态存储区中分配 size 个字节的连续空间。若分配成功，返回一个该空间的起始地址；若不成功，返回 NULL。

函数的原型如下：

```
void *malloc(unsigned size);
```

这是一个返回指针值的函数，指针的类型为 void，即不指向任何类型的数据，只是提供一个地址。因此，若要将函数调用的返回值赋值给一个指针，则应先根据该指针的类型，进行强制类型转换，然后再进行赋值。

例如：

```
int *p=NULL;
p=( int *)malloc(4);
```

其中，malloc(4)表示申请分配了一个大小为 4B 的内存单元，将 malloc(4)强制类型转换为 int *后再赋值给整型指针 p，即 p 指向了这段空间的起始地址。也可以使用 sizeof()函数，提高程序的可移植性。即

```
( int *)malloc(sizeof(int));
```

2. calloc()函数

该函数用于在内存的动态存储区中分配 n 个长度的 size 字节的连续空间，它相当于声明了一个一维数组。若分配成功，返回该空间的起始地址（也可以说是数组的起始地址）；若不成功，返回 NULL。

calloc()函数的原型如下：

```
void *calloc(unsigned n, unsigned size);
```

例如：

```
int *p;
p=(int *)calloc(10,sizeof(int));
```

其中，calloc(10,sizeof(int)表示申请 10 个连续的整型的内存空间，并使 p 指向该连续内存的起始地址。

3. free()函数

该函数用于释放系统申请的由指针变量 p 指向的动态空间。p 是最近一次调用 calloc()或 malloc()函数时返回的值。free 函数没有返回值。

函数原型如下：

```
void free(void *p);
```

例如：

```
free(p);
```

4. realloc()函数

该函数用于改变原来分配的存储空间的大小。若重新分配成功，返回一个新分配空间的起始地址（与原来分配的空间起始地址不一定相同）；若重新分配不成功，返回 NULL。

函数的原型如下：

```
void *realloc(void *p ,unsigned size);
```

以上 4 个函数的声明在 stdlib.h 头文件中，使用时在程序最前面要加上#include<stdlib.h>指令。

7.6.2 动态数组的应用

【例 7-26】 输入 *n* 个学生的成绩，计算并输出平均分数。学生的人数由键盘输入。

编程提示：由于学生的人数由键盘输入，定义数组时其长度不能确定，因此定义动态一维数组。

```
#include <stdio.h>
#include <stdlib.h>
float average(int *p, int n)              /*函数 average，求平均分数*/
{
    int i,sum=0;
    float aver;
    for(i=0;i<n;i++)
        sum=sum+*(p+i);
    aver=(float)sum/n;
    return aver;
}

int main()
{
    int *p,n,i;
    printf("输入人数：");
        scanf("%d",&n);
    p=(int *)malloc(n*sizeof(int)); /*向系统申请动态空间*/
    if(p==NULL)                      /*判断是否申请成功*/
    {
        printf("空间分配失败！\n");
        exit(1);
    }
    printf("%d 个学生的成绩分别为：",n);
    for(i=0;i<n;i++)
        scanf("%d",p+i);
    average(p,n);
    printf("平均分数为：%.1f\n",average(p,n));
    free(p);                              /*释放向系统申请的空间*/
```

```
        return 0;
    }
```

其中，由于人数不确定，成绩为整型数据，因此利用malloc()函数动态申请长度为n*sizeof(int)的连续的内存单元，并将函数返回值强制转换为整型指针，这就相当于定义了一个长度为 n 的一维整型数组。注意，不要忘记用 free()释放动态申请的内存单元。

【同步练习】输入 n 个学生 m 门课程的成绩，计算并输出每个学生 m 门课程的平均分数。学生的人数和课程门数由键盘输入。

提示：由于学生的人数和课程门数由键盘输入，定义数组时行数和列数都不能确定，因此利用函数 calloc()定义动态二维数组。

7.7 应用举例

【例 7-27】输入 10 个整数，将其中最小的数与第一个数对换，把最大的数与最后一个数对换。写 3 个函数：

① 输入 10 个整数；

② 进行处理；

③ 输出 10 个数。

编程提示：定义一维数组，在函数中用打擂台法找到最大值和最小值，然后进行对换。

```
#include <stdio.h>
void input(int *n)
{
    int i;
    printf("输入 10 个整数：");
    for (i=0;i<10;i++)
        scanf("%d",&n[i]);
}
void max_min_value(int *n)
{
    int *max,*min,*p,temp;
    max=min=n;
    for (p=n+1;p<n+10;p++)
        if(*p>*max)          /*求最大值,并将指针 max 指向它*/
            max=p;
        else if(*p<*min)     /*求最大值,并将指针 min 指向它*/
            min=p;
    temp=n[0];
    n[0]=*min;
    *min=temp;
    if(max==n)               /*恰好 n[0]是最大值*/
            max=min;
    temp=n[9];
```

```
        n[9]=*max;
        *max=temp;
    }
    void output(int *n)
    {
        int *p;
        printf("对换过的顺序为: ");
        for (p=n;p<n+10;p++)
            printf("%d ",*p);
        printf("\n");
    }
    int main()
    {
        int n[10];
        input(n);
        max_min_value(n);
        output(n);
        return 0;
    }
```

程序运行结果:

输入10个整数: 9 1 0 5 3 6 8 7 4 2↙
对换过的顺序为: 0 1 2 5 3 6 8 7 4 9

在 main()函数中调用 input()函数，输入 10 个整数；max_min_value()函数，进行数据对换；调用 output()函数，输出对换过的 10 个整数。在 max_min_value()函数，利用打擂台法先将指针 max 和 min 指向 n[0]元素，然后经过比较，max 指向最大值，min 指向最小值，最小值*min 与 n[0]对换值。最大值在交换前，要考虑到有一种特殊情况，如果恰好最大值就是 n[0]，即 max 指向 n[0]，由于它刚与*min 交换过，因此，应将 max 指向 min 指向的元素，然后再进行最大值*max 与 n[9]对换值。

【例7-28】 编写函数，将一组数据逆序存放。

编程提示：定义一维数组，将第一个元素与最后一个元素交换，第二个元素与倒数第二个元素交换，以此类推。

```
    void inv(int * x,int n)                    /*形参 x 是指针变量*/
    {
        int * p,temp,* i,* j,m=(n-1)/2;
        i=x;j=x+n-1;p=x+m;
        for(; i<=p; i++,j--)
        {
            temp=*i;
            *i=*j;
            *j=temp;                           /**i 与*j 交换*/
        }
```

```
}
#include <stdio.h>
int main()
{
    int i,a[10]={1,3,5,7,9,11,13,15,17,19};
    printf("原始顺序:\n");
    for(i=0;i<10;i++)
        printf("%d ",a[i]);
    printf("\n");
    inv(a,10);
    printf("修改后的顺序:\n");
    for(i=0;i<10;i++)
        printf("%d ",a[i]);
    printf("\n");
    return 0;
}
```

程序运行结果:

原始顺序:
1 3 5 7 9 11 13 15 17 19
修改后的顺序:
19 17 15 13 11 9 7 5 3 1

在 main()函数中调用 inv()函数,逆序存放数组元素。两个 for 循环分别输出逆序存放前和逆序存放后的数组元素。在 inv()函数中,首先指针 i 指向数组的第一个元素,指针 j 指向数组的最后一个元素,随着循环 i 的值在增加,j 的值在减少,如果 i 指针指向的元素序号小于等于数组中间元素序号,则交换指针 i 和 j 指向的元素值;如果指针 i 指针指向的元素序号大于数组中间元素序号,则循环结束。

【例 7-29】 有 3 个学生,每个学生有 4 门成绩,编写函数:

(1)计算总平均分数;

(2)输出第 *n* 个学生的成绩。

编程提示:定义二维数组,通过指针访问其中的元素,有两种方式:一是指向数组元素的指针变量,常用于不考虑下标的情况;二是指向由 *m* 个元素组成的一维数组的指针变量。注意它们的定义和引用。

```
#include <stdio.h>
void average(float * p,int n)          /*形参 p 为指向数组元素的指针变量*/
{
    float * p_end;
    float sum=0,aver;
    p_end=p+n-1;
    for(;p<=p_end;p++)
        sum=sum+(*p);
    aver=sum/n;
```

```
        printf("总平均分为:%5.1f\n",aver);
}
void search(float (* p)[4],int n)  /*形参 p 为指向有 4 个元素组成的一维数组的指针变量*/
{
        int i;
        printf("第%d 个学生的成绩为:\n",n);  /* 学生编号从 1 开始，实参为 2 表示第 2 个学生*/
        for(i=0;i<4;i++)
            printf("%5.1f ",*(*(p+n-1)+i));/*实际上是二维数组中 1 行的成绩（从 0 行开始）*/
        printf("\n");
}
int main()
{
        float score[3][4]={{85,97,80,100},{89,87,90,81},{90,99,86,98}};
        average(*score,12);                 /*实参*score 为列指针，即&a[0][0]*/
        search(score,2);                    /*实参 score 为行指针，即 0 行首地址*/
        return 0;
}
```

程序运行结果：

平均分为： 90.2
第 2 个学生的成绩为：
89.0 87.0 90.0 81.0

主函数 main()中调用 average()函数和 search()函数。average()函数中，首先 p 指向数组第 1 个元素，然后循环 p++分别指向数组的第 2 个元素、第 3 个元素…，一直到等于 p_end 时，指向数组的最后一个元素。*p 表示指针数组元素的值。search()函数中，for 循环执行 4 次，输出 4 个成绩，其中*(*(p+n)+i)表示数组 scores[n][i]的值。

【例 7-30】 编写函数，在一行字符中删除指定的字符。

编程提示：定义字符数组，输入一行字符，在 delete_char()函数中通过比较删除指定字符。

注意：删除字符后的字符串可以看作一个新的字符串，必须在字符串最后加结束标志'\0'。

```
#include <stdio.h>
#include <string.h>
void delete_char(char *str,char ch)
{
        int i,j;
        for(i=j=0;str[i]!='\0';i++)
        if(*(str+i)!=ch)
                *(str+j++)=*(str+i);
        *(str+j)='\0';
}
int main()
```

```
{
    char c,str[80];
    printf("输入一行字符：");
    gets(str);
    printf("输入待删除的字符：");
    scanf("%c",&c);
    delete_char(str,c);
    printf("删除后，字符串为：%s\n",str);
    return 0;
}
```

程序运行结果：

输入一行字符：abcdbca↙
输入待删除的字符：a↙
删除后，字符串为：bcdbc

7.8　综合实例：学生成绩管理程序（七）

在前几章学生成绩管理程序基础上，用模块化的设计方法实现输入学生成绩、显示学生成绩、按学号查找成绩、查找最高分、插入学生成绩、按学号删除成绩、成绩排序等功能。

1. 编程提示

（1）输入学生成绩：编写程序，输入 10 个成绩并存入数组中。

（2）显示学生成绩：假设数组中已存入 10 个学生的成绩，编写程序，输出该数组中的成绩。

（3）查找成绩：假设数组中已存入 10 个学生的成绩，编写程序，从键盘输入一个成绩，并进行查找，如果找到则输出该成绩与下标，找不到则显示该成绩不存在。

（4）查找最高分：假设数组中已存入 10 个学生的成绩，编写程序，查找最高分并显示最高分。

（5）插入成绩：假设数组中已存入 10 个学生的成绩，编写程序，从键盘输入一个数组下标与成绩，在数组的该下标处插入该成绩。

（6）删除功能：假设数组中已存放 10 个成绩，编写程序，从键盘输入一个下标值，删除该下标对应的数组元素。

（7）排序功能：假设数组中已存放 10 个成绩，编写程序，对数组中的成绩按从高到低的顺序排序。

2. 模块化程序设计方法编写程序的步骤

用模块化程序设计的方法编写较大程序时，不要一次书写全部代码，而是要采用"自顶向下，逐步细化"的方法分步进行。将上一章程序中所有函数的形式参数由数组名改为指针变量，程序完全一样。因为形势参数里的数组名，不是真的定义了一个数组而是分配了一个存放地址的空间，即等同于指针变量。

（1）编写测试主模块。刚开始，所有的函数模块都没有完成，所以只写出程序框架，具体模块内容等主模块运行无误后再一个一个添加。

① 编写主模块。

程序代码：

```c
#include <stdio.h>
#include <conio.h>
#include <stdlib.h>
#define N 10
int menu();
int main()
{
    int choose;
    do
    {
        choose=menu();
         switch(choose)
        {
            case 1:
                printf("输入学生成绩");/*调用输入学生成绩模块*/
                break;
            case 2:
                printf("显示学生成绩");/*调用显示学生成绩模块*/
                break;
            case 3:
                printf("查找成绩");    /*调用查找成绩模块*/
                break;
            case 4:
                printf("查找最高分");   /*调用查找最高分模块*/
                break;
            case 5:
                printf("插入成绩");    /*调用插入成绩模块*/
                break;
            case 6:
                printf("删除成绩");    /*调用删除成绩模块*/
                break;;
            case 7:
                printf("成绩排序");    /*调用成绩排序模块*/
                break;
            case 0: exit(0);
            default : printf("    为非法选项！");
        }

    }while(1);
}
```

在此，主程序只调用了菜单函数，需要编写菜单模块函数。

```c
int menu()
{
    int imenu;
    printf("        *******************************\n");
    printf("        *                             *\n");
    printf("        *        学生成绩管理程序       *\n");
    printf("        *                             *\n");
    printf("        *******************************\n");
    printf("        *        1.输入学生成绩         *\n");
    printf("        *        2.显示学生成绩         *\n");
    printf("        *        3.查找成绩            *\n");
    printf("        *        4.查找最高分          *\n");
    printf("        *        5.插入学生成绩         *\n");
    printf("        *        6.按学号删除成绩       *\n");
    printf("        *        7.成绩排序            *\n");
    printf("        *        0.退出程序            *\n");
    printf("        *******************************\n");
    printf("             请输入选项编号：");
    scanf("%d",&imenu);
    return imenu;
}
```

如果编写的主函数在前，菜单子函数在后，在主函数中调用菜单子函数就需要对该函数进行声明。例如在主函数 main()前面加声明语句：

```c
int menu();
```

② 测试主模块。调试程序，显示主菜单，并可以根据不同的菜单选项分别输入数字 0、1、2、3、4、5、6、7，每输入一个选项数字并回车，确保每个分支都能执行到，如图 7-6 所示。

上面只是验证每个分支都是可行的，但每个项功能并没有实现，下面开始添加数据输入输出模块程序。

（2）编写测试数据输入输出模块。

在输入输出模块中用到存放成绩的数组，这时需要在主函数中定义相关的数组。

```c
int a[N+1];
```

① 编写成绩输入模块。

```c
/*录入学生成绩*/
void mycreate(int *p,int n)
{
    int i=0;
    printf("\n输入学生成绩:");
```

图 7-6　菜单测试

```
    for(i=0;i<n;i++)
        scanf("%d",&p[i]);
}
```

输入的成绩是否正确接收，可以调用输出模块来验证。

② 编写输出模块。

```
/* 输出学生成绩 */
void mydisplay(int *p,int n)
{
    int i=0;
    printf("学生成绩如下:\n");
    for(i=0;i<n;i++)
        if(p[i]!=-1)   /*-1表示成绩已删除,为删除成绩做准备*/
            printf("%4d",p[i]);
    printf("\n");
}
```

输入输出函数完成后，需要在主函数中调用、调试、验证，在此存在参数的调用，需要注意参数的传递。另外，如果被调用函数出现在主调函数之后，在主调函数中需要对被调函数进行声明。

例如，在主调函数中进行声明的语句。

```
void mycreate(int *p,int n);
void mydisplay(int *p ,int n);
```

主函数调用输入输出函数的语句段修改为：

```
case 1:
    mycreate(a,N);
    break;
case 2:
    mydisplay(a,N);
    break;
```

③ 测试成绩输入模块。输入选项编号 1 回车，并输入 10 个成绩，数据如下：

```
1
90 85 88 79 98 65 79 83 72 74
```

④ 输出模块测试。输入显示学生成绩选项编号 2，并回车。

```
2
```

测试结果如图 7-7 所示。

（3）依次添加调试查找成绩、查找最高分、插入学生成绩、按学号删除成绩、成绩排序等模块。

完整的程序代码如下：

```
#include <stdio.h>
#include <conio.h>
#include <stdlib.h>
#define N 10
int menu();
void mycreate(int *p,int n);
void mydisplay(int *p,int n);
void mysearch(int *p,int n);
void mymax(int *p,int n);
void myadd(int *p,int n);
void mydelete(int *p,int n);
void mysort(int *p,int n);

int main()
    {
    int choose;
```

图 7-7 输入输出模块测试

```c
int a[N+1];
do
{
    choose=menu();
    printf("    ");
    switch(choose)
    {
        case 1:
            mycreate(a,N);
            break;
        case 2:
            mydisplay(a,N);
            break;
        case 3:
            mysearch(a,N);
            break;
        case 4:
            mymax(a,N);
            break;
        case 5:
            myadd(a,N);
            break;
```

```
            case 6:
                mydelete(a,N);
                break;
            case 7:
                mysort(a,N);
                break;
            case 0: exit(0);
            default : printf("    为非法选项! \n");
        }
    }while(1);
}


int menu()
{
    int imenu;
    printf("    ********************************\n");
    printf("    *                              *\n");
    printf("    *          学生成绩管理程序      *\n");
    printf("    *                              *\n");
    printf("    ********************************\n");
    printf("    *          1.输入学生成绩        *\n");
    printf("    *          2.显示学生成绩        *\n");
    printf("    *          3.查找成绩           *\n");
    printf("    *          4.查找最高分          *\n");
    printf("    *          5.插入学生成绩        *\n");
    printf("    *          6.按学号删除成绩      *\n");
    printf("    *          7.成绩排序           *\n");
    printf("    *          0.退出程序           *\n");
    printf("    ********************************\n");
    printf("          请输入选项编号: ");
    scanf("%d",&imenu);
    return imenu;
}


void mycreate(int *p,int n)
{
    int i=0;
    printf("\n    输入学生成绩:");
    for(i=0;i<n;i++)
        scanf("%d",p+i);
}


void mydisplay(int *p,int n)
{
    int i=0;
```

```c
    printf("学生成绩如下:\n");
    printf("      ");
    for(i=0;i<n;i++)
       if(*(p+i)!=-1)    /*-1表示成绩已删除,为删除成绩做准备*/
           printf("%4d",*(p+i));
    printf("\n");
}

void mysearch(int *p,int n)
{
    int i=0,x=0;
    printf("\n      输入要查找的成绩:");
    scanf("%d",&x);
    mydisplay(p,N);
    for(i=0; i<n; i++)
        if(x==*(p+i))  break;
    if(i<n)
        printf("      要查找成绩在数组中的下标:%d\n",i);
    else
        printf("      查找的成绩: %d 不存在!\n",x);
}

void myadd(int *p,int n)
{
    int i=0,k=0,s;
    printf("\n      成绩的原始顺序:\n");
    printf("      ");
    mydisplay(p,n);
    printf("      请输入要插入成绩位置序号与成绩:");
    scanf("%d%d",&k,&s);
    for(i=n; i>=k+1; i--)
        *(p+i)=*(p+i-1);
    *(p+k)=s;
    printf("      插入成绩后的顺序: \n");
    printf("      ");
    for(i=0;i<n+1;i++)
        printf("%4d",*(p+i));
    printf("\n");
}

void mymax(int *p,int n)
{
    int max=*p,i;
    for(i=1;i<n;i++)
    {
```

```
            if(max<*(p+i))
                max=*(p+i);
        }
    printf("\n        最高分成绩是:%4d\n",max);
}


void mydelete(int *p,int n)
{
    int i,s;
    printf("\n        删除前的成绩:");
    mydisplay(p,n);
    printf("        请输入要删除的成绩");
    scanf("%d",&s);
    for(i=0;i<n;i++)
    {
        if(s==*(p+i))
        {
            *(p+i)=-1;  /*加删除标记*/
            break;
        }
    }
    printf("\n        删除后的成绩:");
    mydisplay(p,n);
}


void mysort(int *p,int n)
{
    int i=0,j=0,k=0,t=0;
    printf("\n        排序前的成绩:\n");
    mydisplay(p,n);
    for(i=0;i<n-1;i++)
    {
        k=i;
        for(j=k+1;j<n;j++)
        if(*(p+k)>*(p+j))  k=j;
        if(k>i)
        {
            t=*(p+i);
            *(p+i)=*(p+k);
            *(p+k)=t;
        }
    }
    printf("\n        排序后的成绩:");
    printf("        ");
    mydisplay(p,n);
}
```

程序运行结果测试：

（1）输入显示学生成绩模块在上面已测试，如图 7-7 所示。

（2）查找成绩测试，输入选项编号 3，查找成绩 88，运行结果如图 7-8 所示。

（3）查找最高分测试，输入选项编号 4，程序运行结果如图 7-9 所示。

图 7-8　查找学生成绩

图 7-9　查找最高分

（4）插入学生成绩测试，输入选项编号 5，输入插入位置 3、成绩 82，程序运行结果如图 7-10 所示。

（5）按学号删除成绩测试，输入选项编号 6，输入要删除的成绩 82，程序运行结果如图 7-11 所示（由于为第一次模块化程序设计，所以为了简化程序，只按成绩删除，在后续的章节案例中，将加入学号、姓名等信息）。

图 7-10　插入学生成绩

图 7-11　删除学生成绩

（6）成绩排序测试，输入选项编号 7，程序运行结果如图 7-12 所示。

图 7-12　成绩排序

7.9　常见程序错误及解决方法

常见程序错误及解决方法如表 7-3 所示。

表 7-3　常见程序错误及解决方法

错误类型	错误实例	修改错误
指针引用错误	int *p; scanf("%d",p);	初始化指针 p 后再引用
	char *p; char s[]="abc"; strcpy(p,s);	初始化指针 p 后再引用
传参错误	swap(a,b); void swap(int *x,int *y) {　}	swap 传递参数应为地址
赋值错误	int a; float *p; p=&a;	p 只能被赋值 float 型变量的地址

	int *pa=&a;
	float *pb=&b;
	pa = pb;
		指针类型不同不能赋值

	int *p; p=100;	使用地址值赋值

本 章 小 结

本章重点介绍了指针的基本概念、指针与数组之间的关系、指针与函数的关系。

指针的基本概念，包括变量的地址和变量的值、指针变量的定义、指针变量的初始化、指针的赋值、指针的基本运算、变量和指针的关系等。

指针与数组之间的关系，包括数组名与地址的关系、使用指针访问数组元素、关于二维数组与指针之间的关系、指针的运算（指针加减一个整数，两个指针相减，指针的比较等）、使用指针访问字符串、动态数组。

指针与函数之间的关系，包括指针作为参数在函数之间传递、数组名作为函数的参数、函数的返回值为指针值、指向函数的指针、指针数组等。

指针是 C 语言中最重要的内容之一，也是学习 C 语言的重点和难点。在 C 语言中使用指针进行数据处理十分方便灵活高效。

指针变量的使用如表 7-4 所示。

表 7-4　指针变量的使用

命　　令	功　　能
int p;	定义整型变量 p
int *p;	定义 p 为指向整型变量的指针变量
int a[n];	定义整型数组 a，包含 n 个元素
int *p[n];	定义指针数组 p，包含 n 个指向整型变量的指针元素
int (*p)[n];	p 为指向由 n 个元素组成的一维数组的指针变量
int f( );	f 为返回整型值的函数
int *p( );	p 为返回指针值的函数
int(*p)( );	p 为指向函数的指针变量，该函数返回整型值
int **p;	p 为指针变量，它指向一个指向整型变量的指针变量

习　题　7

一、选择题

1. 变量的指针，其含义是指该变量的（　　　）。

  A. 值　　　　　　　　B. 地址　　　　　　　C. 名　　　　　　　D. 标识符

2. 若有 "int *p,m=3,n;"，则下面程序段正确的是（　　　）。

  A. p=&n;　　　　　　　　　　　　　B. p=&n;
   scanf("%d",&p);　　　　　　　　　　scanf("%d",*p);
  C. scanf("%d",&n);　　　　　　　　　D. p=&n;
   p=*n;　　　　　　　　　　　　　　*p=m;

3. 为下列关于指针说法的选项中，正确的是（　　　）。

A．指针是用来存储变量值的类型

B．指针类型只有一种

C．指针变量可以与整数进行相加或相减

D．指针不可以指向函数

4．若有定义"int a[5],*p=a;"，则对 a 数组元素的正确引用是（　　）。

A．*&a[5]　　　　B．a+2　　　　C．*(p+5)　　　　D．*(a+2)

5．下列选项中，关于字符指针的说法正确的是（　　）。

A．字符指针实际上存储的是字符串首元素的地址

B．字符指针实际上存储的是字符串中所有元素的地址

C．字符指针与字符数组的唯一区别是字符指针可以进行加减运算

D．字符指针实际上存储的是字符串常量值

6．以下程序运行后，输出结果是（　　）。

```
void main()
{
    char *s="abcde";
    s+=2;
    printf("%ld\n",s);
}
```

A．cde　　　　　　　　　　　B．字符c的ASCII码值

C．字符c的地址　　　　　　　　D．出错

7．假设有如下定义"char *aa[2]={"abcd","ABCD"};"，则以下说法中正确的是（　　）。

A．aa 数组组成元素的值分别是"abcd"和 ABCD"

B．aa 是指针变量，它指向含有两个数组元素的字符型一维数组

C．aa 数组的两个元素分别存放的是含有 4 个字符的一维字符数组的首地址

D．aa 数组的两个元素中各自存放了字符'a'和'A'的地址

8．若有说明"int a[3][4]={{0,1},{2,4},{5,8}}; int(*p)[4]=a;"，则数值为 4 的表达式是（　　）。

A．*a[1]+1　　　B．p++,*(p+1)　　　C．a[2][2]　　　D．p[1][1]

9．若有函数 max(a,b)，为了让函数指针变量 p 指向函数 max()，正确的赋值方法是（　　）。

A．p=max;　　　B．p=max(a,b);　　　C．*p=max;　　　D．*p(a,b);

10．有以下程序：

```
int a[5]={1,3,5,7},*p,**q;
p=x,q=&p;
printf("%d,%d\n",*(p++),**q);
```

程序运行后，输出的结果为（　　）。

A．4,4　　　　B．2,4　　　　C．2,2　　　　D．4,6

二、编程题（均用指针处理）

1. 输入 3 个整数，输出较大者。

2. 将 10 个整数按由大到小排序输出。

3. 输入一行字符，分别统计其中的大写字母、小写字母、空格、数字和其他字符的个数。

4. 有 n 个人围成一个圈，顺序排号。由第 1 个人开始从 1 到 3 报数，凡报到 3 的人退出圈子，问最后留下的是原来的第几号。

5. 编写函数，求一个 3×3 矩阵的转置矩阵。

6. 编写函数，将一个 5×5 矩阵的最大值放在中心，四角按从左到右，从上到下的顺序存放最小值。

7. 编写函数，求字符串的长度。

8. 任意输入两个字符串，然后连接这两个字符串，并输出连接后的新字符串。要求不能使用字符串处理函数 strcat()。

9. 从键盘输入一个月份值，用指针数组编程输出该月份的英文月份名。

10. 输入 10 个整数进行排序并输出，其中用函数指针编写一个通用的排序函数，如果输入 1，程序实现数据按升序排序；如果输入 2，程序实现数据按降序。

实验 7   指   针

1. 实验目的

（1）掌握指针的概念，会定义并使用指针变量。

（2）学会使用数组的指针和指向数组的指针变量。

（3）学会使用字符串的指针和指向字符串的指针变量。

（4）学会使用指向函数的指针变量。

2. 实验内容

（1）求 3 个整数中较大者。

编程提示：本质上是两个数的比较。3 个数比较时，a 和 b 比较，a 和 c 比较，b 和 c 比较。

参考程序：

```
#include <stdio.h>
void swap(int *pt1, int *pt2)
{
    int temp;
    temp=*pt1;                              /*换*pt1 和*pt2 变量的值*/
    *pt1=*pt2;
    *pt2=temp;
}
void exchange(int *q1, int *q2, int *q3)    /*定义将 3 个变量的值交换的函数*/
{
    if(*q1<*q2) swap(q1,q2);                /*如果 a<b，交换 a 和 b 的值*/
```

```
    if(*q1<*q3) swap(q1,q3);                /*如果 a<c，交换 a 和 c 的值*/
    if(*q2<*q3) swap(q2,q3);                /*如果 b<c，交换 b 和 c 的值*/
}
int main()
{
    int a,b,c,*p1,*p2,*p3;
    printf("please enter three numbers:");
    scanf("%d,%d,%d",&a,&b,&c);
    p1=&a;p2=&b;p3=&c;
    exchange(p1,p2,p3);
    printf("The order is:%d,%d,%d\n",a,b,c);
    return 0;
}
```

（2）将 10 个整数按由大到小排序输出。

编程提示：利用冒泡法排序。

参考程序：

```
#include <stdio.h>
void sort(int *x,int n)              /*定义 sort 函数，x 是指针变量*/
{
    int i,j,t;
    for(i=0;i<n-1;i++)
    {
        for(j=0;j<n-1-i;j++)
            if(x[j]<x[j+1])
            {
                t=*(x+j);
                *(x+j)=*(x+j+1);
                *(x+j+1)=t;
            }
    }
}
int main()
{
    int i,*p,a[10];
    p=a;                             /*指针变量 p 指向 a[0]*/
    printf("输入 10 整数:");
    for(i=0;i<10;i++)
        scanf("%d",p++);             /*输入 10 个整数，p++指针下移*/
    p=a;                             /*指针变量 p 重新指向 a[0]*/
    sort(p,10);                      /*调用 sort 函数*/
    printf("按由小到大的排序:");
    for(p=a,i=0;i<10;i++)
        printf("%d ",*p++);          /*输出排序后的 10 个数组元素，先执行*p，再执行 p++*/
```

```
    printf("\n");
    return 0;
}
```

（3）输入一行字符，编写函数，分别统计其中的大写字母、小写字母、空格、数字和其他字符的个数。

编程提示：利用 if 的第 3 种形式，判断各字符并进行计数。

（4）编写函数，将一个 5×5 矩阵的最大值放在中心，四角按从左到右，从上到下的顺序存放最小值。

编程提示：利用打擂台法求最大值和最小值。

（5）编写函数，求字符串的长度。

编程提示：在遍历字符串时，进行计数，直到遇到'\0'结束。

（6）输入 10 个整数进行排序并输出，其中用函数指针编写一个通用的排序函数，如果输入 1，程序实现数据按升序排序；如果输入 2，程序实现数据按降序。

编程提示：定义 ascend()函数，按升序排序；定义 descend()函数，按降序排序；定义 sort()函数，实现排序的算法，根据实参，确定指向函数的指针变量调用 ascend()函数还是 descend()函数。

3．实验总结

（1）总结在本次实验遇到哪些问题及解决方法。

（2）总结使用指向数组的指针变量访问数组元素时的注意事项。

（3）总结使用指向字符的指针变量访问字符串时的注意事项。

（4）总结使用指向函数的指针变量访问函数时的注意事项。

第8章　结构体与其他构造类型

在前面的章节里，已经学习了在程序中描述一个数据或一组数据，即定义变量或数组，其中这些变量或数组的数据类型通常都是 C 语言提供的标准数据类型（例如 int、float、char 等），它们之间相互独立、没有内在联系。但是在实际生活中，描述一个对象往往需要很多数据，这些数据的数据类型一般都不同，同时它们之间具有内在联系。因此，C 语言中的基本数据类型是无法直接完成对这类对象描述的。那么，这时就需要程序员根据实际情况先构造相应的数据类型，然后再定义其类型下的变量或数组。

在 C 语言中，允许用户自己构造的数据类型，主要有结构体类型、共用体类型和枚举类型。它们和标准数据类型一样，都可以用来定义变量或数组。

8.1　结构体引例

【例 8-1】　一个职工的基本信息包括职工号、姓名、性别、年龄、工龄、工资。编写程序输出该职工的所有信息。

编程提示：根据前面学习的知识，用以下程序实现其功能。

```
#include <stdio.h>
#include <string.h>
int main()
{
  int num;          /*职工号*/
  char name[20];    /*姓名*/
  char sex;         /*性别*/
  int age;          /*年龄*/
  int workyear;     /*工龄*/
  float salary;     /*工资*/
  num=10016;            /*以下给职工的信息赋值*/
  strcpy(name,"zhang lin");
  sex='F';
  age=36;
  workyear=12;
  salary=3800;
  printf("    num: %d\n  name: %s\n    sex: %c\n    age: %d\nworkyear: %d\n
        salary: %.2f\n",num,name,sex,age,workyear,salary);
          /*输出职工的信息*/
  return 0;
}
```

程序运行结果：

```
      num: 10016
     name: zhang lin
      sex: F
      age: 36
workyear: 12
   salary: 3800.00
```

职工的基本信息包括职工号、姓名、性别、年龄、工龄和工资，这些信息是每个职工都具有的属性（它们的属性值对应不同的数据类型），它们之间具有内在联系。以上程序中所有变量虽然也表示了这些信息，但它们之间相互独立，不能体现出是某一个职工的信息。当有多名这样的职工时，这种处理方式就更不可取了。

因此，用户在处理这类问题时，应先构造相应的结构体类型，再定义结构体变量。结构体类型相当于一个模型，并没有具体的数据，只有定义变量才能够分配存储空间，并进行赋值及访问。

```c
#include <stdio.h>
#include <string.h>
int main()
{
    struct Worker              /*声明结构体类型struct Worker*/
    {
        int num;               /*职工号*/
        char name[20];         /*姓名*/
        char sex;              /*性别*/
        int age;               /*年龄*/
        int workyear;          /*工龄*/
        float salary;          /*工资*/
    };
    struct Worker worker1;     /*定义结构体变量worker1*/
    worker1.num=10016;         /*以下给所有成员赋值*/
    strcpy(worker1.name,"zhang lin");
    worker1.sex='F';
    worker1.age=36;
    worker1.workyear=12;
    worker1.salary=3800;
    printf("    num: %d\n   name: %s\n    sex: %c\n   age: %d\nworkyear: %d\n
           salary:%.2f\n",worker1.num,worker1.name,worker1.sex,worker1.age,
           worker1.workyear,worker1.salary);   /*输出所有成员信息*/
    return 0;
}
```

程序运行结果：

```
    num: 10016
   name: zhang lin
```

```
      sex: F
      age: 36
workyear: 12
  salary: 3800.00
```

程序中声明结构体类型 struct Worker，并定义了该类型下的结构体变量 worker1。其中 num、name、sex、age、workyear 和 salary 表示职工 worker1 中的成员：职工号、姓名、性别、年龄、工龄和工资。职工的所有信息，按照对应的数据类型依次被赋值后再输出。

【同步练习】 一个学生的基本信息包括学号、姓名、性别、年龄和成绩。编写程序输出该学生的所有信息。

提示：声明结构体类型并定义结构体变量。

```
struct Student             /* 声明结构体类型 struct Student */
{
    long num;              /* 学号 */
    char name[20];         /* 姓名 */
    char sex;              /* 性别 */
    int age;               /* 年龄 */
    float score;           /* 成绩 */
} stud1;
```

8.2 结构体类型和结构体变量

结构体类型是用户根据需要自己构造的，等同于 C 语言中的标准类型（例如 int、float、char 等），其中并没有具体数据，系统不会分配存储空间；要想在程序中使用结构体类型的数据，必须定义结构体类型的变量，因为只有变量才能够分配空间并存取数据。

8.2.1 定义结构体类型

【例 8-2】 假定一个学生的信息包括学号、姓名、性别以及年龄以及 3 门功课的成绩。编写程序输出该学生的所有信息。

编程提示：由于学号、姓名、性别、年龄以及三门功课成绩都是学生的属性，它们之间存在内在联系且每个属性的类型不尽相同，因此需要先声明一个结构体类型。

```
struct Student             /* 声明结构体类型 struct Student */
{
    long num;              /* 学号 */
    char name[20];         /* 姓名 */
    char sex;              /* 性别 */
    int age;               /* 年龄 */
    float score[3];        /* 三门功课成绩 */
}
```

声明一个学生结构体类型，其中结构体类型名为 struct Student，成员包括长整型变量

num 表示学生的学号、字符型数组 name 表示学生的姓名、字符型变量 sex 表示学生的性别、整型变量 age 表示学生的年龄、浮点型数组 score 表示学生的三门功课成绩。

声明结构体类型的一般形式：

```
struct 结构体名
{
    数据类型   成员名1;
    数据类型   成员名2;
    …
    数据类型   成员名n;
};
```

声明结构体类型时要注意以下几点。

（1）结构体类型包含两个部分：结构体类型名和所有成员。其中结构体类名由关键字 struct 和结构体名组成，结构体名遵循标识符的命名规则，但若第一个字符为字母，则一般习惯大写。

（2）所有成员放在花括号中，表示它们都属于这个结构体类型，最后要加逗号以示声明结束。各成员的定义方法与普通变量的定义方法相同。成员名允许与程序中的其他普通变量名相同，但二者代表不同的对象。

（3）成员的类型可以是基本数据类型（例如 int、float、char 等）或数组，也可以是结构体类型。例如，将上例 8-2 中学生的信息改为学号、姓名、性别、出生日期、三门功课成绩。

```
struct Birthday              /*声明一个结构体类型 struct Birthday */
{
    int year;                /* 年 */
    int month;               /* 月 */
    int day;                 /* 日 */
};
struct Student               /* 声明结构体类型 struct Student  */
{
    long num;
    char name[20];
    char sex;
    struct Birthday birth;   /* 定义结构体类型 struct Birthday 的变量 birth */
    float score[3];
};
```

或者

```
struct Student               /* 声明结构体类型 struct Student  */
{
    long num;
    char name[20];
    char sex;
```

```
struct Birthday          /* 声明结构体类型 struct Birthday */
{
    int year;            /* 年 */
    int month;           /* 月 */
    int day;             /* 日 */
}birth;                  /* 定义结构体类型 struct Birthday 的变量 birth */
    float score[3];
};
```

学生信息中的出生日期包括年、月、日，它们都是出生日期的属性，具有内在联系，因此在描述该成员时，需要声明一个结构体类型 struct Birthday。结构体变量的定义方法，见下一小节。

8.2.2 结构体变量的定义

【例 8-3】 假定一个学生的信息包括学号、姓名、性别、年龄以及 3 门功课的成绩。编写程序输出该学生的所有信息。

编程提示：声明了结构体类型 struct Student，接下来要想使用其中的数据，则必须定义结构体类型的变量。定义结构体变量有 3 种方法。

第 1 种方法：先声明结构体类型，再定义结构体变量。

```
struct Student            /* 声明结构体类型 struct Student */
{
    long num;             /* 学号 */
    char name[20];        /* 姓名 */
    char sex;             /* 性别 */
    int age;              /* 年龄 */
    float score[3];       /* 3 门功课成绩 */
};
struct Student stud1;    /* 定义结构体变量 stud1 */
```

这种定义方法的一般形式如下：

```
struct 结构体名
{
    数据类型    成员名 1;
    数据类型    成员名 2;
    ...
    数据类型    成员名 n;
}
结构体类型名    变量名 1[,变量 2,…,变量 n];
```

这种方法将声明结构体类型和定义结构体变量分离，在程序中可以随时定义该结构体类型的变量，比较灵活。

第 2 种方法：声明结构体类型的同时定义结构体变量。

```
struct Student                    /* 声明结构体类型 struct Student */
{
    long num;                 /* 学号 */
    char name[20];            /* 姓名 */
    char sex;                 /* 性别 */
    int age;                  /* 年龄 */
    float score[3];           /* 3 门功课成绩 */
} stud1;                          /* 声明结构体类型时定义结构体变量 stud1 */
```

这种定义方法的一般形式如下：

```
struct 结构体名
{
    数据类型  成员名 1；
    数据类型  成员名 2；
    …
    数据类型  成员名 n；
}变量名 1[,变量 2,…,变量 n]；
```

这种方法将声明结构体类型和定义结构体变量放在一起，看起来比较直观。当然在程序中如果还需要该结构体类型的变量，仍然可以随时定义。

第 3 种方法：声明结构体类型的同时定义结构体变量，但不指定结构体名。

```
struct                            /* 声明结构体类型，但不指定结构体名*/
{
    long num;                 /* 学号 */
    char name[20];            /* 姓名 */
    char sex;                 /* 性别 */
    int age;                  /* 年龄 */
    float score[3];           /* 3 门功课成绩 */
} stud1;                          /* 声明结构体类型时定义结构体变量 stud1 */
```

这种定义方法的一般形式如下：

```
struct
{
    数据类型  成员名 1；
    数据类型  成员名 2；
    …
    数据类型  成员名 n；
}变量名 1[,变量 2,…,变量 n]；
```

这种方法与第 2 种方法类似，但最大区别是没有给出结构体名，那么结构体类型名就不完整，如果在程序中还需要该结构体类型的变量，则无法定义，因此较少使用此方法。

定义结构体变量时要注意以下几点：

（1）要想引用结构体类型中的成员，必须先定义结构体变量。因为只有变量才能够分配存储空间。系统会为结构体变量分配一片连续的存储单元，其大小为所有成员字节数的总和，且满足 4 的倍数；也可以利用 sizeof()函数求出其字节数。

（2）C 语言允许同类的结构体变量相互赋值。

例如：

```
struct Student stud1, stud2;
stud1=stud2;
```

两个结构体变量赋值时，实际上是按照结构体的成员顺序依次对相应的成员进行赋值，赋值后两个结构体变量的成员值完全相同。

（3）结构体变量中的成员，可以单独使用，与普通变量的使用方法完全相同。但使用成员变量时需要指明它是哪个结构体变量名下的成员。

8.2.3 结构体变量的初始化和引用

【例 8-4】 假定一个学生的信息包括学号、姓名、性别、年龄以及 3 门功课的成绩。编写程序输出该学生的所有信息。

编程提示：定义结构体变量之后，可以对各成员进行访问。

（1）在定义结构体变量时对它的成员进行初始化。

```
struct Student          /* 声明结构体类型 struct Student */
{
    long num;           /* 学号 */
    char name[20];      /* 姓名 */
    char sex;           /* 性别 */
    int age;            /* 年龄 */
    float score[3];     /* 3 门功课成绩 */
}stud1={10008, "zhaojing",'F',20,95,90,92};
```

初始化列表是用花括号括起来的一些常量，各成员用逗号间隔，这些常量依次赋值给结构体变量中的成员。

（2）引用结构体变量中成员的值。

```
stud1.num=10008;
strcpy(stud1.name,"zhaojing");
stud1.sex='F';
stud1.age=20;
stud1.score[0]=95;
stud1.score[1]=90;
stud1.score[2]=92;
```

引用成员的一般形式如下：

结构体变量名.成员名

引用成员时需要注意以下几点：

①"."是成员运算符，它的优先级是所有运算符中最高的。因此，stud1.num 作为一个整体，相当于一个变量。成员变量在使用时，与普通变量一样可以进行赋值及各种运算。

②如果成员本身又是另一个结构体类型，则需通过成员运算符逐级找到最底层的成员再进行引用。

例如：

```
struct Student              /* 声明结构体类型 struct Student  */
{
    long num;
    char name[20];
    char sex;
    struct Birthday         /*声明结构体类型 struct Birthday */
    {
        int year;           /* 年 */
        int month;          /* 月 */
        int day;            /* 日 */
    }birth;                 /* 定义结构体类型 struct Birthday 的变量 birth */
    float score[3];
 }stud1;
stud1.birth.year=2017;
```

③ 可以引用结构体变量成员的地址，也可以引用结构体变量的地址。

例如：

```
scanf("%ld ",&stud1.num);
printf("%o",&stud1);
```

（3）通过输入输出函数访问成员。各成员必须根据各自的数据类型逐一进行输入或输出。

例如：

```
scanf("%ld",&stud1.num);
scanf("%s",stud1.name);
scanf("%c",&stud1.sex);
scanf("%d",&stud1.age);
for(i=0;i<3;i++)
    scanf("%f",&stud1.score[i]);
```

不能企图通过直接对结构体变量名进行输入或输出，而达到对各成员的输入或输出。下列用法是错误的：

```
scanf("%ld,%s,%c,%d,%f,%f,%f",&stud1);
printf("%s\n",stud1);
printf("%ld,%s,%c,%d,%f,%f,%f\n",stud1);
```

【例8-5】 假定一个学生的信息包括学号、姓名、性别、年龄以及 3 门功课的成绩。编写程序输出该学生的所有信息。

编程提示：声明结构体类型 struct Student，定义结构体变量 stud1，通过键盘输入学生的信息，并输出所有信息。

```c
#include <stdio.h>
int main()
{
    int i;
    struct Student              /* 声明结构体类型 struct Student */
    {
        long num;               /* 学号 */
        char name[20];          /* 姓名 */
        char sex;               /* 性别 */
        int age;                /* 年龄 */
        float score[3];         /* 3门功课成绩 */
    };
    struct Student stud1;       /* 定义一个结构体变量 stud1 */
    printf("输入学生的学号：");
    scanf("%ld",&stud1.num);
    printf("输入学生的姓名：");
    scanf("%s",stud1.name);
    printf("输入学生的性别（F或M）：");
    scanf(" %c",&stud1.sex);    /* %c前有一个空格 */
    printf("输入学生的年龄：");
    scanf("%d",&stud1.age);
    printf("输入学生的3门课程成绩（以空格间隔）：");
    for(i=0;i<3;i++)
      scanf("%f",&stud1.score[i]);
    printf("\n****************\n");
    printf("\n学 号：%ld\n姓 名：%s\n性 别：%c\n年 龄：%d\n课程1：%.1f\n课程
            2:%.1f\n课程3:%.1f\n",stud1.num,stud1.name,stud1.sex,stud1.age,
            stud1.score[0],stud1.score[1],stud1.score[2]);
    return 0;
}
```

程序运行结果：

输入学生的学号：10008✓
输入学生的姓名：zhaojing✓
输入学生的性别（F或M）：F✓
输入学生的年龄：20✓
输入学生的3门课程成绩（以空格间隔）：95 90 92✓
****
学 号：10008
姓 名：zhaojing
性 别：F

年　龄：20
课程1：95.0
课程2：90.0
课程3：92.0

【例 8-6】 输入两名学生的信息（包括学号、姓名和成绩），输出成绩较高的学生信息。

编程提示：声明结构体类型 struct Student，并定义两个结构体变量 stud1 和 stud2；使用 scanf()函数给 stud1 和 stud2 的各成员变量赋值；比较 stud1.score 和 stud2.score 的成绩，输出成绩较高的学生信息。

```c
#include <stdio.h>
int main()
{
    struct Student              /* 声明结构体类型 struct student */
    {
        int num;
        char name[20];
        float score;
    }stud1,stud2;               /* 定义两个结构体变量 stud1, stud2 */
    scanf("%d%s%f",&stud1.num,stud1.name,&stud1.score); /* 输入学生 1 的信息 */
    scanf("%d%s%f",&stud2.num,stud2.name,&stud2.score); /* 输入学生 2 的信息 */
    if (stud1.score>stud2.score)
    {
        printf("成绩较高的学生为:\n");
        printf("%d %s %.1f\n",stud1.num,stud1.name,stud1.score);
    }
    else if (stud1.score<stud2.score)
    {
        printf("成绩较高的学生为:\n");
        printf("%d %s %.1f\n",stud2.num,stud2.name,stud2.score);
    }
    else
    {
        printf("两人成绩一样！\n");
        printf("%d %s %.1f\n",stud1.num,stud1.name,stud1.score);
        printf("%d %s %.1f\n",stud2.num,stud2.name,stud2.score);
    }
    return 0;
}
```

程序运行结果：

```
10001 zhao 95✓
10002 sun 90✓
成绩较高的学生为：
10001 zhao 95.0
```

```
10001 zhao 85↙
10002 sun 90↙
成绩较高的学生为：
10002 sun 90.0

10001 zhao 90↙
10002 sun 90↙
两人成绩一样！
10001 zhao 90.0
10002 sun 90.0
```

【同步练习】 输入 3 个学生的信息（包括学号、姓名和成绩），输出成绩较高的学生信息。

提示：声明结构体类型并定义结构体变量。

```
struct Student              /* 声明结构体类型 struct Student  */
{
    long num;               /* 学号 */
    char name[20];          /* 姓名 */
    float score;            /* 成绩 */
} stud1,stud2,stud3;
```

利用打擂台法求最大值。

8.3　结构体数组

一个学生的信息可以用一个结构体变量来表示，但如果有多个这样的学生，处理时当然也可以用多个结构体变量来表示，但一定没有结构体数组更灵活方便。结构体数组具有一般数组的特性，即所有数组元素的数据类型都相同，但结构体数组中的元素不再是简单的基本数据类型，而是一个结构体类型。

8.3.1　结构体数组的定义

【例 8-7】 输入 5 个学生的信息（包括学号、姓名和成绩），输出成绩较高的学生信息。

编程提示：声明结构体类型 struct Student，成员包括 num 表示学生的学号、name 表示学生的姓名、score 表示学生的成绩。由于有 5 个这样的学生，因此定义 5 个结构体变量无疑没有定义一个由 5 个元素组成的结构体数组处理问题更方便。

定义结构体数组与定义结构体变量类似。

（1）先声明结构体类型，再定义结构体数组。

```
struct Student                  /* 声明结构体类型 struct Student */
{
    int num;                    /* 学号 */
```

```
        char name[20];           /* 姓名 */
        float score;             /* 成绩 */
    };
    struct Student stud[5];      /* 定义一个由 5 个元素组成的结构体数组 stud */
```

这种定义方法的一般形式如下：

```
struct 结构体名
{
    数据类型   成员名1;
    数据类型   成员名2;
    …
    数据类型   成员名n;
};
结构体类型名   数组名[数组长度];
```

（2）声明结构体类型的同时定义结构体数组。

```
struct Student                /* 声明结构体类型 struct Student */
{
    int num;                  /* 学号 */
    char name[20];            /* 姓名 */
    float score;              /* 成绩 */
} stud[5];                    /* 定义一个由 5 个元素组成的结构体数组 stud */
```

这种定义方法的一般形式如下：

```
struct 结构体名
{
    数据类型   成员名1;
    数据类型   成员名2;
    …
    数据类型   成员名n;
} 数组名[数组长度];
```

8.3.2   结构体数组的初始化和引用

【例 8-8】 输入 5 个学生的信息（包括学号、姓名和成绩），输出成绩较高的学生信息。
编程提示：定义结构体数组之后，可以对数组元素中的成员进行访问。

（1）在定义结构体变量时对它的成员进行初始化。

```
struct Student                /* 声明结构体类型 struct Student */
{
    int num;                  /* 学号 */
    char name[20];            /* 姓名 */
    float score;              /* 成绩 */
};
```

```
struct  Student  stud[5]={{10001,"zhang",91},{10002,"wang",92},…,{10005,
"kong",90}};
```

同初始化列表是用花括号括起来所有元素，元素之间以逗号间隔；各元素用花括号括起来，成员用逗号间隔。

（2）引用结构体数组各元素中成员的值。

```
stud[0].num=10001;
strcpy(stud[0].name,"zhang");
stud[0].score=91;
```

引用结构体数组元素中成员的一般形式如下：

数组元素名.成员名

（3）通过输入输出函数访问数组元素中的成员。数组通常与循环语句结合，通过循环变量来控制元素中的下标，使访问数组元素更方便。因此，访问结构体数组各元素时可以使用 for 语句。

```
for(i=0;i<5;i++)
    scanf("%d%s%f",&stud[i].num,stud[i].name,&stud[i].score);
```

【例 8-9】 输入 5 个学生的信息（包括学号、姓名和成绩），输出成绩较高的学生信息。

编程提示：定义一个由 5 个元素组成的结构体数组，通过键盘输入这些学生的信息，经过比较各元素中 score 成员的值，求出最大值并输出对应学生的所有信息。

```
#include <stdio.h>
struct Student
{
    int num;
    char name[20];
    float score;
};
int main()
{
    struct Student stud[5]; /* 定义一个由 5 个元素组成的结构体数组 */
    int i,max_i=0;
    float max;
    for(i=0;i<5;i++)
    {
        printf("输入第%d 个学生信息:",i+1);
        scanf("%d%s%f",&stud[i].num,stud[i].name,&stud[i].score);
    }
    max=stud[0].score;      /* 结构体数组的引用 */
    for(i=1;i<5;i++)
        if(max<stud[i].score)
        {
            max_i=i;
            max=stud[i].score;
        }
```

```
        printf("\n分数最高的学生信息如下:\n");
        printf("学号: %d\n姓名: %s\n成绩: %.1f\n",stud[max_i].num,
               stud[max_i].name, stud[max_i].score);
        return 0;
}
```

程序运行结果:

输入第 1 个学生信息:10001 zhang 91↙
输入第 2 个学生信息:10002 wang 92↙
输入第 3 个学生信息:10003 sun 85↙
输入第 4 个学生信息:10004 zhao 90.5↙
输入第 5 个学生信息:10005 kong 90↙
分数最高的学生信息如下:
学号: 10002
姓名: wang
成绩: 92.0

【同步练习】 输入 5 个学生的信息（包括学号、姓名和 3 门功课的成绩），输出平均分最高的学生的信息。

提示：声明结构体类型并定义结构体数组。

```
struct Student
{
        int num;
        char name[20];
        float score[3];
}stud[5];
```

先求每个学生的平均分数，然后再利用打擂台法求最大值。

8.4 结构体指针

对于存储单元的数据，通常利用变量名进行直接访问，但也可以通过指向变量的指针变量进行间接访问。因此，对于结构体类型的数据，也可以通过定义指向结构体变量或结构体数组的指针变量进行间接访问。

8.4.1 指向结构体变量的指针

【例 8-10】 假定一个学生的信息包括学号、姓名、成绩。编写程序通过指向结构体变量的指针变量输出该学生的所有信息。

编程提示：stud1 是 struct Student 类型的结构体变量，p 是指向该类型变量的指针变量，赋值语句 "p=&stu1;" 的作用是将结构体变量 stu1 的地址赋给变量 p，使指针变量 p 指向变量 stud1。这样，就可以利用指针变量 p 来间接访问结构体变量 stud1 的各个成员。

```c
#include <stdio.h>
#include <string.h>
int main()
{
    struct Student
    {
        int num;
        char name[20];
        float score;
    };
    struct Student stud1;        /* 定义结构体变量 stud1 */
    struct Student * p;          /* 定义指向 struct Student 的指针变量 p */
    p=&stud1;                    /* p 指向结构体变量 stud1 */
    stud1.num=10008;
    strcpy(stud1.name,"zhaojing");
    stud1.score=95;
    printf("*****************\n");
    printf("学号: %d\n 姓名: %s\n 成绩: %.1f\n",stud1.num,stud1.name,
           stud1.score);
    printf("*****************\n");
    printf("学号: %d\n 姓名: %s\n 成绩: %.1f\n",( * p).num,( * p).name,
           ( * p).score);
    printf("*****************\n");
    printf("学号: %d\n 姓名: %s\n 成绩: %.1f\n",p->num,p->name,p->score);
    return 0;
}
```

程序运行结果:

```
*****************
学号: 10008
姓名: zhaojing
成绩: 95.0
*****************
学号: 10008
姓名: zhaojing
成绩: 95.0
*****************
学号: 10008
姓名: zhaojing
成绩: 95.0
```

  定义结构体变量,系统会为其分配一片连续的存储单元,此存储单元的起始地址就称为结构体变量的指针。定义一个结构体指针,并使它指向结构体变量,就可以通过这个指针变量来引用结构体变量。

定义结构体指针变量的一般形式如下：

struct 结构体名 * 结构体指针变量名表；

其中，"struct 结构体名"是已经定义的结构体类型名。

使用结构体指针变量引用结构体变量成员的形式有：

（1）（* 结构体指针变量名）.成员名。其中，"* 结构体指针变量名"表示指针变量所指的结构体变量。

（2）结构体指针变量名->成员名。其中，"->"为结构体指针运算符，具有最高的优先级，自左向右结合。

上面的例子中，stud1.num、(* p).num 与 p->num 等效。

8.4.2 指向结构体数组的指针

【例 8-11】 输入 5 个学生的信息（包括学号、姓名和成绩），编写程序通过指向结构体数组的指针变量输出所有学生的信息。

编程提示：stud 是数组名，p=stud 的作用是将 stud 数组的首地址赋给指针变量 p，此时 p 指向 stud[0]，p++指向 stud[1]，执行 p++后，p 指向 stu[2]，以此类推。

```
#include <stdio.h>
struct Student
{
  int num;
  char name[20];
  float score;
};
int main()
{
  struct Student stud[5]={{10001,"zhang",91},{10002,"wang",92},
                          {10003,"sun",85},{10004,"zhao",90.5},
                          {10005,"kong",90}};
                              /* 定义结构体数组并初始化 */
  struct Student * p;       /* 定义 struct Student 类型的指针变量 p */
  printf(" 学号      姓名        成绩 \n");
  for(p=stud;p<stud+5;p++)
    printf("%5d    %-10s  %-.1f\n",p->num,p->name,p->score);
  return 0;
}
```

程序运行结果：

```
学号      姓名      成绩
10001    zhang     91.0
10002    wang      92.0
10003    sun       85.0
10004    zhao      90.5
```

```
10005    kong     90.0
```

结构体数组指针是指结构体数组的起始地址。通过指向结构体数组的指针变量可以访问结构体数组中的各个元素以及各元素下的所有成员。指向结构体数组的指向变量，与指向其他类型数组的指针变量一样，可以进行自加和自减运算。若指针 p 是指向结构体数组，则 p+1 指向数组中的下一个元素。

注意：

（1）（++p）->name 和++p ->num 不同。因为 "->" 运算优先级高。

（2）p 指向该结构体数组中的一个元素，不能指向数组元素中的某一成员。

【同步练习】输入 10 名学生的信息（包括学号、姓名和 3 门功课成绩），编写程序通过指向结构体数组的指针变量输出平均分最高的学生信息。

提示：声明结构体类型，定义结构体数组及结构体指针。

```
struct Student
{
    int num;
    char name[20];
    float score[3];
};
struct Student stud[10],*p;
```

通过指向结构体数组的指针 p 访问结构体数组中的元素。

8.4.3   向函数传递结构体

函数间可以传递结构体类型的数据，主要有以下几种情况。

（1）结构体变量的成员作为函数参数：属于"数值传递"方式。形参类型与成员类型一致，相当于对副本进行操作，修改形参不会对实参产生影响。但这种传递很少使用。

（2）结构体变量作为函数参数：也属于"数值传递"方式，将实参结构体变量成员的内容全部传递给同类型的形参结构体变量的成员，由于在函数调用时形参也要分配同样大小的存储空间，因此大大增加了在空间和时间上开销。当然，这种方式也不会对实参产生影响。

（3）结构体数组名或指向结构体变量的指针作为函数参数。

函数间传递时，实参为结构体数组名，即结构体数组的首地址；实参为结构体指针，即结构体变量的地址，形参为接收地址的指针变量，这种传递方式属于"地址传递"，相当于对实参本身进行操作。因此，对函数中的结构体成员值修改时，就是对实参中的结构体成员值修改。

【例 8-12】输入 5 名学生的信息（包括学号、姓名和 3 门功课成绩），输出平均分最高的学生信息。（利用函数调用实现。）

编程提示：按照程序模块化的思路，定义 3 个函数：input 函数功能为输入所有学生信息并计算机平均成绩，max 函数功能为求平均成绩最高的学生并返回该学生，output 函数功能为输出成绩最高的学生信息。

```
#include <stdio.h>
#define N 5
struct Student                    /* 声明结构体类型 struct Student */
{
    int num;                      /* 学号 */
    char name[20];                /* 姓名 */
    float score[3];               /* 3 门功课成绩 */
    float aver;                   /* 平均成绩 */
};

int main()
{
    void input(struct Student stud[]);            /* 函数声明 */
    struct Student max(struct Student stud[]);    /* 函数声明 */
    void output(struct Student stud);             /* 函数声明 */
    struct Student stud[N],*p=stud;               /* 定义结构体数组和指针 */
    input(p);                                     /* 调用 input() 函数 */
    output(max(p));         /* 调用 output 函数,以 max 函数的返回值作为实参 */
    return 0;
}
void input(struct Student stud[])                 /* 定义 input 函数 */
{
    int i,j;
    printf("请输入各学生的信息（学号、姓名、3 门功课成绩）:\n");
    for(i=0;i<N;i++)
    {
        scanf("%d",&stud[i].num);
        scanf("%s",stud[i].name);
        for(j=0;j<3;j++)
            scanf("%f",&stud[i].score[j]);
        stud[i].aver=(stud[i].score[0]+stud[i].score[1]+stud[i].score[2])
                    /3.0;
    }
}
struct Student max(struct Student stud[])   /* 定义 max() 函数 */
{
    int i,t=0;
    for(i=0;i<N;i++)
        if (stud[i].aver>stud[t].aver) t=i;
    return stud[t];                               /* 返回平均成绩最高的元素 */
}
void output(struct Student stud)              /* 定义 output() 函数 */
{
    printf("\n 平均成绩最高的学生是:\n");
```

```
printf("学号:%d\n 姓名:%s\n 3 门功课成绩:%6.1f,%6.1f,%6.1f\n 平均成绩:
        %6.1f\n", stud.num, stud.name, stud.score[0], stud.score[1],
        stud.score[2], stud.aver);
}
```

程序运行结果:

请输入各学生的信息（学号、姓名、3 门功课成绩）:
10001 zhang 91 85 84√
10002 wang 92 90 86√
10003 sun 85 88 92√
10004 zhao 90.5 93.5 94√
10005 kong 90 87 93√
平均成绩最高的学生是:
学号: 1004
姓名: zhao
3 门课成绩: 90.5, 93.5, 94.0
平均成绩: 92.7

调用 input()函数时，属于地址传递，即实参为指针变量，形参为结构体数组，传递的
是结构体数组的首地址。调用 max()函数时，属于地址传递，即实参为指针变量，形参为结
构体数组，传递的是结构体数组的首地址，函数返回值为结构体类型。调用 output()函数时，
属于数值传递，即实参为结构体数组元素，形参为结构体变量，传递的是结构体变量中的
成员。

8.5 链 表

本书第 5 章已经介绍了关于数组的知识，知道数组是一个线性表的顺序表示方式，它
使用直观，便于快速、随机地存取线性表中的任意一个元素。但由于定义数组时需要指定
数组的长度，当不确定数组元素个数时，在定义数组时就需要定义一个长度较大的数组，
这样必然会造成内存空间的浪费；当对数组进行数据的插入或删除操作时，有时需要移动
大量元素，这使得处理数据时很不方便。如果可以动态地分配存储空间，就可以避免以上
的空间浪费和大量数据的移动，这种方法就是链表，是一种常见的数据结构。

8.5.1 链表的定义

在链表中，所有数据元素都分别保存在一个具有相同数据结构的结点中，结点是链表
的基本存储单位，一个结点与一个数据元素相对应，每个结点在内存中使用一块连续的存
储空间。把线性表的元素存放到一个由这种结点组成的链式存储中，每个结点之间可以占
用不连续的内存空间，结点与结点之间通过指针连接在一起，这种存储方式称为链表。

链表中的每个结点至少由两部分组成，即数据域和指针域。结点的定义需要采用结构
体类型，其一般形式如下：

```
struct Node
```

```
{
    int data;              /* 数据域 */
    struct Node *link;     /* 指针域 */
};
```

数据域存放线性表的一个元素，指针域存放其后继结点的地址，所有元素通过指针连成一个链式存储的结构，最后一个结点的指针域为空指针。采用这种存储结构，逻辑上相邻的数据元素在内存中的物理存储空间不一定相邻。具有这种链式存储结构的线性表也称为单向链表，这里只介绍单向链表。

在实际应用中，要建立一个链表通常包括 4 个部分。

（1）头指针。它是指向链表第一个结点的指针，通过头指针可以很方便地找到链表中的每一个数据元素。

（2）表头结点。表头结点也称为头结点，头结点的数据域可以不存放任何信息，也可以存储线性表的长度等附加信息。表头结点不是链表中必可不少的组成部分，是为了操作方便而设立的。也可以采用不带表头的结点结构形式。带头结点的线性链表的逻辑状态，如图 8-1 所示。头指针变量 h 指向链表的头结点。不带头结点的链表头指针直接指向第一个元素的结点，如图 8-2 所示。本节均为不带表头结点的链表。

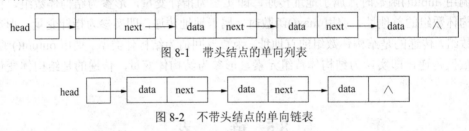

图 8-1　带头结点的单向列表

图 8-2　不带头结点的单向链表

（3）数据结点。数据结点也称为结点，是实际存储数据信息的结点。数据结点的信息可以根据需要设立，也可以是多个不同类型的数据。若是不带表头结点的链表，第一个结点也可以称为头结点。

（4）表尾。链表中的最后一个结点，它的指针域为 NULL，表示没有后续结点。

链式存储结构具有如下特点：

（1）插入、删除运算灵活方便，不需要移动结点，只需要改变结点中指针域的值即可。

（2）可以实现动态分配和扩展空间，当表中数据是动态产生的时候，最好使用链表。

（3）查找操作只能从链表的头结点开始顺序查找，不适合有大量频繁查找操作的表。

【例 8-13】　假定有 3 个学生的信息（包括学号、姓名、成绩），要求用链表的方式输出所有数据。

编程提示：定义了 3 个结构体变量 a、b、c 和两个结构体指针变量 head、p，把变量 a 的地址赋给 head，把变量 b 的地址赋给 a.next，把变量 c 的地址赋给 b.next，c.next 赋值为 NULL，这样就构成了一个静态链表。

```
#include <stdio.h>
#include <string.h>
struct Link                          /* 声明结构体类型 struct Link */
```

```
{
    int num;
    char name[20];
    float score;
    struct Link * next;            /* 定义 struct Link 类型的指针变量 next */
};
int main()
{
    struct Link a,b,c;            /* 定义 3 个结构体变量作为链表的结点 */
    struct Link * head, * p;       /* 定义两个 struct Link 类型的指针变量 */
    a.num=10001;strcpy(a.name,"zhang");a.score=91;
    b.num=10002;strcpy(b.name,"wang");b.score=92;
    c.num=10003;strcpy(c.name,"sun");c.score=85;
    head=&a;                      /* 将结点 a 的起始地址赋给头指针 head */
    a.next=&b;                    /* 将结点 b 的起始地址赋给 a 结点的 next 成员 */
    b.next=&c;                    /* 将结点 c 的起始地址赋给 b 结点的 next 成员 */
    c.next=NULL;                  /* c 结点的 next 成员不存放其他结点地址 */
    p=head;                       /* 使 p 指向第一个结点 */
    do
    {
        printf("%5d   %-10s %-.1f\n",p->num,p->name,p->score);
                                  /* 输出 p 指向的结点的数据 */
        p=p->next;                /* 使 p 指向下一结点 */
    }while(p!=NULL);              /* 输出完 c 结点后 p 的值为 NULL，循环终止 */
    return 0;
}
```

程序运行结果：

```
10001   zhang      91.0
10002   wang       92.0
10003   sun        85.0
```

程序中 p=p->next 的意思是把 p 的下一个结点的地址赋给 p，即指针 p 从一个结点移动到下一个结点。指针 p 首先指向结点 a，然后指向结点 b，最后指向结点 c。当 c.next 赋值给 p 时，表示指向表尾，循环结束。

8.5.2 建立动态链表

建立动态链表，就是指在程序执行过程中从无到有地建立起一个链表，即向链表中添加一个新的结点，首先要为新建结点动态申请存储单元，让指针变量指向这个新建结点，然后再将新建结点添加到链表中。动态申请存储空间需要用到 C 语言提供了的动态内存分配，函数主要有 calloc()、malloc()、free() 和 realloc() 函数。详见本书 7.6 节。

【例 8-14】 编写函数，实现动态的创建一个链表，然后输出链表中所有结点的数据。

编程提示：函数 create 功能是创建一个结点，并把该结点添加到链表中。新建结点需要动态分配内存空间，让指针变量 p 指向新建结点。函数返回链表的头指针。

建立动态链表，有以下两种情况。

（1）链表为空表：新建的结点为头结点。

（2）链表不是空表：新建的结点添加到表尾。

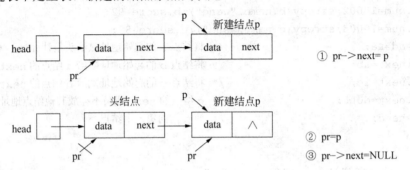

程序代码如下：

```
#include <stdio.h>
#include <malloc.h>
#define LEN sizeof(struct Link)
struct Link
{
    int num;
    float score;
    struct Link *next;
} ;
int n;
int main()
{
    struct Link *head;
    struct Link *creat( );              /* creat 函数为建立链表函数 */
    void output(struct Link *head);     /* output 函数为输出链表函数 */
    head=creat();
    output(head);
    return 0;
}
struct Link *creat()
{
    struct Link *head;
    struct Link *p,*pr;
```

```
        n=0;
        p=pr=(struct Link *) malloc(LEN);    /* 开辟一个新的空间 */
        printf("输入学号，成绩(以空格间隔)\n");
        scanf("%d%f",&p->num,&p->score);
        head=NULL;
        while(p->num!=0)                      /* 输入 num 为 0 时，循环结束 */
        {
            n=n+1;
            if(n==1)
                head=p;
            else
                pr->next=p;
            pr=p;
            p=(struct Link *)malloc(LEN);
            scanf("%d%f",&p->num,&p->score);
        }
        pr->next=NULL;
        return(head);
}

void output(struct Link *head)
{
        struct Link *p;
        p=head;
        printf("\n共有%d名学生，信息为:\n",n);
        if(head!=NULL)
            do
            {
                printf("%d %6.1f\n",p->num,p->score);
                p=p->next;
            }while(p!=NULL);
}
```

程序运行结果：

```
输入学号，成绩(以空格间隔)
10001 91↙
10002 92↙
10003 85↙
10004 90.5↙
10005 90↙
0 0↙
共有5名学生，信息为:
10001  91.0
10002  92.0
10003  85.0
```

```
10004  90.5
10005  90.0
```

8.5.3　链表的删除

链表的删除操作是将一个待删除结点从链表中断开，其他结点保持连接。

【例8-15】 编写函数，从 head 指向的链表中删除一个结点，返回删除结点后的链表的头指针。

编程提示：在已有的链表中删除一个结点，有以下 4 种情况。

（1）链表为空表：不需要删除结点，退出程序。

（2）找到的待删除结点 p 是头结点：将 head 指向当前结点的下一个结点（head=p->next），即可删除当前结点。

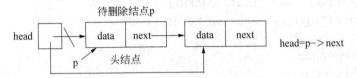

（3）找到的待删结点不是头结点：将前一结点的指针域指向当前结点的下一结点（pr->next=p->next），即可删除当前结点。

待删除结点是末结点：由于 p->next=NULL，因此执行 pr->next=p->next 后，pr->next=NULL，此时 pr 所指向的结点由倒数第 2 个结点变为末结点。

（4）已经找到表尾，但没有找到待删除的，则输出"未找到该结点！"。

注意：删除结点后，必须释放其内存空间。

程序代码如下：

```c
struct Link *deleteNode(struct Link *head, int n)
{
    struct Link *p =head, *pr =head;
    if (head==NULL)                        /* 若链表为空表，则退出程序 */
    {
        printf("这是一个空表!\n");
        return(head);
    }
    while(n!=p->data && p->next!=NULL)      /* 未找到且未到表尾 */
    {
        pr=p;
        p=p->next;
    }
```

```
        if (n==p->data)                /* 若找到结点 n，则删除该结点 */
        {
            if (p==head)               /* 若待删除节点为首结点，则让 head 指向第 2 个结点 */
                head=p->next;
            else
                pr->next=p->next;
            free(p);
        }
        else                           /* 未找到待删除结点 */
            printf("未找到该结点!\n");
        return head;
    }
```

8.5.4　链表的插入

向链表中输入一个新的结点，首先要建立一个结点，将其指针域赋值为空指针，然后在链表中寻找适当的位置并插入该结点。

【**例 8-16**】　编写函数，在已按升序排序的链表中插入一个结点，返回插入结点后的链表头指针。

编程提示：插入结点，有以下 4 种情况。

（1）链表为空表：将新结点 p 作为头结点，让 head 指向新结点 p(head=p)。

（2）链表不是空表：则按结点值（假设已按升序排序）的大小确定插入新结点的位置。若在头结点前插入新结点，则将新结点的指针域指向原链表的头结点（p->next=head），且让 head 指向新结点（head=p）。

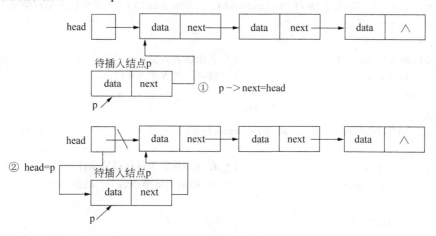

（3）在链表中间插入新结点：将新结点的指针域指向下一结点（p->next=pr->next）且让前一结点的指针域指向新结点（pr->next=p）。

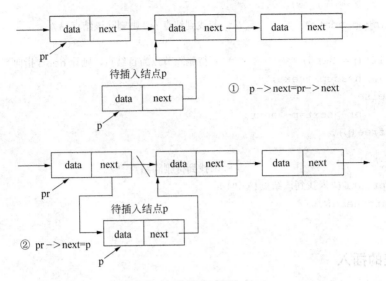

① p—>next=pr—>next

待插入结点p

② pr—>next=p

（4）在表尾插入新结点：末结点指针域指向新结点（pr->next=p）。

程序代码如下：

```
struct Link *insertNode(struct Link *head, int n)
{
    struct Link *pr = head, *p = head, *q = NULL;
    p=(struct Link *)malloc(sizeof(struct Link));    /* 让p指向待插入结点 */
    p->next=NULL;
    p->data=n;
    if(head==NULL)                      /* 若原链表为空表 */
        head=p;                         /* 待插入结点作为头结点 */
    else
    {
        while(pr->data<n && pr->next!=NULL)
        {
            q=pr;                       /* 在q中保存当前结点的指针 */
            pr=pr->next;                /* pr指向当前结点的下一结点 */
        }
        if(pr->data >=n)
        {
            if (pr==head)               /* 若在头结点前插入新结点 */
            {
                p->next=head;
                head=p;
            }
            else                        /* 若在链表中间插入新结点 */
```

```
            {
                pr=q;
                p->next=pr->next;
                pr->next=p;
            }
        }
        else                        /* 若在表尾插入新结点 */
            pr->next=p;
    }
    return head;                    /* 返回插入新结点后的链表头指针 head 的值 */
}
```

8.6 共用体类型

共用体类型是一种不同数据类型的数据项在内存中共同占用同一段存储空间的构造类型。

共用体类型与结构体类型相似，也是用户根据需要自己构造的，等同于 C 语言中的标准类型（例如 int、float、char 等），其中并没有具体数据，系统不会分配存储空间；要想在程序中使用共用体类型的数据，必须定义共用体类型的变量，因为只有变量才能够分配空间并存取数据。

【例 8-17】 有 *n* 个学生进行体育测试，其中男生测试引体向上，女生测试跳远，编写程序输出他们基本信息（包括学号、姓名、性别）和测试成绩。

编程提示：学生的基本信息包括学号、姓名、性别和测试成绩，声明关于学生结构体类型 struct Student，成员包括 num、name、sex、test1，其中由于男生测试引体向上，女生测试跳远，且引体向上成绩的数据类型为整型，跳远成绩的数据类型为浮点型，因此要将引体向上和跳远组成一个整体，就需要定义共用体类型 union Test，若为男生，该空间用来存放引体向上 upward 的成绩；若为女生，该空间用来存放跳远 jump 的成绩。

```
#include <stdio.h>
#define N 5
struct Student          /* 声明结构体类型 */
{
    int num;
    char name[20];
    char sex;
    union Test           /* 声明共用体类型 */
    {
        int upward;      /* 引体向上 */
        float jump;      /* 跳远 */
    }test1;

}stud[N];
```

```c
int main()
{
    int i;
    printf("输入学生的信息:\n");
    for(i=0;i<N;i++)
    {
        scanf("%d %s %c", &stud[i].num, &stud[i].name, &stud[i].sex);
        if(stud[i].sex == 'm')
            scanf("%d", &stud[i].test1.upward);
        else if(stud[i].sex == 'f')
            scanf("%f", &stud[i].test1.jump);
        else
            printf("输入数据有误!");
    }
    printf("\n");
    printf("学号       姓名      性别    引体向上/跳远\n");
    for(i=0;i<N;i++)
    {
        if (stud[i].sex == 'm')
            printf("%-10d%-10s%-4c%8d个\n", stud[i].num, stud[i].name,
                    stud[i].sex, stud[i].test1.upward);
        else if (stud[i].sex == 'f')
            printf("%-10d%-10s%-4c%8.1f米\n", stud[i].num, stud[i].name,
                    stud[i].sex,stud[i].test1.jump);
    }
    return 0;
}
```

程序运行结果:

输入学号的信息:

10001 zhang m 9✓

10002 wang f 12.2✓

10003 sun m 10✓

10004 zhao f 14.5✓

10005 kong m 8✓

学号	姓名	性别	引体向上/跳远
10001	zhang	m	9个
10002	wang	f	12.2米
10003	sun	m	10个
10004	zhao	f	14.5米
10005	kong	m	8个

1. 声明共用体类型的一般形式

声明共用体类型的一般形式如下:

```
union 共用体
{
    数据类型    成员名1;
    数据类型    成员名2;
    …
    数据类型    成员名n;
};
```

例如：

```
union Test
{
    int upward;
    float jump;
}test1;
```

定义一个共用体变量 test1，由 upward 和 jump 两个成员组成，其类型分别为整型和单精度浮点型，这两个成员共享一个内存空间。

2. 共用体变量的定义

共用体变量的定义形式和结构体变量的定义形式类似，也有3种方式。

（1）声明共用体类型后定义共用体变量。

```
union Test
{
    int upward;
    float jump;
};
union Test test1;
```

（2）声明共用体类型同时定义共用体变量。

```
union Test
{
    int upward;
    float jump;
} test1;
```

（3）声明共用体类型的同时定义共用体变量，但不指定共用体名。

```
union
{
    int upward;
    float jump;
}test1;
```

定义共用体类型与定义结构体类型十分相似，但内存空间的占用分配上却不同。结构体变量是各数据成员的集合，各成员占用不同的内存空间，而共用体变量是从同一起始地址存放各个成员的值，即所有成员共享一段内存空间，但在某一时刻只有一个成员起作用。因此不能为共用体的所有成员同时进行初始化，只能对第一个成员进行初始化。共用体不能进行比较操作，也不能作为函数参数。

3. 共用体变量的引用

引用共用体变量的成员。引用共用体变量成员的一般形式如下：

共用体变量名.成员名

或

共用体指针变量->成员名

例如：

```
union Test test1,*p=&test1;
test.upward =10;
p->upward =10;
```

4. 共用体变量的初始化

共用体变量初始化时，只能给某个成员赋值，而且必须用花括号括起来。

注意：

（1）不能对共用体变量名赋值。

（2）不能通过引用变量名得到其成员的值。

（3）不能在定义共用体变量时对它初始化。

（4）共用体变量成员的值由最后一次赋值决定。

（5）共用体变量的地址及其各成员的地址都是同一地址。

（6）不能使用共用体变量作为函数参数。

（7）不能使用函数返回共用体变量。

（8）可以使用指向共用体变量的指针。

8.7 枚 举 类 型

当变量的取值只限定几种可能时（例如星期几），就可以使用枚举类型。枚举是将几种可能的取值一一列举出来，那么变量的取值范围必须在列举值的范围之内。

【**例 8-18**】 口袋中有红、黄、蓝 3 种颜色的球若干个。每次从口袋中先后取出 3 个球，求得到 3 种不同色的球的可能取法，输出每一种排列的情况。（要求用枚举类型实现。）

编程提示：使用了 4 层循环。第 1 层循环变量 i、第 2 层循环变量 j 和第 3 层循环变量 k 分别表示第 1 个球、第 2 个球和第 3 个球的颜色。因此当 i 不等于 j、j 不等于 k 且 i 不等于 k 时，符合条件。第 4 个循环是控制输出，loop 等于 1 时，输出第一个球的颜色，loop 等于 2 时，输出第 2 个球的颜色，以此类推。

```
#include <stdio.h>
int main()
```

```
{
    enum Color {red,yellow,blue};        /* 声明枚举类型 enum Color */
    enum Color i,j,k,pri;                /* 定义枚举变量 i,j,k,pri */
    int n=0,loop;
    for (i=red;i<=blue;i++)
      for (j=red;j<=blue;j++)
      if (i!=j)                          /* 如果两球不同色 */
      {
          for (k=red;k<=blue;k++)
          if ((k!=i) && (k!=j))          /* 如果 3 球不同色 */
          {
              n=n+1;                      /* 符合条件的次数加 1 */
              printf("%-4d",n);           /* 输出当前是第几个符合条件的组合 */
              for (loop=1;loop<=3;loop++)   /* 先后对 3 个球分别处理 */
              {
                  switch (loop)           /* loop 的值从 1 变到 3 */
                  {
                      case 1: pri=i;break;
                      case 2: pri=j;break;
                      case 3: pri=k;break;
                      default:break;
                  }
                  switch (pri)            /* 根据球的颜色输出相应的文字 */
                  {
                      case red:printf("%-4s","红"); break;
                      case yellow: printf("%-4s","黄"); break;
                      case blue: printf("%-4s","蓝"); break;
                      default :break;
                  }
              }
              printf("\n");
          }
      }
    printf("\n 共有%d 种排列方法。\n",n);
    return 0;
}
```

程序运行结果:

```
1   红   黄   蓝
2   红   蓝   黄
3   黄   蓝   黄
4   黄   黄   蓝
5   蓝   红   黄
6   蓝   黄   红
```
共有 6 种排列方法。

1. 声明枚举类型

声明枚举类型的一般形式如下：

```
enum  枚举类型名 {枚举值1,枚举值2,…};
```

例如：

```
enum weekday{sum,mon,tue,wed.thu,fri,sat};      /* 只允许取这7个值 */
```

2. 定义枚举型变量

（1）声明枚举类型和枚举类型变量定义分开。

```
enum Weekday{sum,mon,tue,wed.thu,fri,sat};
enum Weekday a, b;
```

（2）声明枚举类型的同时定义枚举类型变量。

```
enum Weekday{sum,mon,tue,wed.thu,fri,sat} a,b;
```

（3）用无名枚举类型。

```
enum {sum,mon,tue,wed.thu,fri,sat};
```

3. 枚举类型处理

在 C 语言中，枚举值被处理成一个整型常量，此常量的值取决于定义时各枚举值排列的先后次序，第一个枚举值序号为 0，因此它的值为 0，以后依次加 1，例如：

```
enum Weekday{ sum,mon,tue,wed.thu,fri,sat} workday;
```

其中，sun 的值为 0，mon 的值为 1，…，sat 的值为 6。

4. 枚举值比较

因为枚举值处理为整型常数，所以可以进行比较，例如：Tue>wed，实际是 2>3 的比较。

注意：

（1）枚举类型中的枚举值本身就是常量，不允许对其进行赋值操作。

（2）整数不能直接赋给枚举变量，但是可以将赋值号右边强制转换为左边变量的类型后再赋值。

8.8　用 typedef 声明新类型名

typedef 是 Type define 的缩写，就是类型定义，也就是给已有的数据类型指定一个别名。注意，用 typedef 声明新类型名并没有产生新的数据类型。

【例 8-19】假定有 3 个学生的信息（包括学号、姓名、成绩），要求用链表的方式输出所有数据。（利用 typedef 将链表中的结点命名为 Node。）

编程提示：使用 typedef 将结构体类型 struct Link 定义为 Node。在代码中，使用 Node 就等价于数据类型 struct Link。

```
#include <stdio.h>
#include <string.h>
typedef struct Link              /* 将结构体类型 struct Link 定义为 Node */
{
    int num;
    char name[20];
    float score;
    struct Link *next;
}Node;
int main()
{
    Node a,b,c;                  /* 使用 Node 定义 3 个结构体变量 */
    Node *head,*p;               /* 使用 Node 定义 2 个结构体指针 */
    a.num=10001;strcpy(a.name,"zhang");a.score=91;
    b.num=10002;strcpy(b.name,"wang");b.score=92;
    c.num=10003;strcpy(c.name,"sun");c.score=85;
    head=&a;
    a.next=&b;
    b.next=&c;
    c.next=NULL;
    p=head;
    do
    {
        printf("%5d   %-10s %-.1f\n",p->num,p->name,p->score);
        p=p->next;
    }while(p!=NULL);
    return 0;
}
```

程序运行结果：

```
10001   zhang    91.0
10002   wang     92.0
10003   sun      85.0
```

定义的一般形式如下：

typedef 类型名 新名称;

类型名是指可以是 C 语言的标准数据类型，也可以是构造类型。新名称是用户自己定义的新类型名。typedef 的作用如下。

（1）定义新类型名来代替已有的类型名。例如：

```
Typedef float REAL;          /* 用 REAL 代替 float */
Typedef int INTEGER;         /* 用 INITEGER 代替 int */
```

（2）用 typedef 声明数组类型、指针类型、结构体类型、共用体类型、枚举类型等，可使得编程更加方便。

```
typedef struct Link
{
    int data;
    struct Link *next;
}Node;    //将结构体类型 struct Link 定义为 Node
```

（3）使用 typedef 名称有利于提高程序的通用性与可移植性。

8.9 应 用 举 例

【例 8-20】 编写一个统计选票的程序。有 3 名候选人，要求每位选民只能投票选一个人，最后输出各候选人的得票情况。

编程提示：定义结构体 candidate 的同时定义了一个 candidate 类型的数组并初始化。在 main()函数中根据输入的姓名给 3 个候选人计票，将输入的字符串与候选人姓名比较，如果相等，则该候选人的得票加一。

```
#include <stdio.h>
#include <string.h>
struct Candidate                        /* 声明结构体类型 struct Candidate */
{
    char name[20];                      /* 候选人姓名 */
    int total;                          /* 候选人得票数 */
}person[3]={"zhang",0,"wang",0,"sun",0}; /* 定义结构体数组并初始化 */
int main()
{
    int i,j;
    char voter_name[20];                /* 定义字符数组 */
    for (i=1;i<=10;i++)
    {
        scanf("%s",voter_name);  /* 输入所选的候选人姓名 */
        for(j=0;j<3;j++)
            if(strcmp(voter_name,person[j].name)==0)
                person[j].total++;
    }
    printf("\n 投票结果为:\n");
    for(i=0;i<3;i++)
        printf("%6s: %d 票\n",person[i].name,person[i].total);
    return 0;
}
```

程序运行结果：

sun✓

sun✓

zhang✓

zhang✓

wang✓

sun✓

zhang✓

wang✓

wang✓

sun✓

投票结果为：

zhang：3 票

wang：3 票

sun：4 票

【例 8-21】 创建包含学号、成绩的结点的单链表，其结点个数不确定，链表以学号为序（按小到大的顺序），以输入学号为 0 作为结束。同时具有以下功能：

（1）删除一个指定学号结点；

（2）插入一个新结点。

编程提示：编写 4 个函数，creat()函数用于建立动态链表；output()函数用于输出所有结点；deleteNode()函数用于删除一个指定学号的结点；insertNode()函数用于插入一个新的结点。

```c
#include <stdio.h>
#include <malloc.h>
#define LEN sizeof(struct Link)
struct Link
{
    int num;
    float score;
    struct Link *next;
} ;
int n;
int main()
{
    struct Link *creat( );                  /* creat 函数为建立链表函数 */
    void output(struct Link *head);         /* output 函数为输出链表函数 */
    struct Link *deleteNode(struct Link *head, int m);  /* deleteNode 函数为
删除结点函数 */
    struct Link *insertNode(struct Link *head, int m,float s );
                                            /* insertNode 函数为插入结点函数 */
    struct Link *head;
    int num;float score;
    head=creat();
    output(head);
```

```
        printf("输入待删除学生的学号: ");
        scanf("%d",&num);                       /* 输入待删除学生的学号 */
        head=deleteNode(head,num);
        output(head);
        printf("输入待插入学生的学号、成绩: ");
        scanf("%d%f",&num,&score);              /*输入待插入学生的学号、成绩 */
        head=insertNode(head,num,score);
        output(head);
        return 0;
}


/* creat 函数为建立链表函数 */
struct Link *creat()
{
        struct Link *head;
        struct Link *p1,*p2;
        n=0;
        p1=p2=( struct Link*) malloc(LEN);      /* 开辟一个新的空间 */
        printf("输入学号, 成绩(以空格间隔): \n");
        scanf("%d%f",&p1->num,&p1->score);
        head=NULL;
        while(p1->num!=0)                        /* 输入 num 为 0 时, 循环结束 */
        {
                n=n+1;
                if(n==1)
                        head=p1;
                else
                        p2->next=p1;
                p2=p1;
                p1=(struct Link *)malloc(LEN);
                scanf("%d%f",&p1->num,&p1->score);
        }
        p2->next=NULL;
        return(head);
}


/* output 函数为输出链表函数 */
void output(struct Link *head)
{
        struct Link *p;
        p=head;
        printf("\n共有%d名学生, 信息为: \n",n);
        if(head!=NULL)
                do
                {
```

```
            printf("%5d %6.1f\n",p->num,p->score);
            p=p->next;
        }while(p!=NULL);
        printf("\n");
}

/* deleteNode 函数为删除结点函数 */
struct Link *deleteNode(struct Link *head, int m)
{
    struct Link *p =head, *pr =head;
    if (head==NULL)                        /* 若链表为空表，则退出程序 */
    {
        printf("\n 这是一个空表!\n");
        return(head);
    }
    while(m!=p->num && p->next!=NULL)    /* 未找到且未到表尾 */
    {
        pr=p;
        p=p->next;
    }
    if (m==p->num)           /* 若找到结点 n，则删除该结点 */
    {
        if (p==head)           /* 若待删除结点为首结点，则让 head 指向第 2 个结点 */
            head=p->next;
        else
            pr->next=p->next;
        free(p);
        n--;
    }
    else                      /* 未找到待删除结点 */
        printf("\n 未找到该结点!\n");
    return head;
}

/* insertNode 函数为插入结点函数 */
struct Link *insertNode(struct Link *head, int m,float s )
{
    struct Link *pr = head, *p = head, *q = NULL;
    p=(struct Link *)malloc(sizeof(struct Link));    /* 让 p 指向待插入结点 */
    p->next=NULL;
    p->num=m;
    p->score=s;
    if(head==NULL)            /* 若原链表为空表 */
        head=p;              /* 待插入结点作为头结点 */
    else
```

```
{
    while(pr->num<m && pr->next!=NULL)
    {
        q=pr;                   /* 在 q 中保存当前结点的指针 */
        pr=pr->next;            /* pr 指向当前结点的下一结点 */
    }
    if(pr->num >=m)
    {
        if (pr==head)           /* 若在头结点前插入新结点 */
        {
            p->next=head;
            head=p;
        }
        else                    /* 若在链表中间插入新结点 */
        {
            pr=q;
            p->next=pr->next;
            pr->next=p;
        }
    }
    else                        /* 若在表尾插入新结点 */
        pr->next=p;
    /* 返回插入新结点后的链表头指针 head 的值 */
}
    n++;
    return head;
}
```

程序运行结果:

输入学号，成绩(以空格间隔)：
10001 91↙
10002 92↙
10003 85↙
0 010002
共有 3 名学生，信息为：
10001   91.0
10002   92.0
10003   85.0
输入待删除学生的学号：10002↙
共有 2 名学生，信息为：
10001   91.0
10003   85.0
输入待插入学生的学号、成绩：10002 100↙
共有 3 名学生，信息为：
10001   91.0

• 358 •

```
10002    100.0
10003    85.0
```

8.10 综合实例：学生成绩管理程序（八）

本章学习了结构体类型，将程序中的成绩作为学生信息的数据项，结合学生的学号和姓名，构造结构体类型 struct Student，其中成员 num 表示学生学号，定义为整型；成员 name 表示学生姓名，定义为字符数组；成员 s 表示学生的成绩，定义为整型。学生成绩管理程序功能依然保留之前的所有模块，分别实现输入学生成绩、显示学生成绩、按学号查找成绩、查找最高分、插入学生成绩、按学号删除成绩、成绩排序等功能。但由于加入了结构体类型，程序做适当修改。

1. 编程提示

（1）输入学生成绩：编写程序，输入 10 个学生的学号、姓名和成绩并存入结构体数组中。

（2）显示学生成绩：假设数组中已存入 10 个学生的学号、姓名和成绩，编写程序，输出该结构体数组中的学号、姓名和成绩。

（3）查找成绩：假设数组中已存入 10 个学生的学号、姓名和成绩，编写程序，从键盘输入一个成绩，查找该成绩，如果找到则输出该学生的信息与所在数组中的下标，找不到则显示该成绩不存在。

（4）查找最高分：假设数组中已存入 10 个学生的学号、姓名和成绩，编写程序，查找最高分并显示该学生的信息。

（5）插入成绩：假设数组中已存入 10 个学生的学号、姓名和成绩，编写成绩，从键盘输入一个数组下标与待插入学生的学号、姓名和成绩，在数组指定下标处插入该学生的信息。

（6）删除功能：假设数组中已存放 10 个学生的学号、姓名和成绩，编写程序，从键盘输入一个下标值，删除该下标对应的数组元素。

（7）排序功能：假设数组中已存放 10 个学生的学号、姓名和成绩，编写程序，对数组中的成绩按从高到低的顺序排序。

2. 模块化程序设计方法编写程序的步骤

在学生成绩管理程序中，定义结构体类型 struct Student，成员包括学号、姓名、成绩，其中学号 num 为整型数据，姓名 name 为字符数组，成绩 s 为整型数据：

```
struct Student
{
    int num;
    char name[20];
    int s;
};
```

因此，需要在学生成绩管理程序中各函数中加入学生的学号和姓名数据项。

（1）编写程序，将学号和姓名数据项添加到各模块中。

① 编写数据输入输出模块（学生成绩输入、显示模块）。

```
/* 输入学生成绩 */
void mycreate(struct Student p[],int n)
{
    int i=0;
    printf("\n      输入学生信息:\n");
    for(i=0; i<n; i++)
    {
        printf("     ");
        scanf("%d%s%d",&p[i].num,p[i].name,&p[i].s);
    }
}
```

输入的成绩是否正确接收，可以调用输出模块来验证。

```
/* 显示学生成绩 */
void mydisplay(struct Student p[],int n)
{
    int i=0;
    printf("\n      学生信息如下:\n");
    for(i=0;i<n;i++)
      if(p[i].num!=-1)   /*-1表示成绩已删除,为删除成绩做准备*/
      {
          printf("     ");
          printf("%-8d%-20s%3d\n",p[i].num,p[i].name,p[i].s);
      }
        printf("\n");
}
```

② 编写查找成绩、查找最高分、插入学生信息、按学号删除成绩、成绩排序等模块。

```
/* 查找成绩 */
void mysearch(struct Student p[],int n)
{
    int i=0,x=0;
    printf("\n      输入要查找的成绩:");
    scanf("%d",&x);
    printf("      ");
    mydisplay(p,n);
    for(i=0; i<n; i++)
      if(x==p[i].s)  break;
    if(i<n)
        printf("      查到的信息是:%-8d%-20s%3d\n",p[i].num,p[i].name,p[i].s);
     else
```

```
        printf("          查找的成绩：%d 不存在!\n",x);
}


/* 查找最高分 */
void mymax(struct Student p[],int n)
{
    int i=0,k=0;
    mydisplay(p,n);
    for(i=1;i<n;i++)
        if(p[k].s<p[i].s)
            k=i;
     printf("\n        最高分学生的信息是:%-8d%-20s%3d\n", p[k].num, p[k].name,
            p[k].s);
}


/* 插入学生成绩 */
void myadd(struct Student p[],int n)
{
    int i=0,k=0,num,s;
    char name[20];
    printf("\n        学生信息原始顺序:\n");
    printf("        ");
    mydisplay(p,n);
    printf("        请输入要插入成绩位置序号、学号、姓名、成绩:");
    scanf("%d%d%s%d",&k, &num,name,&s);
    for(i=n;  i>=k+1;  i--)
        p[i]=p[i-1];
    p[k].num =num;
    strcpy(p[k].name,name);
    p[k].s=s;
    printf("\n        插入学生信息后的顺序:\n");
    for(i=0;  i<n+1;  i++)
    {
        printf("        ");
        printf("%-8d%-20s%3d\n",p[i].num,p[i].name,p[i].s);
    }
}


/* 按学号删除成绩 */
void mydelete(struct Student p[],int n)
{
    int i=0,k=0,num;
    printf("\n        删除前的学生信息:\n");
    printf("        ");
    mydisplay(p,n);
```

```
        printf("        请输入要删除的学号:");
        scanf("%d",&num);
        for(i=0; i<n; i++)
            if(num==p[i].num)
            {
                p[i].num=-1;
                break;
            }
        printf("\n        删除后的学生信息:\n");
        printf("        ");
        mydisplay(p,n);
}


/* 成绩排序 */
void mysort(struct Student p[],int n)
{
    int i=0,j=0,k=0;
    struct Student t={0};
    printf("\n        排序前的学生信息:\n");
    printf("        ");
    mydisplay(p,n);
    for(i=0; i<n-1; i++)
    {
        k=i;
        for(j=k+1; j<n; j++)
        if(p[k].s>p[j].s)
            k=j;
        t=p[i];
        p[i]=p[k];
        p[k]=t;
    }
    printf("\n        排序后的学生信息:\n");
    printf("        ");
    mydisplay(p,n);
}
```

（2）测试所有模块。假定有 5 个学生的信息，依次测试学生成绩管理程序中的输入学生成绩、显示学生成绩、按查找成绩、查找最高分、插入学生成绩、按学号删除成绩、成绩排序等功能。

数据如下：

```
10001 zhang 91
10002 wang 92
10003 sun 85
10004 zhao 95
```

10005 kong 90

输入 5 个学生的信息,进行数据测试。运行程序,进入菜单界面,输入选项编号 1,调用 mycreate 函数输入模块,运行结果如图 8-3 所示。

输入显示学生成绩选项编号 2 并回车。运行结果如图 8-4 所示。

图 8-3　输入模块测试

图 8-4　显示模块测试

学生成绩输入显示功能调试验证无误,依次添加调试查找成绩、查找最高分、插入学生成绩、删除成绩、成绩排序等功能程序。

完整的程序代码如下:

```c
#include <stdio.h>
#include <string.h>
#include <stdlib.h>
#define N 10
struct Student
{
    int num;
    char name[20];
    int s;
};

int menu ();
void mycreate(struct Student p[],int n);
void mydisplay(struct Student p[],int n);
void mysearch(struct Student p[],int n);
void mymax(struct Student p[],int n);
void myadd(struct Student p[],int n);
void mydelete(struct Student p[],int n);
void mysort(struct Student p[],int n);
```

```c
int main()
{
    int choose;
    struct Student a[N+1]={0};
    do
    {
        choose=menu();
        printf("    ");
        switch(choose)
        {
            case 1:
                mycreate(a,N);
                break;
            case 2:
                mydisplay(a,N);
                break;
            case 3:
                mysearch(a,N);
                break;
            case 4:
                mymax(a,N);
                break;
            case 5:
                myadd(a,N);
                break;
            case 6:
                mydelete(a,N);
                break;
            case 7:
                mysort(a,N);
                break;
            case 0: exit(0);
            default : printf("    为非法选项! \n ");
        }

    }while(1);
    return 0;
}

int menu()
{
    int imenu;
    printf("    ********************************\n");
    printf("    *                              *\n");
```

```
        printf("      *              学生成绩管理程序           *\n");
        printf("      *                                        *\n");
        printf("      ********************************\n");
        printf("      *            1.输入学生信息         *\n");
        printf("      *            2.显示学生信息         *\n");
        printf("      *            3.查找成绩            *\n");
        printf("      *            4.查找最高分          *\n");
        printf("      *            5.插入学生信息         *\n");
        printf("      *            6.按学号删除信息        *\n");
        printf("      *            7.按成绩排序          *\n");
        printf("      *            0.退出程序           *\n");
        printf("      ********************************\n");
        printf("              请输入选项编号: ");
        scanf("%d",&imenu);
        return imenu;
}


void mycreate(struct Student p[],int n)
{
    int i=0;
    printf("\n      输入学生信息:\n");
    for(i=0; i<n; i++)
    {
        printf("       ");
        scanf("%d%s%d",&p[i].num,p[i].name,&p[i].s);
    }
}


void mydisplay(struct Student p[],int n)
{
    int i=0;
    printf("\n      学生信息如下:\n");
    for(i=0;i<n;i++)
      if(p[i].num!=-1)   /*-1表示成绩已删除,为删除成绩做准备*/
      {
          printf("       ");
          printf("%-8d%-20s%3d\n",p[i].num,p[i].name,p[i].s);
      }
        printf("\n");
}


void mysearch(struct Student p[],int n)
{
   int i=0,x=0;
   printf("\n      输入要查找的成绩:");
```

```
        scanf("%d",&x);
        printf("        ");
        mydisplay(p,n);
        for(i=0; i<n; i++)
           if(x==p[i].s)  break;
        if(i<n)
             printf("        查到的信息是:%-8d%-20s%3d\n",p[i].num,p[i].name, p[i].s);
         else
             printf("        查找的成绩: %d 不存在!\n",x);
    }

void mymax(struct Student p[],int n)
{
        int i=0,k=0;
        mydisplay(p,n);
        for(i=1;i<n;i++)
        if(p[k].s<p[i].s)
           k=i;
        printf("\n        最高分学生的信息是:%-8d%-20s%3d\n",p[k].num,p[k].name,
                p[k].s);
    }


void myadd(struct Student p[],int n)
{
        int i=0,k=0,num,s;
        char name[20];
        printf("\n        学生信息原始顺序:\n");
        printf("        ");
        mydisplay(p,n);
        printf("        请输入要插入成绩位置序号、学号、姓名、成绩:");
        scanf("%d%d%s%d",&k,&num,name,&s);
        for(i=n; i>=k+1; i--)
             p[i]=p[i-1];
        p[k].num =num;
        strcpy(p[k].name,name);
        p[k].s=s;
        printf("\n        插入学生信息后的顺序:\n");
        for(i=0; i<n+1; i++)
          {
             printf("        ");
             printf("%-8d%-20s%3d\n",p[i].num,p[i].name,p[i].s);
          }
     }


 void mydelete(struct Student p[],int n)
```

```
{
    int i=0,k=0,num;
    printf("\n        删除前的学生信息:\n");
    printf("        ");
    mydisplay(p,n);
    printf("        请输入要删除的学号:");
    scanf("%d",&num);
    for(i=0; i<n; i++)
    if(num==p[i].num)
    {
        p[i].num=-1;
        break;
     }
    printf("\n        删除后的学生信息:\n");
    printf("        ");
    mydisplay(p,n);
}


void mysort(struct Student p[],int n)
{
    int i=0,j=0,k=0;
    struct Student t={0};
    printf("\n        排序前的学生信息:\n");
    printf("        ");
    mydisplay(p,n);
    for(i=0; i<n-1; i++)
    {
        k=i;
        for(j=k+1; j<n; j++)
        if(p[k].s>p[j].s)
            k=j;
        t=p[i];
        p[i]=p[k];
        p[k]=t;
     }
    printf("\n        排序后的学生信息:\n");
    printf("        ");
    mydisplay(p,n);
}
```

程序运行结果测试:

(1) 输入显示学生成绩模块在上面已测试,如图 8-3 和图 8-4 所示。

(2) 查找成绩测试,输入选项编号 3,查找成绩 95,运行结果如图 8-5 所示。

图 8-5　查找学生成绩

（3）查找最高分测试，输入选项编号 4，程序运行结果如图 8-6 所示。

（4）插入学生成绩测试，输入选项编号 5，输入插入位置及学生信息：5 10006 han 100，程序运行结果如图 8-7 所示。

图 8-6　查找最高分

图 8-7　插入学生成绩

（5）按学号删除成绩测试，输入选项编号 6，输入要删除的学号 10005，程序运行结果如图 8-8 所示。

（6）成绩排序测试，输入选项编号 7，程序运行结果如图 8-9 所示。

图 8-8　删除学生成绩

图 8-9　成绩排序

8.11　常见程序错误及解决方法

常见程序错误及解决方法如表 8-1 所示。

表 8-1　常见程序错误及解决方法

错误类型	错误实例	修改错误

定义错误	struct Date
	{
	　　int year;
	　　int month;
	　　int day;
	}
		在最后的花括号（}）后加分号

	Student b;	结构体类型名不完整，应为 struct Student b;
赋值错误	不同结构体的变量之间赋值	同结构体类型的结构体变量可以相互赋值
引用错误	直接引用结构体变量	引用结构体成员变量
	直接比较结构体变量	比较结构体成员变量
理解错误	以为 typedef 定义了新数据类型	给已有数据类型起新名字

本 章 小 结

本章重点介绍了结构体类型。其中，结构体类型将若干个相关的、数据类型不同的成员作为一个整体处理，并且每个成员各自分配了不同的内存空间。解决实际问题时，需要先构造结构体类型，确定其中所有成员及成员的数据类型，然后在使用数据前，要先定义结构体变量或结构体数组。

熟练掌握结构体变量的定义和引用、结构体数组的定义和引用、结构体指针的定义和引用，以及它们的实际问题中的应用。

理解链表的概念、链表的构成，了解链表结点的删除和插入操作。

最后，简单介绍了共用体类型和枚举类型的定义和引用，以及用 typedef 声明新类型名的方法。

注意区别结构体类型名、结构体名、结构体变量名。结构体名在命名时应望文生义，用于表示不同的结构体类型；结构体类型名由 struct 和结构体名组成；结构体变量名是定义结构体类型的变量，系统会为其分配存储空间。

习　题　8

一、选择题

1. 下述共同体变量 t 所占用内存字节数为（　　　）。

```
struct Test
{
    int i;
    char j;
    float k;
} t;
```

　　A. 9个　　　　　　B. 10个　　　　　　C. 11个　　　　　　D. 12个

2. 若有以下定义：

```
struct KeyWord
{
    char Key[20];
    int ID;
}kw[] = { "void", 1, "char", 2, "int", 3, "float", 4, "double", 5 };
```

则printf("%c,%d\n", kw[3].Key[0], kw[3].ID);语句的输出结果为（　　　）。

　　A. i3　　　　　　　B. n 3　　　　　　C. f4　　　　　　　D. 14

3. 若有以下定义：

```
struct Sk
{
```

```
    int a;
    float b;
}data;
int *p;
```

若要p指向data中的a域，正确的赋值语句是（   ）。

    A．p=&a   B．p=data.a   C．p=&data.a   D．*p=data.a

4．以下程序的输出结果是（   ）。

```
#include<stdio.h>
union Exmp
{
    struct
    {
        int x, y, z;
    }u;
    int k;
} a;
void main()
{
    a.u.x=4;
    a.u.y=5;
    a.u.z=6;
    a.k=0;
    printf("%d\n",a.u.x);
}
```

    A．4   B．5   C．6   D．0

5．若有以下定义：

```
typedef struct
{
    int n;
    char ch[8];
} PER;
```

则下面叙述中正确的是（   ）。

    A．PER是结构体变量名   B．PER是结构体类型名

    C．typedef struct是结构体类型   D．struct是结构体类型名

6．若有以下定义：

```
struct Stu
{
    int a;
    float b;
} suttype;
```

则下面叙述中不正确的是（　　　）。

A．struct是结构体类型的关键字

B．struct Stu是用户定义的结构体类型

C．suttype是用户定义的结构体类型名

D．a和b都是结构体成员

7. 若有以下定义：

```
struct sk
{
    int a;
    float b;
} data, *p;
p=&data;
```

则对data中的a域的正确引用是（　　　）。

A．(*p).data.a 　　　B．(*p).a 　　　　　C．p->data.a 　　　　　D．p.data.a

8. 以下程序的输出结果是（　　　）。

```
#include <stdio.h>
struct Stu
{
    int num;
    char name[10];
    int age;
};
void fun(struct Stu *p)
{
    printf("%s\n",(*p).name);
}
int main()
{
    struct Stu students[3]={{9801,"Zhang",20}, {9802,"Wang",19},
                            {9803, "Zhao",18}};
    fun(students+2);
    return 0;
}
```

A．Zhang 　　　　　B．Zhao 　　　　　　C．Wang 　　　　　　D．18

9. 以下程序的输出结果是（　　　）。

```
struct HAR
{
    int x, y;
    struct HAR *p;
} h[2];
```

```c
void main()
{
    h[0].x=1;
    h[0].y=2;
    h[1].x=3;
    h[1].y=4;
    h[0].p = &h[1], h[1].p = h;
    printf("%d%d\n", (h[0].p)->x, (h[1].p)->y);
}
```

A. 12　　　　　B. 23　　　　　C. 14　　　　　D. 32

10. 若有以下定义:

```c
struct Test
{
    int m1;
    char m2;
    float m3;
    union Uu
    {
        char u1[5];
        int u2[2];
    } ua;
} myaa;
```

则sizeof(struct test)的值是（　　　）。

A. 20　　　　　B. 16　　　　　C. 14　　　　　D. 9

二、编程题

1. 编写程序，在主函数中输入年、月、日，利用 days()函数计算该天是本年中的第几天。定义一个结构体变量（包括年、月、日）。

2. 有 5 名学生的信息（包括学号、姓名和成绩），编写函数实现按成绩由高到低的顺序输出学生的信息。

3. 编写一个程序，输入若干人员的姓名及电话号码（11 位），以字符'#'表示结束输入。然后输入姓名，查找该人的电话号码。

4. 13 个人围成一个圈，从第一个人开始顺序报数 1、2、3、4…，凡是报到 n 者退出圈子。找出最后留在圈子中的人是原来的几号。（要求用链表实现。）

5. 编写一个程序，读入一行字符，且每个字符存入一个结点，按输入顺序建立一个链表的结点序列，然后再按相反顺序输出并释放全部结点。

6. 一个人事管理程序的对象为教师和学生，人事档案包含如下信息：编号、姓名、年龄、分类（教师或学生）、教师教的课程名（1 门课）、教师职称和学生的入学成绩（3 门课）。

用 C 语言定义一结构体类型，说明上述信息。假定人事档案已存放在 person[]的数组中，编写一打印输出全部人员档案的程序。

实验 8 结构体与其他构造类型

1. 实验目的
（1）掌握结构体变量的定义和引用。
（2）掌握结构体数组和结构体指针的使用。
（3）培养使用结构体解决实际问题的能力。

2. 实验内容
（1）编写程序，在主函数中输入年、月、日，利用 days() 函数计算该天是本年中的第几天。定义一个结构体变量（包括年、月、日）。

编程提示：声明结构体类型 struct y_m_d，成员为 year、month、day。根据题目，需要考虑闰年的情况，判断闰年的条件为 year%4==0 && year%100!=0 || year%4==0。

参考程序：

```
#include <stdio.h>
struct y_m_d
{
    int year;
    int month;
    int day;
} date;

int days(int year,int month,int day)
{
    int day_sum,i;
    int day_tab[13]={0,31,28,31,30,31,30,31,31,30,31,30,31};
    day_sum=0;
    for (i=1;i<month;i++)
        day_sum+=day_tab[i];
    day_sum+=day;
    if ((year%4==0 && year%100!=0 || year%4==0) && month>=3)
        day_sum+=1;
    return(day_sum);
}
int main()
{
    int day_sum;
    printf("input year,month,day: ");
    scanf("%d,%d,%d",&date. year,&date.month,&date.day);
    day_sum=days(date.year,date.month,date.day);
    printf("%d 月%d 日是这一年的第%d 天!\n",date.month,date.day,day_sum);
    return 0;
}
```

（2）有 5 名学生的信息（包括学号、姓名和成绩），编写函数实现按成绩由高到低的顺序输出学生的信息。

编程提示：定义结构体数组并初始化，利用选择法对各元素中的成绩进行排序，同类的结构体变量允许整体赋值，因此借助中间变量 temp，实现结构体数组中各元素之间的交换。也可以编写程序通过键盘输入学生的信息。

参考程序：

```c
#include <stdio.h>
#define N 5
struct Student          /* 声明结构体类型 struct Student */
{
    int num;
    char name[20];
    float score;
};
void sort(struct Student stud[],int n)
{
    struct Student temp;
    int i,j,k;
    for(i=0;i<n-1;i++)      /* 选择法 */
    {
        k=i;
        for(j=i+1;j<N;j++)
            if(stud[j].score>stud[k].score)
                k=j;
        if(k!=i)
        {
            temp=stud[k];
            stud[k]=stud[i];
            stud[i]=temp;
        }
    }
}
int main()
{
    struct Student stud[N]={{10001,"zhang",91},{10002,"wang",92},
    {10003,"sun",85}, {10004,"zhao",90.5}, {10005,"kong",90}};
        /* 定义结构体变量 temp，用作交换时的临时变量 */
    int i;
    printf("成绩由高到低:\n");
    sort(stud,N);
    for(i=0;i<N;i++)
        printf("%5d  %-10s%6.1f\n",stud[i].num,stud[i].name,stud[i].score);
    return 0;
```

```
    }
```

（3）编写一个程序，输入若干人员的姓名及电话号码（11 位），以字符'#表示结束输入。然后输入姓名，查找该人的电话号码。

编程提示：声明结构体类型为

```
struct Telephone
{
    char name[10];
    char telno[12];
};
```

然后定义结构体数组，输入姓名和电话。查找电话号码时，需要用字符串函数 strcmp() 进行字符串的比较。

（4）13 个人围成一个圈，从第一个人开始顺序报数 1，2，3，4…，凡是报到 n 者退出圈子。找出最后留在圈子中的人是原来的几号。（要求用链表实现。）

编程提示：声明结构体类型并定义结构体数组。

```
struct Person
{
    int num;
    int nextp;
} link[N+1];
```

3．实验总结

（1）总结在本次实验遇到哪些问题及解决方法。

（2）总结结构体变量、构体体数组和结构体指针的使用。

（3）总结使用结构体变量的注意事项。

第 9 章 文 件

在前面章节中编写程序的运行结果都是显示在计算机屏幕上的，如果要保存程序的运行结果，是否一定要用笔记录下来呢？有没有更好的解决方法呢？通过本章的学习这个问题就会迎刃而解。在学习本章时，重点掌握文件的打开、关闭、读写操作和文件的灵活应用，例如将第 8 章的数据加密的结果写入文件，同时将加密数据解密写入另一文件并显示在计算机屏幕上。

9.1 文 件 引 例

【例 9-1】 从键盘输入两个整数保存到文件中，然后再从文件中读出这两个数并计算这两个数的和。

编程提示：利用 fopen()函数打开文件准备读写操作、fprintf()函数将数据写入文件、fscanf()函数从文件读出数据，最后用 fclose()函数关闭文件。

```c
#include "stdio.h"
int main()
{
FILE *fp;
int x,y,x1,y1,z;
printf("Please input two integer numbers:");
scanf("%d%d",&x,&y);
/*打开文件 file.txt,准备往文件中写入数据*/
if((fp=fopen("file.txt","w"))==NULL)
{
    printf("cann't open file");
    exit(0);
}
fprintf(fp,"%d %d",x,y);              /*将 x,y 的值写入文件*/
fclose(fp);                          /*关闭文件*/
/*打开文件 file.txt,准备从文件中读出数据*/
if((fp=fopen("file.txt","r"))==NULL)
{
    printf("cann't open file");
    exit(0);
}
fscanf(fp,"%d %d",&x1,&y1); /*将刚才写入的两个整数分别读到变量 x1,y1 中*/
fclose(fp);                          /*关闭文件*/
z=x1+y1;                             /*计算两个数的和*/
printf("%d + %5d = %d",x1,y1,z);      /*显示在屏幕上*/
```

```
    return 0;
}
```

程序运行结果:

```
Please input two integer numbers:
1111 3333
1111 + 3333 = 4444
```

从例 9-1 中读者可以看出对文件的基本操作目的:

（1）将处理过的数据写入文件;

（2）从文件中读出数据进行运算或处理。

【同步练习】 模仿例 9-1，编写求梯形面积的程序，要求从键盘输入上底、下底、高，先保存到文件中，再从文件中读出上底、下底、高，计算梯形的面积。

9.2　C 文件概述

所谓"文件"，是指一组相关数据的有序集合。在前面的各章中已经多次使用了文件，例如源程序文件、目标文件、可执行文件、库文件（头文件）等。

文件通常是驻留在外部存储介质（如磁盘等）上的，在使用时才调入内存中。可以从不同的角度对文件进行分类。从用户的角度看，文件可分为普通文件和设备文件两种。

（1）普通文件。普通文件是指驻留在磁盘或其他外部介质上的一个有序数据集，可以是源文件、目标文件、可执行程序，也可以是一组待输入处理的原始数据或者输出的结果。源文件、目标文件、可执行程序统称为程序文件，对输入输出数据可称为数据文件。

（2）设备文件。设备文件是指与主机相连的显示器、打印机、键盘等各种外部设备。例如，在操作系统中，外部设备是被看作一个文件来进行管理的，对它们的输入、输出等同于对磁盘文件的读和写。

通常，把显示器定义为标准输出文件。在一般情况下，在屏幕上显示的有关信息就是向标准输出文件输出。如前面经常使用的 printf()、putchar()函数就是这类输出。

键盘通常被指定为标准的输入文件。从键盘输入就意味着从标准输入文件输入数据。scanf()、getchar()函数就属于这类输入。

从文件编码的方式来看，文件可分为 ASCII 码文件和二进制码文件两种。ASCII 文件也称为文本文件，这种文件在磁盘中存放时每个字符对应 1B 空间，用于存放对应的 ASCII 码。例如，"5678"的 ASCII 码存储形式如表 9-1 所示，它共占用 4B 空间。

表 9-1　"5678"的存储格式

ASCII 码	00110101	00110110	00110111	00111000
十进制码	5	6	7	8

ASCII 码文件可在屏幕上按字符显示，例如源程序文件就是 ASCII 文件，用 DOS 命令 TYPE 可显示文件的内容。由于是按字符显示，因此能读懂文件内容。

二进制文件是按二进制的编码方式来存放文件的。

例如，"5678"的二进制存储形式为

```
00010110  00101110
```

只占 2B 空间。二进制文件虽然也可在屏幕上显示，但其内容无法读懂。C 系统在处理这些文件时，并不区分类型，都看成是字符流，按字节进行处理。

输入输出字符流的开始和结束只由程序控制而不受物理符号（如回车符）的控制。因此也把这种文件称作"流式文件"。

【同步练习】　简述 ASCII 文件与二进制文件的区别。

9.3　文件的打开与关闭

只有先打开文件，才能对其进行操作，在进行完读、写等操作后还要关闭。

9.3.1　文件类型指针

在 C 语言中用一个指针变量指向一个文件，这个指针称为文件指针。通过文件指针就可对它所指的文件进行各种操作。

定义说明文件指针的一般形式如下：

```
FILE *指针变量标识符;
```

其中，**FILE** 应为大写，它实际上是由系统定义的一个结构，该结构中含有文件名、文件状态和文件当前位置等信息。在编写源程序时不必关心 **FILE** 结构的细节。

例如：

```
FILE *fp;
```

表示 fp 是指向 FILE 结构的指针变量，通过 fp 即可找到存放某个文件信息的结构变量，然后按结构变量提供的信息找到该文件，实施对文件的操作。习惯上也笼统地把 fp 称为指向一个文件的指针。

9.3.2　文件的打开函数

fopen()函数打开一个流并把一个文件与这个流连接。最常用的文件是一个磁盘文件（也是本章讨论的主要对象）。

函数原型：

```
FILE *fopen(const char *path,const *mode);
```

函数参数：

const char *path 为文件名，用字符串表示。

const *mode 为文件打开方式，用字符串表示。

函数返回值：**FILE** 类型指针。fopen()函数的调用方式如下：

```
FILE * fp;
```

```
fp=fopen(filename, mode);
```

这里 filename 必须是一个字符串组成的有效文件名，文件名允许是带有路径名的，包括绝对路径和相对路径。在使用带有路径名的文件名时，一定要注意"\"的使用。如在 DOS 环境下，正确表示的带有路径名的文件名为：c:\\tc\\hello.c。

mode 是说明文件打开方式的字符串，有效的 mode 值如表 9-2 所示。

表 9-2 fopen()函数有效 mode 值

文件操作方式	含　　义	指定文件不存在时	指定文件存在时
"r"	打开一个文本文件只读	出错	正常打开
"w"	生成一个文本文件只写	建立新文件	原文件内容丢失
"a"	对一个文本文件添加	建立新文件	原文件尾部追加数据
"rb"	打开一个二进制文件只读	出错	正常打开
"wb"	生成一个二进制文件只写	建立新文件	原文件内容丢失
"ab"	对一个二进制文件添加	建立新文件	原文件尾部追加数据
"r+"	打开一个文本文件读写	出错	正常打开
"w+"	生成一个文本文件读写	建立新文件	原文件内容丢失
"a+"	打开或生成一个文本文件读写	建立新文件	原文件尾部追加数据
"rb+"	打开一个二进制文件读写	出错	正常打开
"wb+"	生成一个二进制文件读写	建立新文件	原文件内容丢失
"ab+"	打开或生成一个二进制文件读写	建立新文件	原文件尾部追加数据

一个文件可以用文本模式或二进制模式打开。在文本模式中输入时，"回车换行"被译为"另起一行"；输出时就反过来，把"另起一行"译为"回车换行"指令序列。但是在二进制文件中没有这种翻译过程。

Fopen()如果成功地打开所指定的文件，则返回指向新打开文件的指针，且假想的文件位置指针指向文件首部；如果未能打开文件，则返回一个空指针。

例如：如果想打开一个名为 test .txt 文件并准备写操作，可以用语句：

```
fp= fopen ("test.txt", "w");
```

这里，fp 是一个 FILE 型指针变量。下面的用法比较常见。

```
if ((fp=fopen("test","w") ) = =NULL)
{
    puts("不能打开此文件 \ n");
    exit (1);
}
```

这种用法可以在写文件之前先检验已打开的文件是否有错，如写保护或磁盘已写满等。

上例中用了 NULL，也就是 0，因为没有文件指针会等于 0。NULL 是 stdio.h 中定义的一个宏。

说明：

（1）在打开一个文件作为读操作时，该文件必须存在；如果文件不存在，则返回一个出错信息。

（2）以读操作"r"或"rb"方式打开一个文件，只能对该文件进行读出而不能对该文件进行写入。

（3）用"w"或"wb"打开一个文件准备写操作时，如果该文件存在的话，则文件中原有的内容将被全部抹掉，并开始存放新内容；如果文件不存在，则建立这个文件。以写操作"w"或"wb"方式打开一个文件，只能对该文件进行写入而不能对该文件进行读出。

（4）以"r+"或"rb+"方式打开一个文件进行读写操作时，该文件必须存在，如果文件不存在，则返回一个出错信息。

（5）以"w+"或"wb+"方式打开一个文件进行读写操作时，如果该文件存在，则文件中原有的内容将被抹掉；如果该文件不存在，就建立这个文件。

（6）在"a" "ab" "a+" "ab+"方式打开一个文件，要在文件的尾部添加内容，则在打开文件时，如果该文件存在，则文件中原有的内容不会被抹掉，文件位置指针指向文件末尾；如果该文件不存在，就建立这个文件。

9.3.3　文件的关闭函数

fclose()函数用来关闭一个已由 fopen()函数打开的流。必须在程序结束之前关闭所有的流。fclose()函数把留在磁盘缓冲区里的内容都传给文件，并执行正规的操作系统级的文件关闭。文件未关闭会引起很多问题，例如数据丢失、文件损坏及其他一些错误。fclose()函数释放了与这个流有关的文件控制块，以便再次被使用。

函数原型：

```
int fclose(FILE *stream);
```

函数参数：FILE *stream 为打开文件的地址。

函数返回值：int 类型，若关闭文件成功，则 fclose()函数返回值为 0；若 fclose()函数的返回值不为 0，则说明出错了。

fclose()函数的调用形式为：

```
fclose(fp);
```

其中，fp 是一个调用 fopen()时返回的文件指针。在使用完一个文件后应该关闭它，以防止它被误操作。通常只是在磁盘已被取出驱动器或磁盘已写满时才会出现关闭文件错误。可以使用标准函数 ferror()函数来确定和显示错误类型。

【同步练习】简述 fopen()函数与 fclose()函数的作用。

9.4 文件的读写

9.4.1 文件读写函数

文件打开之后，就可以对它进行读写操作了。常用的文件读写函数如下：

1. fputc()函数、fgetc()函数和feof()函数

（1）fputc()函数用来向一个已由fopen()函数打开的写操作流中写一个字符。

函数原型：

```
int fputc(int ch,FILE *fp);
```

函数参数：

int ch 为要写入文件的字符。

FILE *fp 为文件指针。

调用形式：

```
fputc (ch, fp);
```

其中，fp是由fopen()返回的文件指针，ch表示输出的字符变量。fputc()函数将字符变量值输出到文件指针fp所指文件中当前的位置上。若fputc()操作成功，则返回值就是那个输出的字符；若操作失败，则返回EOF（EOF是stdio.h里定义的一个宏，其含义是"文件结束"）。

（2）fgetc()函数用来从一个已由fopen()函数打开的读操作流中读取一个字符。

函数原型：

```
int fgetc(FILE *pf);
```

函数参数：FILE *pf 为文件指针。

函数返回值，fgetc()返回文件指针所指文件中当前位置上字符。当读到文件尾时，fgetc()返回一个EOF文件结束标记，其不能在屏幕上显示。

调用形式：

```
fgetc(fp);
```

其中，fp同前所述。

【例9-2】 下面的程序段可以从文件头一直读到文件尾：

```
ch=fgetc(fp);
while(ch!=EOF)
{
    ch=fgetc(fp);
}
```

这只适用于读文本文件，不能用于读二进制文件。当一个二进制文件被打开输入时，可能会读到一个等于EOF的整型数值，因此可能出现读入一个有用数据而却被处理为"文件结束"的情况。为了解决这个问题，C 语言提供了一个判断文件是否真的结束的函数，即 feof()函数。

（3）feof()函数。为解决在读二进制数据时文件是否真的结束这一问题，定义了函数 feof()。

函数原型：

```
int feof(FILE *fp);
```

函数参数：FILE *pf 为文件指针。

函数返回值，feof()函数将返回一个整型值，在到达文件结束点时其值为 1，未达到文件结束点时其值为 0。

调用形式：

```
feof(fp);
```

其中，fp 同前所述。

例如：下面的语句可以从二进制文件首一直读到文件尾：

```
while(!feof(fp) )
    ch=getc(fp) ;
```

这一语句对文本文件同样适用，即对任何类型文件都有效，所以建议使用本函数来判断文件是否结束。

2. 字符串读写函数：fgets()函数和 fputs()函数

（1）fgets()函数是用来读取字符串的。

函数原型：

```
char *fgets(char *str,int n,FILE *fp);
```

函数参数：

char *str 为存放字符串的存储单元的首地址。

int n 为读取字符的个数（包括结束的标志）。

FILE *pf 为文件指针。

调用形式：

```
fgets(str,length,fp) ;
```

其中，str 是一字符指针，length 是一整型数值，fp 是一文件指针。函数 fgets()从 fp 指定的文件中当前的位置上读取字符串，直至读到换行符或第 length-1 个字符或遇到 EOF 为止。如果读入的是换行符，则它将作为字符串的一部分。操作成功时，返回 str；若发生错误或到达文件尾时，则 fgets()都返回一个空指针。

（2）fputs()函数是写入字符串的。

函数原型：

```
int *fputs(char *str ,FILE *fp);
```

函数参数：

char *str 为存放字符串的存储单元的首地址。

FILE *pf 为文件指针。

调用形式：

```
fputs(str,fp);
```

它用来向 fp 指定的文件中当前的位置上写字符串。操作成功时，fputs()函数返回 0，失败时返回非零值。

例如，从指定文件读入一个字符串：

```
fgets(str,100,fp);
```

向指定的文件输出一个字符串：

```
fputs("welcome to you",fp);
```

3. 数据块读写函数：fread()函数和 fwrite()函数

fread()函数和 fwrite()函数是缓冲型 I/O 提供的两个用来读写数据块的函数。

函数原型：

```
int fread(void *buffer, int size, int count, FILE *fp);
int fwrite(void *buffer, int size, int count, FILE *fp);
```

函数参数：对 fread()函数来说，void *buffer 是用于存放读入数据的首地址；对 fwrite ()函数来说，它是要输出数据的首地址。

int size 表示一个数据块的字节数，即一个数据块的大小。

int count 表示要读写数据块的个数。

FILE *pf 为文件指针。

调用形式：

```
fread(buffer, size, count, fp);
fwrite(buffer, size, count, fp);
```

函数功能：

fread()函数是从文件 fp 当前位置指针处读取 count 个长度为 size 字节的数据块，存放到内存中 buffer 所指向的存储单元中，同时读写指针后移 count*size 个字节。

fwrite()函数是将内存中 buffer 所指向的存储单元中的数据写入文件 fp 中，每次写入为 size 字节的 count 个数据块，同时读写指针后移 count*size 个字节。

函数返回值，fread()函数操作成功时，返回实际读取的字段个数 count；到达文件尾或出现错误时，返回值小于 count。fwrite()函数操作成功时，返回实际所写的字段个数 count；返回值小于 count，说明发生了错误。

例如：如果文件以二进制文件方式打开，可以用 fread()和 fwrite()读写任何类型信息。

```
fread(f,4,2,fp);
```

或

```
fwrite(f,4,2,fp) ;
```

4．格式化读写函数：fprintf()函数和 fscanf()函数

fprintf()函数和 fscanf()函数的功能与 printf()和 scanf()完全相同，但其操作对象是磁盘文件。

函数原型：

```
fprintf(FILE *fp, 控制字符串,参数表);
fscanf(FILE *fp, 控制字符串,参数表);
```

函数功能：fprintf()函数将输出列表中的数据按指定的格式写到 fp 所指向的文件中，返回值为实际写入的文件的字节数，输出失败，则返回 EOF。

fscanf()函数按指定格式从 fp 所指向的文件中读取数据，送到对应的变量中，返回值为所读取的数据项的个数，如果读取失败或文件结束，返回 EOF。

调用方式为：

```
fprintf(fp,控制字符串,参数表);
fscanf(fp,控制字符串,参数表);
```

例如：

```
fprintf(fp,"%d,%6.2f",i,t);
fscanf(fp,"%d,%f",&i,&t);
```

注意：虽然 fprintf()函数和 fscanf()函数是向磁盘文件读写各种数据最容易的方法，但效率并不高。因为它们以格式化的 ASCII 数据而不是二进制数据进行输入输出，与在屏幕上显示是相同的。如果要求速度快或文件很长时应使用 fread()函数和 fwrite()函数。

9.4.2 文件的读写举例

【例 9-3】编写一个简单的任何类型文件加密程序，把加密后的文件存在另一个文件中，加密过程利用位运算。

编程提示：在循环中用 fgetc()函数从文件中逐个一个字符，与字符'g'异或后用 fputc()函数写入文件。程序如下：

```
#include "stdio.h"
#include "stdlib.h"
int main()
{
    FILE *in,*out;
    char ch,infile[10],outfile[10];
    printf("请输入原文件名：\n") ;
    scanf("%s",infile) ;
    printf("请输入加密文件名：\n") ;
```

```
    scanf("%s",outfile) ;
    if ((in=fopen(infile,"rb") ) ==NULL)
    {
        printf("原文件不能打开! \n") ;
        exit(0) ;
    }
    if ((out=fopen(outfile,"wb") ) ==NULL)
    {
        printf("加密文件不能打开! \n") ;
        exit(0) ;
    }
    while (!feof(in) )
    {
        ch=fgetc(in) ;
        ch=ch^ 'g';
        fputc(ch,out) ;
    }
    fclose(in) ;
    fclose(out) ;
    return 0;
}
```

程序运行结果:

请输入原文件名: file1.c ✓
请输入目标文件名: file2.c ✓

【例 9-4】 编写一个简单的 DOS 命令 TYPE 命令。

编程提示: 在循环中利用 putchar()函数将文件中的内容逐个字符显示在屏幕上。

```
#include "stdio.h"
#include "stdlib.h"
int main()
{
    FILE *in;
    char ch,infile[10];
    printf("请输入文件名: \n") ;
    scanf("%s",infile) ;
    if ((in=fopen(infile,"r") ) ==NULL)
    {
        printf("原文件不能打开! \n") ;
        exit(0);
    }
    while(!feof(in) )
    {
        ch=fgetc(in)
        putchar(ch);
    fclose(in);
```

```
    return 0;
}
```

程序运行结果:

```
Rfile.txt
C Language
```

【例 9-5】 编写一个简单的 DOS 命令 COPY 命令。

编程提示: 在循环中利用 getw()函数从一个文件逐个读入数据, 并用 putw()函数逐个将数据写入另一个文件。

```
#include "stdio.h"
#include "stdlib.h"
int main()
{
    FILE *in,*out;
    char ch,infile[10],outfile[10];
    printf("请输入原文件名: \n") ;
    scanf("%s",infile) ;
    printf("请输入目标文件名: \n") ;
    scanf("%s",outfile) ;
    if ((in=fopen(infile,"r") ) ==NULL)
    {
        printf("原文件不能打开! \n") ;
        exit(0) ;
    }
    if ((out=fopen(outfile,"w") ) ==NULL)
    {
        printf("目标文件不能打开! \n") ;
        exit(0) ;
    }
    while(!feof(in) )
        putw(getw(in) ,out) ;
    fclose(in);
    fclose(out);
    returu 0;
}
```

程序运行结果:

请输入原文件名: file1.c ✓
请输入目标文件名: file2.c ✓

程序运行结果是将 file1.c 文件中的内容复制到 file2.c 中去。

【同步练习】 模仿例 9-3 编写加密程序, 将字符'g'改成字符 'l' 并运行。

9.5 文 件 定 位

在进行文件操作时，不一定始终都是从文件的开始位置进行操作，因此对文件的定位非常重要，下面介绍文件操作有关的函数。

9.5.1 文件定位函数——fseek( )函数

对流式文件可以进行顺序读写操作，也可以进行随机读写操作。关键在于控制文件的位置指针，如果位置指针是按字节位置顺序移动的，就是顺序读写。但也可以将文件位置指针按需要移动到文件的任意位置，从而实现随机访问文件。

缓冲型 I/O 系统中的 fseek()函数可以完成随机读写操作，它可以随机设置文件位置指针。

调用形式：

```
fseek(fp,num_bytes,origin) ;
```

其中，p 是调用 fopen()时所返回的文件指针。num_bytes 是个长整型量，表示由 origin（起点）位置到当前位置的字节数。origin 是表 9-3 中所示的几个宏名之一。

表 9-3　origin 所示宏名的含义

宏名字	数值表示	origin（起点）
SEEK_SET	0	文件开始为起点
SEEK_CUR	1	文件当前位置为起点
SEEK_END	2	文件末尾为起点

这些宏被定义为整型量，SEEK_SET 为 0，SEEK_CUR 为 1，SEEK_END 为 2。为了从文件头开始搜索第 num_bytes 个字节，origin 应该用 SEEK_SET。从当前位置起搜索用 SEEK_CUR。从文件尾开始向上搜索用 SEEK_END。

注意：必须用一个长整型数作为偏移量来支持大于 64KB 的文件。该函数只能用于二进制文件，不要将其应用于文本文件，因为字符翻译会造成位置上的错误。

fseek()函数操作成功，返回 0，返回非零值表示失败。

下面是 fseek 函数调用的几个例子：

```
fseek(fp,100L,0) ;      /*将位置指针移到离文件头 100 个字节处*/
fseek(fp,50L,1) ;       /*将位置指针移到离当前位置 100 个字节处*/
fseek(fp,-10L,2) ;      /*将位置指针从文件末尾处向后退 10 个字节*/
```

【例 9-6】　在磁盘文件上存有 10 个学生的数据。要求将第 1、3、5、7、9 个学生的数据屏幕上显示出来。

编程提示：利用 fseek()函数定位所需要学生读出信息在文件中的位置，用 fread()函数将学生读出(或保存)到 student 结构中，然后用 printf()函数显示出来。

程序如下：

```
#include "stdio.h"
#include "stdlib.h"
struct student
{
    char name[10];
    int num;
    int age;
    char sex;
}stud[10];
int main()
{
    int i;
    FILE  *fp;
    if((fp=fopen("stud.dat","rb") ) ==NULL)
    {
        printf("can not open file\n");
        exit(0);
    }
    for(i=1;i<10;i+=2)
    {
        fseek(fp,i*sizeof(struct student) ,0);
        fread(&stud[i], sizeof(struct student) ,1,fp);
        printf("%s %d %d %c\n",stud[i].name,stud[i].num,
        stud[i].age,stud[i].sex);
    }
    fclose(fp);
    return 0;
}
```

程序运行说明：运行程序需事先编写 stud.dat 文件，文件中有 10 个学生的记录。

9.5.2 文件出错检测函数

1. ferror()函数

在调用各种文件读写函数时，可能因某些原因导致失败，如果出现错误，除了函数返回值有所反馈为，还可以用 ferror()函数进行检测。

函数原型：

```
int ferror(FILE *fp);
```

函数参数：FILE *fp 为文件指针。

函数功能：检查 fp 所指向的文件在调用各种读写函数时是否出错。

函数返回值：若当前读写函数没有出现错误，则返回 0；出错则返回非 0 值。

调用形式：

```
ferror(fp);
```

2．clearerr()函数

当错误处理完毕,应清除相关错误标志,以免进行重复的错误处理,这时可使用 clearerr() 函数。

函数原型:

```
void clearerr(FILE *fp);
```

函数参数: FILE *fp 为文件指针。

函数功能: 使文件错误标志和文件结束标志置为 0。由于每个文件操作都可能出错,所以应该在每次文件操作后立即调用 ferror()函数,否则有可能使错误被遗漏。在执行 fopen() 函数时,ferror()函数的初始值自动置为 0。

一旦文件读写操作出错,系统内部的一个错误标志被设为非零值,调用 ferror()可得到该错误标志的值。错误标志一直保留,直到清除调用 clearerr()函数,或下一次调用读写函数,才能改变该标志的值。

【例 9-7】 使用 ferror()和 clearerr()函数实例。

```
#include <stdio.h>
#include <stdlib.h>
int main()
{
    FILE *fp;
    char ch;
    if((fp=fopen("file1.txt","w"))==NULL)
    {
        printf("不能打开文件 \n");
        exit(0);
    }
    ch=fgetc(fp);
    if(ferror(fp))
    {
        printf("读文件错误 \n");
        clearerr(fp);
    }
    fclose(fp);
    return 0;
}
```

【同步练习】 模仿例 9-5 在存有 10 个学生数据的磁盘文件上,将第 2、4、5、8、10 个学生数据在屏幕上显示出来。

9.6　文件综合举例

【例 9-8】　有 5 个学生，每个学生有 3 门课程的成绩，从键盘输入以上数据（其中包括学生学号、姓名和 3 门课程的成绩），计算出平均成绩，将原有数据和计算出的平均分数存在磁盘文件 stu.dat 中。

编程提示：如图 9-1 所示，用结构体保存学生信息，用 for 循环求平均成绩，用 fwrite() 函数将信息写入文件。程序如下：

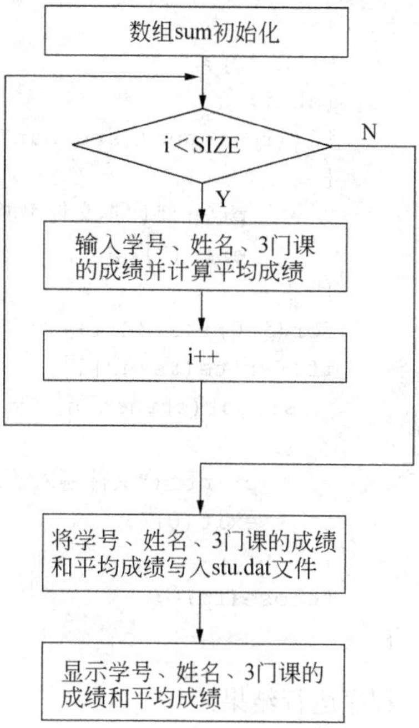

```
#include "stdio.h"
#include "stdlib.h"
#define SIZE 5
struct student
{
    char name[10];
    int num;
    int score[3];
    int ave;
};
struct student stud[SIZE];

int main()
{
    void save() ;
    int i,sum[SIZE];
    FILE *fp1;
    for(i=0;i<SIZE;i++)
        sum[i]=0;
    for(i=0;i<SIZE;i++)
    {
        scanf("%s %d %d %d %d",stud[i].name,&stud[i].num,
        &stud[i].score[0],   &stud[i].score[1],&stud[i].score[2]) ;
        sum[i]=stud[i].score[0]+stud[i].score[1]+stud[i].score[2];
        stud[i].ave=sum[i]/3;
    }
    save() ;
    fp1=fopen("stu.dat","rb") ;
    printf("\n 姓名 学号  成绩1 成绩2  成绩3 平均分\n") ;
    printf("----------------------------\n") ;
    for(i=0;i<SIZE;i++)
    {
        fread(&stud[i],
        sizeof(struct student) ,1,fp1) ;
        printf("%-10s %3d %5d %5d %5d %5d\n",
        stud[i].name,stud[i].num,
```

图 9-1　流程图

- 数组sum初始化
- i<SIZE　N
- Y
- 输入学号、姓名、3门课的成绩并计算平均成绩
- i++
- 将学号、姓名、3门课的成绩和平均成绩写入stu.dat文件
- 显示学号、姓名、3门课的成绩和平均成绩

```
                stud[i].score[0],stud[i].score[1],
                stud[i].score[2],
                stud[i].ave) ;
        }
        fclose(fp1) ;
        return 0;
}
    void save()
    {
        FILE *fp;
        int i;
        if((fp=fopen("stu.dat","wb") ) ==NULL)
        {
            printf("本文件不能打开，出错！\n") ;
            exit(0) ;
        }
        for(i=0;i<SIZE;i++)
        if(fwrite(&stud[i],
            sizeof(struct student) ,1,fp) !=1)
            {
                printf("文件写入数据时出错！\n") ;
                exit(0) ;
            }
        fclose(fp) ;
    }
```

程序运行结果：

```
张三    1001   93   85   88
李四    1002   95   86   78
王五    1003   87   78   99
李海    1004   88   76   54
赵云    1005   86   77   98
姓名    学号    成绩1   成绩2   成绩3   平均分
-----------------------------------
张三    1001    93      85      88      88
李四    1002    95      86      78      86
王五    1003    87      78      99      88
李海    1004    88      76      54      72
赵云    1005    86      77      98      87
```

【例 9-9】 将上例按平均分进行排序处理，将已排序的学生数据存入一个新文件 stu_sort.dat 中。

编程提示：如图 9-2 所示，用两层 for 循环进行平均分排序，用 fwrite()函数将结果写入文件。

程序如下：

```c
#include "stdio.h"
#include "stdlib.h"
#define SIZE 5
struct student
{
    char name[10];
    int num;
    int score[3];
    int ave;
};
struct student stud[SIZE],work;
int main()
{
    void sort() ;
    int i,sum[SIZE];
    FILE *fp2;
    sort() ;
    fp2=fopen("stu_sort.dat","rb") ;
    printf("排完序的学生成绩列表如下：\n") ;
    printf("----------------------------------------\n") ;
    printf("\n 姓名  学号   成绩1  成绩2   成绩3  平均分\n") ;
    printf("----------------------------------------\n") ;
    for(i=0;i<SIZE;i++)
    {
        fread(&stud[i],sizeof(struct student) ,1,fp2) ;
        printf("%-10s %3d %5d %5d %5d %5d\n",
                stud[i].name,stud[i].num,stud[i].score[0],
                stud[i].score[1],stud[i].score[2],stud[i].ave) ;
    }
    fclose(fp2) ;
    return 0;
}
void sort()
{
    FILE *fp1,*fp2;
    int i,j;
    if((fp1=fopen("stu.dat","rb") ) ==NULL)
    {
        printf("本文件不能打开，出错！\n") ;
        exit(0) ;
    }
    if((fp2=fopen("stu_sort.dat","wb"))==NULL)
    {
        printf("文件写入数据时出错！\n") ;
```

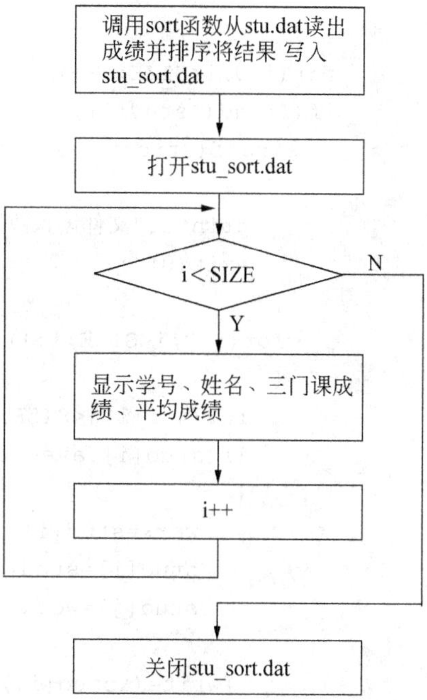

图 9-2　流程图

```
            exit(0) ;
        }
    for(i=0;i<SIZE;i++)
    if(fread(&stud[i],
        sizeof(struct  student) ,1,fp1) !=1)
        {
            printf("文件读入数据时出错！\n") ;
            exit(0) ;
        }
        for(i=0;i<SIZE;i++)
        {
            for(j=i+1;j<SIZE;j++)
            if(stud[i].ave<stud[j].ave)
            {
                work=stud[i];
                stud[i]=stud[j];
                stud[j]=work;
            }
            fwrite(&stud[i],
                sizeof(struct student) ,1,fp2);
        }
    fclose(fp1) ;
    fclose(fp2) ;
}
```

程序运行结果：

排完序的学生成绩列表如下：

姓名	学号	成绩1	成绩2	成绩3	平均分
张三	1001	93	85	88	88
王五	1003	87	78	99	88
赵云	1005	86	77	98	87
李四	1002	95	86	78	86
李海	1004	88	76	54	72

【同步练习】有 5 个学生，每个学生有 3 门课程的成绩，从键盘输入以上数据（其中包括学生学号、姓名和 3 门课程的成绩），模仿例 9-7 计算出每个学生的总成绩，将原有数据和计算出的总成绩数存在磁盘文件 stud 中。

9.7 综合实例：学生成绩管理程序（九）

用文件改写班级学生成绩管理程序。

编程提示：

（1）输入学生成绩：修改 mycreate()函数，将输入的学生的学号、成绩保存到 score.txt 中。

（2）显示学生成绩：修改 mydisplay()函数，score.txt 文件中读取学生的学号、成绩显示在屏幕上。

（3）按学号查找成绩：修改 mysearch()函数，从键盘输入一个学号，在 score.txt 文件中查找该学生的成绩，如果找到，输出该学生的学号、成绩，否则输出不存在的信息。

（4）查找最高分：修改 mymax()函数，在 score.txt 文件中查找最高分，并显示最高分学生的学号、成绩。

（5）插入学生成绩：修改 myadd()函数，从键盘输入一个位置（用序号表示）、学号、成绩，在 score.txt 文件的相应位置插入新学生的学号、成绩。

（6）按学号删除成绩：修改 mydelete()函数，从键盘输入一个学号，从 score.txt 文件中删除该学生的信息。

（7）成绩排序：修改 mysort()函数，从 score.txt 文件中读取学生信息，按成绩排序后再写回 score.txt 中。

```c
#include <stdio.h>
#include <conio.h>
#include <stdlib.h>
#define N 100
struct st
{
    int num;
    char name[10];
    int s;
};
int  mymenu();
void mycreate();
void mydisplay();
void mysearch();
void mymax();
void myadd();
void mydelete();
void mysort();

int main()
{
    int choose;
    char yes_no;
    do
    {
        choose= mymenu( );
        printf("                  ");
        switch(choose)
        {   case 1:mycreate();  break;
```

```
            case 2:mydisplay();  break;
            case 3:mysearch();  break;
            case 4:mymax();  break;
            case 5:myadd();  break;
            case 6:mydelete();  break;
            case 7:mysort();  break;
            case 0:exit(0);
            default :printf("\n             %d 为非法选项! \n",choose);
        }
        printf("\n             要继续选择吗(Y/N)？\n");
        do
        {      yes_no=getch( );
        }while(yes_no!='Y' && yes_no!='y'&& yes_no!='N' && yes_no!='n');
    } while(yes_no=='Y' || yes_no=='y');
    return 0;
}
/*菜单函数，返回用户键入的选项号*/
int mymenu()
{
    int choose;
    printf("       ******************************\n");
    printf("       *                            *\n");
    printf("       *        学生成绩管理程序      *\n");
    printf("       *                            *\n");
    printf("       ******************************\n");
    printf("       *        1.输入学生成绩        *\n");
    printf("       *        2.显示学生成绩        *\n");
    printf("       *        3.按学号查找成绩      *\n");
    printf("       *        4.查找最高分          *\n");
    printf("       *        5.插入学生成绩        *\n");
    printf("       *        6.按学号删除成绩      *\n");
    printf("       *        7.成绩排序            *\n");
    printf("       *        0.退出程序            *\n");
    printf("       ******************************\n");
    printf("       *     请输入选项编号（0~7）    *\n");
    printf("       ******************************\n");
    printf("       ");
    scanf("%d",&choose);
    printf("     你输入的选项编号:%d",choose);
    return choose;
}
/*输入学生学号、姓名、成绩信息 */
void mycreate()
{
    int i=1;
```

```c
    struct st temp={0};
    FILE *fp=NULL;

    fp=fopen("d:\\file.txt","w");
    if(fp==NULL) { printf("\nError!\n"); exit(0); }
    printf("\n          输入第%d组信息:",i);
    printf("\n          输入学号（以 0 结束）:");
    scanf("%d",&temp.num);
    while(temp.num!=0)
    {
            printf("          输入姓名:");
            scanf("%s",temp.name);
            printf("          输入成绩:",i);
            scanf("%d",&temp.s);
            fprintf(fp,"%8d%10s%4d\n",temp.num,temp.name,temp.s);
            i++;
            printf("\n          输入第%d组信息:\n",i);
            printf("          输入学号（以 0 结束）:");
            scanf("%d",&temp.num);
    }
        fclose(fp);
}
/*显示学生学号、姓名、成绩信息 */
void mydisplay()
{
    struct st temp={0};
    FILE *fp=NULL;

    fp=fopen("d:\\file.txt","r");
    if(fp==NULL) { printf("\nError!\n"); exit(0); }
    printf("\n     学号     姓名  成绩\n");
    while(feof(fp)==0)
    {
        fscanf(fp,"%d%s%d\n",&temp.num,temp.name,&temp.s);
        printf("%10d%10s%4d\n",temp.num,temp.name,temp.s);
    }
    fclose(fp);
}
/*输入学号查找学生信息 */
void mysearch()
{
    int n=0,x=0,i=0;
    struct st a[N]={0};
    FILE *fp=NULL;
```

```
    fp=fopen("d:\\file.txt","r");
    if(fp==NULL) { printf("\nError!\n"); exit(0); }
    while(feof(fp)==0)
    {
        fscanf(fp,"%d%s%d\n",&a[n].num,a[n].name,&a[n].s);
        n++;
    }
    fclose(fp);
    printf("\n        输入要查找的学号:");
    scanf("%d",&x);
    for(i=0; i<n; i++)
        if(x==a[i].num)
            break;
    if(i<n)
        printf("        学号：%d  %s 成绩: %d\n",a[i].num,a[i].name,a[i].s);
    else
        printf("%d not exist!\n",x);
}
/*显示成绩最高分学生信息 */
void mymax()
{
    int i=0,k=0,n=0;
    struct st a[N]={0};
    FILE *fp=NULL;

    fp=fopen("d:\\file.txt","r");
    if(fp==NULL) { printf("\nError!\n"); exit(0); }
    while(feof(fp)==0)
    {   fscanf(fp,"%d%s%d\n",&a[n].num,a[n].name,&a[n].s);
        n++;
    }
    fclose(fp);
    k=0;
    for(i=1; i<n; i++)
        if(a[k].s<a[i].s)
            k=i;
    printf("\n        最高分学生信息:%8d%10s%4d\n",a[k].num,a[k].name, a[k].s);
}
/*插入学生信息*/
void myadd()
{
    int i=0,k=0,n=0;
    struct st a[N]={0};
    FILE *fp=NULL;
```

```c
    fp=fopen("d:\\file.txt","r");
    if(fp==NULL) { printf("\nError!\n"); exit(0); }
    while(feof(fp)==0)
    {
        fscanf(fp,"%d%s%d\n",&a[n].num,a[n].name,&a[n].s);
        n++;
    }
    fclose(fp);
    printf("\n        请输入插入位置(序号)  :");
    scanf("%d",&k);
    for(i=n; i>=k+1; i--)
        a[i]=a[i-1];
    printf("     请输入学号、姓名和成绩:");
    scanf("%d%s%d",&a[k].num,a[k].name,&a[k].s);
    fp=fopen("d:\\file.txt","w");
    if(fp==NULL) { printf("\nError!\n"); exit(0); }
    for(i=0; i<n+1; i++)
    {
        fprintf(fp,"%8d%10s%4d\n",a[i].num,a[i].name,a[i].s);
        printf("%10d%10s%4d\n",a[i].num,a[i].name,a[i].s);

    }
    fclose(fp);
}
/*按学号删除学生信息 */
void mydelete()
{
    int i=0,k=0,n=0,temp;
    struct st a[N]={0};
    FILE *fp=NULL;

    fp=fopen("d:\\file.txt","r");
    if(fp==NULL) { printf("\nError!\n"); exit(0); }
    while(feof(fp)==0)
    {
        fscanf(fp,"%d%s%d\n",&a[n].num,a[n].name,&a[n].s);
        n++;
    }
    fclose(fp);
    printf("\n        输入要删除的学号:");
      scanf("%d",&k);
    for(i=0; i<n-1; i++)
        if(a[i].num==k)
        {
            for(temp=i;temp<n-1;temp++)
```

```c
                a[temp]=a[temp+1];
        }
    fp=fopen("d:\\file.txt","w");
    if(fp==NULL) { printf("\nError!\n"); exit(0); }
    for(i=0; i<n-1; i++)
        fprintf(fp,"%8d%10s%4d\n",a[i].num,a[i].name,a[i].s);
    fclose(fp);
}
/*按成绩排序 */
void mysort()
{
    int i=0,j=0,k=0,n=0;
    struct st a[N]={0},temp={0};
    FILE *fp=NULL;

    fp=fopen("d:\\file.txt","r");
    if(fp==NULL) { printf("\nError!\n"); exit(0); }
    while(feof(fp)==0)
    {
        fscanf(fp,"%d%s%d\n",&a[n].num,a[n].name,&a[n].s);
        n++;
    }
    fclose(fp);
    for(i=0; i<n-1; i++)
    {
        k=i;
        for(j=k+1; j<n; j++)
            if(a[k].s<a[j].s)
                k=j;
        temp=a[i];
        a[i]=a[k];
        a[k]=temp;
    }
    printf("\n     成绩从高分到低分排序:");
    printf("\n      学号      姓名 成绩\n");
    for(i=0;i<n;i++)
        printf("%10d%10s%4d\n",a[i].num,a[i].name,a[i].s);
    fp=fopen("d:\\file.txt","w");
    if(fp==NULL) { printf("\nError!\n"); exit(0); }
    for(i=0; i<n; i++)
        fprintf(fp,"%8d%10s%4d\n",a[i].num,a[i].name,a[i].s);
    fclose(fp);
    printf("\n     按成绩从高到低排序写入文件!");
}
```

程序运行测试：

（1）输入学生成绩测试。输入选项编号 1，然后输入 3 个学生成绩信息——2016001　周杰伦 98，2016002　张三丰　88，2016004　范冰冰　92。运行结果如图 9-3 所示。

（2）显示学生成绩测试。输入选项编号 2，运行结果如图 9-4 所示。

图 9-3　输入学生成绩测试

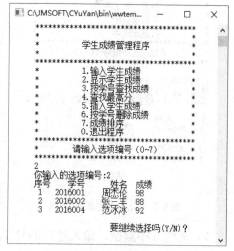

图 9-4　显示学生成绩测试

（3）按学号查询学生成绩测试。输入选项编号 3，输入学号 2016002，运行结果如图 9-5 所示。

（4）查找最高分测试。输入选项编号 4，运行结果如图 9-6 所示。

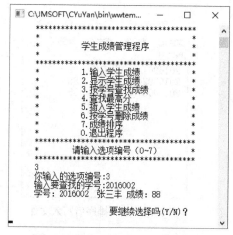

图 9-5　按学号查询学生成绩测试

图 9-6　查找最高分测试

（5）插入学生成绩测试。输入选项编号 5，输入插入位置 2，学号、姓名和成绩 2016003 赵子龙 85，运行结果如图 9-7 所示。

（6）按学号删除成绩测试。输入选项编号 6，输入要删除的学号 2016004，运行结果如图 9-8 所示。

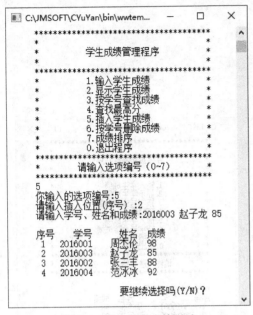

图 9-7　插入学生成绩测试

图 9-8　按学号删除成绩测试

（7）成绩排序测试。输入选项编号 7，运行结果如图 9-9、图 9-10 所示。

图 9-9　成绩排序测试

图 9-10　成绩排序后写入文件

9.8　常见程序错误及解决方法

（1）文件路径问题。打开文件名时，文件名中的路径少写了一个反斜杠。例如：

```
fp=fopen("c:\abc.txt","a+");
```

原因："\"在 C 语言中要使用转义字符，要用　"\\"进行表示。
正确的写法是

```
fp=fopen("c:\\abc.txt","a+");
```

（2）相对路径与绝对路径。
① 相对路径。相对路径是相对当前正在使用的程序或文件而言的，不带盘符，例如要在 C 程序中要使用 c:\soft\try.txt 文件，而当前程序就在 c:\soft\文件夹中，这时就可以使用相对路径

```
fopen("try.txt","r");
```

使用相对路径的好处是，将该程序任意复制到其他文件夹或另一台计算机上的任意文件夹都可以正常运行。
② 绝对路径：使用完整的路径文件名，例如：

```
fopen("c:\\soft\\try.txt","r");
```

使用绝对路径的缺点是，该程序复制到其他计算机时，必须在其他计算机上的 C 盘新建 soft 文件夹，然后复制 try.txt 到 c:\soft 文件夹，程序才能正常运行。
（3）使用 fopen()函数打开文件操作结束后，忘记用 fclose()函数关闭文件。
文件的操作步骤如下：
① 使用 fopen()函数打开文件。
② 读写文件数据，进行运算。
③ 使用 fclose()函数关闭文件。
（4）打开文件时，没有检查文件打开是否成功。正确的写法应该加上判断文件打开是否成功的语句，内容如下：

```
if((fp=fopen("stu.txt","r"))==NULL)
{
    printf("Cannot open the file.\n");
    exit(0);
}
```

（5）读文件时使用的文件方式与写文件时不一致，例如：

```
fp=fopen("abc.txt","r");
```

以"r"方式打开个文本文件，只允许读数据，如果要写数据，需要用相应的文件打开

方式，正确的写法如下：

```
fp=fopen("abc.txt","w");
```

本 章 小 结

文件是程序设计中一种重要的数据类型，是指存储在外部介质上的一组数据集合。C语言中文件是被看作字节或字符的序列，称为流式文件。根据数据组织形式有二进制文件和字符（文本）文件。

（1）对文件操作分为 3 步：打开文件、读写文件、关闭文件。文件的访问是通过 stdio.h 中定义的名为 FILE 的结构类型实现的，它包括文件操作的基本信息。一个文件被打开时，编译程序自动在内存中建立该文件的 FILE 结构，并返回指向文件起始地址的指针。

（2）文件的读写操作可以使用库函数 fscanf()函数与 fprintf()函数配对使用，fgetc()函数与 fputc()函数配对使用，fgets()函数与 fputs()函数配对使用，fread()函数与 fwrite()函数配对使用，以免引起输入输出的混乱。这些函数的调用，能实现文件的顺序读写。通过调用 fseek()函数，可以移动文件指针，从而实现随机读写文件。

（3）文件读写操作完毕后，注意用 fclose()函数调用关闭文件。

习 题 9

一、选择题

1. 已知 fp 为文件类型指针，若要打开 e 盘 text 文件夹（目录）下的 word.dat 文件，下面各选项中正确的是（　　）。

  A. fp=fopen(e:text\word.dat,"r")　　　　B. fp=fopen(e:\text\word.dat,"r")

  C. fp=fopen("e:\text\word.dat","r")　　　D. fp=fopen("e:\\text\\word.dat","r")

2. 使用 fclose（fp）函数正常关闭 fp 文件后，函数 fclose()的返回值是（　　）。

  A. 1　　　　　　B. 0　　　　　　C. -1　　　　　　D. 非零值

3. 下列（　　）操作后，文件的读写指针不是指向文件首。

  A. rewind(fp)　　　　　　　　　　B. fseek(fp,0L,0)

  C. fseek(fp,0L,2)　　　　　　　　　D. fopen("f1.c","r")

4. 若 fp 是指向某文件的指针，且已读到文件末尾，则 feof(fp)的返回值是（　　）。

  A. EOF　　　　　　B. -1　　　　　　C. 非零值　　　　　　D. NULL

5. 在 C 程序中，可把整数以二进制形式存放到文件中的函数是（　　）。

  A. fprintf()函数　　B. fread 函数()　　C. fwrite()函数　　D. fputc 函数()

6. 若打开文件为了先读后写时，打开方式应该选择（　　）。

  A. "r"　　　　　　B. "r+"　　　　　　C. "w+"　　　　　　D. "w"

7. 以下程序运行后输出结果是（　　）。

```
#include <stdio.h>
int main()
```

```
{
    FILE *fp;
    int i=20,j=30,k,n;
    fp=fopen("dl.dat","w");
    fprintf(fp, "%d\n",i);
    fprintf(fp, "%d\n",j);
    fclose(fp);
    fp=fopen("dl.dat","r");
    fscanf(fp, " %d %d",&k,&n);
    printf("%d %d",k,n);
    fclose(fp);
    return 0;
}
```

    A. 20 30　　　　　　B. 20 50　　　　　C. 30 50　　　　　D. 30　20

8．函数调用 fseek (fp,–20L,2) 的含义是（　　　）。

    A．将文件位置指针移到距离文件头20B处

    B．将文件位置指针从当前位置向后移动20B

    C．将文件位置指针从文件末尾处向文件头方向移动20B

    D．将文件位置指针移到离当前位置20B处

9．有如下定义：

```
struct stu a[20];
FILE *fp;
```

    设文件中以二进制文件格式存放了 5 个班的学生数据，且文件已打开，fp 指向文件头。若要从文件中读出 20 个学生的数据放入 a 数组中，以下语句不正确的是（　　　）。

    A．for (i=0;i<20;i++) fread(&a[i],sizeof(struct stu),1L,fp);

    B．for (i=0;i<20;i++) fread(a+I;sizeof(struct stu),1L,fp);

    C．fread(a,sizeof(struct stu),20L,fp);

    D．for (i=0;i<20;i++) fread(a[i],sizeof(struct stu),1L,fp);

10．有如下定义：

```
struct  stu stu1[30];
```

    若要将stu1中的30个元素写到硬盘文件fp中，以下不正确的形式是（　　　）。

    A．fwrite(stu1,sizeof(struct stu),30,fp);

    B．fwrite(stu1,30*sizeof(struct stu),1,fp);

    C．fwrite(stu1,15*sizeof(struct stu),15,fp);

    D．for (i=0;i<30;i++) fwrite(stu1+i,sizeof(struct stu),1,fp);

二、编程题

1．从键盘输入一个字符串，把它输出到文件 file1.dat 中。

2．有两个磁盘文件 file1.dat 和 file2.dat，各自存放一行字母，要求把这两个文件中的信

息合并（按字顺序排列，如 file1.dat 中的内容是"abort"，file2.dat 中的内容为"boy"，合并后的内容为"abboorty"），输出到一个新文件 file3.dat 中。

3．将 10 名职工的数据从键盘输入，然后送入文件 worker.dat 中保存，最后文件中调入这些数据，依次在屏幕上显示出来。设职工数据包括职工号、职工姓名、性别、年龄、工龄、工资。

4．统计一篇文章大写字母的个数和文章中的句子数（句子的结束的标记是句点后跟一个或多个空格）。

5．在一个文本文件中有若干个句子，要求将它读入内存，然后在写入另一个文件时使一个句子单独为一行。

实验 9 文　　件

1．实验目的

（1）掌握文件以及缓冲文件系统、文件指针的概念。

（2）学会使用文件打开、关闭、读、写等文件操作函数。

（3）掌握对文件进行字符写、块读写的方法。

（4）巩固"文件"教学单元的知识。

2．实验内容

（1）显示文本文件的内容。打开记事本，输入"123456789"，然后保存在 C 盘的根目录，文件名为 string.txt，编写程序将该文件的内容显示出来。

编程提示：

① 只显示文件内容，即为读文件，应以"r"方式将 string.txt 文件打开。

② 用 feof()函数判断文件结束状态。

参考程序：

```
#include<stdio.h>
#include <stdlib.h>
void main()
{
    FILE * fp;
    char ch;
    if((fp=fopen("c:\\string.txt","r"))==NULL)
    {
        printf("cannot open source file.\n");
        exit(1);
    }
    while(! feof(fp))
    {
        ch =fgetc(fp);
        putchar(ch);
    }
```

```
        fclose(fp);
    }
```

程序调试：

① 建立 string.txt 文本文件。

② 运行程序，察看并分析程序的运行结果。

③ 删除 string.txt 文本文件后，运行程序，察看并分析程序的运行结果。

（2）文件复制。编写一个文本文件复制函数，并在主函数 main()中调用它，将实验内容 1 中建立的文本文件 string.txt 复制到文件 backup.txt 中。

编程提示：

① 文件复制需要对两个文件进行操作，源文件用"r"方式打开，目标文件用"w"方式打开。

② 文件复制函数 copy()使用两个字符型指针参数，调用时实参使用文件名字符串，或者是存储文件名的字符串变量。

③ 文件复制的方法：从源文件中逐个读出字符，并立刻把读出的一个字符写入到目标文件中。

参考程序：

```c
#include<stdio.h>
#include <stdlib.h>
void copy(char * ,char *);
void main()
{
    char * source="c:\\string.txt";
    char * target="c:\\backup.txt";
    copy(source ,target);
}
void copy(char * source,char * target)
{
    FILE * fp_s, *fp_t;
    if((fp_s=fopen(source, "r"))==NULL)     /*以读方式打开源文件*/
    {
        printf("不能打开源文件.\n");
        exit(1);
    }
    if((fp_t=fopen(target, "w"))==NULL)     /*以写方式打开目标文件*/
    {
        printf("不能打开目标文件.\n");
        exit(1);
    }
    while(! feof(fp_s))
        fputc(fgetc(fp_s),fp_t);
    printf("文件复制完成.\n");
    fclose(fp_s);
```

```
        fclose(fp_t);
    }
```

程序调试：运行程序后，用文本编辑软件打开 backup.txt 文件察看结果。也可以使用文本文件显示程序察看结果。

（3）用文件储存学生数据。有 5 个学生，每个学生有 3 门课的成绩，从键盘输入数据（包括学号、姓名和 3 门课成绩），计算出平均成绩，将原有数据和计算出的平均分数存放在磁盘文件 stud 中。

设 5 名学生的学号、姓名和 3 门课成绩如下：

```
99101    Wang    89  98  67
99103    Li      60  80  90
99106    Fun     75  91  99
99110    Ling    80  50  62
99113    Yuan    58  68  71
```

编程提示：该问题有两个主要步骤：

① 定义结构体数组，将输入数据首先存储到结构体数组中。

② 将结构体数组中的数据读出来，以块写入的方式写到指定的文件中。

参考程序：

```
#include <stdio.h>
#define N 5
struct student                    /*定义学生结构体数据类型*/
{
    char num[10];
    char name[8];
    int score[3];
    float ave;
};
void main()
{
    struct student stu[5];
    int i,j;
    FILE * fp;
    float sum;
    for(i=0;i<N;i++)
    {
        printf("Enter num: ");
        scanf("%s",stu[i].num);        /*输入学生的学号*/
        printf("Enter name: ");
        scanf("%s",stu[i].name);       /*输入学生的姓名*/
        sum=0;
        for(j=0;j<3;j++)               /*输入学生的 3 门课的成绩*/
        {
```

```
        printf("Enter score%d: ",j+1);
        scanf("%d",&stu[i].score[j]);  /*计算总成绩*/
        sum=sum+stu[i].score[j];
        getchar();
        }
    stu[i].ave=sum/3.0;                /*计算平均成绩*/
    }
printf("\n");
if((fp=fopen("stud","w"))==NULL)
{
    printf("Can not open this file.\n");
    exit(1);
}
for(i=0;i<N;i++)
    fwrite(&stu[i],sizeof(struct student),1,fp);  /*向文件写数据*/
fclose(fp);
if ((fp=fopen("stud","r"))==NULL)
{
    printf("Can not open this file.\n");
    exit(0);
}
for(i=0;i<N;i++)                    /*将文件中的数据读出并显示出来*/
{
    fread(&stu[i],sizeof(struct student),1,fp);
    printf("%s  %s",stu[i].num,stu[i].name);
    for(j=0;j<3;j++)
        printf("%d",stu[i].score[j]);
    printf("%f\n",stu[i].ave);
}
    fclose(fp);
}
```

程序调试：

① 为了观察文件的存储操作是否正确，在调试程序时应增加显示存储文件的程序代码。也可以单独编写程序，显示存储文件。

② 在参考程序中，在写文件时使用的是"w"操作方式，显示文件时重新用"r"方式打开。请修改程序，使用一种文件操作方式，写完之后，再从头显示文件内容。

3. 实验总结

及时总结在本次实验遇到哪些问题及其解决方法。

第 10 章　综合实例：用 Visual C++ 2010 开发通讯录管理程序

本章详细介绍用 Visual C++ 2010 编写、调试一个通讯录管理程序的完整过程，为读者进一步用 C 语言进行软件设计打下坚实的基础。

10.1　较大程序的开发过程

较大程序一般包括 6 个步骤：程序的功能设计、程序的数据设计、程序的函数设计、函数编码及调试、程序整体调试和维护，各个步骤都有其特定的任务。

1．程序的功能设计

功能设计是程序设计的第一个环节，其任务是根据题目的描述和要求，确定程序要实现的功能，并把这些功能划分为不同的层次，确定各层功能的上下级关系，然后绘制出分级描述的程序功能框图，必要时对所列功能进行说明。

2．程序的数据设计

程序的数据设计主要包括对以下各类数据进行设计：

（1）对程序中用到的主要数据确定数据类型。

（2）对程序中用到的结构体数据定义其结构体类型。

（3）定义程序中使用的全局变量、外部变量等。

（4）定义程序中通用的符号常量。

（5）确定文件的类型。

3．程序的函数设计

一个综合性的程序，需要设计若干个函数。各个函数功能各异，使用的层次也不尽相同。为了使总体设计协调有序地进行，需要在程序编码之前，对主要的函数做出预先设计，即所谓的函数设计。程序的函数设计包括函数的功能设计和函数调用设计两个方面。

（1）函数的功能设计。对应程序功能框图，确定各项功能要使用的主要函数，并进行明确描述，包括函数名称、函数功能、函数参数、函数返回值类型等。

（2）函数调用设计。对函数的调用关系进行描述，明确说明在实现程序功能时，函数之间将发生的调用和被调用关系。

4．函数编码及调试

函数编码及调试是实现程序功能的核心阶段，需要注意以下问题。

（1）程序通常由多个函数构成，每个函数都有独立的功能，实现特定的操作。但程序中的所有函数是一个有机的整体，都围绕实现程序的功能进行设计。

（2）有些函数之间有调用和被调用关系，在进行函数设计时需要注意顺序问题，有的函数先设计，有的函数后设计，而没有调用关系的函数可以并列设计。当多人合作进行一个项目设计时，可以并列设计的函数即可由不同的设计人员承担。

（3）程序设计是一个循序渐进的过程。有的函数在程序设计前的函数设计阶段就被考虑到了，而有的函数是在程序设计过程中因需要才产生的。但无论哪一个函数，都会经历由简单到功能完善定型的过程。

（4）函数设计一般以功能实现为主线，围绕程序的一个功能进行函数设计。每一个函数完成之后，都要立即进行函数功能测试，直到确认函数能实现其功能为止。

（5）有时在测试一个主调函数时，其被调用的函数还没有完成设计，这时最简便的方法，就是把被调用函数先设计为只有一个空的"return;"语句的函数，然后进行主调函数的基本测试。当被调用函数设计完成之后，再进行详细的测试。

（6）不同功能的函数，对磁盘文件可能有不同的使用要求，因此在进行文件操作时，打开文件的方式就可能不同。

5．整体调试

整体调试是程序设计的必要阶段，是在前期程序设计调试基础上进行的基本过程。需要设计准备一个较大规模的数据集，按照程序设计题目的功能要求，对组装完成的程序逐项进行功能测试和调试，直至确认程序达到了设计目标为止。

6．维护

维护时期的主要任务是使软件持久地满足用户的需要。具体地说，当软件在使用过程中发现错误时应该加以改正；当环境改变时应该修改软件以适应新的环境；当用户有新要求时应该及时改进软件以满足用户的新需要。每一次维护活动本质上都是一次压缩和简化了的定义和开发过程。

10.2　综合程序设计实例

下面以一个通讯录管理程序为例，按照上述的 6 个步骤讲解较大程序设计的基本过程。

10.2.1　题目的内容要求

通讯录管理程序课程设计的内容要求如下：综合运用 C 语言程序设计课程的主要知识，设计一个用于通讯录管理的程序，设计指标由程序的功能要求和技术要求具体说明。

1．功能要求

通讯录管理程序至少应具有如下功能。

（1）能通过键盘向通讯录输入数据。要求随时都能使用该项功能实现记录输入，一次可以输入一条记录，也可以输入多条记录。所谓一条记录，是指通讯录中一个人员的完整信息。

（2）能显示通讯录存储的记录信息，在显示时能提供下列显示方式。

① 按自然顺序显示。即按照向通讯录输入数据时各条记录的先后顺序，显示通讯录中已有的记录信息。

② 按照一定的排序顺序显示通讯录信息。排序顺序有多种，如按姓名排序、按年龄排序、按所在城市排序、按所在单位排序等，具体使用的排序顺序由设计者确定，但至少要

包括上述两种排序方式。

（3）能查询通讯录信息。要求至少提供两种查询方式，如按姓名查询、按所在城市查询等，任何一种查询都要有明确的查询结果。

（4）能对通讯录存储的信息进行修改。要求至少提供两种修改方式，如按照姓名修改、按照通讯录记录序号修改。记录序号是通讯录记录的自然顺序编号。

（5）能对通讯录的信息进行删除。要求删除时以记录为单位，既能一次删除一条记录，也能一次删除多条记录。

（6）通讯录管理结束后，能够正常退出通讯录管理程序。

2．技术要求

（1）每个通讯录记录至少包括如下信息：姓名、电话、所在城市、所在单位、年龄、备注等。

（2）通讯录信息以磁盘文件的形式存储，存储位置、文件名、文件格式由设计者确定。

（3）对于通讯录功能中的数据输入、显示、查询、修改、删除等功能，要求编写功能独立的函数或主控函数予以实现，其所属的各项功能尽量由独立的函数实现。

（4）以菜单方式实现功能选择控制。

（5）本通讯录管理程序能够实现 100 条记录的管理。

10.2.2　程序的功能设计

根据题目的功能要求，设计通讯录管理程序的功能如图 10-1 所示。

各功能的具体说明如下。

1．通讯录信息录入

（1）通过显示信息项目，逐项输入通讯录的记录信息。

（2）每次输入记录后，通过询问的方式决定是否继续进行记录输入，因此，使用该功能既可录入一条记录，也可连续录入多条记录。

（3）每次录入记录之前，显示通讯录中已有的记录数。

2．通讯录信息显示

（1）按自然顺序显示，即以通讯录文件中的记录顺序为序，逐个对文件记录进行显示。

（2）按排序顺序显示，即对通讯录中的记录进行排序后，再按照排序结果显示出来。但不管使用何种排序算法，排序显示不能改变通讯录记录的物理顺序。

（3）当通讯录信息较多时，实行分屏显示，每屏最多显示 20 条记录信息。

（4）显示记录时，对每一条记录增加与显示顺序一致的序号。

3．通讯录信息查询

（1）提供按姓名查询和按家庭地址查询两种查询方式。

（2）查找成功后显示每一条符合条件记录的完整信息，当一屏不能完成显示时，实行分屏显示，每屏最多显示 20 条符合条件的记录。当找不到符合条件记录时，给出相应的提示信息。

4．通讯录信息修改

（1）按照指定的记录序号，对通讯录记录进行修改。首先显示指定记录的当前数据，然后通过重新输入该记录数据的方法，完成数据修改操作。

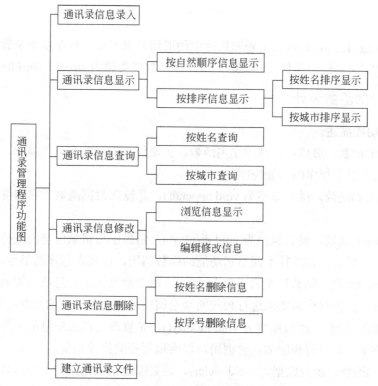

图 10-1　通讯录管理程序功能图

（2）为方便确认记录序号，该功能项同时提供通讯录记录的浏览功能。

5．通讯录信息删除

（1）提供按姓名删除和按序号删除两种方式，当找到指定记录时，进行删除操作。找不到指定记录时，给出相应的提示信息。

（2）所有的删除均为物理删除，即将指定的记录从通讯录文件中彻底清除掉。

6．建立通讯录文件

第一次使用通讯录管理程序时，用于建立存储通讯录信息的文件。

10.2.3　程序的数据设计

每个通讯录记录由多个不同的数据项构成，是一个结构体数据，因此需要定义结构体数据类型。根据题目要求，确定每个记录包括的数据项为：姓名、电话、家庭住址、所在单位、年龄、备注等。据此定义如下结构体数据类型：

```
struct record
{
    char name[15];          /*姓名*/
    char birth[10];         /*生日*/
    char tele[12];          /*电话*/
    char addr[30];          /*家庭地址*/
    char units[30];         /*工作单位*/
    char note[50];          /*备注*/
```

```
};
```

考虑到 struct record 是通讯录管理程序中的通用数据类型，将在多个函数中使用，故将其在头文件中定义。使用文件 addressbook.txt 存储数据类型为 struct record 的通讯录数据。

10.2.4　程序的函数设计

1．函数功能描述

（1）main()函数。通讯录管理程序主函数，实现程序功能的主菜单显示，通过各功能函数的调用，实现整个程序的功能控制。

（2）append()函数。函数原型为 void append()，是输入数据函数，它实现通讯录数据的键盘输入。

（3）display()函数。函数原型为 void display()，是显示通讯录信息的主控函数，它实现显示功能的菜单显示，并进行不同显示功能的函数调用，以实现程序的显示功能。

（4）locate()函数。函数原型为 void locate()，是查询通讯录信息的主控函数，它显示查询功能的菜单，并根据查询要求进行相应的函数调用，以实现程序的查询功能。

（5）modify()函数。函数原型为 void modify()，是修改通讯录信息的主控函数，它显示修改功能的菜单，并进行相应的函数调用，以实现程序的修改功能。

（6）dele()函数。函数原型为 void dele()，是删除通讯录记录的主控函数，它显示删除功能的菜单，并根据删除要求，进行相应的函数调用，以实现程序的删除功能。

（7）disp_arr()函数。函数原型为 void disp_arr(struct record[ ]，int)，功能是显示 struct record 型结构体数组的全部数据，其第二个参数是结构体数组的长度。这里的结构体数组对应于存储通讯录文件 address.txt 的数据，数组长度对应于通讯录文件的记录数。

（8）disp_row()函数。函数原型为 void disp_row(struct record)，功能是显示一个 struct record 型结构体数据，disp_arr()函数进行数组输出时，每一个数组元素都调用 disp_row()函数实现输出。

（9）sort()函数。函数原型为 void sort(struct record[ ]，int)，是排序的主控函数，它显示排序功能的菜单，并根据显示的排序要求，进行相应的函数调用，以实现程序的排序显示功能。

（10）sort_name()函数。函数原型为 void sort_name(struct record[ ]，int)，功能是对 struct record 型结构体数组实现按姓名排序操作。

（11）sort_addr()函数。函数原型为 void sort_addr(struct record[ ]，int)，功能是对 struct record 型结构体数组实现按家庭地址排序操作。

（12）modi_seq()函数。函数原型为 void modi_seq(struct record[ ]，int)，功能是对 struct record 型结构体数组实现按序号修改操作。

（13）dele_name()函数。函数原型为 void dele_name(struct record[ ]，int *)，功能是对 struct record 型结构体数组实现按姓名删除操作。

（14）dele_sequ()函数。函数原型为 void dele_sequ(struct record[ ]，int *)，功能是对 struct record 型结构体数组实现按序号删除操作。

（15）disp_str()函数。函数原型为 void disp_str(char, int)，功能是输出 n 个字符，用于菜单的字符显示，每一个有菜单显示功能的函数都调用该函数。

（16）disp_table()函数。函数原型为 void disp_table()，功能是显示一行表头，用于输出记录时的标题显示。

（17）creat()函数。函数原型为 void creat()，功能是建立存储通讯录信息的文件 address.txt。

2．函数的直接调用关系

（1）main()函数直接调用的函数：disp_str()函数、append()函数、display()函数、locate()函数、modify()函数、dele()函数。

（2）append()函数直接调用的函数：无。

（3）display()函数直接调用的函数：disp_str()函数、disp_arr()函数、sort()函数。

（4）locate()函数直接调用的函数：disp_str()函数、disp_row()函数。

（5）modify()函数直接调用的函数：disp_str()函数、modi_seq()函数。

（6）dele()函数直接调用的函数：disp_str()函数、dele_name()函数、dele_sequ()函数。

（7）disp_arr()函数直接调用的函数：disp_row()函数、disp_table()函数。

（8）sort()函数直接调用的函数：disp_str()函数、sort_name()函数、sort_city()函数。

（9）sort_name()函数直接调用的函数：disp_arr()函数。

（10）sort_addr()函数直接调用的函数：disp_arr()函数。

（11）modi_seq()函数直接调用的函数：disp_row()函数。

（12）dele_name()函数直接调用的函数：disp_table()函数、disp_row()函数。

（13）dele_sequ()函数直接调用的函数：disp_table()函数、disp_row()函数。

（14）creat()函数直接调用的函数：无。

10.2.5　用 Visual C++ 2010 开发通讯录管理程序

用 Visual C++ 2010 开发较大程序的步骤，先创建项目，再将程序中用到的头文件、公共常量、结构体、函数声明等编入头文件，将 main()函数及相关的函数定义写入主程序。按照"自顶向下、逐步细化"指导方法，先调试好主程序框架，再依次编写调试各个功能模块（函数）。

具体过程：创建项目、添加头文件、编写调试主程序框架、依次编写调试功能模块。

1．创建通讯录管理项目：AddressBook

打开 Microsoft Visual Studio 2010,选择"文件"|"新建"|"项目"菜单，出现"新建项目"对话框，选择 Visual C++ | Win32 |"Win32 控制台应用程序"，在"名称"框中输入"AddressBook"，单击"确定"按钮，创建 AddressBook 项目，如图 10-2 所示，出现"Win32 应用向导-AddressBook"界面，如图 10-3 所示，单击"下一步"按钮。出现如图 10-4 所示的"Win32 应用程序向导-AddressBook-应用程序设置"界面。

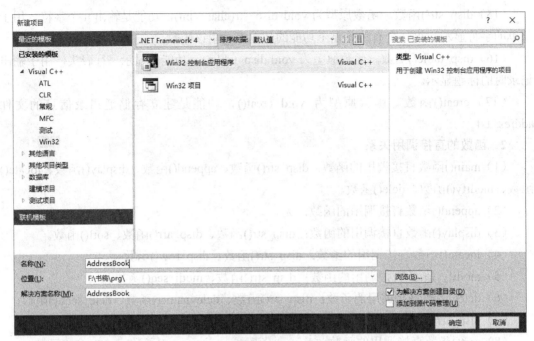

图 10-2　创建 AddressBook 项目

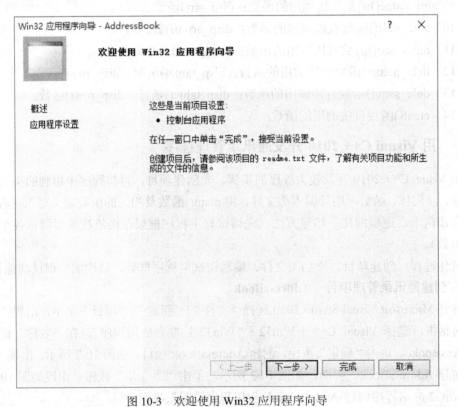

图 10-3　欢迎使用 Win32 应用程序向导

选中"空项目"复选框，单击"完成"按钮，建好 AddressBook 项目，如图 10-5 所示。

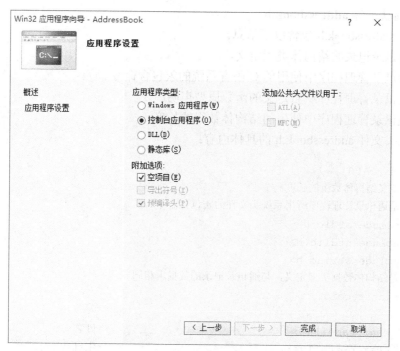

图 10-4　应用程序设置

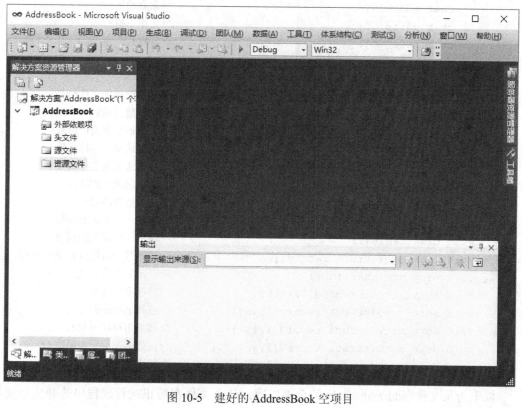

图 10-5　建好的 AddressBook 空项目

2．编写头文件 addressbook.h

头文件 addressbook.h 包含以下信息。

（1）通讯录记录的结构体类型定义。

（2）通讯录管理程序中使用的 C 语言系统的宏包含命令。

（3）通讯录管理程序中自定义的函数原型声明。

（4）通讯录管理程序中使用的结构体数组的长度。

下面是头文件 addressbook.h 的具体内容：

```
#define M 100
/*用于定义结构体数组的长度*/
/*以下是通讯录管理程序所用系统头文件的宏包含命令*/
    #include<stdio.h>
    #include<stdlib.h>
    #include<string.h>
/*以下是结构体数据类型定义，与通讯录记录的数据项相同*/
    struct record
    {
        char name[15];                          /*姓名*/
        char birth[10];                         /*生日*/
        char tele[12];                          /*电话*/
        char addr[30];                          /*家庭地址*/
        char units[30];                         /*工作单位*/
        char note[50];                          /*备注*/
    };
    /*以下是用户自定义函数声明*/
    void creat();                               /*建立通讯录文件*/
    void append();                              /*输入数据函数*/
    void display();                             /*显示通讯录文件函数*/
    void locate();                              /*查询通讯录主控函数*/
    void modify();                              /*修改通讯录主控函数*/
    void dele();                                /*删除记录主控函数*/
    void disp_arr(struct record *,int);         /*显示数组函数*/
    void disp_row(struct record);               /*显示一个记录的函数*/
    void disp_table();                          /*显示一行表头的函数*/
    void modi_seq(struct record[],int);         /*按序号编辑修改记录函数*/
    void disp_str(char,int);                    /*显示 n 个字符的函数*/
    void sort(struct record[],int);             /*排序主控函数*/
    void sort_name(struct record[],int);        /*按姓名排序函数*/
    void sort_city(struct record[],int);        /*按城市排序函数*/
    void dele_name(struct record[],int *);      /*按姓名删除记录函数*/
    void dele_sequ(struct record[],int *);      /*按序号删除记录函数*/
```

以上为头文件 addressbook.h 的全部内容，该头文件在通讯录管理程序的开头位置用 include 命令包含，宏包含命令为#include<addressbook.h>。

在 Visual C++ 2010 中编写头文件的步骤：在图 10-5 的 AddressBook 项目中的"头文件"上右击，从弹出的快捷菜单中选择"添加"|"新建项"选项，如图 10-6 所示，出现"添加新项"对话框中选择"头文件(.h)"，在"名称"框中输入"AddressBook"，如图 10-7 所示，在打开的空的 AddressBook.h 中输入上述代码，如图 10-8 所示。

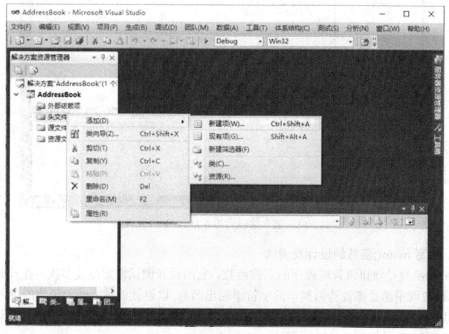

图 10-6　添加头文件的右键操作

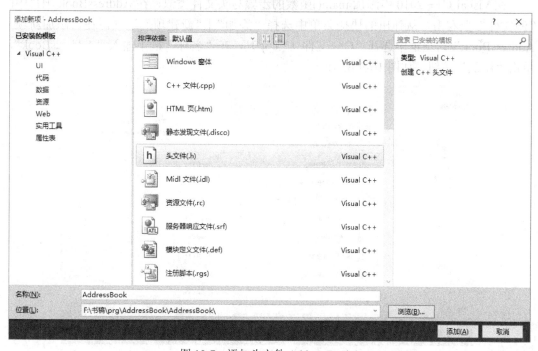

图 10-7　添加头文件 AddressBook.h

图 10-8　输入代码后的 AddressBook.h 界面

3．编写 main()函数的设计及调试

main()函数是通讯录管理程序的主控函数，它的设计调试需要反复多次。在开始时，将它的所有被调用函数都设计为简单的字符串输出函数，以设计调试 main()函数的菜单控制功能。然后，每实现一个主功能（输入、显示、查询、修改、删除、新建）函数，都对 main()函数的调用和菜单控制功能进行调试。

在 Visual C++ 2010 中添加 main()函数的步骤与头文件类似，在 AddressBook 项目中的"源文件"上右击，从弹出的快捷菜单中选择"添加"|"新建项"选项，在"添加新项－AddressBook"对话框中选择"C++文件（*.cpp）"，在"名称"框中输入"AddressBook"，单击"添加"按钮，如图 10-9 所示。

图 10-9　添加主程序

（1）main()函数代码：

```c
#include  "AddressBook.h"

int main()                          /*主函数,实现菜单控制*/
{
    char choice;
    while(1)
    {                               /*以下代码显示功能菜单*/
        printf("\n\n");
        disp_str(' ',18);
        printf("通讯录管理程序\n") ;
        disp_str('*',50);           /*显示"*"串*/
        putchar('\n') ;
        disp_str(' ',16);           /*显示空格串*/
        printf("1.通讯录信息输入\n");
        disp_str(' ',16);
        printf("2.显示通讯录信息\n");
        disp_str(' ',16);
        printf("3.通讯录记录查询\n");
        disp_str(' ',16);
        printf("4.修改通讯录信息\n");
        disp_str(' ',16);
        printf("5.通讯录记录删除\n");
        disp_str(' ',16);
        printf("6.建立通讯录文件\n");
        disp_str(' ',16);
        printf("7.退出通讯录程序\n");
        disp_str('*',50) ;
        putchar('\n') ;             /*以上代码显示功能菜单*/
        disp_str(' ',14) ;
        printf("请输入代码选择(1~7) ") ;
        choice=getchar() ;
        getchar() ;
        switch(choice)
        {                           /*以下代码实现各项主功能函数的调用*/
            case'1':
                append() ;          /*调用通讯录数据输入函数*/
                break;
            case'2':
                display() ;         /*调用显示通讯录信息主控函数*/
                break;
            case'3':
                locate() ;          /*调用通讯录记录查询主控函数*/
                break;
```

```
            case'4':
                    modify() ;                     /*调用修改通讯录信息主控函数*/
                    break;
            case'5':
                    dele() ;                       /*调用通讯录记录删除主控函数*/
                    break;
            case'6':
                    creat() ;                      /*建立通讯录文件*/
                    break;
            case'7':
                    return 0;                      /*退出通讯录管理程序*/
            default:
                    continue;                      /*输入不为 1~7 时，继续循环显示菜单*/
        }
    }
    return 0;
}
```

（2）disp_str()函数的代码：

```
void disp_str(char ch,int n)                       /*显示 n 个任意字符的函数*/
{
    int i;
    for(i=1;i<=n;i++)
        printf("%c",ch) ;
    return;
}
```

下面是被 main()函数调用的主功能函数的初始函数代码：

```
void append()                                      /*输入函数的初始函数代码*/
{
    printf("append!\n") ;
}
void display()                                     /*显示函数的初始函数代码*/
{
    printf("display!\n") ;
}
void locate()                                      /*查询函数的初始函数代码*/
{
    printf("locate!\n") ;
}
void modify()                                      /*修改函数的初始函数代码*/
{
    printf("modify!\n") ;
}
```

```
void dele()                                /*删除函数的初始函数代码*/
{
    printf("delete!\n") ;
}
void creat()                               /*建立新文件函数的初始函数代码*/
{
    printf("creat!\n") ;
}
```

（3）main()函数调试。main()函数的调试主要解决以下问题：

① 菜单显示是否正常？

② 当按照菜单项进行功能选择时，是否按照菜单显示功能正确地进行了函数调用？

执行程序运行结果如图 10-10 所示。

通讯录管理程序:

图 10-10　运行 AddressBook 主程序结果

在图 10-10 所示的主程序中，分别输入 1、2、3、4、5、6，程序正确的结果是分别调用 append()函数、display()函数、locate()函数、modify()函数、dele()函数和 creat()函数，屏幕应分别显示字符串"append!" "display!" "locate!" "modify!" "delete!" 和 "creat!"，图 10-11 所示为依次输入 1、2、3、4、5、6 并回车后主程序的运行结果。

输入 1～7 之外的任何信息，都将反复显示功能菜单。

输入 7，将退出当前程序。

若上述 3 种情况都获得正确结果，则 main()函数的初步调试完成，即可进行其他函数的设计调试。

4. 后续功能模块的编写与调试

（1）建立通讯录文件功能函数的设计及调试。建立通讯录文件功能函数由 creat()函数实现，该函数不调用其他的自定义函数。执行该函数，将重新建立存储通讯录信息的文件 addressbook.txt。

① creat()函数代码。

```
void creat()      /*建立通讯录文件函数*/
{
    FILE *fp;
```

```
if((fp=fopen("addressbook.txt ","wb") )==NULL)  /*建立通讯录文件
                                                  addressbook.txt*/
{
    printf("不能打开文件!\n");
    return;
}
fclose(fp);
printf("\n\n 文件成功建立,请使用"通讯录信息输入功能"输入信息! ") ;
getchar();
return;
}
```

图 10-11　测试主程序各分支的运行界面

② 函数功能调试。creat()函数没有其他的函数调用,编写完成后即可进行函数功能调试。在主菜单中输入 6 选择"建立通讯录文件"功能,若显示:文件成功建立,请使用"通讯录信息输入功能"输入信息!,如图 10-12 所示,说明函数设计成功。

图 10-12　创建通讯录文件

（2）输入功能函数的设计及调试输入功能由 append()函数实现，该函数不调用其他的自定义函数。append()函数将在已有的信息文件 addressbook.txt 中追加通讯录记录。

① append()函数代码：

```c
void append ()                          /*录入通讯录记录函数*/
{
    struct record temp,info[M];      /*定义结构体数组,用于存储通讯录文件信息*/
    FILE *fp;
    char ask;
    int i=0;
    if((fp=fopen("addressbook.txt","wb"))==NULL)        /*打开通讯录文件*/
    {
        printf("不能打开文件!\n") ;
        return;
    }
    printf("\n 姓名    生日        电话          家庭地址 单位        备注\n");
    while(1)
    {
        scanf("%s%s%s%s%s%s",temp.name,&temp.birth,temp.tele,temp.addr,
            temp.units,temp.note);
        info[i++]=temp;
        fwrite(&temp,sizeof(struct record),1,fp);        /*写通讯录记录*/
        printf("继续录入吗(y/n)?");
        ask=getch() ;
        getchar() ;
        if(ask=='y'||(ask=='Y'))                          /*键入 y 或 Y 继续录入*/
        {
            continue;
        }
        else if(ask=='n'||(ask=='N'))     /*键入 n 或 N 终止录入,返回主菜单*/
        {
            break;
```

```
        }
    }
    fclose(fp);
    return;
}
```

② append()函数调试。append()函数没有其他的函数调用，编写完成后即可进行函数功能调试。表 10-1 所示是调试用数据。按如下两个过程调试 append()函数。

测试 append()函数输入记录的功能。使用主菜单"通讯录信息输入"功能，输入表 10-1 中的前两个记录数据，然后返回主菜单，运行结果如图 10-13 所示。

图 10-13 输入表 10-1 前两个数据的运行结果

测试 append()函数向磁盘文件继续添加记录的功能。再次选择"通讯录信息输入"功能，输入表 10-1 中的其余两个记录数据，然后返回主菜单，如图 10-14 所示。

表 10-1 append()函数调试用数据

姓　　名	年　　龄	电　　话	家 庭 地 址	所 在 单 位	备　注
张三丰	1997-08-18	13825998661	安阳	安阳工学院	无
周杰伦	1998-09-18	18925998662	开封	安阳工学院	无
黄忠	1997-08-17	18925998663	洛阳	安阳师范学院	无
钟强	1998-08-20	18925998664	石家庄	北京大学	无

若上述两个步骤都能正常实现输入，则本次调试结束。对录入结果的正确性检查，要在显示功能完成后才能进行。

（3）显示功能的函数设计及调试。显示功能模块较为复杂，包括主控函数 display()和多个被调用的自定义函数，display()函数直接调用 sort()函数，间接调用 sort_name()、sort_city()

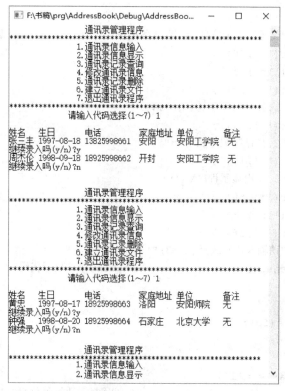

图 10-14 再次输入表 10-1 后两个数据的运行结果

等函数。显示功能模块的函数设计和调试需要逐级进行，并且要反复调试。

① display()函数。display()函数是显示功能的主控函数，由 main()函数直接调用。display()函数除进行显示功能主控菜单的显示控制之外，还要根据不同的显示要求，进行相应的显示操作。按自然顺序显示通讯录的操作，在 display()函数内直接完成；按排序顺序显示通讯录，需要通过调用 sort()函数实现。下面是 display()函数的编码：

```
void display()                    /*显示通讯录信息的主控函数*/
{
    struct record info[M];        /*定义结构体数组,用于存储通讯录文件信息*/
    FILE *fp;
    char ask;
    int i=0;
    if((fp=fopen("addressbook.txt","rb") ) ==NULL)      /*打开通讯录文件*/
    {
        printf("不能打开文件!\n");
        return;
    }
    while(! feof(fp) )                /*将通讯录文件信息读到 info 数组中*/
        fread(&info[i++],sizeof(struct record) ,1,fp);
    while(1)
    {                                 /*以下代码显示通讯录管理程序的显示功能菜单*/
        printf("\n\n");
```

· 427 ·

```
        disp_str(' ',10) ;
        printf("显示通讯录信息(共有%d 条记录) \n",i) ;      /*显示已有的记录数*/
        disp_str('*',50) ;
        putchar('\n') ;
        disp_str(' ',17) ;
        printf("1.按自然顺序显示\n");
        disp_str(' ',17) ;
        printf("2.按排序顺序显示\n");
        disp_str(' ',17) ;
        printf("3.退出显示程序\n");
        disp_str('*',50) ;
        putchar('\n') ;
        disp_str(' ',16) ;
        printf("请输入代码选择(1~3)");
        ask=getchar() ;                    /*以上为菜单显示代码*/
        if(ask= ='3')
        {
            fclose(fp);
            return;
        }
        else if(ask= ='1')
            disp_arr(info,i);              /*调用显示数组函数,按自然顺序显示记录*/
        else if(ask= ='2')
            sort(info,i);                  /*调用排序函数进行排序显示*/
    }
}
```

② disp_arr()函数。disp_arr()函数是显示结构体数组的通用函数，它按照数组中的元素顺序，显示全部数据。该函数调用的实参是存储通讯录数据的结构体数组名（结构体数组首地址）。函数代码如下：

```
void disp_arr(struct record info[ ],int n)   /*显示数组内容函数*/
{
    char press;
    int i;
    for(i=0;i<n;i++)
    {
        if(i%20= =0)                        /*每显示 20 行数据记录后重新显示一次表头*/
        {
            printf("\n\n");
            disp_str(' ',25);
            printf("我的通讯录\n");
            disp_str('*',60);
            printf("\n");
            printf("序号");
```

```
            disp_table() ;                  /*调用显示表头函数显示表头*/
        }
    printf("%3d",i+1) ;                      /*显示序号*/
    disp_row(info[i]) ;                      /*调用显示一个数组元素(记录)的函数*/
    if((i+1) %20==0)                         /*满20行则显示下一屏*/
    {
        disp_str('*',60) ;
        printf("\n") ;
        printf("按回车键继续显示下屏,按其他键结束显示!\n") ;
        printf("请按键…") ;
        press=getchar() ;
        getchar() ;
        if(press!= '\n')
            break;
    }
}
disp_str('*',60) ;
printf("\n") ;          ,
printf("按任意键继续…") ;
getchar() ;
return;
}
```

③ disp_row()函数。disp_row()函数用于显示一个结构体数组元素,函数调用的实参是主调函数中的一个结构体数据。以下是其函数代码:

```
void disp_row(struct record row)   /*每次显示通讯录一个记录的函数*/
{
    printf(" %-7s %-10s %-12s %-8s %-12s %s\n",
                row.name,row.birth,row.tele,row.addr,row.units,row.note) ;
    return;
}
```

④ sort()函数。sort()函数是按排序顺序显示记录信息的主控函数,由display()函数调用,调用的实参是被显示的结构体数组名和数组元素数。sort()被调用后,除进行排序菜单的显示控制之外,还要根据不同的排序要求,进行相应排序函数的调用。函数代码如下:

```
void sort(struct record info[],int n)         /*排序主控函数*/
{
    char ask;
    while(1)
    {                                           /*以下代码显示排序选择菜单*/
        printf("\n\n") ;
        disp_str(' ',16) ;
        printf("通讯录排序\n") ;
        disp_str('*',60) ;
```

```
            putchar('\n') ;
            disp_str(' ',17) ;
            printf("1.按姓名排序\n") ;
            disp_str(' ',17) ;
            printf("2.按城市排序\n") ;
            disp_str(' ',17) ;
            printf("3.返回上一层\n") ;
            disp_str('*',60) ;
            putchar('\n') ;
            disp_str(' ',16) ;
            printf("请输入号码选择(1~3)") ;          /*以上代码显示排序选择菜单*/
            ask=getchar() ;                          /*输入菜单选择代码*/
            getchar() ;
            if(ask= ='3')
                break;
            else if(ask=='1')
                sort_name(info,n) ;                  /*调用按姓名排序函数*/
            else if(ask=='2')
                sort_city(info,n) ;                  /*调用按城市排序函数*/
        }
    return;
}
```

⑤ sort_name()函数。sort_name()函数由 sort()函数调用，调用实参是 sort()函数获得的通讯录数组的首地址和数组已有的元素数。该函数对指定数组的元素按照姓名（name）成员排序，排序结束后，立即调用 disp_arr() 对已排序数组进行显示。函数代码如下：

```
    void sort_name(struct record info[],int n)        /*按姓名排序函数*/
    {
    int i,j;
    struct record info_t[M],temp;
    for(i=0;i<n;i++)                                   /*将info数组读到info_t数组中*/
        info_t[i]=info[i];
    for(i=1;i<n;i++)                                   /*对info_t数组按照name进行排序*/
        for(j=0;j<n-i;j++)
        {
            if(strcmp(info_t[j].name,info_t [j+1].name) >0)
            /*使用字符串比较函数*/
            {
                temp=info_t[j];
                info_t[j]=info_t[j+1];
                info_t[j+1]=temp;
            }
        }
        disp_arr(info_t,n) ;              /*调用显示数组函数对已排序数组列表显示*/
```

```
        return;
    }
```

⑥ sort_city() 函数。sort_city()函数由 sort()函数调用，调用实参是 sort()函数获得的通讯录数组的首地址和数组已有的元素数。该函数对指定数组的元素按照家庭地址（addr）成员排序，排序结束后，立即调用 disp_arr()对已排序数组进行显示。函数代码如下：

```
void sort_city(struct record info[],int n)       /*按城市排序函数*/
{
    int i,j;
    struct record info_t[M],temp;
    for(i=0;i<n;i++)                             /*将 info 数组读到 info_t 数组中*/
    info_t[i]=info[i];
    for(i=1;i<n;i++)                             /*对 info_t 数组按照 city 进行排序*/
        for(j=0;j<n-i;j++)
        {
            if(strcmp(info_t[j].addr,info_t[j+1].addr)>0)/*使用字符串比较函数*/
            {
                temp=info_t[j];
                info_t[j]=info_t[j+1];
                info_t[j+1]=temp;
            }
        }
    disp_arr(info_t,n) ;                          /*调用显示数组函数对已排序数组列表显示*/
    return:
}
```

⑦ disp_table() 函数：

```
/*以下是显示一行表头的函数代码*/
void disp_table()                        /*显示表头函数*/
{
    printf("姓名") ;
    disp_str(' ',2) ;
    printf("电话") ;
    disp_str(' ',7) ;
    printf("家庭地址") ;
    disp_str(' ',7) ;
    printf("单位") ;
    disp_str(' ',4) ;
    printf("生日") ;
    disp_str(' ',6) ;
    printf("备注\n") ;
    return;
}
```

⑧ 显示功能的函数调试。在主菜单输入 2 按回车后，显示功能有下面两级功能菜单，如图 10-15 所示。

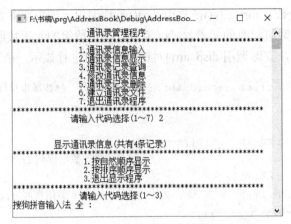

图 10-15　显示两级功能菜单

在图 10-15 中输入选项 1 并回车，程序按自然顺序显示通讯录信息，如图 10-16 所示。

图 10-16　按自然顺序显示通讯录信息

在图 10-16，输入选项 2 并回车，程序按排序顺序显示，出现排序选项菜单，如图 10-17 所

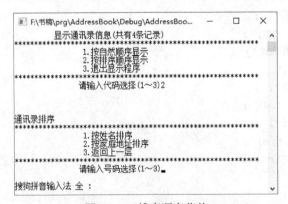

图 10-17　排序顺序菜单

示，分别输入选项 1（按姓名排序）、输入选项 2（按家庭地址排序）后的结果如图 10-18 所示。

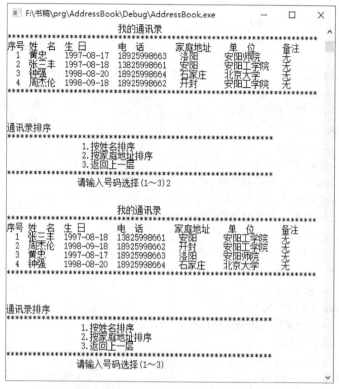

图 10-18　分别选择按姓名、家庭住址排序后的结果

调试函数功能时，应按如下步骤进行：

第 1 步，测试菜单控制是否正确：测试是否能由上级菜单进入下级菜单，是否能从下级菜单返回到上级菜单。

第 2 步，菜单测试正确后，进一步测试各种显示结果是否正确。

（4）查询功能的函数设计及调试。查询功能的主控函数是 locate()函数，它由 main()函数直接调用。locate()函数提供按姓名查询和按家庭住址查询两种查询方式，查找成功后，显示所有满足条件的记录，否则，显示"找不到记录"的提示信息。

① locate() 函数代码：

```
void locate()                          /*按姓名或所在家庭住址查询通讯录*/
{
    struct record temp,info[M];
    char ask,name[20],addr[30];
    int n=0,i,flag;
    FILE *fp;
    if((fp=fopen("addressbook.txt","rb") ) = =NULL)
    {
        printf("不能打开文件!\n") ;
        return;
    }
```

```
while(fread(&temp,sizeof(struct record) ,1,fp) ==1)
    /*读通讯录文件*/
    info[n++]=temp;
while(1)
{
    flag=0;                  /*查找标志,查找成功 flag=1*/
    disp_str(' ',20) ;
    printf("查询通讯录\n") ;
    disp_str('*',50) ;
    putchar('\n') ;
    disp_str(' ',17) ;
    printf("1. 按姓名查询\n") ;
    disp_8tr(' ',17) ;
    printf("2. 按家庭地址查询\n") ;
    disp_str(' ',17) ;
    printf("3. 返回上一层\n") ;
    disp_str('*',50) ;
    putchar('\n') ;
    disp_str(' ',16) ;
    printf("请输入代码选择(1~3) ") ;
    ask=getchar() ;
    getchar() ;
    if(ask= ='1')                        /*按姓名查询*/
    {
        printf("请输入要查询的姓名：") ;
        gets(name) ;
        for(i=0;i<n;i++)
        if(strcmp(name,info[i].name) = =0)
        {
            flag=1;
            disp_row(info[i]) ;              /*显示查找结果*/
        }
        if(!flag)
        printf("没有找到符合条件的记录\n") ;
        printf("按任意键返回…") ;
        getchar() ;
    }
    else if(ask=='2')                        /*按家庭地址查询*/
    {
        printf("请输入要查询的地址：") ;
        gets(addr) ;
        for(i=0;i<n;i++)
        if(strcmp(addr,info[i].addr) ==0)
        {
            flag=1;
```

```
                disp_row(info[i]) ;              /*显示查找结果*/
            }
            if(!flag)
                printf("没有找到符合条件的记录\n") ;
            printf("按任意键返回…") ;
            getchar() ;
        }
        else if(ask=='3')
        {
            fclose(fp) ;
            return;
        }
    }
}
```

② locate()函数的调试。主要调试如下两方面的内容。

菜单功能调试：测试控制菜单进入和退出是否正常。输入 3 进入查询菜单，如图 10-19 所示。

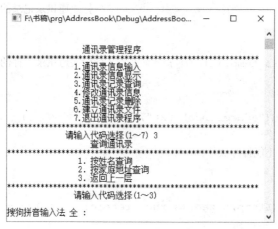

图 10-19　查询菜单

查询功能调试：分别对按姓名查询和按家庭住址查询进行测试，测试必然存在的记录能否正确查找显示，测试不存在的记录能否显示正常信息，如图 10-20 所示是按姓名查询和按家庭住址查询的结果。

（5）修改功能的函数设计及调试。修改功能的主控函数是 modify()函数，它由 main()函数直接调用。modify()函数提供按序号修改指定记录的功能，并且，为方便获得记录序号，该函数同时提供浏览通讯录功能。modify()直接调用 modi_seq()函数实现记录修改操作。

① modify()函数。modify()函数除显示控制修改功能菜单外，还根据要求进行相应的函数调用，以实现程序的修改功能。modify()函数通过调用 disp_arr()函数，实现通讯录的浏览显示；通过调用 modi_seq()函数，对记录数据进行修改，修改完成的数据由 modify() 函数写回到通讯录磁盘文件中。

下面是 modify()函数的编码：

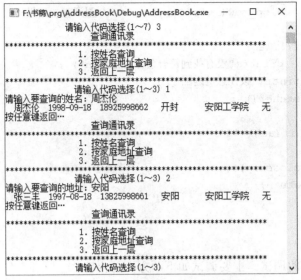

图 10-20　按姓名、家庭住址分别查询结果

```
void modify()                          /*修改通讯录记录的主控函数*/
{
    char ask;
    struct record temp,info[M];        /*定义通讯录文件的存储数组*/
    FILE *fp;
    int i=0;
    if((fp=fopen("addressbook.txt", "rb") ) = =NULL)
    {
        printf("不能打开文件!\n");
        return;
    }
    while(fread(&temp,sizeof(struct record) ,1,fp) = =1)   /*读通讯录文件*/
         info[i++]=temp;
    while(1)
    {
        disp_str('',20);
        printf("编辑修改通讯录\n");
        disp_str('*',60);
        putchar('\n');
        disp_str(' ',17);
        printf("1. 浏览显示通讯录\n");
        disp_str(' ',17);
        printf("2. 编辑修改通讯录\n");
        disp_str(' ',17);
        printf("3. 返回上一层\n");
        disp_str('*',60);
        putchar('\n');
        disp_str(' ',16);
```

```
    printf("请输入号码选择(1~3) ") ;
    ask=getchar() ;
    getchar() ;
    if(ask=='3')
        break;
    else if(ask= ='1')
        disp_arr(info,i);                  /*调用显示数组函数*/
    else if(ask= ='2')
        modi_seq(info,i);                  /*调用按序号编辑修改函数*/
}
fclose(fp) ;
fp=fopen("addressbook.txt", "wb");
fwrite(info,sizeof(struct record),i,fp); /*将修改后的数据回写到通讯录文件*/
fclose(fp);
return;
}
```

② modi_seq()函数。modi_seq()函数的功能是在具有 n 个元素的结构体数组中，通过重新输入的方法修改指定的记录，指定记录的方法是给出记录的序号。该函数由 modify()函数调用，调用的第一个实参是存储通讯录数据的结构体数组名，第二个实参是结构体数组的元素数。下面是 modi_seq()函数的编码：

```
void modi_seq(struct record info[],int n)      /*按序号修改通讯录记录*/
{
    int sequence;
    char ask;
    while(1)
    {
        printf("请输入序号:");
        scanf("%d",&sequence);
        getchar() ;
        if(sequence<1||sequence>n)
        {
            printf("序号超出范围,请重新输入!\n");
            getchar() ;
            continue;
        }
        printf("当前要修改的记录信息: \n");
        disp_table() ;
        disp_row(info[sequence-1]);              /*元素下标=显示序号-1*/
        printf("请重新输入以下信息: \n");
        printf("姓名: ") ;
        gets(info[sequence-1].name);
        printf("生日: ") ;
        scanf("%d",&info[sequence-1].birth);
```

```
        getchar() ;
        printf("电话: ");
        gets(info[sequence-1].tele);
        printf("家庭地址: ") ;
        gets(info[sequence-1].addr);
        printf("所在单位: ") ;
        gets(info[sequence-1].units);
        printf("备注: ") ;
        gets(info[sequence-1].note) ;
        printf("继续修改请按 y,否则按其他键…");
        ask=getchar() ;
        getchar() ;
        if(ask!= 'Y'&&ask!='Y')
            break;
    }
    return;
}
```

③ 功能调试。

第1步，测试菜单控制是否正常。以下是修改功能菜单：

编辑修改通讯录

****

1. 浏览显示通讯录

2. 编辑修改通讯录

3. 返回上一层菜单

****

请输入号码选择(1~3)

第 2 步，利用浏览显示功能选中一个记录，记住它的序号，然后选用修改功能，输入该序号，以测试程序能否对指定的记录进行修改。修改结束后，使用浏览功能查看修改结果是否正确。图 10-21 是先输入 1 浏览通讯录，再输入 2 选择编辑修改通讯录，再输入要修改记录的序号 2，将 2 号记录的名字"周杰伦"改成"周杰"后，再输入 1 浏览记录，验证修改成功的界面。

第 3 步，使用一个不存在的序号进行修改操作，看程序结果是否正确。

（6）删除功能的函数设计及调试。删除功能的主控函数是 dele()函数，它由 main()函数直接调用。dele()函数提供按姓名删除和按序号删除两种删除操作。按姓名删除操作由 dele_name()函数实现，按序号删除操作由 dele_seq()函数实现。

① dele()函数。dele()函数除显示删除功能菜单外，还根据要求进行相应的删除函数调用，以实现程序的删除功能。下面是 dele()函数的编码：

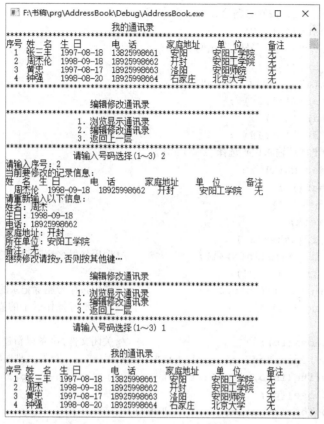

图 10-21 将序号 2 的名字 "周杰伦" 改成 "周杰" 的运行结果

```c
void dele()
{
    struct record temp,info[M];       /*假定通讯录最大能保存 M 条记录*/
    char ask;
    int i=0,length;
    FILE *fp;
    if((fp=fopen("addressbook.txt","rb") ) ==NULL)
    {
        printf("不能打开文件!\n") ;
        return;
    }
    while(fread(&temp,sizeof(struct record) ,1,fp) ==1)   /*读通讯录文件*/
    info[i++]=temp;
    length=i;
    while(1)
    {
        disp_str(' ',18) ;
        printf("记录的删除\n") ;
        disp_str('*',50) ;
        putchar('\n') ;
        disp_str(' ',17) ;
```

```
        printf("1. 按姓名删除\n");
        disp_str(' ',17) ;
        printf("2. 按序号删除\n");
        disp_str(' ',17) ;
        printf("3. 返回上一层\n");
        disp_str('*',50) ;
        putchar('\n') ;
        disp_str(' ',14) ;
        printf("请输入代码选择(1~3) ");
        ask=getchar() ;
        getchar() ;
        if(ask=='3')
            break;
        else if(ask=='1')
            dele_name(info,&i);            /*调用按姓名删除记录的函数*/
        else if(ask=='2')
            dele_sequ(info,&i);            /*调用按序号删除记录的函数*/
        if(length>i)                       /*经过删除操作后 i 的值减 1*/
        {
            fclose(fp);                    /*关闭文件,准备以新建文件方式打开文件*/
            fp=fopen("addressbook.txt", "wb");     /*写文件时将清除原来的内容*/
            fwrite(info,sizeof(struct record),length-1,fp);
            fclose(fp);
            fp=fopen("address.txt", "rb");
        }
    }
    fclose(fp) ;
    return;
}
```

② dele_name()函数。dele_name()函数由 dele()函数调用,在结构体数组中按姓名删除一个数组元素。函数调用的第一个实参是 dele()函数中存储通讯录数据的结构体数组名 info,第二个实参是存储结构体数组长度的变量地址。若指定姓名的元素存在,且确认要删除时,则从数组中将其删除,同时数组长度减 1;否则,显示找不到信息。下面是 dele_name()函数的编码:

```
void dele_name(struct record info[],int *n)        /*按姓名删除记录函数*/
{
    char d_name[20],sure;
    int i;
    printf("请输入姓名: ");
    gets(d_name) ;
    getchar() ;
    for(i=0;i<*n;i++)
        if(strcmp(info[i].name,d_name) ==0)
            break;                                 /*找到要删除的记录*/
    if(i!=*n)
```

```
      {
          printf("要删除的记录如下: \n");
          disp_table() ;
          disp_row(info[i]) ;                    /*显示要删除的记录*/
          printf("确定删除-y,否则按其他键…");
          sure=getchar() ;
          getchar() ;
          if(sure!= 'y'&&sure!= 'Y')
          return;
          for(;i<*n-1;i++)                       /*自删除位置开始,其后记录依次前移*/
          info[i]=info[i+1];
          *n=*n-1;                               /*数组总记录数减1*/
      }
      else
      {

          printf("要删除的记录没有找到,请按任意键返回…");
          getchar() ;
      }
      return;
  }
```

③ dele_sequ()函数。dele_sequ()函数由 dele()函数调用, 在结构体数组中按序号删除一个数组元素。函数调用的第一个实参是 dele()函数中存储通讯录数据的结构体数组名 info, 第二个实参是存储结构体数组长度的变量地址。若指定序号在数组有效范围内, 且确认要删除时, 则从数组中删除相应元素, 同时数组长度减 1; 否则, 显示找不到信息。下面是 dele_sequ()函数的编码:

```
void dele_sequ(struct record info[],int *n)      /*按序号删除指定数组元素*/
{
    int d_sequence;
    int i;
    char sure;
    printf("请输入序号: ");
    scanf("%d",&d_sequence);
    getchar() ;
    if(d_sequence<1&&d_sequence>*n)              /*判断输入序号是否为有效值*/
    {
        printf("序号超出有效范围,按任意键返回…");
        getchar() ;
    }
    else
    {
      printf("要删除的记录如下: \n");
      disp_table() ;
      disp_row(info[d_sequence-1]);              /*显示该记录*/
      printf("确定删除-y,否则按其他键…");
      sure=getchar() ;
```

```
        getchar();
        if(sure!= 'y'&&sure!= 'Y')
             return;
        for(i=d_sequence-1;i<*n-1;i++)
        /*自删除位置开始,其后记录依次前移*/
             info[i]=info[i+1];
        *n=*n-1;                                  /*数组总记录数减 1*/
    }
    return;
}
```

④ 功能调试

第 1 步,调试删除功能菜单的进入、退出是否正常。下面是删除功能菜单:

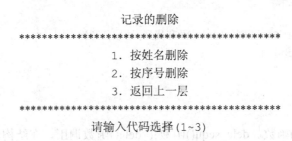

记录的删除

****

1. 按姓名删除
2. 按序号删除
3. 返回上一层

****

请输入代码选择(1~3)

第 2 步,调试删除功能是否正常。选择"按姓名删除"功能,分别用通讯录中存在的姓名和不存在的姓名进行功能测试,并使用显示功能检查操作结果,如图 10-22 和图 10-23

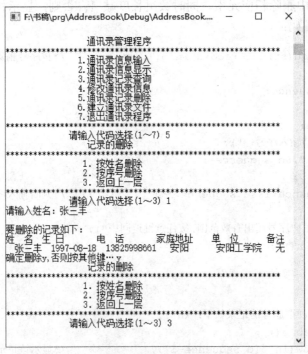

图 10-22 按"姓名"删除"张三丰"的运行结果

所示是"姓名删除"张三丰的操作过程及删除后显示的通讯录；选择"按序号删除"功能，分别用有效序号和无效序号进行功能测试，并使用显示功能检查操作结果，如图 10-24、图 10-25 是"按序号删除"序号为 3 的操作过程及删除后显示的通讯录。

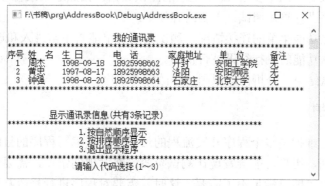

图 10-23　删除"张三丰"后显示通讯录记录

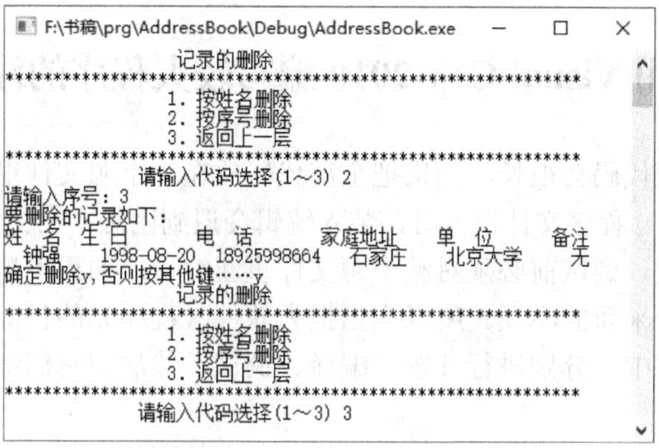

图 10-24　按"序号"删除序号为 3 的记录

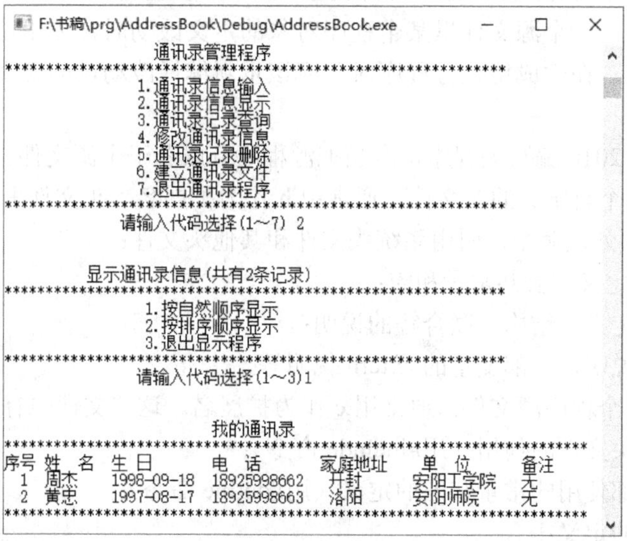

图 10-25　删除序号为 3 的记录后的显示的通讯录

10.2.6 整体调试

参照表 10-1 设计一组不少于 40 个记录的测试数据，按照通讯录管理程序的设计要求，对通讯录管理程序进行整体调试。主要内容如下：

（1）测试各项功能菜单的连接情况，测试各项菜单能否正常进入和返回。

（2）测试各项功能的执行结果是否正确。

（3）根据测试结果，分析问题原因，修改完善程序。

10.2.7 程序维护

程序的运行与维护是整个程序开发流程的最后一步。编写程序的目的就是为了应用，在程序运行的早期，用户可能会发现在测试阶段没有发现的错误，需要修改。而随着时间的推移，原有程序可能已满足不了需要，这时就需要对程序进行修改甚至升级。因此，维护是一项长期而又重要的工作。

10.3 用 Visual C++ 2010 编写较大程序的注意事项

当程序复杂时源代码会很长，如果把全部代码放在一个源文件里，写程序、修改、加工程序都会很不方便。程序文件很大时，装入编辑会遇到困难；在文件中找位置也不方便；对程序做了一点修改，调试前必须对整个源文件重新编译；如果不慎把已经调试确认的正确部分改了，又会带来新的麻烦。所以应当把大软件（程序）的代码分成若干部分，分别放在一组源程序文件中，分别进行开发、编译、调试，然后把它们组合起来，形成整个软件（程序）。

把一个程序分成几个源程序文件，显然这些源文件不是互相独立的。一个源文件里可能使用其他源文件定义的程序对象（外部变量、函数、类型等），在不同源文件间形成了一种依赖关系。这样，一个源文件里某个程序对象的定义改动时，使用这些定义的源文件也可能要做相应修改。在生成可执行程序时，应该重新编译改动过的源文件，而没改过的源文件就不必编译了。

用 Visual C++ 2010 编写大程序，应当把源程序分成若干个源文件。

（1）一个或几个自定义的头文件，通常用.h 作为扩展名。头文件里一般有以下内容：

① #include 预处理命令，引用系统头文件和其他头文件；

② 用#define 定义的公共常量和宏；

③ 数据类型定义，结构、联合等的说明；

④ 函数原型说明，外部变量的 extern 说明等。

（2）一个或几个程序源文件，通常用.c 作为扩展名。这些文件中有以下内容：

① 对自定义头文件的使用（用#include 命令）；

② 源文件内部使用的常量和宏的定义（用#define 命令）；

③ 外部变量的定义；

④ 各函数的定义，包括 main()函数和其他函数。

不提倡在一个.c 文件里用#include 命令引入另一个.c 文件的做法。这样往往导致不必要的重新编译，在调试程序查错时也容易引起混乱。应该通过头文件里的函数原型说明和外部变量的 extern 说明，建立起函数、外部变量的定义（在某个源程序文件中）与它们的使用（可能在另一个源程序文件中）之间的联系，这是正确的做法。

本 章 小 结

本章系统地讲述了用 Visual C++ 2010 编写较大程序设计的基本过程：程序功能设计、程序的数据设计、程序的函数设计、函数编码及调试、程序整体调试和维护。通过本章的学习，学生应认识到编码只是软件（程序）生命的一个阶段，前期的分析和功能设计对解决问题而言是最重要的，后期的测试和调试进一步保证了软件（程序）的质量与可靠性，维护将是一项漫长的工作。

习 题 10

1. 将本章的例子程序上机调试通过，并写出在程序调试中遇到的问题和解决方法。
2. 用 Visual C++ 2010 改写第 9 章的学生成绩管理程序。

参 考 文 献

[1] 钟家民，李爱玲. C 程序设计[M]. 北京：清华大学出版社，2016.

[2] 崔武子. C 程序设计教程[M]. 3 版. 北京：清华大学出版社，2014.

[3] 刘明军，潘玉奇. 程序设计基础（C 语言）[M]. 2 版. 北京：清华大学出版社，2015.

[4] 胡明，王红梅. 程序设计基础[M]. 2 版. 北京：清华大学出版社，2016.

[5] 明日科技. C 语言从入门到精通[M]. 2 版. 北京：清华大学出版社，2016.

[6] 谭浩强. C 程序设计[M]. 3 版. 北京：清华大学出版社，2014.

[7] 张磊. C 语言程序设计实验与实训指导及题解[M]. 北京：高等教育出版社，2005.

[8] 孙改平，王德志. C 语言程序设计[M]. 北京：清华大学出版社，2016.

[9] 苏小红，王宇颖，等. C 语言程序设计[M]. 北京：高等教育出版社，2015.

[10] 赵克林. C 语言实例教程[M]. 2 版. 北京：人民邮电出版社，2012.

附录 A 用 Visual C++ 2010 编写、调试 C 程序的方法

1. Visual C++ 2010 集成实验环境

按本书 1.4.2 节介绍的方法，通过"文件"|"新建"|"项目"菜单，在弹出的"新建项目"对话框中选择 Visual C++ | Win32 | "Win32 控制台应用程序"创建一个名为 Test 的项目，如图 A-1 所示。

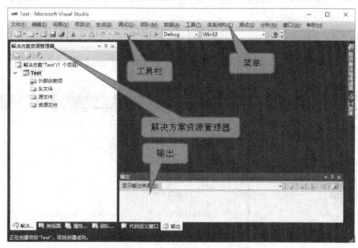

图 A-1 空工程界面

（1）菜单简介。

① 文件：进行解决方法、项目和文件的打开、关闭等操作。

② 编辑：开发人员进行常用的代码编辑等操作。

③ 视图：打开或关闭功能窗口（经常使用用到：例如图 A-1 中的"解决方案管理器"或"输出"窗口不小心被关闭了，可以通过"视图"菜单再打开）。

④ 项目：对打开的项目进行操作。

⑤ 生成：用于对解决方案进行编译、生成，对编译器进行设置。

⑥ 调试：对程序进行调试设置和操作。

⑦ 团队：团队开发时进行环境设置。

⑧ 数据：进行程序的架构设计和比较。

⑨ 工具：定制编程环境的附加 IDE 工具和选项命令。

⑩ 体系结构：对程序分析建模。

⑪ 测试：对设计好的程序进行各项相关测试。

⑫ 分析：对设计好的代码进行各种性能分析，以提升程序的执行效率。

⑬ 窗口：用于排列和显示窗口（当整个开发环境的各个窗口无意中被拖乱了，可以通

过窗口的"重置窗口布局"恢复默认窗口布局)。

⑭ 帮助：获取帮助的各项命令。

（2）解决方案管理器。当创建项目时，Visual C++ 2010 默认会自动生成一个解决方案，提供项目及其文件的有组织的视图，并且提供对项目和文件相关命令的便捷访问。

（3）输出窗口。输出窗口可显示集成开发环境中各种功能的状态消息，比如，语法错误信息，调试信息等。

2．Visual C++ 2010 项目文件

以上面创建的 Test 项目为例，添加一个求 1+2+3+…+100 的程序，操作步骤：如图 A-1 所示，右击"解决方案 Test"中的"源文件"，从弹出的快捷菜单中选择"添加"|"新建项"选项，出现"添加新项"界面，选择"C++文件"，在"名称"框输入"sum.c"，单击"添加"按钮，出现程序编辑界面，输入 sum.c 源程序，如图 A-2 所示，具体步骤参见1.4.2 节。

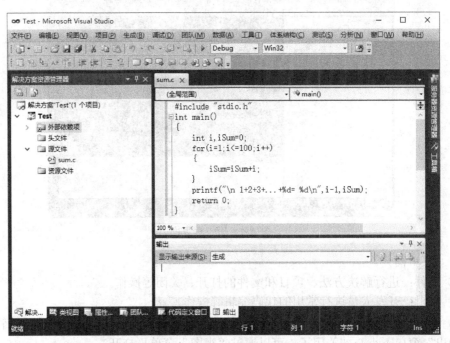

图 A-2　添加 sum.c 后的 Test 项目

Test 项目组成的主要文件及文件夹。当创建 Test 项目时，Visual C++ 2010 新建一个与项目同名的文件夹 Test 以方便其管理，如图 A-3 所示。

Test.sln(solution)是解决方案文件，通过为环境提供对项目、项目项和解决方案项在磁盘上位置的引用，可将它们组织到解决方案中，双击该文件，就可以用 Visual C++ 2010 打开该项目。

Test.suo (solution user operation) 解决方案用户选项记录所有将与解决方案建立关联的选项，以便在每次打开时，它都包含您所做的自定义设置。

Test 子文件夹，与项目名同名的子文件夹，其中保存编写的源程序及头文件，如 sum.c。

Debug 文件夹，保存生成的可执行文件，如 Test.exe。

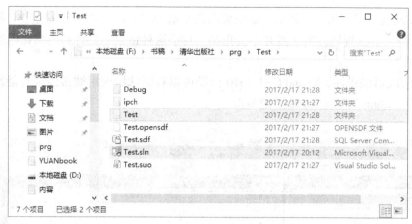

图 A-3　Test 项目文件的组成

3．用 Visual C++ 2010 编写调试 C 程序

（1）C 程序的错误分类。编译运行 C 语言程序需要经过编译、链接、运行等步骤，编译器在每个阶段都会有不同的分工，每个阶段检查出来的错误也就不同，根错误的不同阶段与程度，可以将错误分为 5 类：警告错误、语法错误、链接错误、运行时错误和逻辑错误。其中，警告错误和语法错误是编译阶段给出的，链接错误是链接阶段给出的，运行时错误是运行程序时检查出来的，而对于逻辑错误，编译系统是无法自动检查出来的，这需要调试人员利用调试工具进行检查。

① 警告错误：这类错误一般不会影响程序的运行，大多数都可以忽略。这种错误常见的是定义了变量但是并没有使用该变量，或者是赋值语句中的类型自动转换，例如将一个 double 型的数据赋给了 int 型变量，这可能导致数据的丢弃，因此编译系统会给出了一个警告。

② 语法错误：这类错误一般是程序书写错误，这类错误编译器能准确给出错误所在的行号，程序员可根据这些提示进行修改。例如，少写了一个花括号，在语句的末尾少写了分号，错写了变量名，少了一个函数参数等。

③ 链接错误：这类错误是在链接阶段给出的，链接就是将程序中所用到的所有函数及多个文件链接在一起构成可执行文件。这类错误往往是程序中调用的函数不存在或找不到相应的函数。例如，如果一个程序包括两个函数，在一个函数中调用了另一函数，而被调用函数如果没有定义，则在编译阶段并不会出错，它将在链接阶段发现该错误。链接错误可以看作是编译系统继续深入检查的结果。

④ 运行时错误：这类错误是运行阶段产生的，在没有了语法错误和链接错误之后，运行程序跳出运行结果窗口，例如程序中存在指针指向错误，除数为 0 错误等，则在运行时程序运行到某一行发现错误就会给出一个内存错误异常，程序终止执行。这类错误只有在程序运行阶段才能被发现，在编译和链接阶段是无法发现的。

⑤ 逻辑错误：这类错误是指程序不存在语法方面的错误，也不存在指针指向等运行时错误，就是从语法上完全没有问题，这种错误是程序员书写的程序不能运行出正确的结果，与结果不符。编译器是检查不出这种错误的，这必须是程序员利用编译器单步跟踪调试程序，一行一行代码仔细检查，并且往往还需要熟悉程序代码本身的思想，仔细分析程序，

只有这样才能找出错误所在。例如，如果要将两个数 a 与 c 的和赋给变量 b，如果写成了 b=a,a=c 也符合语法规则，编译器并不会报错。对于这种错误，只有利用编译器的单步调试工具才能发现。

（2）修改语法错误。Visual C++ 2010 已经可以对语法错误用波浪线很智能地标出，例如图 A-4 中，iSum 误写成 isum 后的情况。

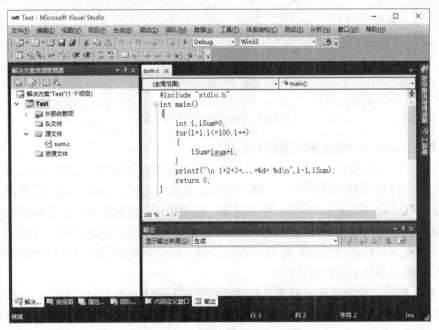

图 A-4　用波浪线标出错的代码

当运行有程序时，会出现如图 A-5 所示的提示，建议勾选"不再显示此对话框"并单击"否"按钮，出现图 A-6 所示的界面，在此界面中的"输出"窗口中向上拖动滑块，找到第一条错误信息。双击第一条错误信息"\sum.c(7): error C2065: "isum"：未声明的标识符"，软件自动定位到有错误的代码行。如图 A-7 所示，在该行代码的左侧出现一个指示器，说明该行代码或该行代码的上一行代码存在语法错误。

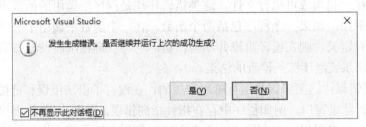

图 A-5　出现错误提示

出现"未声明的标识符"错误原因一般有以下几种。

① C 程序要求变量先定义后使用，确实忘记定义该变量。

② 定义了变量，但下面使用时写错了，例如大小写错误，本来将 iSum 写成了 isum，或漏写或错写了字符。

修改方法：将 isum 修改成 iSum 即可。

提示：只有第一条错误信息是最准确的，下面的错误信息可能是第一条错误引起的错误，修改了第一条错误，其他错误可能就自动消失了，所以修改语法错误要从第一条错误开始。

查找第一条错误信息的方法：是在图 A-6 的"输出"窗口中向上拖动滑块，可以看到第一条错误信息，双击第一条错误信息，将自动定位到发生错误的代码行，如图 A-7 所示。

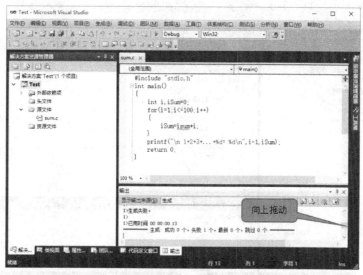

图 A-6　查看第一条错误信息的方法

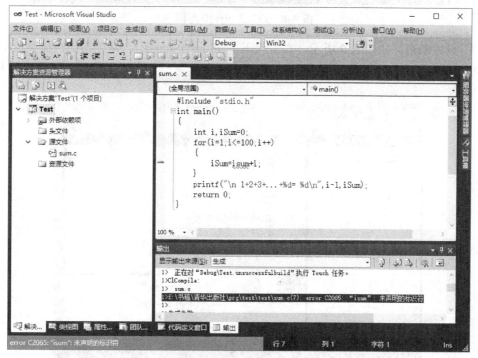

图 A-7　双击第一条错误信息自动定位错误代码

（3）修改逻辑错误。通过设置断点，查看程序运行过程中各个变量值的变化，从而找到发生逻辑错误的代码。

所谓断点，就是程序执行停止的地方，这样，就可以使程序停在断点处，查看变量或程序的运行状态。

以求 1+2+3+…+10 的代码为例，如图 A-8 所示。

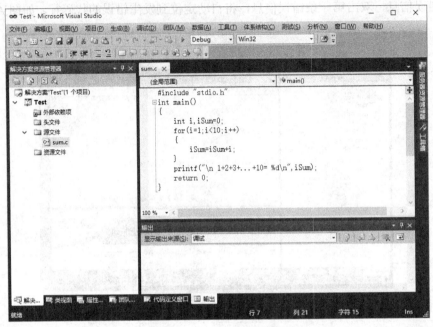

图 A-8　1+2+3+…+10 源程序

① 设置断点。如图 A-9 所示，右击代码 "iSum=iSum+i;"，从弹出的快捷菜单中选择"断点" | "插入断点"选项，这时断点后代行左侧会出现一个棕红色圆点，如图 A-10 所示。

图 A-9　设置断点操作

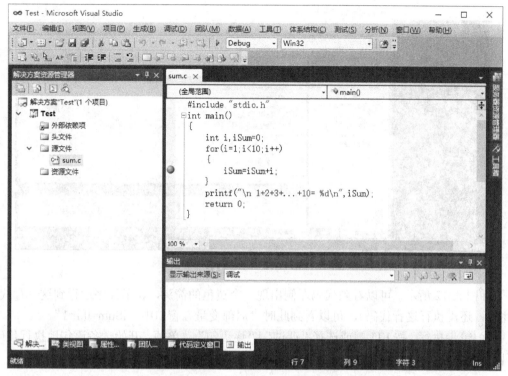

图 A-10　设置断点后代码行左侧有棕红色圆点

② 调试程序。选择"调试"|"启动调试"菜单项，如图 A-11 所示。这时开始调试，出现图 A-12 所示界面，其中 Visual C++ 2010 后面的黑色界面是在后台运行的控制台程序 Test.exe，即求 1+2+3+…+10 的程序。

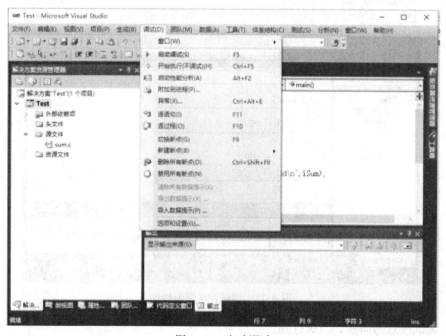

图 A-11　启动调试

图 A-12　开始调试

如图 A-12 所示，可以看到代码左侧出现一个黄色的箭头，表示程序运行到这一行代码（注意，还没执行这行代码），可以看到此时"局部变量"窗口中"iSum=0,i=1"。

③　单步执行。按 F11 键或选择"调试"|"逐语句"菜单项，开始一条语句地执行代码，可以看到黄色箭头随着按 F11 键不停地变化执行的代码行。当代码执行到

```
printf("\n 1+2+3+…+10= %d\n",iSum);
```

语句时，看到 iSum=45，i=10，如图 A-13 所示，可以知道 i=10 时跳出 for 循环，没有加到 iSum 中，查看代码值 for 语句中表达式 i<10 应该写成 i<=10。

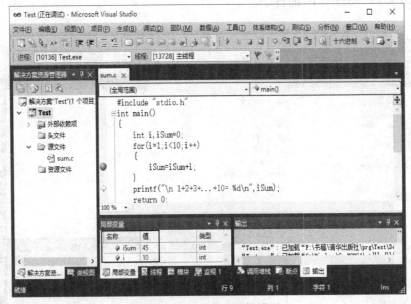

图 A-13　调试发现逻辑错误

④　调试注意的问题。当执行到

```
printf("\n 1+2+3+…+10= %d\n",iSum);
```

时，就不要再单步执行了，否则会进入 printf()函数内部，如图 A-14 所示，跳出 printf()函数（或返回 sum.c）方法是按 Shift+F11 键或选择"调试"|"跳出"菜单项。

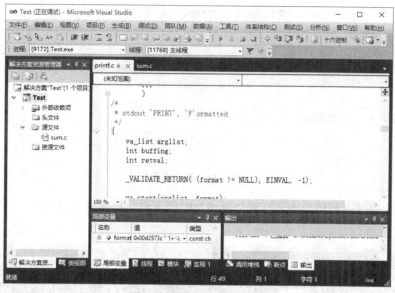

图 A-14　进入 printf()函数

（4）条件断点。有时，需要使程序达到某个条件时停止程序，然后观察变量状态。特别是循环次数特别多的情况下，不可能从循环开始每次都观察变量的值，这样的调试效率太低了。为了提高效率，可以设置条件断点，当满足条件时程序才会停下来，观察变量的状态。

比如上述想查看 i==8 时 iSum 的值，设置条件断点的方法，按上述的方法先设置一个断点，然后在断点上右键菜单中选择"条件"项，如图 A-15 所示。

图 A-15　设置条件断点

在出现的界面条件框中输入"i==8"，单击"确定"按钮，就设置好了条件断点，如图 A-16 所示。

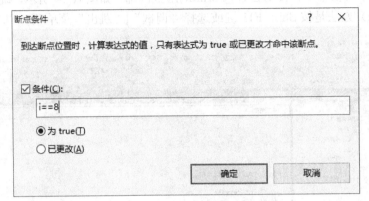

图 A-16　断点条件

再次启动调试，程序直接运行到"i==8"时停下来，如图 A-17 所示。

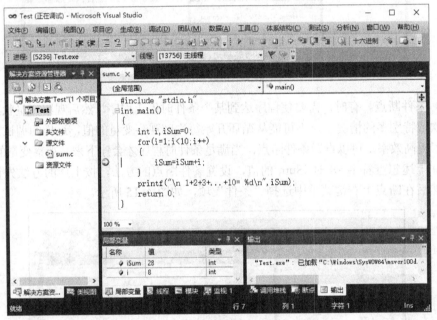

图 A-17　满足断点条件"i==8"时程序停下来

附录 B   常用 ASCII 码字符对照表

ASCII 码	字 符	ASCII 码	字 符	ASCII 码	字 符	ASCII 码	字 符
0	NUL	32	空格	64	@	96	、
1	SOH	33	!	65	A	97	a
2	STX	34	"	66	B	98	b
3	ETX	35	#	67	C	99	c
4	EOX	36	$	68	D	100	d
5	ENQ	37	%	69	E	101	e
6	ACK	38	&	70	F	102	f
7	BEL	39	'	71	G	103	g
8	BS	40	(	72	H	104	h
9	TAB	41	)	73	I	105	i
10	LF	42	*	74	J	106	j
11	VT	43	+	75	K	107	k
12	FF	44	,	76	L	108	l
13	CR	45	-	77	M	109	m
14	SO	46	.	78	N	110	n
15	SI	47	/	79	O	111	o
16	DLE	48	0	80	P	112	p
17	DC1	49	1	81	Q	113	q
18	DC2	50	2	82	R	114	r
19	DC3	51	3	83	S	115	s
20	DC4	52	4	84	T	116	t
21	NAK	53	5	85	U	117	u
22	SYN	54	6	86	V	118	v
23	ETB	55	7	87	W	119	w
24	CAN	56	8	88	X	120	x
25	EM	57	9	89	Y	121	y
26	SUM	58	:	90	Z	122	z
27	ESC	59	;	91	[	123	{
28	FS	60	<	92	\	124		
29	GS	61	=	93	]	125	}
30	RS	62	>	94	^	126	~
31	US	63	?	95	_	127	DEL

说明：本表只列出了 0～127 的标准 ASCII 字符，其中 0～31 为控制字符，是不可见字符，32～127 为可打印字符，是可见字符。

附录 C 常用库函数

本附录描述了标准 C 支持的库函数。为了简单明了，这里删除了一些细节。如果想看全部内容，请参考相关标准。本书的其他地方已经对 printf() 函数、scanf() 函数以及它们的相关函数等进行了详细介绍，所以这里只对这类函数做简短的描述。

1. 数学函数

常用的数学函数如表 C-1 所示。使用数学函数时，应该在该源文件中使用以下命令行：

```
#include <math.h>
```

或

```
#include "math.h"
```

表 C-1 常用的数学函数

函数名	函数原型	功 能	返回值	头文件
abs	int abs(int j)	整数的绝对值	整数 j 的绝对值。如果不能表示 j 的绝对值，那么函数的行为是未定义的	\<math.h\>
acos	double acos(double x);	反余弦	arccos x 的值。返回值的范围为 0~π。如果 x 的值不为–1~1，那么就会发生定义域错误	\<math.h\>
asin	double asin(double x);	反正弦	返回 arcsin x 的值。返回值的范围为–π/2~π/2。如果 x 的值不为–1~1，那么就会发生定义域错误	\<math.h\>
atan	double atan(double x);	反正切	返回 arctan x 的值。返回值的范围为–π/2~π/2	\<math.h\>
atan2	double atan2(double y, double x);	商的反正切	返回 arctan (x/y) 的值。返回值的范围为 –π~π。如果 x 和 y 的值都为 0，那么就会发生定义域错误	\<math.h\>
cos	double cos(double x);	余弦	返回 cos x 的值（按照弧度衡量的）	\<math.h\>
cosh	double cosh(double x);	双曲余弦	返回 cosh x 的值。如果 x 的数过大，那么可能会发生取值范围错误	\<math.h\>
exp	double exp(double x);	指数	返回 e^x 的值。如果 x 的数过大，那么可能会发生取值范围错误	\<math.h\>
fabs	double fabs(double x);	浮点数的绝对值	返回 $|x|$ 的值	\<math.h\>
floor	double floor(double x);	向下取整	返回小于或等于 x 的最大整数	\<math.h\>
fmod	double fmod(double x, double y);	浮点模数	返回 x 除以 y 的余数。如果 y 为 0，是发生定义域错误还是 fmod() 函数返回 0 是在事先定义的	\<math.h\>

函数名	函数原型	功　能	返回值	头文件
log	double log(double *x*);	自然对数	返回 ln *x* 的值。如果 *x* 是负数，会发生定义域错误；如果 *x* 是 0，则会发生取值范围错误	\<math.h\>
log10	double log10(double *x*);	常用对数	返回 lg *x* 的值。如果 *x* 是负数，会发生定义域错误；如果 *x* 是 0，则会发生取值范围错误	\<math.h\>
modf	double modf(double value, double *iptr);	分解成整数和小数部分	把 value 分解成整数部分和小数部分。把整数部分存储到 iptr 指向的 double 型对象中。 返回 value 的小数部分	\<math.h\>
pow	double pow(double *x*, double *y*);	幂	返回 x^y 的值。发生定义域错误的情况如下： （1）当 *x* 是负数并且 *y* 的值不是整数时； （2）当 *x* 为 0 且 *y* 是小于或等于 0，无法表示结果时	\<math.h\>
rand	int rand(void);	产生伪随机数	返回 0~RAND_MAX（包括 RAND_MAX 在内）的伪随机整数	\<stdlib.h\>
sqrt	double sqrt(double *x*);	平方根	返回 x^2 的值。如果 *x* 是负数，则会发生定义域错误	\<math.h\>
srand	void srand(unsigned int seed);	启动伪随机数产生器	使用 seed 来初始化由 rand()函数调用而产生的伪随机序列	\<stdlib.h\>
sin	double sin(double *x*);	正弦	返回 sin *x*（按照弧度衡量的）	\<math.h\>
sinh	double sinh(double *x*);	双曲正弦	返回 sinh *x* 的值（按照弧度衡量的）。如果 *x* 的数过大，那么可能会发生取值范围错误	\<math.h\>
tan	double tan(double *x*);	正切	返回 tan(*x*) 的值（按照弧度衡量的）	\<math.h\>
tanh	double tanh(double *x*);	双曲正切	返回 tanh *x* 的值	\<math.h\>

2. 字符函数和字符串函数

常用的字符和字符串函数如表 C-2 所示。ANSI C 标准要求在使用字符串函数时要包含头文件 string.h，在使用字符函数时要包含头文件 ctype.h。有的 C 编译器不遵循 ANSI C 标准的规定，而用其他名称的头文件。请使用时查有关手册。

表 C-2　常用的字符和字符串函数

函数名	函数原型	功　能	返　回	头文件
isalnum	int isalnum(int *c*);	测试是字母或数字	如果 isalnum 是字母或数字，返回非零值；否则返回 0。（如果 isalph(*c*)或 isdigit(*c*)为真，则 *c* 是字母或数字）	\<ctype.h\>

函数名	函数原型	功　能	返　　回	头文件
isalpha	int isalpha(int *c*);	测试字母	如果 isalnum 是字母，返回非零值；否则返回 0。（如果 islower(*c*)或 isupper(*c*)	\<ctype.h\>
iscntrl	int iscntrl(int *c*);	测试控制字符	如果 *c* 是控制字符，返回非零值；否则返回 0	\<ctype.h\>
isdigit	int isdigit(int *c*);	测试数字	如果 *c* 是数字，返回非零值；否则返回 0	\<ctype.h\>
isgraph	int isgraph(int *c*);	测试图形字符	如果 *c* 是显示字符（除了空格），返回非零值；否则返回 0	\<ctype.h\>
islower	int islower(int *c*);	测试小写字母	如果 *c* 是小写字母，返回非零值；否则返回 0	\<ctype.h\>
isprint	int isprint(int *c*);	测试显示字符	如果 *c* 是显示字符（包括空格），返回非零值；否则返回 0	\<ctype.h\>
ispunct	int ispunct(int *c*);	测试标点字符	如果 *c* 是标点符号字符，返回非零值；否则返回 0。除了空格、字母和数字字符以外，所有显示字符都可以看成是标点符号	\<ctype.h\>
isspace	int isspace(int *c*);	测试空白字符	如果 *c* 是空白字符，返回非零值；否则返回 0。空白字符有空格('')、换页符('\f')、换行符（'\n'）、回车符（'\r'）、横向制表符（'\t'）和纵向制表符（'\v'）	\<ctype.h\>
isupper	int isupper(int *c*);	测试大写字母	如果 *c* 是大写字母，返回非零值；否则返回 0	\<ctype.h\>
isxdigit	int isxdigit(int *c*);	测试十六进制数字	如果 *c* 是十六进制数字（0~9、a~f、A~F），返回非零值；否则返回 0	\<ctype.h\>
strcat	char *strcat(char *s1, const char *s2);	字符串的连接	把 s2 指向的字符串连接到 s1 指向的字符串后边。返回 s1（指向连接后字符串的指针）	\<string.h\>
strchr	char *strchr(const char *s, int c);	搜索字符串中字符	返回指向字符的指针，此字符是 s 所指向的字符串的前 *n* 个字符中第一个遇到的字符 c。如果没有找到 c，则返回空指针	\<string.h\>
strcmp	int strcmp(const char *s1, const char *s2);	比较字符串	返回负数、0 还是正整数，依赖于 s1 所指向的字符串是小于、等于还是大于 s2 所指向的字符串	\<string.h\>
strcoll	int strcoll(const char *s1, const char *s2);	采用指定地区的比较序列进行字符串比较	返回负数、0 还是正整数，依赖于 s1 所指向的字符串是小于、等于还是大于 s2 所指向的字符串。根据当前地区的 LC_COLLATE 类型规则来执行比较操作	\<string.h\>
strcpy	char *strcpy(char *s1, const char *s2);	字符串复制	把 s2 指向的字符串复制到 s1 所指向的数组中。返回 s1（指向目的的指针）	\<string.h\>

函数名	函数原型	功　能	返　　回	头文件
strlen	size_t strlen(const char *s);	字符串长度	返回 s 指向的字符串长度，不包括空字符	\<string.h>
strncat	char *strncat(char *s1, const char *s2, size_t *n);	有限制的字符串的连接	把来自 s2 所指向的数组的字符连接到 s1 指向的字符串后边。当遇到空字符或已经复制了 n 个字符时，复制操作停止。返回 s1（指向连接后字符串的指针）	\<string.h>
strncmp	int strncmp(const char *s1, const char *s2, size_t *n);	有限制的字符串比较	返回负整数、0 还是正整数，依赖于 s1 所指向的数组的前 n 个字符是小于、等于还是大于 s2 所指向的数组的前 n 个字符。如果在其中某个数组中遇到空字符，比较都会停止	\<string.h>
strncpy	char *strncpy(char *s1, const char *s2, size_t *n);	有限制的字符串复制	把 s2 指向的数组的前 n 个字符复制到 s1 所指向的数组中。如果在 s2 指向的数组中遇到一个空字符，那么 strncpy()函数为 s1 指向的数组添加空字符直到写完 n 个字符的总数量。返回 s1（指向目的的指针）	\<string.h>
strrchr	char *strrchr(const char *s, int c);	反向搜索字符串中字符	返回指向字符的指针，此字符是 s 所指向字符串中最后一个遇到的字符 c。如果没有找到 c，则返回空指针	\<string.h>
strstr	char *strstr(const char *s1, const char *s2);	搜索子字符串	返回指针，此指针指向 s1 字符串中的字符第一次出现在 s2 字符串中的位置。如果没有发现匹配，就返回空指针	\<string.h>
tolower	int tolower(int c);	转换成小写字母	如果 c 是大写字母，则返回相应的小写字母。如果 c 不是大写字母，则返回无变化的 c	\<ctype.h>
toupper	int toupper(int c);	转换成大写字母	如果 c 是小写字母，则返回相应的大写字母。如果 c 不是小写字母，则返回无变化的 c	\<ctype.h>

3．输入输出函数

常用的输入输出函数如表 C-3 所示。凡用以下的输入输出函数，应该使用#include \<stdio.h>把 stdio.h 头文件包含到源程序文件中。

表 C-3　常用的输入输出函数

函数名	函数原型	功　能	返　　回	头文件
clearerr	void clearerr(FILE *stream);	清除流错误	为 stream 指向的流清除文件尾指示器和错误指示器	\<stdio.h>
clearerr	void clearerr(FILE *stream);	清除流错误	为 stream 指向的流清除文件尾指示器和错误指示器	\<stdio.h>

函数名	函数原型	功 能	返 回	头文件
fclose	int fclose(FILE *stream);	关闭文件	关闭由 stream 指向的流。清洗保留在流缓冲区内的任何未写的输出,如果是自动分配,则就释放缓冲区。 如果成功,就返回 0。如果检测到错误,则返回 EOF	\<stdio.h\>
feof	int feof(FILE *stream);	检测文件末尾	如果为 stream 指向的流设置了文件尾指示器,则返回非零值。否则返回 0	\<stdio.h\>
fgetc	int fgetc(FILE *stream);	从文件中读取字符	从 stream 指向的流中读取字符。返回读到的字符。如果 fgetc()函数遇到流的末尾,则设置流的文件尾指示器并且返回 EOF。如果 fgetc()函数读取发生错误,则设置流的错误指示器并且返回 EOF	\<stdio.h\>
fgets	char *fgets(char *s, int *n*, FILE *stream);	从文件中读取字符串	从 stream 指向的流中读取字符,并且把读入的字符存储到 s 指向的数组中。遇到第一个换行符已经读取了 *n*–1 个字符,或到了文件末尾时,读取操作都会停止。fgets()函数会在字符串后添加一个空字符。 返回 s(指向数组的指针,此数组存储着输入)。如果读取操作错误或 fgets()函数在存储任何字符之前遇到了流的末尾,都会返回空指针	\<stdio.h\>
fopen	FILE *fopen(const char *filename, const char *mode);	打开文件	打开文件以及和它相关的流,文件名是由 filename 指向的。mode 说明文件打开的方式。为流清除错误指示器和文件尾指示器。 返回文件指针。在执行下一次关于文件的操作时会用此指针。如果无法打开文件则返回空指针	\<stdio.h\>
fprintf	int fprintf(FILE *stream, const char *format, …);	格式化写文件	向 stream 指向的流写输出。format 指向的字符串说明了后续参数显示的格式。 返回写入的字符数量。如果发生错误就返回负值	\<stdio.h\>
fputc	int fputc(int *c*, FILE *stream);	向文件写字符	把字符 *c* 写到 stream 指向的流中。 返回 *c*(写入的字符)。如果写发生错误,fputc()函数会为 stream 设置错误指示器,并且返回 EOF	\<stdio.h\>
fputs	int fputs(const char *s, FILE *stream);	向文件写字符串	把 s 指向的字符串写到 stream 指向的流中。 如果成功,返回非负值。如果写发生错误,则返回 EOF	\<stdio.h\>

函数名	函数原型	功　能	返　回	头文件
fread	size_t fread(void *ptr, size_t size, size_t nmemb, FILE *stream);	从文件读块	试着从 stream 指向的流中读取 nmemb 个元素，每个元素大小为 size 个字节，并且把读入的元素存储到 ptr 指向的数组中。返回实际读入的元素（不是字符）数量。如果 fread 遇到文件末尾或检测到读取错误，那么此数将会小于 nmemb。如果 nmemb 或 size 为 0，则返回值为 0	\<stdio.h\>
fscanf	int fscanf(FILE *stream, const char *format, …);	格式化读文件	向 stream 指向的流读入任意数量的数据项。format 指向的字符串说明了读入项的格式。跟在 format 后边的参数指向数据项存储的位置。返回成功读入并且存储的数据项数量。如果发生错误或在可以读数据项前到达了文件末尾，那么就返回 EOF	\<stdio.h\>
fseek	int fseek(FILE *stream, long int offset, int whence);	文件查找	返回如果操作成功就返回 0。否则返回非零值	\<stdio.h\>
ftell	long int ftell(FILE *stream);	确定文件位置	返回 stream 指向的流的当前文件位置指示器。如果调用失败，返回-1L，并且把由实现定义的错误码存储在 errno 中	\<stdio.h\>
fwrite	size_t fwrite(const void *ptr, size_t size, size_t nmemb, FILE *stream);	向文件写块	从 ptr 指向的数组中写 nmemb 个元素到 stream 指向的流中，且每个元素大小为 size 个字节。返回实际写入的元素（不是字符）的数量。如果 fwrite()函数检测到写错误，则这个数将会小于 nmemb	\<stdio.h\>
getc	int getc(FILE *stream);	从文件读入字符	返回读入的字符。如果 getc()函数遇到流的末尾，那么它会设置流的文件尾指示器并且返回 EOF。如果读取发生错误，那么 getc()函数设置流的错误指示器并且返回 EOF	\<stdio.h\>
getchar	int getchar(void);	读入字符	返回读入的字符	\<stdio.h\>
gets	char *gets(char *s);	读入字符串	从 stdin 流中读入多个字符，并且把这些读入的字符存储到 s 指向的数组中。返回 s，即存储输入的数组的指针。如果读取发生错误或 gets()函数在存储任何字符之前遇到流的末尾，那么返回空指针	\<stdio.h\>
printf	int printf(const char *format, …);	格式化写	向 stdout 流写输出。format 指向的字符串说明了后续参数显示的格式。返回写入的字符数量。如果发生错误就返回负值	\<stdio.h\>

函数名	函数原型	功　能	返　回	头文件
putc	int putc(int *c*, FILE *stream);	向文件写字符	把字符 *c* 写到 stream 指向的流中。返回 *c*（写入的字符）。如果写发生错误，putc()函数会设置流的错误指示器，并且返回 EOF	\<stdio.h\>
putchar	int putchar(int *c*);	写字符	把字符 *c* 写到 stdout 流中。返回 *c*（写入的字符）。如果写发生错误，putchar()函数设置流的错误指示器，并且返回 EOF	\<stdio.h\>
puts	int puts(const char *s);	写字符串	把 s 指向的字符串写到 strout 流中，然后写一个换行符。如果成功返回非负值。如果写发生错误则返回 EOF	\<stdio.h\>
rename	int rename(const char *old, const char *new);	重命名文件	改变文件的名字。old 和 new 指向的字符串分别包含旧的文件名和新的文件名。如果改名成功就返回 0。如果操作失败，就返回非零值（可能因为旧文件目前是打开的）	\<stdio.h\>
rewind	void rewind(FILE *stream);	返回到文件头	为 stream 指向的流设置文件位置指示器到文件的开始处。为流清除错误指示器和文件尾指示器	\<stdio.h\>
scanf	int scanf(const char *format, …);	格式化读	从 stdin 流读取任意数量数据项。format 指向的字符串说明了读入项的格式。跟随在 format 后边的参数指向数据项要存储的地方。返回成功读入并且存储的数据项数量。如果发生错误或在可以读入任意数据项之前到达了文件末尾，就返回 EOF	\<stdio.h\>

4. 动态存储分配函数

常用的动态存储分配函数如表 C-4 所示。ANSI 标准建议在 stdlib.h 头文件中包含有关的信息，但许多 C 编译系统要求用 malloc.h 而不是 stdlib.h。读者在使用时应查阅有关手册。

ANSI 标准要求动态分配系统返回 void 指针。void 指针具有一般性，它们可以指向任何类型的数据。但目前有的 C 编译系统所提供的这类函数返回 char 指针。无论以上两种的哪一种，都需用强制类型转换的方法把 void 或 char 指针转换成所需的类型。

表 C-4　常用的动态存储分配函数

函数名	函数原型	功　能	返　回	头文件
calloc	void *calloc(size_t nmemb, size_t size);	分配并清除内存块	为带有 nmemb 个元素的数组分配内存块，其中每个数组元素占 size 个字节。通过设置所有位为 0 来清除内存块	\<stdlib.h\>

函数名	函数原型	功　能	返　回	头文件
free	void free (void *ptr);	释放内存块	释放地址为 ptr 的内存块（除非 ptr 为空指针时调用无效）。块必须通过 calloc()函数、malloc()函数或 realloc()函数进行分配	\<stdlib.h\>
malloc	void *malloc(size_t size);	分配内存块	分配 size 个字节的内存块。不清除内存块。返回指向内存块开始处的指针。如果无法分配要求尺寸的内存块，那么返回空指针	\<stdlib.h\>
realloc	void *realloc(void *ptr, size_t size);	调整内存块	假设 ptr 指向先前由 calloc()函数、malloc()函数或 realloc()函数获得内存块。realloc()函数分配 size 个字节的内存块，并且如果需要还会复制旧内存块的内容。返回指向新内存块开始处的指针。如果无法分配要求尺寸的内存块，那么返回空指针	\<stdlib.h\>

附录 D 习题参考答案

习 题 1

一、选择题

1．A 2．A 3．A 4．C 5．D

二、编程题

1．模仿本章例 1-1，编写一个输出你姓名的 C 程序。

```c
#include <stdio.h>
int main()
{
    printf("自己的姓名\n");
    return 0;
}
```

2．模仿本章例 1-2，求两个数的差、乘积和商。

```c
#include "stdio.h"
int main()
{
    int x=12,y=4,z;
    z=x+y;
    printf("%d\n",z);
    z=x-y;
    printf("%d\n",z);
    z=x*y;
    printf("%d\n",z);
    z=x/y;
    printf("%d\n",z);
    return 0;
}
```

3．编写一个求梯形面积的程序。

编程提示：梯形面积公式 s=(a+b)*h/2。

```c
#include "stdio.h"
int main()
{
    float s,a,b,h;
    printf("please input a,b,c\n");
    scanf("%f%f%f",&a,&b,&h);
```

```
    s=(a+b)*h/2;
    printf("s=%f",s);
    return 0;
}
```

习　题　2

一、选择题
1．C　2．A　3．A　4．D　5．C　6．C　7．C　8．D

二、编程题

1．将华氏温度转换为摄氏温度和绝对温度的公式分别为：
$$c=5/9(f-32) \qquad （摄氏温度）$$
$$k=273.16+c \qquad （绝对温度）$$
请编程序：当给出 f 时，求其相应摄氏温度和绝对温度。

测试数据：① $f=34$

　　　　　② $f=100$

编程提示：根据题目的要求，先将 f 的值套入求摄氏温度的公式求出摄氏温度，然后再将求得的摄氏温度套入求绝对温度的公式即可，程序如下：

```
#include<stdio.h>
int main()
{
    float f,c,k;
    scanf("%f".&f);
    c=5/9(f-32);
    k=273.16+c ;
    printf("摄氏温度为%f\n",c);
    printf("绝对温度为%f\n",k);
    return 0;
}
```

2．输入 3 个整数，求 3 个整数中的最大值。

编程提示：利用条件表达式先求出两个整数的最大值，然后再用条件表达式求最大值与第 3 个数的最大值。

```
#include <stdio.h>
int main( )
{
    int a,b,c,max;
    scanf("%d%d%d",&a,&b,&c);
    max=a>b?a:b;
    max=max>c?max:c;
    printf("max=%d\n",max);
```

```
        return 0;
    }
```

3. 输入 3 个双精度实数，分别求出它们的和、平均值、平方和以及平方和的开方，并输出所求出各个值。

编程提示：按照题目的要求需定义 7 个双精度变量，分别存放，3 个双精度实数，它们的和、平均值、平方以及平方和的开方，在开方时需要用到 sqrt()函数，程序如下：

```
#include<math.h>
#include<stdio.h>
int  main()
{
    double a,b,c,s,aver, ssum,sq;
    scanf("%lf,%lf,%lf",&a,&b,&c);
    s=a+b+c;                    /*求 3 个数的和，赋值给 s*/
    aver=s/3;                   /*求平均值，赋值给 aver*/
    ssum=a*a+b*b+c*c;           /*求 3 个数的平方和，赋值给 ssum*/
    sq=sqrt(ssum);              /*对平方和开平方根，赋值给 sq*/
    printf("和为%f，平均值为%f，平方和为%f 以及平方和的开方为%f\n",s,aver,ssum,sq);
    return 0;
}
```

4. 输入一个三位整数，求出该数每个位上的数字之和。例如 123，每个位上的数字和就是 1+2+3=6。

编程提示：本题的关键在于求得各位的数字，利用除法和求余运算的特性可求，程序如下：

```
#include<stdio.h>
int  main()
{
    int num,a,b,sum;        /*定义变量 sum 用来存放这个数，a 存放个位，b 存放十位*/
    printf("请输入一个三位数的整数\n");
    scanf("%d",&num);       /*输入数字赋值给 num*/
    a=num%10;               /*求得个位上的数字赋值给 a*/
    num/=10;                /*对 num 切除个位上的数字*/
    b=num%10;               /*对切除后的 num 求末位的数字（即原数的十位）*/
    num/=10;                /*切除末位，此时该数只剩下百位上的数字*/
    sum=a+b+num;            /*对各位求和赋值给 sum*/
    printf("每个位上的数字之和为%d",sum);
    return 0;
}
```

5. 设银行定期存款年利率 *r* 为 2.25%，已知存款期为 *n* 年，存款本金为 *x* 元，求 *n* 年后本利之和 *y* 是多少元。

编程提示：利用库函数 pow()。

```
#include <stdio.h>
#include <math.h>
int main( )
{
    double r=0.0225;
    double y,x;
    int n;
    scanf("%lf%d",&x,&n);
    y=x*pow(1+r,n);
    printf("y=%lf\n",y);
    return 0;
}
```

习　题　3

一、选择题

1. D　2. A　3. C　4. B　5. B　6. C　7. B　8. A　9. A　10. B

二、编程题

1. 编程判断输入的正整数是否既是 5 又是 7 的整倍数。若是，输出 yes，否则输出 no。

编程提示：正整数 x 既是 5 又是 7 的整倍数，其实就是看能否同时被 5 和 7 整除，表达式为 x%5==0 && x%7==0。根据不同结果，输出 yes 或者 no，需要进行判断选择不同操作，采用选择结构中的 if 语句。

参考程序：

```
#include<stdio.h>
int main()
{
    int x;
    printf("输入一个正整数：");
    scanf("%d",&x);                /* 输入一个大于零的数 */
    if(x%5==0 && x%7==0)           /* 能否同时被 5 和 7 整除 */
        printf("yes!\n");
    else
        printf("no!\n");
    return 0;
}
```

2. 输入 3 个整数，输出它们中的最大值和最小值。（打擂台法）

编程提示：设置最大值变量 max 和最小值变量 min；首先比较 a,b 的大小，并把大数存入 max，小数存入 min；然后最大值变量 max 和最小值变量 min 再与 c 比较，若 c 大于 max，则 max 取值 c，否则保持不变；如果 c 小于 min，则 min 取值 c，否则保持不变。最后输出 max 和 min 的值。

参考程序：

```
#include <stdio.h>
int main()
{
  int a,b,c,min,max;
  printf("3 个数中整数（必须以空格间隔）: ");
  scanf("%d %d %d",&a,&b,&c);        /* 输入时必须以空格间隔 */
  /* 打擂台法 */
  min=a;max=a;                       /* 假定 a 既是最大值，又是最小值 */
  /* 求最大值 */
  if(b>max)
     max=b;
  if(c>max)
    max=c;
  /* 求最小值 */
  if(b<min)
    min=b;
  if(c<min)
    min=c;
  printf("3 个数中最大值为:%4d\n 3 个数中最小值为:%4d\n",max,min);
}
```

3. 输入一个不超过 4 位数的正整数，要求输出它是几位数以及每一位上的数字，并反序输出这个数。

编程提示：先判断输入数的位数，然后分别求出每一位上的数字，最后根据不同位数，进行输出。

参考程序：

```
#include <stdio.h>
#include <math.h>
int main()
{
  int num,indiv,ten,hundred,thousand,place; /* 分别代表个位,十位,百位,千位和位数 */
  printf("请输入一个整数(0~9999):");
  scanf("%d",&num);
  if (num>999)
     place=4;
  else if (num>99)
     place=3;
  else if (num>9)
     place=2;
  else place=1;
  printf("位数:%d\n",place);
  printf("每位数字为:");
  thousand=num/1000;
```

```
    hundred=(int)(num-thousand*1000)/100;
    ten=(int)(num-thousand*1000-hundred*100)/10;
    indiv=(int)(num-thousand*1000-hundred*100-ten*10);
    switch(place)
    {
        case 4:printf("%d,%d,%d,%d",thousand,hundred,ten,indiv);
        printf("\n 反序数字为:");
        printf("%d%d%d%d\n",indiv,ten,hundred,thousand);
        break;
        case 3:printf("%d,%d,%d",hundred,ten,indiv);
        printf("\n 反序数字为:");
        printf("%d%d%d\n",indiv,ten,hundred);
        break;
        case 2:printf("%d,%d",ten,indiv);
        printf("\n 反序数字为:");
        printf("%d%d\n",indiv,ten);
        break;
        case 1:printf("%d",indiv);
        printf("\n 反序数字为:");
        printf("%d\n",indiv);
        break;
    }
    return 0;
}
```

4. 输入一个字符,判断该字符是大写字母、小写字母、数字字符、空格还是其他字符。
编程提示: 多种情况的判断,属于多分支选择,可以采用 if 语句的第 3 种形式实现。
参考程序:

```
#include<stdio.h>
int main()
{
    char ch;
    printf("输入一个字符: \n");
    scanf("%c",&ch);                /* 输入一个字符 */
    if(ch>='a' && ch<='z')          /* 判读为小写字母 */
        printf("这是一个小写字母\n");
    else if(ch>='A' && ch<='Z')     /* 判读为大写字母 */
        printf("这是一个大写字母\n");
    else if(ch>='0' && ch<='9')     /* 判读为数字字符 */
        printf("这是一个数字字符\n");
    else if(ch==' ')                /* 判读为空格字符 */
        printf("这是一个空格字符\n");
    else                            /* 判读为其他字符 */
        printf("这是一个其他字符\n");
```

```
    return 0;
}
```

5. 输入一个 x 的值，并输出相应的 y 的值。

$$y = \begin{cases} x-2, & x<0 \\ 3x, & 0 \leqslant x < 10 \\ 4x+1, & x \geqslant 10 \end{cases}$$

编程提示：这是一个分段函数，x 在 3 个不同域，y 的值分别对应为 $x–2$、$3x$、$4x+1$。既可以用独立的 3 条 if 语句实现，也可以用 if 语句的第 3 种形式实现，还可以用 if 嵌套语句实现。比较 3 种方法后，建议此类问题都使用 if 语句的第 3 种形式实现。

参考程序：

用独立的 3 条 if 语句实现：

```c
#include <stdio.h>
int main()
{
    int x,y;
    scanf("%d",&x);
    if(x<0)
        y=x-2;
    if(x>=0&&x<10)
        y=3*x;
    if(x>=10)
        y=4*x-1;
    printf("x=%d,y=%d\n",x,y);
    return 0;
}
```

用 if 语句的第 3 种形式实现：

```c
#include <stdio.h>
int main()
{
    int x,y
    scanf("%d",&x);
    if(x<0)    /* if的第3种形式 */
        y=x-2;
    else if(x<10)
        y=3*x;
    else
        y=4*x-1;
    printf("x=%d,y=%d\n",x,y);
    return 0;
}
```

用 if 嵌套语句实现：

```c
#include <stdio.h>
int main()
{
    int x,y;
    scanf("%d",&x);
    if(x<0)
        y=x-2;
    else
        if(x<10)   /* 内嵌的 if */
            y=3*x;
        else
            y=4*x-1;
    printf("x=%d,y=%d\n",x,y);
    return 0;
}
```

6. 输入年、月、日，判断当天是打鱼还是晒网。

编程提示：从某天起，每 3 天打鱼，每 2 天晒网，打鱼和晒网每 5 天为一个周期，因此，计算天数对 5 求余，判断结果与 3 的大小，来确定是打鱼还是晒网。计算某天在这一年中是第几天，要考虑闰年和 2 月以后的天数。

参考程序：

```c
#include<stdio.h>
int main()
{
    int year,month,day,n;
    printf("输入年、月、日：\n");
    scanf("%d%d%d",&year,&month,&day);      /* 输入年、月、日 */
    switch(month)                           /* 判断输入月份的总天数 */
    {
        case 1:n=0;break;
        case 2:n=31;break;
        case 3:n=59;break;
        case 4:n=90;break;
        case 5:n=120;break;
        case 6:n=151;break;
        case 7:n=181;break;
        case 8:n=212;break;
        case 9:n=243;break;
        case 10:n=273;break;
        case 11:n=304;break;
        case 12:n=334;break;
    }
```

```
n=n+day;
if((year%4==0&&year%100!=0||year%400==0)&&month>=3)
    n++;                                /* 若为闰年，且月份大于等于3，则天数加1 */

if(n%5>=3)                              /* 判断打鱼还是晒网*/
    printf("晒网\n");
else
    printf("打鱼\n");
return 0;
}
```

7. 编程设计一个简单的计算器程序，要求根据用户从键盘输入的表达式：

操作数1 运算符 op 操作数2

计算表达式的值，其中算术运算符包括：加（+）、减（-）、乘（*）、除（/）。

编程提示：简单的计算机器可以实现加（+）、减（-）、乘（*）、除（/）运算。需要输入两个数及一个算术运算符，判断出运算符为加（+）、减（-）、乘（*）、除（/）后，根据运算符完成相应功能计算。其中，验证除（/）时，要考虑到除数不能为零的情况。当然如果输入的字符非加（+）、减（-）、乘（*）、除（/）中的符号，则输出"输入数据无效！"。

参考程序：

用 if 语句实现：

```
#include <stdio.h>
#include <stdlib.h>
#include <math.h>
int main()
{
    float data1, data2,result;
    char op;
    printf("请输入一个表达式:");
    scanf("%f%c%f", &data1, &op, &data2);   /* 输入运算表达式 */
    if(op=='+')                             /* 根据输入的运算符确定执行的运算 */
        result=data1 + data2;               /* 加法运算 */
    else if(op=='-')
        result=data1 - data2;               /* 减法运算 */
    else if(op=='*')
        result=data1 * data2;               /* 乘法运算 */
    else if(op=='/')
                                            /* 除法运算 */
        if ( fabs(data2)<=1e-7)             /* 为避免除0错误，检验除数是否为0 */
        {
            printf("除数不能为零!\n");
            exit(0);
        }
```

```
        else
            result=data1 / data2 ;
    else                              /* 处理非法运算符 */
    {
        printf("输入数据无效！\n");
        exit(0);
    }

    printf("%.2f %c .2f = %.2f \n",data1,op,data2,result);
    return 0;
}
```

用 switch 语句实现：

```
#include <stdio.h>
#include <stdlib.h>
#include <math.h>
int main()
{
    float data1, data2,result;
    char op;
    printf("请输入一个表达式:");
    scanf("%f%c%f", &data1, &op, &data2);            /* 输入运算表达式 */
    switch (op)                         /* 根据输入的运算符确定执行的运算 */
    {
        case '+': result=data1 + data2;break;    /* 加法运算 */
        case '-': result=data1 - data2;break;    /* 减法运算 */
        case '*': result=data1 * data2;break;    /* 乘法运算 */
        case '/':                                /* 除法运算 */
            if ( fabs(data2)<=1e-7)      /* 为避免除 0 错误，检验除数是否为 0 */
            {
                printf("除数不能为零!\n");
                exit(0);
            }
            else
                result=data1 / data2 ;
            break;
        default:                                 /* 处理非法运算符 */
            printf("输入数据无效！\n");exit(0);
    }
    printf("%.2f %c %.2f = %.2f \n",data1,op,data2,result);
    return 0;
}
```

8. 运输公司对用户计算运输费用。路程（skm）越远，每吨·千米运费越低。（分别用
if 语句和 switch 语句实现。）

标准如下：

$$s < 250 \qquad\qquad 没有折扣$$
$$250 \leqslant s < 500 \qquad\qquad 2\%折扣$$
$$500 \leqslant s < 1000 \qquad\qquad 5\%折扣$$
$$1000 \leqslant s < 2000 \qquad\qquad 8\%折扣$$
$$2000 \leqslant s < 3000 \qquad\qquad 10\%折扣$$
$$3000 \leqslant s \qquad\qquad 15\%折扣$$

编程提示：设每吨·每千米货物的基本运费为 p，货物重为 w，距离为 s，折扣为 d，则总运费 f 的计算公式为 $f = p * w * s * (1 - d / 100)$。

用 if 语句实现：这是一个分段函数，不同的域对应不同的折扣，选择条件分别为当 s<250 时，无折扣；当 $250 \leqslant s < 500$ 时，折扣 d=2%；当 $500 \leqslant s < 1000$ 时，折扣 d=5%；当 $1000 \leqslant s < 2000$ 时，折扣 d=8%；当 $2000 \leqslant s < 3000$ 时，折扣 d=10%；当 $3000 \leqslant s$ 时，折扣 d=15%。只需要将选择条件转换为关系表达式或逻辑表达式即可。因此，本题目既可以用独立的 3 条 if 语句实现，也可以用 if 语句的第三种形式实现，还可以用 if 嵌套语句实现。但此类问题使用 if 语句的第三种形式实现结构更清晰。

用 switch 语句实现：经过分析发现折扣的变化是有规律的：折扣的变化点都是 250 的倍数。利用这一点，定义 c=s/250，当 c<1 时，表示 s<250，无折扣；当 $1 \leqslant c < 2$ 时，表示 $250 \leqslant s < 500$，折扣 d=2%；当 $2 \leqslant c < 4$ 时，表示 $500 \leqslant s < 1000$，折扣 d=5%；当 $4 \leqslant c < 8$ 时，表示 $1000 \leqslant s < 2000$，折扣 d=8%；当 $8 \leqslant c < 12$ 时，表示 $2000 \leqslant s < 3000$，折扣 d=10%；当 $12 \leqslant c$ 时，表示 $3000 \leqslant s$，折扣 d=15%。

参考程序：
用 if 语句实现：

```c
#include <stdio.h>
int main()
{
    int s;
    float p,w,d,f;
    printf("请输入单价,重量,折扣:");        /* 提示输入的数据 */
    scanf("%f,%f,%d",&p,&w,&s);          /* 输入单价、重量、距离 */
    if(s<250)                            /* 代表250km以下,折扣d=0 */
        d=0;
    else if (s<500)                      /* 代表250到500km以下,折扣d=2% */
        d=2;
    else if (s<1000)                     /* 代表500到1000km以下,折扣d=5% */
        d=5;
    else if (s<2000)                     /* 代表1000到2000km以下,折扣d=8% */
        d=8;
    else if (s<3000)                     /* 代表2000到3000km以下,折扣d=10% */
        d=10;
    else                                 /* 代表3000km以上,折扣d=15% */
        d=15;
```

```
    f = p * w * s * (1 - d / 100);   /* 计算总运费 */
    printf("freight=%10.2f\n",f);     /* 输出总运费, 取两位小数 */
    return 0;
}
```

用 switch 语句实现:

```
#include <stdio.h>
int main()
{
    int c,s;
    float p,w,d,f;
    printf("请输入单价,重量,折扣:");      /* 提示输入的数据 */
    scanf("%f,%f,%d",&p,&w,&s);          /* 输入单价、重量、距离 */
    if(s>=3000)  c=12;                   /* 3000km 以上为同一折扣 */
    else         c=s/250;                /* 3000km 以下各段折扣不同, c 的值不相同 */
    switch(c)
    {
        case 0:   d=0; break;            /* c=0,代表 250km 以下,折扣 d=0 */
        case 1:   d=2; break;            /* c=1,代表 250 到 500km 以下,折扣 d=2% */
        case 2:
        case 3:   d=5; break;         /* c=2 和 3,代表 500 到 1000km 以下,折扣 d=5% */
        case 4:
        case 5:
        case 6:
        case 7:   d=8; break;         /* c=4-7,代表 1000 到 2000km 以下,折扣 d=8% */
        case 8:
        case 9:
        case 10:
        case 11:  d=10; break;        /* c=8-11,代表 2000 到 3000km 以下,折扣 d=10% */
        case 12:  d=15; break;        /* c12,代表 3000km 以上,折扣 d=15% */
    }
    f = p * w * s * (1 - d / 100);       /* 计算总运费 */
    printf("freight=%10.2f\n",f);         /* 输出总运费, 取两位小数 */
    return 0;
}
```

习　题　4

一、选择题

1. C 2. C 3. A 4. D 5. B 6. D 7. B 8. B 9. A 10. A

二、编程题

1. 求解猴子吃桃问题。猴子第一天摘下若干个桃子,当天吃了一半,还不过瘾,又多吃了一个,第二天早上又将剩下的桃子吃掉一半,并又多吃了一个。以后每天早上都吃了前一天剩下的一半零一个。到第 10 天早上想再吃时，只剩一个桃子了。求第一天共摘了多少桃子。

编程提示与源程序参考实验 4 的第 1 题。

2. 打印所有的"水仙花数"。所谓"水仙花数"是指一个三位数，其各位数字的立方和等于该数本身。例如 153=13+53+33 等。

编程提示：利用 for 循环控制 100～999 个数，每个数分解出个位，十位，百位。

程序如下：

```c
#include "stdio.h"
#include "conio.h"
int main()
{
    int i,j,k,n;
    printf("水仙花数是:");
    for(n=100;n<1000;n++)
    {
        i=n/100;/*分解出百位*/
        j=n/10%10;/*分解出十位*/
        k=n%10;/*分解出个位*/
        if(i*100+j*10+k==i*i*i+j*j*j+k*k*k)
            printf("%-5d",n);
    }
    return 0;
}
```

3. 从键盘输入一批整数，统计其中不大于 100 的非负整数的个数。

编程提示与源程序参考实验 4 的第 1 题。

4. 假设银行一年整存零取的年息为 3.85%，现在某人的父母手头有一笔钱，他们打算今后孩子大学 4 年中，每年年底取出 10000 元作为孩子来年的大学教育费用，到 4 年孩子毕业时刚好取完这笔钱，请编程计算第一年年初他们应存入银行多少钱。

编程提示：采用逆推法分析存钱和取钱过程，然后采用迭代法求解。

若第 4 年年底连本带息取出 10000 元，则第 4 年年初银行中存款数 y_4 为

$$y_4=10000/(1+0.0185)$$

按题意，由第 4 年年初银行中存款 y_4 求第 3 年年初存款数 y_3 为

$$y_3=(y_4+10000)/(1+0.0185)$$

同理推出公式：

$$y_n=(y_{n+1}+10000)/(1+0.0185)$$

以 0 为 y_{n+1} 的初值，对上式进行逆推迭代求解，迭代 4 次的结果为第 1 年银行存款金额，也就是他们要存入银行的存款金额。参考程序如下：

```c
#include <stdio.h>
#define RATE 0.0385
#define YEARS 4
```

```
#define X 10000
int main()
{
    int i,m=12;
    double y=0;
    for(i=0;i<4;i++)
    {
        y=(y+X)/(1+RATE);
    }
    printf("某人父母在第一年存入 %.2f 元\n",y);
    return 0;
}
```

5. 一个数如果恰好等于它的因子之和，这个数称为"完数"。例如 6 的因子分别为 1、2、3，而 6=1+2+3，因此 6 是"完数"。编程序找出 1000 之内所有完数并输出。

编程提示：根据完数的定义可知，将一个数因式分解，所有因子之和等于该数即为完数。程序如下：

```
#include "stdio.h"
#include "conio.h"
int main()
{
    static int k[10];
    int i,j,n,s;
    for(j=2;j<1000;j++)
    {
        n=-1;
        s=j;
        /*因式分解*/
        for(i=1;i<j;i++)
        {

            if((j%i)==0)
            {
                n++;
                s=s-i;
                k[n]=i;
            }
        }
        if(s==0)/*判断是否为完数*/
        {
            printf("%d is a wanshu",j);
            for(i=0;i<n;i++)
            printf("%d,",k);
            printf("%d\n",k[n]);
```

```
        }
    }
    return 0;
}
```

6. 编程输出以下格式乘法口诀表。

```
    1*1=1   1*2=2    1*3=3    1*4=4    1*5=5    1*6=6    1*7=7    1*8=8    1*9=9
            2*2=4    2*3=6    2*4=8    2*5=10   2*6=12   2*7=14   2*8=16   2*9=18
                     3*3=9    3*4=12   3*5=15   3*6=18   3*7=21   3*8=24   3*9=27
                              4*4=16   4*5=20   4*6=24   4*7=28   4*8=32   4*9=36
                                       5*5=25   5*6=30   5*7=35   5*8=40   5*9=45
                                                6*6=36   6*7=42   6*8=48   6*9=54
                                                         7*7=49   7*8=56   7*9=63
                                                                  8*8=64   8*9=72
                                                                           9*9=81
```

编程提示：参考例 4-19，同时注意每行开始的乘法口诀规律行、列相同，并先打印空格。程序如下：

```c
#include <stdio.h>
int main()
{
    int i,j,k,result;
    printf("\n");
    for (i=1;i<=9;i++)
    {
        for(k=1;k<=i*8-8;k++)  /*在第 i 行先打印 8 个空格*/
            printf(" ");
        for(j=i;j<=9;j++)
        {
            result=i*j;
            printf("%d*%d=%-4d",i,j,result); /*-4d 表示左对齐，占 4 位*/
        }
        printf("\n"); /*每一行后换行*/
    }
    return 0;
}
```

7. 每个苹果 0.8 元，第一天买两个苹果。从第二天开始，每天买前一天的 2 倍，当某天需购买苹果的数目大于 100 时，则停止。求平均每天花多少钱？

编程提示：根据题意可以用 for 循环解决，其中"每天买前一天的 2 倍"是变化规律，"购买苹果的数目大于 100"是循环退出的条件。

```c
#include <stdio.h>
int main()
```

```
{
    double price =0.8;
    double total=0;
    int i;
    int day=0;
    for(i=1;i<100;i*=2)
    {
        total = total+i*price;
        day++;
    }
    printf("%g\n",total/day);
    return 0;
}
```

8. 无重复数字的 3 位数问题。用 1、2、3、4 等 4 个数字组成无重复数字的 3 位数，将这些 3 位数据全部输出。

编程提示：可填在百位、十位、个位的数字都是 1、2、3、4。组成所有的排列后再去掉不满足条件的排列。程序如下：

```
#include "stdio.h"
int main()
{
    int i,j,h,g = 0;
    for ( i = 1; i <= 4; i++)
    {
        for (j = 1; j <= 4; j++)
        {
            for (h = 1; h <= 4; h++)
            {
                if (i != j && i != h && h != j)
                {
                    g++;
                    printf("%d%d%d  ",i,j,h);
                }
            }
        }
    }
    printf("共有%d 个这样的数",g);
    return 0;
}
```

9. 鸡兔同笼，共有 98 个头，386 个脚，编程求鸡兔各多少只。

编程提示：用穷举法解决鸡兔同笼问题。程序如下：

```
#include <stdio.h>
int main()
```

```
{
    int ji,tu;
    for(ji=0;ji<98;ji++)
     for(tu=0;tu<98;tu++)
     {
       if(tu+ji==98&&tu*4+ji*2==386)
         printf("tu=%d ji=%d\n",tu,ji);
     }
    return 0;
}
```

习　题　5

一、选择题

1. D　　2. A　3. A　4. D　　5. C　6. A　7. A　8. C　9. A　10. A
11. B　12. C　13. A　14. A　15. C

二、编程题

1. 给定一维整型数组，输入数据并求第一个值为奇数元素之前的元素和。

编程提示：利用 for 循环依次读入数据存入数组 a[10]，运用循环与 if 语句依次判断 a[i] 是否是偶数：如果是，累加入 sum；如果不是，则结束循环，将 sum 的值输出。

参考程序：

```
#include <stdio.h>
int main()
{
    int i,a[5],sum=0;

    for (i=0;i<5;i++)
        scanf("%d",&a[i]);
    for (i=0;i<5;i++)
    if(a[i]%2==0)
        sum=sum+a[i];
    else
        break;
    printf("%d",sum);
    return 0;
}
```

2. 有一个数组 a[6]={2,5,3,9,5,4}，将其逆序（不借助其他数组实现）。

编程提示：定义一维数组 a[5]存储数据，定义变量 $i=0$，$j=4$ 即 a[i]为首，a[j]为尾，交换 a[i]与 a[j]，然后 i 自加，j 自减，直到 $i \geqslant j$ 时，交换结束。

参考程序：

```
#include <stdio.h>
```

```
int main()
{
    int i,j,a[5]={2,5,3,9,4},t;

    for (i=0,j=4;i<5;i++,j--)
    if (i<j)
    {
        t=a[i];
        a[i]=a[j];
        a[j]=t;
    }
    for(i=0;i<5;i++)
        printf("%d\t",a[i]);
    return 0;
}
```

3. 把从键盘输入的字符串"1234"转换为整型数据 1234。

编程提示：先运用 gets 读入字符串，通过循环依次将每个字符转换为整型，并根据位置转换为千位、百位、十位、个位，累加即得对应的整数。

参考程序：

```
#include <stdio.h>
#include <string.h>
int main()
{
    char s[4];
    int i,j,k,sum=0;
    gets(s);
    for(i=0;i<=3;i++)
    {
        j=(int)(s[i]-48);
        for(k=0;k<3-i;k++)
            j=j*10;
        sum=sum+j;
    }
    printf("%d",sum);
    return 0;
}
```

4. 输入字符串并统计各字母出现的次数。

编程提示：运用 getchar 依次读入每个字符，定义数组 a 存储每个字母出现的次数，$a[65]\sim a[90]$对应字母 A～Z，每读入一个字符，将该字母对应的出现次数 $a[i]$加 1，如出现小写通过加 32 转换为大写字母，然后再判断。最后运用循环输出字母 A～Z 对应$a[65]\sim a[90]$的值即为出现字母的次数。

参考程序：

```c
#include "stdio.h"
int main()
{
        int a[100]={0},i,j;
        char c;
        while((c=getchar())!='\n')      /*获取字符并统计每个字母出现次数*/
            for (i=65;i<=90;i++)
                if(c==i||c==i+32)
                    a[i]++ ;
        for (j=65;j<=90;j++)            /*输出统计信息*/
            if (a[j]>0)
                printf("%c:%-3d\n",j,a[j]);
        return 0;
}
```

5. 由键盘输入一个字符串，要求排序输出并且重复输入的字符只显示一次。例如输入
"adfadjfeainzzzzv" 则应输出 "adefijnvz"。

编程提示：定义数组 a，将输入的每个字符的 ASCII 码作为该字符在数组 a 中的下标值
i，同一个字符的 ASCII 码值相同，这样就去掉了重复字符，某个字符出现则将对应的 a[i]=1，
输出时将 a[i]>1 的对应的 ASCII 为 i 的字符输出即可。

参考程序：

```c
#include <stdio.h>
int main()
{
    int i;
    int a[128]={0};
    printf("输入字符串:\n");
    while((i=getchar())!='\n')
        a[i]=1;
    printf("\n 删除重复的字符串并排序后输出:\n");
    for(i=0; i<128; i++)
    {
        if(a[i]>0)
            printf("%c", i);
    }
    return 0;
}
```

6. 编写程序，将 3×3 的矩阵 A 转置，并输出。

编程提示：定义二维数组 a[3][3]，矩阵的转置即为对应数组元素的行下标与列下标交
换，即令 a[i][j]与 a[j][i]交换值。

参考程序：

```c
#include <stdio.h>
int main()
{
    int a[3][3]={{1,2,3},{4,5,6},{7,8,9}},i,j,t;

    for(i=0;i<3;i++)
        for(j=0;j<3;j++)
            if(i<=j)
            {
                t=a[i][j];
                a[i][j]=a[j][i];
                a[j][i]=t;
            }
    for(i=0;i<3;i++)
    {
        for(j=0;j<3;j++)
            printf("%5d",a[i][j]);
        printf("\n");
    }
    return 0;
}
```

7. 已知两个升序数组，将它们合并成一个升序数组并输出。

编程提示：利用已知条件（两数组 A、B 均为升序），循环在每个数组中均选取一个元素来对比，较小的放到新数组 C 中。直到一个数组中的元素已全部放入 C 中，此时将另一个数组未放入的元素全放入到 C 中。

参考程序：

```c
#include<stdio.h>
int main()
{
int str1[5]={3,9,13,35,45};
int str2[5]={2,14,19,23,26};
int out[10];                    /*输出数组*/
int i=0,j=0,k=0;
while (i<5&&j<5)                 /*循环将较小元素放入*/
{
    if (str1[i]<str2[j])
    {
        out[k]=str1[i];
        i++;
        k++;
    }
```

```
        else
        {
            out[k]=str2[j];
            j++;
            k++;
        }
    }
    if(i==5)
    {               /*第 1 个数组元素已经全部放到 C 中，将第 2 个数组剩余元素全放到 C 中*/
        while (j<5)
        {
            out[k]=str2[j];
            k++;
            j++;
        }
    }
    if(j==5)
    {               /* 第 2 个数组元素已经全部放到 C 中，将第 1 个数组剩余元素全放到 C 中 */
        while (i<5)
        {
            out[k]=str1[i];
            k++;
            i++;
        }
    }
    for(i=0;i<10;i++)
    {
        printf("%d ",out[i]);
    }
    return 0;
}
```

8. 输出杨辉三角。

编程提示：杨辉三角是二项式系数在三角形中的一种几何排列，我国南宋数学家杨辉 1261 年所著的《详解九章算法》一书里就出现了。杨辉三角的两个腰边的数都是 1，其他位置的数都是上顶上两个数之和。

先定义一个二维数组：a[*N*][*N*]，略大于要打印的行数。再令两边的数为 1，即当每行的第一个数和最后一个数为 1。a[*i*][0]=a[*i*][*i*−1]=1，*n* 为行数。除两边的数外，任何一个数为上两项数之和，即 a[*i*][*j*]=a[*i*−1][*j*−1]+a[*i*−1][*j*]，最后输出杨辉三角。

参考程序：

```
#include <stdio.h>
#define N 14
int main()
```

```
{
    int i,j,k,n=0, a[N][N];          /* 定义二维数组 a[14][14] */
    while(n<=0||n>=13)                /* 控制打印的行数不要太大,过大会造成显示不规范 */
    {
        printf("请输入要打印的行数: ");
        scanf("%d",&n);
    }
    printf("%d 行杨辉三角如下: \n",n);
    for(i=1;i<=n;i++)
        a[i][1] = a[i][i] = 1;
    /* 两边的数令它为 1，因为现在循环从 1 开始，就认为 a[i][1]为第一个数 */
    for(i=3;i<=n;i++)
        for(j=2;j<=i-1;j++)
            a[i][j]=a[i-1][j-1]+a[i-1][j];  /* 除两边的数外都等于上两顶数之和 */
    for(i=1;i<=n;i++)
    {
        for(k=1;k<=n-i;k++)
            printf("   ");
        for(j=1;j<=i;j++)           /* j<=i 的原因是不输出其他的数,只输出我们想要的数 */
            printf("%6d",a[i][j]);
        printf("\n");               /*当一行输出完以后换行继续下一行的输出*/
    }
    printf("\n");
    return 0;
}
```

习 题 6

一、选择题
1. C 2. B 3. D 4. D 5. D 6. C 7. D 8. C 9. A

二、编程题

1. 求三角形面积函数。编写一个求任意三角形面积的函数，并在主函数中调用它，计算任意三角形的面积。

分析：

设三角形边长为 a、b、c，面积 area 的算法是

$$area = \sqrt{s(s-a)(s-b)(s-c)}, \quad 其中 \quad s = \frac{a+b+c}{2}$$

参考程序：

```
#include<math.h>
#include<stdio.h>
float area(float,float,float);  /*计算三角形面积的函数原型声明*/
int main()
```

```
{
    float a,b,c;
    printf("请输入三角形的 3 个边长值: \n");
    scanf("%f, %f, %f",&a,&b,&c);
    if(a+b>c&&a+c>b&&b+c>a&&a>0.0&&b>0.0&&c>0.0)
        printf("Area=%-7.2f\n",area(a,b,c));
    else
      printf("输入的三边不能构成三角形");
     return 0;
}
/*计算任意三角形面积的函数*/
float area(float a,float b,float c)
{
  float s,area_s;
  s=(a+b+c)/2.0;
  area_s=sqrt(s*(s-a)*(s-b)*(s-c));
  return(area_s);
}
```

2. 设计函数，使输入的一字符串按反序存放。

分析：只要头尾字符交换位置即可。

```
#include "stdio.h"
#include "string.h"
int  main( )
{
    void inverse(char str[]);
    char str[100];
    printf("Input string: ");
    scanf("%s",str);                      /*输入一字符串 str*/
    inverse(str);                         /*对数组 str 中的元素逆序存放*/
    printf("Inverse string: %s\n",str);   /*输出转换后的字符串*/
    return 0;
}
void inverse(char str[])                  /*函数定义*/
{
    char t;
    int i,j;
    for(i=0,j=strlen(str);i<strlen(str)/2;i++,j--)
    {
        t=str[i];
        str[i]=str[j-1];
        str[j-1]=t;
    }
}
```

3. 把猴子吃桃问题写成一个函数，使它能够求得指定一天开始时的桃子数。

编程提示：猴子吃桃问题的函数只需一个 int 型形参，用指定的那一个天数作实参进行调用，函数的返回值为所求的桃子数。

参考程序：

```c
#include<stdio.h>
int monkey(int);      /*函数原型声明*/
int  main()
{
  int day;
  printf("求第几天开始时的桃子数?\n");

  do
  {
      scanf("%d",&day);
    if(day<1 || day>10)
        continue;
      else
        break;
  }while(1);
  printf("total: %d\n",monkey(day));
    return 0;
}
/*以下是求桃子数的函数*/
int monkey(int k)
{
  int i,m,n;
  for(n=1,i=1;i<=10-k;i++)
  {
  m=2*n+2;
  n=m;
  }
  return(n);
}
```

4. 用递归函数求解 Fibonacci 数列问题。在主函数中调用求 Fibonacci 数的函数，输出 Fibonacci 数列中任意项的数值。

编程提示：

Fibonacci 数列第 $n(n \geqslant 1)$个数的递归表示如下：

$$f(n) = \begin{cases} 1, & n = 1 \\ 1, & n = 2 \\ f(n-1) + f(n-2), & n > 2 \end{cases}$$

由此可得到求 Fibonacci 数列第 n 个数的递归函数。

```
#include <stdio.h>
int f(int n)
{
    if(n==1 || n==2
    )return 1;
    else
    return (f(n-2)+f(n-1));
}
int main()
{
    const int num = 20;
    int i;
    for(i=1;i<=num;i++)
    {
        printf("%-6d",f(i));
        if(i%5==0)
        printf("\n");
    }
    printf("\n");
    return 0;
}
```

5. 写一个函数，使给定的一个 3 行 3 列的二维数组转置，即行列互换。

分析：用数组作为函数参数实现 3 行 3 列的二维数组转置。

```
#define N 3
#include "stdio.h"
int array[N][N];
convert(int array[3][3])            /*定义转置数组的函数*/
{
  int i,j,t;
  for (i=0;i<N;i++)                 /*对所有的行*/
    for (j=i+1;j<N;j++)             /*对主对角线以上的元素*/
      {
        t=array[i][j];             /*与对应位置元素相交换*/
        array[i][j]=array[j][i];
        array[j][i]=t;
      }
}
int main( )
{
    int i,j;
    printf("Input array: \n");
    for (i=0;i<N;i++)               /*此双重循环读入数组元素*/
      for(j=0;j<N;j++)
        scanf("%d",&array[i][j]);
```

```
    printf("\noriginal array : \n");
    for (i=0;i<N;i++)                     /*此双重循环以矩阵形式输出数组元素*/
    {
        for(j=0;j<N;j++)
          printf("%5d",array[i][j]);
        printf("\n");
    }
    convert(array);
    printf("convert array: \n");
    for (i=0;i<N;i++)
    {
        for(j=0;j<N;j++)
          printf("%5d",array[i][j]);
        printf("\n");
    }
    return 0;
}
```

6. 编写一个用选择法对一维数组升序排序的函数，并在主函数中调用该排序函数，实现对 20 个整数的排序。

编程提示：选择法排序的工作原理是每一次从待排序的数据元素中选出最小（或最大）的一个元素，存放在序列的起始位置，直到全部待排序的数据元素排完。

```
#include <stdio.h>
#include <stdlib.h>
#include <time.h>
#define MAXlen 20
void select_sort(int x[], int n)
{   //选择排序
    int i, j, min;
    int t;
    for (i = 0; i < n - 1; i++)
    {   // 要选择的次数：0~n-2 共 n-1 次
        min = i;                        //假设当前下标为 i 的数最小，比较后再调整
        for (j = i + 1; j < n; j++)
        { //循环找出最小的数的下标
          if (x[j] <x[min])
          {
              min = j;                  //如果后面的数比前面的小，则记下它的下标
          }
        }
        if (min != i)
        {                               //如果 min 在循环中改变了，就需要交换数据
          t =x[i];
          x[i] = x[min];
```

```
            x[min] = t;
        }
    }

}
int main()
{
    int i;
    int iArr[20]={3,2,1,4,5,6,10,9,8,7,15,14,13,12,11,16,17,19,18,20};
    printf("\n排序前:\n");
    for(i = 0 ; i < MAXlen ; i++)
    {
        if(i % 10 == 0) printf("%\n");
        printf("%5d",iArr[i]);
    }
    printf("\n");
    select_sort(iArr,MAXlen);
    printf("\n排序后:\n");
    for(i = 0 ; i < MAXlen ; i++)
    {
        if(i % 10 == 0) printf("%\n");
        printf("%5d",iArr[i]);
    }
    printf("\n\n");
    return 0;
}
```

7. 用递归法将一个整数 n 转换成字符串。

编程提示：应该将输入的数中的每个数进行剥离，然后从头到尾将每个数字转化为对应的字符，其中将数字转化成对应的字符的方法可以通过 n%10+48 来实现，也可以通过 n%10+'0'来实现，因为'0'的 ASCII 码的数值就是 48。

```
#include<stdio.h>
int deep=0;
char s[100]={0};
void convert(int n)
{
    if(n==0)
      return ;
    convert(n/10);
    s[deep]=n%10+'0';
      deep++;
}
int main()
{
```

```
    int n;
    scanf("%d",&n);
    if(n==0)
    {
        s[0]= '0';
        puts(s);
        return 0;
    }
    convert(n);
    s[deep]=0;
    puts(s);
    return 0;
}
```

习　题　7

一、选择题

1．D　2．C　3．C　4．D　5．B　6．C　7．B　8．B　9．D　10．A

二、编程题

1．输入 3 个整数，输出较大者。

编程提示：本质上是两个数的比较。3 个数比较时，a 和 b 比较，a 和 c 比较，b 和 c 比较。

参考程序：

```
#include <stdio.h>
void swap(int *pt1, int *pt2)                /* 定义交换2个变量的值的函数 */
{
    int temp;
    temp=*pt1;                               /* 换*pt1和*pt2变量的值 */
    *pt1=*pt2;
    *pt2=temp;
}
void exchange(int *q1, int *q2, int *q3)     /* 定义将3个变量的值交换的函数 */
{
    if(*q1<*q2) swap(q1,q2);                 /* 如果a<b，交换a和b的值 */
    if(*q1<*q3) swap(q1,q3);                 /* 如果a<c，交换a和c的值 */
    if(*q2<*q3) swap(q2,q3);                 /* 如果b<c，交换b和c的值 */
}
int main()
{
    int a,b,c,*p1,*p2,*p3;
    printf("please enter three numbers:");
    scanf("%d,%d,%d",&a,&b,&c);
    p1=&a;p2=&b;p3=&c;
```

```
      exchange(p1,p2,p3);
      printf("The order is:%d,%d,%d\n",a,b,c);
      return 0;
}
```

2. 将 10 个整数按由大到小排序输出。

编程提示：利用冒泡法排序。

参考程序：

```
#include <stdio.h>
void sort(int *x,int n)        /* 定义 sort 函数，x 是指针变量 */
{
    int i,j,t;
    for(i=0;i<n-1;i++)
    {
        for(j=0;j<n-1-i;j++)
          if(x[j]>x[j+1])
          {
            t=*(x+j);
            *(x+j)=*(x+j+1);
            *(x+j+1)=t;
          }
    }
}
int main()
{
    int i,*p,a[10];
    p=a;                       /*  指针变量 p 指向 a[0] */
    printf("输入 10 整数:");
    for(i=0;i<10;i++)
      scanf("%d",p++);         /*  输入 10 个整数，p++指针下移 */
    p=a;                       /*  指针变量 p 重新指向 a[0] */
    sort(p,10);                /* 调用 sort 函数 */
    printf("按由小到大的排序:");
    for(p=a,i=0;i<10;i++)
      printf("%d ",*p++);      /* 输出排序后的 10 个数组元素，先执行*p，再执行 p++ */
    printf("\n");
    return 0;
}
```

3. 输入一行字符，分别统计其中的大写字母、小写字母、空格、数字和其他字符的个数。

编程提示：利用 if 的第 3 种形式，判断各字符并进行计数。

参考程序：

```
#include <stdio.h>
```

```
int main()
{
    int upper=0,lower=0,digit=0,space=0,other=0,i=0;
    char *p,s[20];
    printf("输入一行字符: ");
    while ((s[i]=getchar())!='\n') i++;
    p=&s[0];
    while (*p!= '\n')
    {
        if (('A'<=*p) && (*p<='Z'))
            ++upper;
        else if (('a'<=*p) && (*p<='z'))
            ++lower;
        else if (*p==' ')
            ++space;
        else if ((*p<='9') && (*p>='0'))
            ++digit;
        else
            ++other;
        p++;
    }
    printf("大写字母:%d\n 小写字母:%d\n",upper,lower);
    printf("    空格:%d\n 数字字符:%d\n 其他字符:%d\n",space,digit,other);
    return 0;
}
```

4. 有 n 个人围成一个圈，顺序排号。从第 1 个人开始从 1 到 3 报数，凡报到 3 的人退出圈子，问最后留下的是原来的第几号。

编程提示：每 3 个人离开，置为 "0"；当数到最后一个人时，将指针重新指向第一个人；m 表示离开的人数，当 $m=n-1$ 时，说明只剩下一个人，循环结束。

参考程序：

```
#include <stdio.h>
int main()
{
    int i,k,m,n,num[50],*p;
    printf("\n 输入人数: n=");
    scanf("%d",&n);
    p=num;
    for (i=0;i<n;i++)
        *(p+i)=i+1;
    i=0;
    k=0;
    m=0;
    while (m<n-1)
```

```
        {
            if (*(p+i)!=0)   k++;
            if (k==3)
            {
                *(p+i)=0;
                k=0;
                m++;
            }
            i++;
            if (i==n) i=0;
        }
        while(*p==0) p++;
        printf("最后留下的是: %d\n",*p);
        return 0;
    }
```

5. 编写函数，求一个 3×3 矩阵的转置矩阵。

编程提示：转置矩阵，将原矩阵的行变为列，列变为行。注意，通过指针访问二维数组时的两种方法。本题采用的是指向数组元素的指针变量。

参考程序：

```
#include <stdio.h>
void move(int *pointer)
{
    int i,j,t;
    for (i=0;i<3;i++)
      for (j=i;j<3;j++)
        {
            t=*(pointer+3*i+j);
            *(pointer+3*i+j)=*(pointer+3*j+i);
            *(pointer+3*j+i)=t;
        }
}
int main()
{
    int a[3][3],*p,i;
    printf("input matrix:\n");
    for (i=0;i<3;i++)
        scanf("%d %d %d",&a[i][0],&a[i][1],&a[i][2]);
    p=&a[0][0];
    move(p);
    printf("Now,matrix:\n");
    for (i=0;i<3;i++)
        printf("%d %d %d\n",a[i][0],a[i][1],a[i][2]);
    return 0;
```

```
}
```

6. 编写函数，将一个 5×5 矩阵的最大值放在中心，四角按从左到右，从上到下的顺序存放最小值。

编程提示：利用打擂台法求最大值和最小值。注意，通过指针访问二维数组时的两种方法。本题采用的是指向数组元素的指针变量。

参考程序：

```c
#include <stdio.h>
void change(int *p)              /* 交换函数 */
{
    int i,j,temp;
    int *pmax,*pmin;
    pmax=p;
    pmin=p;
    for (i=0;i<5;i++)            /* 找最大值和最小值的地址,并赋给 pmax,pmin */
      for (j=i;j<5;j++)
      {
          if (*pmax<*(p+5*i+j)) pmax=p+5*i+j;
          if (*pmin>*(p+5*i+j)) pmin=p+5*i+j;
      }
    temp=*(p+12);                /* 将最大值与中心元素互换 */
    *(p+12)=*pmax;
    *pmax=temp;

    temp=*p;                     /* 将最小值与左上角元素互换 */
    *p=*pmin;
    *pmin=temp;

    pmin=p+1;
                        /* 将 a[0][1]的地址赋给 pmin, 从该位置开始找最小的元素 */
    for (i=0;i<5;i++)            /* 找第二最小值的地址赋给 pmin */
      for (j=0;j<5;j++)
      {
          if(i==0 && j==0) continue;
          if(*pmin > *(p+5*i+j)) pmin=p+5*i+j;
      }
    temp=*pmin;                  /* 将第二最小值与右上角元素互换 */
    *pmin=*(p+4);
    *(p+4)=temp;

    pmin=p+1;
    for (i=0;i<5;i++)            /* 找第三最小值的地址赋给 pmin */
      for (j=0;j<5;j++)
      {
```

```
                if((i==0  && j==0) ||(i==0  && j==4)) continue;
                if(*pmin>*(p+5*i+j)) pmin=p+5*i+j;
            }
        temp=*pmin;                    /* 将第三最小值与左下角元素互换 */
        *pmin=*(p+20);
        *(p+20)=temp;


        pmin=p+1;
        for (i=0;i<5;i++)              /* 找第四最小值的地址赋给 pmin */
            for (j=0;j<5;j++)
            {
                if ((i==0  && j==0) ||(i==0  && j==4)||(i==4  && j==0)) continue;
                if (*pmin>*(p+5*i+j)) pmin=p+5*i+j;
            }
        temp=*pmin;                    /* 将第四最小值与右下角元素互换 */
        *pmin=*(p+24);
        *(p+24)=temp;
}
int main()
{
    int a[5][5],*p,i,j;
    printf("input matrix:\n");
    for(i=0;i<5;i++)
        for(j=0;j<5;j++)
            scanf("%d",&a[i][j]);
    p=&a[0][0];
    change(p);
    printf("Now,matrix:\n");
    for (i=0;i<5;i++)
        {
            for (j=0;j<5;j++)
                printf("%d ",a[i][j]);
            printf("\n");
        }
    return 0;
}
```

7. 编写函数，求字符串的长度。

编程提示：在遍历字符串时，进行计数，直到遇到'\0'结束。

参考程序：

```
#include <stdio.h>
int length(char *p)
{
    int n;
```

```
        n=0;
        while (*p!='\0')
        {
            n++;
            p++;
        }
        return(n);
}
int main()
{
    int len;
    char str[20];
    printf("输入字符串: ");
    scanf("%s",str);
    len=length(str);
    printf("该字符串的长度为: %d\n",len);
    return 0;
}
```

8. 任意输入两个字符串，然后连接这两个字符串，并输出连接后的新字符串。要求不能使用字符串处理函数 strcat()。

编程提示：连接成新的字符串，要求定义新的字符数组时数组长度要足够长；当形成一个新的字符串时，注意加字符串结束标志。

参考程序：

```
#include <stdio.h>
void concatenate(char *string1,char *string2,char *string)
{
    int i,j;
    for(i=0;*(string1+i)!='\0';i++)
        *(string+i)=*(string1+i);
    for(j=0;*(string2+j)!='\0';j++)
        *(string+i+j)=*(string2+j);
    *(string+i+j)='\0';
}
int main()
{
    char s1[100],s2[100],s[100];
    printf("字符串1:");
    scanf("%s",s1);
    printf("字符串2:");
    scanf("%s",s2);
    concatenate(s1,s2,s);
    printf("\n新字符串为: %s\n",s);
    return 0;
```

```
    }
```

9. 从键盘输入一个月份值，用指针数组编程输出该月份的英文月份名。

编程提示：定义指针数组并初始化。注意，指针数组中的元素为各字符串的起始地址。

参考程序：

```c
#include <stdio.h>
int main()
{
    char *month_name[13]={"illegal month","January","February","March",
            "April","May","June","july","August","September","October",
            "November","December"};
    int n;
    printf("输入月份: ");
    scanf("%d",&n);
    if ((n<=12) && (n>=1))
        printf("It is %s.\n",*(month_name+n));
    else
        printf("输入错误! \n");
    return 0;
}
```

10. 输入 10 个整数进行排序并输出，其中用函数指针编写一个通用的排序函数，如果输入 1，程序实现数据按升序排序；如果输入 2，程序实现数据按降序。

编程提示：定义 ascend()函数，决定按升序排序；定义 descend()函数，决定按降序排序；定义 sort()函数，实现排序的算法，根据实参，确定指向函数的指针变量调用 ascend()函数还是 descend()函数。

参考程序：

```c
#include <stdio.h>
/* 调用函数指针 p 指向的函数,实现对数组 a 的排序 */
void sort(int a[],int n,int (*p)(int,int))
{
    int i,j,k,t;
    for(i=0;i<n-1;i++)
    {
        k=i;
        for(j=i+1;j<n;j++)
            if((*p)(a[j],a[k]))
                k=j;
        if(k!=i)
        {
            t=a[k];
            a[k]=a[i];
            a[i]=t;
```

```
            }
        }
    }
    /* 使数据按升序排序 */
    int ascend(int a,int b)
    {
        return a<b;
    }
    /* 使数据按降序排序 */
    int descend(int a,int b)
    {
        return a>b;
    }

    int main()
    {
        int a[10],n;
        int i;
        printf("输入 10 个整数：\n");
        for(i=0;i<10;i++)
            scanf("%d",&a[i]);
        printf("输入 1 按升序 / 输入 2 按降序：");
        scanf("%d",&n);
        if (n==1)
            sort(a,10,ascend);    /* 函数指针指向 ascend 函数 */
        else if (n==2)
            sort(a,10,descend);   /* 函数指针指向 descend 函数 */
        for(i=0;i<10;i++)
            printf("%d ",a[i]);
        printf("\n");
        return 0;
    }
```

习 题 8

一、选择题

1. D　2. C　3. C　4. D　5. B　6. C　7. B　8. B　9. D　10. A

二、编程题

1. 编写程序，在主函数中输入年、月、日，利用 days 函数计算该天是本年中的第几天。定义一个结构体变量（包括年、月、日）。

编程提示：声明结构体类型 struct y_m_d，成员为 year、month、day。根据题目，需要考虑闰年的情况，判断闰年的条件为 year%4==0 && year%100!=0 || year%4==0。

参考程序：

```
#include <stdio.h>
struct y_m_d
{
    int year;
    int month;
    int day;
} date;
int main()
{
    int days(int year,int month,int day);
    int day_sum;
    printf("input year,month,day: ");
    scanf("%d,%d,%d",&date. year,&date.month,&date.day);
    day_sum=days(date.year,date.month,date.day);
    printf("%d 月%d 日是这一年的第%d 天!\n",date.month,date.day,day_sum);
    return 0;
}

int days(int year,int month,int day)
{
    int day_sum,i;
    int day_tab[13]={0,31,28,31,30,31,30,31,31,30,31,30,31};
    day_sum=0;
    for (i=1;i<month;i++)
        day_sum+=day_tab[i];
    day_sum+=day;
    if ((year%4==0 && year%100!=0 || year%4==0) && month>=3)
        day_sum+=1;
    return(day_sum);
}
```

2. 有 5 名学生的信息（包括学号、姓名和成绩），编写函数实现按成绩由高到低的顺序输出学生的信息。

编程提示：定义结构体数组并初始化，利用选择法对各元素中的成绩进行排序，同类的结构体变量允许整体赋值，因此借助中间变量 temp，实现结构体数组中各元素之间的交换。也可以编写程序通过键盘输入学生的信息。

参考程序：

```
#include <stdio.h>
#define N 5
struct Student          /* 声明结构体类型 struct Student */
{
    int num;
    char name[20];
    float score;
```

```
};
int main()
{
    void sort(struct Student stud[],int n);
    struct Student stud[N]={{10001,"zhang",91},{10002,"wang",92},
                             {10003,"sun",85}, {10004,"zhao",90.5},
                             {10005,"kong",90}};
        /* 定义结构体变量temp，用作交换时的临时变量 */
    int i;
    printf("成绩由高到低:\n");
    sort(stud,N);
    for(i=0;i<N;i++)
        printf("%5d  %-10s%6.1f\n",stud[i].num,stud[i].name,stud[i].score);
    return 0;
}
void sort(struct Student stud[],int n)
{
    struct Student temp;
    int i,j,k;
    for(i=0;i<n-1;i++)      /* 选择法 */
    {
        k=i;
        for(j=i+1;j<N;j++)
            if(stud[j].score>stud[k].score)
                k=j;
        if(k!=i)
        {
            temp=stud[k];
            stud[k]=stud[i];
            stud[i]=temp;
        }
    }
}
```

3. 编写一个程序，输入若干人员的姓名及电话号码（11位），以字符'#'表示结束输入。然后输入姓名，查找该人的电话号码。

编程提示：声明结构体类型。

```
struct Telephone
{
    char name[10];
    char telno[12];
};
```

然后定义结构体数组，输入姓名和电话。查找电话号码时，需要用字符串函数strcmp()

进行字符串的比较。

参考程序：

```c
#include <stdio.h>
#include <string.h>
#define N 20
struct Telephone
{
    char name[10];
    char telno[12];
};
void search(struct Telephone b[],char *x,int n)
{
    int i=0;
    while (strcmp(b[i].name,x)!=0 && i<n)
        i++;
    if (i<n)
        printf("电话号码是: %s\n", b[i].telno);
    else
        printf("没有找到! \n");
}
int main()
{
    struct Telephone s[N];
    int i=0;
    char na[10],tel[12];
    while (1)
    {
        printf("输入姓名: ");
        gets(na);
        if (strcmp(na,"#")==0)
            break;
        printf("输入电话号码: ");
        gets(tel);
        strcpy(s[i].name,na);
        strcpy(s[i].telno,tel);
        i++;
    }
    printf("\n 查找的姓名: ");
    gets(na);
    search(s,na,i);
    return 0;
}
```

4. 13 个人围成一个圈，从第一个人开始顺序报数 1、2、3、4…，凡是报到 n 者退出圈子。找出最后留在圈子中的人是原来的几号。要求用链表实现。

编程提示：声明结构体类型并定义结构体数组。

```
struct Person
{
    int num;
    int nextp;
} link[N+1];
```

参考程序：

```
#include <stdio.h>
#define N 13
struct Person
{
    int num;
    int nextp;
} link[N+1];

int main()
{
    int i,count,h,k;
    for (i=1;i<=N;i++)
    {
        if (i==N)
            link[i].nextp=1;
        else
            link[i].nextp=i+1;
        link[i].num=i;
    }
    printf("\n");
    count=0;
    h=N;
    printf("input n:");
    scanf("%d",&k);
    printf("sequence that persons leave the circle:\n");
    while(count<N-1)
    {
        i=0;
        while(i!=k)
        {
            h=link[h].nextp;
            if (link[h].num)
                i++;
        }
        printf("%4d",link[h].num);
```

```
            link[h].num=0;
            count++;
        }
    printf("\nThe last one is ");
    for (i=1;i<=N;i++)
        if (link[i].num)
            printf("%3d",link[i].num);
    printf("\n");
    return 0;
}
```

5. 编写一个程序，读入一行字符，且每个字符存入一个结点，按输入顺序建立一个链表的结点序列，然后再按相反顺序输出并释放全部结点。

编程提示：声明结构体类型并定义结构体指针。

```
struct Node
{
    char info;
    struct Node *link;
} *top,*p;
```

该链表是从表尾开始逆向建立链表，因此输出时字符顺序相反。

参考程序：

```
#include <stdio.h>
#include <malloc.h>
#define NULL 0
int main()
{
    struct Node
    {
        char info;
        struct Node *link;
    } *top,*p;
    char c;
    top=NULL;                              /* top 相当于表尾 */
    printf("输入一行字符：");
    while ((c=getchar())!='\n')
    {
        p=(struct Node *)malloc(sizeof(struct Node));      /* 建立一个结点 */
        p->info=c;
        p->link=top;                   /* 将*p 结点插入到*top 之前 */
        top=p;                         /* top 始终指向第一个结点 */
    }
    printf("输出结果：");
    while (top!=NULL)                  /* 按相反顺序访问链表 */
```

```
        {
            p=top;
            top=p->link;
            printf("%c",p->info);
            free(p);
        }
        printf("\n");
        return 0;
}
```

6. 一个人事管理程序的对象为教师和学生，人事档案包含如下信息：编号、姓名、年龄、分类（教师或学生）、教师教的课程名（1门课）、教师职称和学生的入学成绩（3门课）。

用 C 语言定义一结构体类型，说明上述信息。假定人事档案已存放在 person[] 的数组中，编写一打印输出全部人员档案的程序。

编程提示：声明结构体类型如下：

```
{
    int no;                     /* 编号 */
    char name[10];              /* 姓名 */
    int age;                    /* 年龄 */
    char type[2];               /* 分类：t-教师 s-学生 */
    union
    {                           /* 共用体 */
        struct
        {
            char course[20];    /* 课程 */
            char prof[10];      /* 职称 */
        } tech;
        struct
        {
            int deg1,deg2,deg3; /* 3门课成绩 */
        } stud;
    } body;
} document;
```

参考程序：

```
#include <stdio.h>
#define N 5
typedef struct Node
{
    int no;                     /* 编号 */
    char name[10];              /* 姓名 */
    int age;                    /* 年龄 */
    char type[2];               /* 分类：t-教师 s-学生 */
    union
```

```c
    {                                          /* 共用体 */
        struct
        {
            char course[20];        /* 课程 */
            char prof[10];          /* 职称 */
        } tech;
        struct
        {
            int deg1,deg2,deg3;     /* 3 门课成绩 */
        } stud;
    } body;
} document;

void func(document person[],int n)      /* n 为人员个数 */
{
    int i;
    printf(" 编号  姓名   年龄  分类   职称   授课名   成绩 1  成绩 2  成绩 3\n");
    for (i=0;i<n;i++)
    {
        if (person[i].type[0]=='t')
            printf("%-8d%-10s%2d    教师    %-10s%-20s\n", person[i].no,
                    person[i].name, person[i].age, person[i].body.tech.prof,
                    person[i].body.tech.course);
        else if (person[i].type[0]=='s')
            printf("%-8d%-10s%2d    学生    %30d%6d%6d\n",person[i].no,
                    person[i].name, person[i].age, person[i].body.stud.deg1,
                    person[i].body.stud.deg2, person[i].body.stud.deg3);
    }
    printf("\n");
}


int main()
{
document person[N];
int i;
    for(i=0;i<N;i++)
    {
        scanf("%d%s%d%s",&person[i].no,person[i].name,&person[i].age,
                person[i].type);
        if (person[i].type[0]=='t')
        {
            printf("输入教师信息:");
            scanf("%s%s",person[i].body.tech.prof, person[i].body.tech.course);
        }
        else if (person[i].type[0]=='s')
```

```
        {
            printf("输入学生信息:");

scanf("%d%d%d",&person[i].body.stud.deg1,&person[i].body.stud.deg2,
        &person[i].body.stud.deg3);
        }
    }
    func(person,N);
    return 0;
}
```

习　题　9

一、选择题

1. D　2. B　3. C　4. C　5. C　6. B　7. A　8. C　9. D　10. C

二、编程题

1. 从键盘输入一个字符串，把它输出到文件 file1.dat 中。

编程提示：使用 fopen()函数的"w"参数打开文件，使用 getchar()、fputc()函数输入写入文件，最后用 fclose()关闭文件。

```
#include<stdio.h>
int main()
{
    FILE *fp;
    char ch,filename[10];
    scanf("%s",filename);
    if((fp=fopen(filename,"w"))==NULL)
    {
        printf("can't open file \n");
        exit(0);
    }
    ch=getchar();
    while (ch!='#')
    {
        fputc(ch,fp);
        putchar(ch);
        ch=getchar();
    }
    fclose(fp);
    return 0;
}
```

2. 有两个磁盘文件 file1.dat 和 file2.dat，各自存放一行字母，要求把这两个文件中的信息合并（按字顺序排列，例如 file1.dat 中的内容是"abort"，file2.dat 中的内容为"boy"，合并后的内容为"abboorty"），输出到一个新文件 file3.dat 中。

编程提示：先将两个文件的内容读到一个数组中，在数组排序，最后写入文件。

参考程序：

```c
#include<stdio.h>
int main()
{
    FILE *in1,*in2,*out;
    int i,j,n;
    char q[10],t;
    if((in1=fopen("file1.dat","r"))==NULL)
    {
        printf("can't open infile \n");
        return;
    }
    if((in2=fopen("file2.dat","r"))==NULL)
    {
        printf("can't open infile \n");
        return;
    }

    if((out=fopen("file3.dat","w"))==NULL)
    {
        printf("can't open outfile \n");
        return;
    }
    i=0;
    while(!feof(in1))
    {
        q[i]=fgetc(in1);i++;
    }
    while(!feof(in2))
    {q[i]=fgetc(in2);i++;}
    i--;
    q[i]=NULL;
    n=i;
    for(i=0;i!=n;i++)
     for(j=i;j!=n;j++)
       if(q[i]>q[j])
       {
           t=q[i];q[i]=q[j];q[j]=t;
       }
    printf("%s",q);
    for(i=0;q[i]!=NULL;i++)
        fputc(q[i],out);
```

```
        fclose(in1);
        fclose(in2);
        fclose(out);
        return 0;
    }
```

3. 将10名职工的数据从键盘输入，然后送入文件worker.dat中保存，最后文件中调入这些数据，依次在屏幕上显示出来。设职工数据包括职工号、职工姓名、性别、年龄、工龄、工资。

编程提示：先定义职工结构体数组，使用循环语句输入职工信息，在循环中用 fwrite() 函数写入文件，用 fread()函数读出并显示。

参考程序：

```
#include<stdio.h>
#define SIZE 10
struct worker_type
{
    int num;
    char name[10];
    char sex;
    int age;
    float pay;
}worker[SIZE];
void save()
{
    FILE *fp;
    int i;
    if((fp=fopen("worker1.rec","wb"))==NULL)
    {
        printf("can't open file \n");
        return;
    }
    for(i=0;i<SIZE;i++)
    {
        if(fwrite(&worker[i],sizeof(struct worker_type),1,fp)!=1)
            printf("file write error\n");
    }

    fclose(fp);
}
int main()
{
    int i;
    FILE *fp;
    float a;
```

```
    for(i=0;i<SIZE;i++)
    {
        scanf("%d %s %c %d %f",
        &worker[i].num,worker[i].name, &worker[i].sex, &worker[i].age,&a);
        worker[i].pay=a;
    }

save();
printf("\n No  Name  Sex   Age   Pay \n");
fp=fopen("worker1.rec","rb");
for(i=0;i<SIZE;i++)
{
    fread(&worker[i],sizeof(struct worker_type),1,fp);
    printf("%5d %-8s %-5c %-5d %6.2f\n",worker[i].num,
        worker[i].name,worker[i].sex,worker[i].age,worker[i].pay);
}
    return 0;
}
```

4. 统计一篇文章大写字母的个数和文章中的句子数（句子的结束的标记是句点后跟一个或多个空格）。

编程提示：利用 fscanf()函数从文件中逐字读到变量中根据 ASCII 值判断统计大写字母和句子数。

参考程序：

```
#include "stdio.h"
int main()
{
    FILE *fp;
    char c;
    int k,m;
    if((fp=fopen("try.txt","r"))==NULL)
    {
        printf("can't open file try.txt \n");
        return;
    }

    k=0;
    m=0;
    while(fscanf(fp,"%c",&c)!=EOF)
    {
        if(c<=90 && c>=65)
            k++;
        if(c==46)
            m++;
```

```
        printf("%c",c);
    }
    printf("Capital letter number:%d\n",k);
    printf("Sentence numbers:%d",m);
    fclose(fp);
    return 0;
}
```

5. 在一个文本文件中有若干个句子，要求将它读入内存，然后在写入另一个文件时使一个句子单独为一行。

编程提示：利用 fscanf()函数从文件中逐字读到变量中写入另一文件，同时根据 ASCII 值是句号时将回车换行（'\n'）写入文件。

参考程序：

```
#include "stdio.h"
int main()
{
    FILE *fp1,*fp2;
    char c;
    if((fp1=fopen("try1.txt","r"))==NULL)
    {
        printf("can't open file try1.txt \n");
        return;
    }

    if((fp2=fopen("try2.txt","w"))==NULL)
    {
        printf("can't open file try2.txt \n");
        return;
    }
    while(fscanf(fp1,"%c",&c)!=EOF)
    {
        fprintf(fp2,"%c",c);
        printf("%c",46);
        if(c==46)
            fprintf(fp2,"\n");
    }
    fclose(fp1);
    fclose(fp2);
    return 0;
}
```

习 题 10

1. 代码参考第 10 章综合实例。

2. 用 Visual C ++ 2010 改写学生成绩管理程序。

步骤如下:

(1) 用 Visual C++ 2010 新建一个名 CJGL 的空项目 (操作步骤参考本书 1.4.2 节)。

(2) 新建一个 cjgl.h 头文件、一个 cjgl.c 的 C 文件,新建的项目如图 D-1 所示。

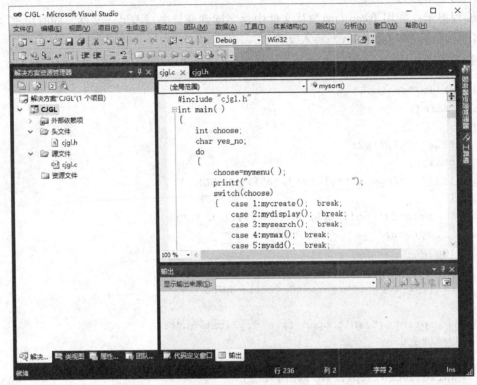

图 D-1　新建的项目

(3) cjgl.c 头文件代码如下:

```c
#include <stdio.h>
#include <conio.h>
#include <stdlib.h>
#define N 100
struct st
{
    int num;
    char name[10];
    int s;
};
int  mymenu();
void mycreate();
```

```c
void mydisplay();
void mysearch();
void mymax();
void myadd();
void mydelete();
void mysort();
```

（4）cjgl.c C 文件，代码如下：

```c
#include "cjgl.h"
int main( )
{
    int choose;
    char yes_no;
    do
    {
        choose=mymenu( );
        printf("                    ");
        switch(choose)
        {   case 1:mycreate();  break;
            case 2:mydisplay();  break;
            case 3:mysearch();  break;
            case 4:mymax();  break;
            case 5:myadd();  break;
            case 6:mydelete();  break;
            case 7:mysort();  break;
            case 0:exit(0);
            default :printf("\n            %d 为非法选项! \n",choose);
        }
        printf("\n                    要继续选择吗(Y/N)？\n");
        do
        {   yes_no=getch( );
         }while(yes_no!='Y' && yes_no!='y'&& yes_no!='N' && yes_no!='n');
    } while(yes_no=='Y' || yes_no=='y');
    return 0;
}

int mymenu()
{
    int choose;
    printf("      *******************************\n");
    printf("      *                             *\n");
    printf("      *        学生成绩管理程序      *\n");
    printf("      *                             *\n");
    printf("      *******************************\n");
    printf("      *         1.输入学生成绩       *\n");
    printf("      *         2.显示学生成绩       *\n");
```

```c
        printf("        *              3.按学号查找成绩              *\n");
        printf("        *              4.查找最高分                *\n");
        printf("        *              5.插入学生成绩              *\n");
        printf("        *              6.按学号删除成绩            *\n");
        printf("        *              7.成绩排序                  *\n");
        printf("        *              0.退出程序                  *\n");
        printf("        ********************************\n");
        printf("        *          请输入选项编号（0~7）          *\n");
        printf("        ********************************\n");
        printf("        ");
        scanf("%d",&choose);
        printf("        你输入的选项编号:%d",choose);
        return choose;
}
void mycreate()
{       int i=1;
        struct st temp={0};
        FILE *fp=NULL;

        fp=fopen("d:\\file.txt","w");
        if(fp==NULL) { printf("\nError!\n"); exit(0); }
        printf("\n        输入第%d组信息:",i);
        printf("\n        输入学号（以0结束）:");
        scanf("%d",&temp.num);
        while(temp.num!=0)
        {
            printf("        输入姓名:");
            scanf("%s",temp.name);
            printf("        输入成绩:",i);
            scanf("%d",&temp.s);
            fprintf(fp,"%8d%10s%4d\n",temp.num,temp.name,temp.s);
            i++;
            printf("\n        输入第%d组信息:\n",i);
            printf("        输入学号（以0结束）:");
            scanf("%d",&temp.num);
        }
        fclose(fp);
}

void mydisplay()
{   struct st temp={0};
    int i=0;
    FILE *fp=NULL;

    fp=fopen("d:\\file.txt","r");
```

```
    if(fp==NULL) { printf("\nError!\n"); exit(0); }
    printf("\n      序号    学号      姓名 成绩\n");
    while(feof(fp)==0)
    {
        i++;
        fscanf(fp,"%d%s%d\n",&temp.num,temp.name,&temp.s);
        printf("%8d%10d%10s%4d\n",i,temp.num,temp.name,temp.s);
    }
    fclose(fp);
}


void mysearch()
{   int n=0,x=0,i=0;
    struct st a[N]={0};
    FILE *fp=NULL;

    fp=fopen("d:\\file.txt","r");
    if(fp==NULL) { printf("\nError!\n"); exit(0); }
    while(feof(fp)==0)
    {   fscanf(fp,"%d%s%d\n",&a[n].num,a[n].name,&a[n].s);
        n++;
    }
    fclose(fp);
    printf("\n      输入要查找的学号:");
    scanf("%d",&x);
    for(i=0; i<n; i++)
        if(x==a[i].num)
            break;
    if(i<n)
        printf("      学号：%d  %s 成绩: %d\n",a[i].num,a[i].name,a[i].s);
    else
        printf("%d not exist!\n",x);
}


void mymax()
{   int i=0,k=0,n=0;
    struct st a[N]={0};
    FILE *fp=NULL;

    fp=fopen("d:\\file.txt","r");
    if(fp==NULL) { printf("\nError!\n"); exit(0); }
    while(feof(fp)==0)
    {   fscanf(fp,"%d%s%d\n",&a[n].num,a[n].name,&a[n].s);
        n++;
    }
```

```
        fclose(fp);
        k=0;
        for(i=1; i<n; i++)
          if(a[k].s<a[i].s)
             k=i;
        printf("\n      最高分学生信息:%8d%10s%4d\n",a[k].num, a[k].name, a[k].s);
}


void myadd()
{
    int i=0,k=0,n=0;
    struct st a[N]={0};
    FILE *fp=NULL;

    fp=fopen("d:\\file.txt","r");
    if(fp==NULL) { printf("\nError!\n"); exit(0); }
    while(feof(fp)==0)
    {   fscanf(fp,"%d%s%d\n",&a[n].num,a[n].name,&a[n].s);
        n++;
    }
    fclose(fp);
    printf("\n      请输入插入位置(序号) :");
    scanf("%d",&k);
    k=k-1;
    for(i=n; i>=k+1; i--)
        a[i]=a[i-1];
    printf("    请输入学号、姓名和成绩:");
    scanf("%d%s%d",&a[k].num,a[k].name,&a[k].s);
    fp=fopen("d:\\file.txt","w");
    if(fp==NULL) { printf("\nError!\n"); exit(0); }
    printf("\n    序号    学号      姓名  成绩\n");
    for(i=0; i<n+1; i++)
    {
        fprintf(fp,"%8d%10s%4d\n",a[i].num,a[i].name,a[i].s);
        printf("%8d%10d%10s%4d\n",i+1,a[i].num,a[i].name,a[i].s);

    }
    fclose(fp);
}


void mydelete()
{   int i=0,k=0,n=0,temp;
    struct st a[N]={0};
    FILE *fp=NULL;
```

```c
    fp=fopen("d:\\file.txt","r");
    if(fp==NULL) { printf("\nError!\n"); exit(0); }
    while(feof(fp)==0)
    {    fscanf(fp,"%d%s%d\n",&a[n].num,a[n].name,&a[n].s);
         n++;
    }
    fclose(fp);
    printf("\n      输入要删除的学号:");
    scanf("%d",&k);
    for(i=0; i<n-1; i++)
        if(a[i].num==k)
        {
            for(temp=i;temp<n-1;temp++)
              a[temp]=a[temp+1];
        }
    fp=fopen("d:\\file.txt","w");
    if(fp==NULL) { printf("\nError!\n"); exit(0); }
    printf("\n      删除学号为 %d 后:\n",k);
    printf("\n      序号    学号      姓名  成绩\n");
    for(i=0; i<n-1; i++)
        printf("%8d%8d%10s%4d\n",i+1,a[i].num,a[i].name,a[i].s);

    for(i=0; i<n-1; i++)
        fprintf(fp,"%8d%10s%4d\n",a[i].num,a[i].name,a[i].s);
    fclose(fp);
}


void mysort()
{   int i=0,j=0,k=0,n=0;
    struct st a[N]={0},temp={0};
    FILE *fp=NULL;

    fp=fopen("d:\\file.txt","r");
    if(fp==NULL) { printf("\nError!\n"); exit(0); }
    while(feof(fp)==0)
    {    fscanf(fp,"%d%s%d\n",&a[n].num,a[n].name,&a[n].s);
         n++;
    }
    fclose(fp);


    for(i=0; i<n-1; i++)
    {    k=i;
         for(j=k+1; j<n; j++)
             if(a[k].s<a[j].s)
```

```
                k=j;
        temp=a[i];
        a[i]=a[k];
        a[k]=temp;
    }
    printf("\n        成绩从高分到低分排序:");
    printf("\n        序号    学号      姓名  成绩\n");
    for(i=0;i<n;i++)
        printf("%8d%10d%10s%4d\n",i+1,a[i].num,a[i].name,a[i].s);
    fp=fopen("d:\\file.txt","w");
    if(fp==NULL) { printf("\nError!\n"); exit(0); }
    for(i=0; i<n; i++)
        fprintf(fp,"%8d%10s%4d\n",a[i].num,a[i].name,a[i].s);
    fclose(fp);
    printf("\n        按成绩从高到低排序写入文件!");
}
```